철근콘크리트
(KDS 14 20, KDS 41 30)

- KDS 14 20 00 : 콘크리트 구조 설계기준
- KDS 41 30 00 : 건축물 콘크리트 구조 설계기준

KB174994

PROFESSIONAL
ENGINEER

예문사

Contents

Contents

Contents

Contents

제11장 기초 [KDS 14 20 70]

제12장 지하 외벽 및 옹벽 [KDS 14 20 74]

Contents

Contents

제1장 철근콘크리트 일반

1.1 단위

문제 1 다음 단위에 적절한 수치를 쓰시오. [66회 1교시]

Tera, Nano, $1\,\mathrm{m}$, $1\,\mathrm{N\cdot m}$, $1\,\mathrm{N/m}$

풀이 단위

1) SI계, CGS계 및 MKS계의 단위

양 단위계	길이 L	질량 M	시간 T	힘	응력	압력	에너지 (일)	공률
SI계	m	kg	s	N	$\mathrm{N/m^2}$ 또는 Pa	Pa	J	W
CGS계	cm	g	s	dyn	$\mathrm{dyn/cm^2}$	$\mathrm{dyn/cm^2}$	erg	erg/s
MKS계	m	$\mathrm{kgf\cdot s^2/m}$	s	kgf	$\mathrm{kgf/m^2}$	$\mathrm{kgf/cm^2}$	$\mathrm{kgf\cdot m}$	$\mathrm{kg\cdot f/s}$

(주) N : newton, Pa : pascal, J : joule, W : watt

2) SI 접두어

단위에 곱하는 배수	접두어의 명칭	기호	단위에 곱하는 배수	접두어의 명칭	기호
10^{12}	테라(tera)	T	10^{-1}	데시(deci)	d
10^{9}	기가(giga)	G	10^{-2}	센티(centi)	c
10^{6}	메가(mega)	M	10^{-3}	밀리(milli)	m
10^{3}	킬로(kilo)	k	10^{-6}	마이크로(micro)	μ
10^{2}	헥토(hecto)	h	10^{-9}	나노(nano)	n
10	데카(deca)	da	10^{-12}	피코(pico)	p

3) 그리스 문자

대문자	소문자	이름	발음	대문자	소문자	이름	발음
A	α	alpha	알파	N	ν	nu	뉴
B	β	beta	베타	Ξ	ξ	xi	크사이, 크시
Γ	γ	gamma	감마	O	o	omicron	오미크론
Δ	δ	delta	델타	Π	π	pi	파이
E	ε	epsilon	엡실론	P	ρ	rho	로우
Z	ζ	zeta	제타	Σ	σ	sigma	시그마
H	η	eta	이타	T	τ	tau	타우
Θ	θ	theta	세타	Y	υ	upsilon	입실론
I	ι	iota	아이오타	Φ	ϕ	phi	파이
K	κ	kappa	카파	X	χ	chi	카이, 키
Λ	λ	lambda	람다	Ψ	ψ	psi	프사이, 프시
M	μ	mu	뮤	Ω	ω	omega	오메가

4) SI 단위

프랑스의 *Système International d'unités*의 앞자를 따서 SI units라고 한다.

(1) 힘(Force)의 단위

물체에 외력을 가하면 그 물체는 형태가 변화되거나 운동상태가 변화된다. 이와 같이 물체가 변형되거나 운동상태가 변화되는 원인이 되는 것을 힘(Force)이라고 한다.

① 1뉴턴(newton) : 질량이 1kg인 물체에 1m/sec² 의 가속도를 낼 수 있는 힘

② 1다인(dyne) : 질량이 1gr인 물체에 1cm/sec² 의 가속도를 낼 수 있는 힘

$$1\mathrm{N} = 1\mathrm{kg} \times 1\mathrm{m/s}^2$$
$$1\mathrm{kgf} = 1\mathrm{kg} \times 9.8\mathrm{m/s}^2$$
$$1\mathrm{kgf} = 9.8\mathrm{N} \approx 10\mathrm{N}$$

(2) 압력(Stress)의 단위

단위면적(m²)당 작용하는 힘(N)을 압력이라고 하고, SI Units에서는 Pascal(Pa) 단위를 사용한다.

1Pa(Pascal) : 1m²의 면적에 1N의 힘이 작용할 때의 압력은 1Pa이다.

$$1\mathrm{Pa} = 1\mathrm{N/1m}^2$$

① kgf/cm²의 단위를 Pa 단위로 환산 – Con′c 강도

$$1\,\mathrm{kgf/cm^2} = 10\,\mathrm{N}/(10^{-2}\mathrm{m})^2$$
$$= 1 \times 10^5\,\mathrm{N/m^2}$$
$$= 0.1 \times 10^6\,\mathrm{Pa}$$
$$= 0.1\,\mathrm{MPa}$$

예) $210\,\mathrm{kgf/cm^2} \Rightarrow 21\,\mathrm{MPa}$

② tf/cm²의 단위를 Pa 단위로 환산 – Steel & 철근 강도

$$1\,\mathrm{tf/cm^2} = 10^3 \times 10\,\mathrm{N}/(10^{-2}\mathrm{m})^2$$
$$= 1 \times 10^8\,\mathrm{N/m^2}$$
$$= 100 \times 10^6\,\mathrm{Pa}$$
$$= 100\,\mathrm{MPa}$$

예) $1.6\,\mathrm{tf/cm^2} \Rightarrow 160\,\mathrm{MPa}$

③ kgf/m²의 단위를 Pa 단위로 환산 – 바닥하중

예) $200\,\mathrm{kgf/m^2} = 2\,\mathrm{kN/m^2} = 2\,\mathrm{kPa}$

④ tf/m²의 단위를 Pa 단위로 환산 – 지내력

예) $20\,\mathrm{tf/m^2} = 20 \times 10^4\,\mathrm{N/m^2} = 200\,\mathrm{kPa}$

⑤ $\mathrm{N/mm^2} = 10^6\,\mathrm{N/m^2} = \mathrm{MPa}$

1.2　약어에 대한 설명

> **문제2** **영문의 약어를 설명하시오.** [62회 1교시], [104회 1교시 유사]
>
> 　　가. AISC　　나. CTBUH　　다. UBC　　라. TMD　　마. CFT

풀이　가. AISC : American Institute of steel Construction
　　　　나. CTBUH : Council of Tall Building and Urban Habitate
　　　　다. UBC : Uniform Building Code
　　　　라. TMD : Turned Mass Damper
　　　　마. CFT : Concrete Filled steel Tube

※ 기타 약어

1) AIK : Architectural Institute of Korea(대한건축학회)

2) KCI : Korea Concrete Institute(한국콘크리트학회)

3) KSCE : Korean Society of civil Engineers(대한토목학회)

4) ACI : American Concrete Institute(미국콘크리트학회)

5) ASCE : American Society of Civil Engineers(미국토목학회)

6) PCI : Prestressed Concrete Institute

7) PCA : Portland Cement Association

8) CEB : Comité Européen et Beton(유럽콘크리트위원회)

9) FIP : Fédération Internationale de la Précontrainte(프리스트레스트 콘크리트 국제연합)

10) KS : Korean Standard(한국공업규격)

11) ASTM : American Society for Testing and Materials(미국공업규격)

12) JIS : Japan Industrial Standards(일본공업규격)

13) BSI : British Standards Institution(영국공업규격)

14) ISO : International Standards Organization(국제표준화기구)

문제3 구조도면에 사용하는 아래의 약어를 원어로 표기하고 스케치를 통하여 설명하시오. [84회 1교시], [89회 1교시 유사]

① ADD   ② EA   ③ BOF   ④ SOG   ⑤ CC(또는 CTC)
⑥ EW/ EF   ⑦ WP   ⑧ W/   ⑨ THK   ⑩ GL

풀이 **구조도면 약어**

① ADD : **ADD**itional

② EA : **E**ach

③ BOF : **B**ottom **O**f **F**ooting

④ SOG : **S**lab **O**n **G**rade

⑤ CC(또는 CTC) : **C**enter to **C**enter

⑥ EW/EF : **E**ach **W**ay/**E**ach **F**ace

⑦ WP : **W**orking **P**oint

⑧ W/ : **W**ith

⑨ THK : **TH**ic**K**

⑩ GL : **G**round **L**evel

※ 기타 구조도면 약어

구분	약어	영문원어	국문
A	APPROX.	Approximate	대략, 근사치
B	B.M.	Bench Mark	벤치마크, 기준점
	BOT.	Bottom of	~의 하부부터
	BOF	Bottom of footing	
C	CC(또는 CTC)	Center to center	
	C.L.	Center Line	중심선
	COL.	Column	기둥
	CONC.	Concrete	콘크리트
	CONT.	Continuous	계속되는, 연속적인

구분	약어	영문 원어	국문
D	D	Depth, Deep	깊이
	DET.	Detail	상세
	DIA.(Φ)	Diameter	지름
	DIM.	Dimension DIM.	치수
	DN.	Down	내림, 내려감
E	EA.	Each	-개
	E.J.	Expansion Joint	신축줄눈
	E.L.	Earth Level	표고
	ELE.	Elevation	해발, 높이
	EQ.	Equal	동등한, 균등한
	EW/EF	Each Way/Each Face	
F	F.F.L.	Finished Floor Level	바닥 마감레벨
	FIN.	Finish	마감
	FL.	Floor	바닥
	F.L.	Floor Level	바닥 레벨
G	G.L.	Ground Level	지표선
H	H.	Height	높이
I	IN	In(입구)	입구
	INT.	Interior	내부의
L	L.	Landscape/Length	조경/길이
M	MAX.	Maximum	최대값
	MEZZ.	Mezzanine	중 2층
	MIN.	Minimum	최소값
N	NO.	Number	번호
O	OPNG.	Opening	개구부
	OUT	Out	출구
P	P.C.	Precast Concrete	프리캐스트 콘크리트
R	R	Radius	반경
	R.C.	Reinforced Concrete	철근콘크리트
	REF.	Reference	참조
	REV.	Revision	수정, 변경

구분	약어	영문 원어	국문
S	S.R.C.	Steel Reinforced Concrete	철골 철근콘크리트
	ST.	Steel	철재
	SOG	Slab on grade	
T	T/	Top of	~의 상단
	THK.	Thickness	두께
	TYP.	Typical	전형적인, 공통적인
V	VAR.	Variable	변화치수
	VER.	Vertical	수직의
W	W.	Width	폭
	W/	With W/	~와(수반되는 것)
	W.M.	Wire Mesh	와이어 메시
	WD.	Wood	나무
	W.P.	Working Point	시공기준점
	WT.	Weight	중량

Memo...

1.3 기타 일반사항 [KDS 41 10 00]

문제4 구조물 설계 시 구조설계원칙에 대하여 서술하시오. [111회 1교시], [117회 1교시]

풀이 **구조설계원칙 [KDS 41 10 05]**

건축구조물 설계 시 구조물의 안전성, 사용성, 내구성, 친환경성을 고려하여 설계한다.

1) **안전성**

건축구조물은 유효적절한 구조계획을 통하여 건축구조물 전체가 발생 가능한 최대하중
에 대하여 건축구조기준(KDS 41)에 따라 구조적으로 안전하도록 설계하여야 한다.

2) **사용성**

건축구조물은 사용에 지장이 되는 변형이나 진동이 생기지 아니하도록 충분한 강성과
인성의 확보를 고려한다.

3) **내구성**

구조부재로서 특히 부식이나 마모·훼손의 우려가 있는 것에 대해서는 모재나 마감재
에 이를 방지할 수 있는 재료를 사용하는 등 필요한 조치를 취한다.

4) **친환경성**

건축구조물은 저탄소 및 자원순환 구조부재를 사용하고 피로저항성능, 내화성, 복원가
능성 등 친환경성의 확보를 고려한다.

Memo...

문제 5 시공자가 작성한 시공상세도서 중 구조설계도서의 의도에 적합한지에 대하여 책임구조 기술자로부터 확인을 받아야 할 도서에 대하여 서술하시오.

풀이 **시공상세도서의 구조안전 확인 [KDS 41 10 05]**

시공자가 작성한 시공상세도서 중 이 기준의 규정과 구조설계도서의 의도에 적합한지에 대하여 책임구조기술자로부터 구조적합성과 구조안전의 확인을 받아야 할 도서는 다음과 같다.

1) 구조체 배근시공도
2) 구조체 제작·설치도(강구조 접합부 포함)
3) 구조체 내화상세도
4) 부구조체(커튼월·외장재·유리구조·창호틀·천장틀·돌붙임골조 등) 시공도면과 제작·설치도
5) 건축 비구조요소의 설치상세도(구조적합성과 구조안전의 확인이 필요한 경우만 해당)
6) 건축설비(기계·전기비구조요소)의 설치상세도
7) 가설구조물의 구조시공상세도
8) 건설가치공학(V.E.) 구조설계도서
9) 기타 구조안전의 확인이 필요한 도서

문제6 시공과정에서 구조적합성과 구조안전을 확인하기 위하여 책임구조기술자가 수행해야 하는 업무의 종류에 대하여 서술하시오.

풀이 **시공 중 구조안전 확인 [KDS 41 10 05]**

시공과정에서 구조적합성과 구조안전을 확인하기 위하여 책임구조기술자가 이 기준에 따라 수행해야 하는 업무의 종류는 다음과 같다.

1) 구조물 규격에 관한 검토·확인
2) 사용구조자재의 적합성 검토·확인
3) 구조재료에 대한 시험성적표 검토
4) 배근의 적정성 및 이음·정착 검토
5) 설계변경에 관한 사항의 구조검토·확인
6) 시공하자에 대한 구조내력검토 및 보강방안
7) 기타 시공과정에서 구조의 안전이나 품질에 영향을 줄 수 있는 사항에 대한 검토

Memo...

문제7 책임구조기술자의 자격과 책무 그리고 서명·날인을 하여야 하는 경우에 대하여 서술하시오.

풀이 ▶ **책임구조기술자의 자격, 책무, 서명·날인**

1) 책임구조기술자의 자격

책임구조기술자는 건축구조물의 구조에 대한 설계, 시공, 감리, 안전진단 등 관련 업무를 각각 책임지고 수행하는 기술자로서, 책임구조기술자의 자격은 건축 관련 법령에 따른다(책임구조기술자의 자격은 국가시술자격법에 따른 건축구조기술사와 관련법규에서 건축물의 규모 등에 따라 정한 기타의 기술자를 포함한다).

2) 책임구조기술자의 책무

기준의 적용을 받는 건축구조물의 구조에 대한 구조설계도서(구조계획서, 구조설계서, 구조설계도 및 구조체공사시방서)의 작성, 시공, 시공상세도서의 구조적합성 검토, 공사단계에서의 구조적합성과 구조안전의 확인, 유지·관리단계에서의 구조안전확인, 구조감리 및 안전진단 등은 해당 업무별 책임구조기술자의 책임 아래 수행하여야 한다.

3) 책임구조기술자의 서명·날인

(1) 구조설계도서와 구조시공상세도서, 구조분야 감리보고서 및 안전진단보고서 등은 해당 업무별 책임구조기술자의 서명·날인이 있어야 유효하다.

(2) 건축주와 시공자 및 감리자는 책임구조기술자가 서명·날인한 설계도서와 시공상세도서 등으로 각종 인·허가행위 및 시공·감리를 하여야 한다.

Memo...

문제8 구조설계도서상에 포함되어야 할 내용에 대하여 서술하시오. [117회 1교시]

풀이 구조설계도에 포함할 내용 [KDS 41 10 05]

1) 구조기준
2) 활하중 등 주요설계하중
3) 구조재료강도
4) 구조부재의 크기 및 위치
5) 철근과 앵커의 규격, 설치 위치
6) 철근정착길이, 이음의 위치 및 길이
7) 강부재의 제작 · 설치와 접합부 설계에 필요한 전단력 · 모멘트 · 축력 등의 접합부 소요 강도
8) 기둥중심선과 오프셋, 워킹 포인트
9) 접합의 유형
10) 치올림이 필요할 경우 위치, 방향 및 크기
11) 부구조체의 시공상세도 작성에 필요한 경우 상세기준
12) 기타 구조 시공상세도 작성에 필요한 상세와 자료
13) 책임구조기술자, 자격명 및 소속회사명, 연락처
14) 구조설계 연월일

Memo...

제2장 재료

[KDS 14 20 01], [KDS 14 20 10]

→ Professional Engineer Architectural Structures

2.1 콘크리트

1. 염화물의 양 제한사항

1) 잔골재

(1) 절대건조 중량에 대한 염화물 이온량(Cl⁻) 0.02% 이하

(2) 염화나트륨(NaCl)량으로 환산하면 0.04% 이하

염화나트륨(NaCl)에 대한 염화물 이온량(Cl⁻)의 분자량비 : 0.606

2) 콘크리트

(1) 원칙 $0.3kg/m^3$ 이하

(2) 허용상한치(책임감리원 또는 구입자 승인) $0.6kg/m^3$ 이하

Memo...

2. 염화물 양 적부판단 예제

> **문제1** 아래 배합조건에 대하여 염화물 이온량(Cl^-)의 적부를 판단하시오.
>
> 단위 세골재량 : $800\,kg/m^3$, 염화물량 0.04% 이하(NaCl/세골재)
> 단위 시멘트량 : $350\,kg/m^3$, 염화물 이온함유량 0.015%
> 화학혼화제 무염화 타입 사용
> 사용단위수량 : $200\,kg/m^3$, 염화물 이온농도 200 ppm

풀이 염화물 양 적부판단

1) 잔골재 중의 염화물 이온량

   잔골재 염화물 이온량 $= 800\,kg/m^3 \times 0.04\% \times 0.606(분자량비) = 0.194(kg/m^3)$

2) 시멘트 중의 염하물 이온량

   시멘트 염화물 이온량 $= 350\,kg/m^3 \times 0.015\% = 0.053(kg/m^3)$

3) 단위수량 중의 염화물 이온량

   단위수량 염화물 이온량 $= 200\,kg/m^3 \times 200 \times 10^{-6} = 0.04(kg/m^3)$

4) 콘크리트 중의 총염화물량

   콘크리트 총염화물 이온량 $= 0.194 + 0.053 + 0.04 = 0.287(kg/m^3)$

5) 염화물 양 적부판단

   콘크리트 총염화물 이온량 $0.287\,kg/m^3 \le 0.3\,kg/m^3$ ········ O.K

Memo...

3. 콘크리트 재료 일반 – 굵은골재 최대치수

문제2 철근콘크리트 구조에서 굵은골재의 공칭 최대치수 제한에 대하여 설명하시오.

[65회 1교시]

풀이 **굵은골재의 최대 공칭치수(G) [KDS 14 20 01]**

굵은골재의 최대 공칭치수는 철근을 적절히 감싸주고 또한 콘크리트가 허니콤(honey comb) 모양의 공극을 최소화하기 위해 제한하고 있다.

일반적으로 20mm 내외의 골재(건축공사표준시방 – 보, 기둥, 슬래브의 경우 25mm 이하) 가 사용된다. 굵은골재의 최대치수에 대한 제한사항은 아래와 같다.

1) 거푸집 양측 내면 최소거리의 1/5
2) 슬래브 두께의 1/3
3) 개별 철근 순간격 3/4

그러나 책임기술자의 판단에 따라 적용하지 않을 수 있다.

Memo...

4. 콘크리트 배합강도 결정방법 [KDS 14 20 10] [82회 1교시]

배합강도(f_{cr})는 다음에 따라 결정하여야 한다.

1) 콘크리트 배합을 선정할 때 기초하는 배합강도는 표준편차의 산정에 사용할 수 있는 시험 기록이 있는 경우, 표준편차를 이용하여 아래 식으로 계산한다.

$f_{ck} \leq 35\,\mathrm{MPa}$인 경우

$$f_{cr} = f_{ck} + 1.34\,s$$
$$f_{cr} = (f_{ck} - 3.5) + 2.33\,s \text{ 중 큰 값}$$

$f_{ck} > 35\,\mathrm{MPa}$인 경우

$$f_{cr} = f_{ck} + 1.34\,s$$
$$f_{cr} = 0.9\,f_{ck} + 2.33\,s \text{ 중 큰 값}$$

2) 배합강도 f_{cr}의 결정 시 표준편차의 계산을 위한 현장강도 기록자료가 없거나, 압축강도의 시험횟수가 14회 이하인 경우 다음에 따라 결정함

설계기준압축강도, f_{ck}(MPa)	배합강도, f_{ck}(MPa)
$f_{ck} < 21$	$f_{ck} + 7$
$21 \leq f_{ck} \leq 35$	$f_{ck} + 8.5$
$f_{ck} > 35$	$1.1\,f_{ck} + 5.0$

Memo...

5. 콘크리트 1축 압축강도 시험방법 [KDS 14 20 10, KS F 2405]

1) 공시체

(1) 표준공시체 – $\phi 150 \times 300\,mm$ 원주형 공시체 사용

① 이유 : 공시체 양단부와 가압판 밀착 → 마찰력에 의한 횡압발생되므로 폭/높이의
비가 1/2일 경우 중앙부 마찰영향 미소

② 적용 : 미국, 일본, 프랑스, 국내

(2) $\phi 100 \times 200\,mm$ 공시체 사용 시 ⇒ 강도보정계수 0.97 적용

(3) 150mm 각주형 공시체 사용 시 ⇒ 강도보정계수 0.8 적용

① 이유 : 원주형 공시체에 비해 강도가 20~25% 높게 나옴

② 적용 : 영국, 독일, 이탈리아, 유럽

2) 공시체 마무리면 평활도

(1) 0.05mm 이내

(2) 마무리방법

① 면갈기(기계연마) : 무제한

② 고알루미나시멘트에 의한 캡핑 : $50N/mm^2$ 이하

③ 유황혼합물에 의한 캡핑 : $50N/mm^2$ 이하

④ 고강도 유황혼합물에 의한 캡핑 : $100N/mm^2$ 이하

⑤ 모래상자에 의한 캡핑 : $100N/mm^2$ 이하

⑥ 물·시멘트비 0.3 이하 시멘트 페이스트

(3) 요철정도에 따른 강도변화

① 0.25mm 이상요철이 발생하지 않도록 함

② 1.25mm 오목 → f_{ck}는 최대 5% 감소

③ 1.25mm 볼록 → f_{ck}는 최대 30% 감소

3) 초당 $0.15 \sim 0.35 N/mm^2$으로 가력

(1) 빠르면 강도증가

(2) 느리면 강도감소 → 장기강도는 설계강도의 85%를 적용한다.

※ 재하시의 응력증가는 최대하중에 도달하기까지 매초 $0.6 \pm 0.4 \text{N/mm}^2$의 일정속도로 규정하고 있어 KS F 2405에서 규정한 재하속도(매초 $0.15 \sim 0.35 \text{N/mm}^2$)보다는 3~4배 빠른 속도까지 ISO는 인정하고 있다.

Memo...

6. 변형도 연화

> **문제3** 콘크리트의 압축강도에 따른 응력 – 변형도 곡선 및 변형도 연화에 대해 설명하시오.
>
> [61회 1교시]

풀이 ▶ **콘크리트의 압축강도에 따른 응력 – 변형도 곡선 및 변형도 연화**

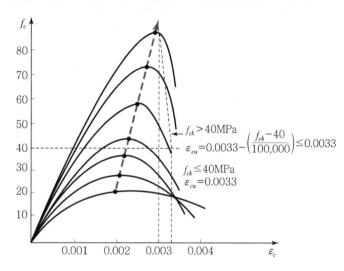

1) 응력 – 변형률 곡선

    (1) 콘크리트 압축강도의 변형률은 대략 0.002 부근에서 발생하며 강도가 증가함에 따라 압축강도의 변형률도 조금씩 증가한다.

    (2) 강도가 클수록 탄성계수도 증가한다.

    (3) 강도가 증가할수록 연성은 감소한다.

    (4) 콘크리트의 극한 변형률은 다음과 같이 가정한다.

        ① $f_{ck} \leq 40\,\mathrm{MPa}$: $\varepsilon_{cu} = 0.0033$

        ② $f_{ck} > 40\,\mathrm{MPa}$: $\varepsilon_{cu} = 0.0033 - \left(\dfrac{f_{ck} - 40}{100,000} \right) \leq 0.0033$

    (5) 작용 응력이 압축강도의 약 30% 이내일 때는 골재와 모르터 사이의 부착균열은 진전되지 않으며, 콘크리트의 응력 – 변형률 곡선은 선형적으로 변한다.

    (6) 작용 응력이 압축강도의 약 30%를 넘어서면 기존의 부착균열이 하중의 방향과 거의 평행하게 서서히 진전되기 시작하며, 응력 – 변형률 곡선은 약간의 비선형성을 보이기 시작하나 거시적으로 볼 때 선형성을 유지한다.

(7) 작용응력이 압축강도의 약 70% 정도에 이르게 되면 굵은골재와 모르터 사이의 부착균열은 모르터로 진전되어 응력-변형률 곡선의 비선형성은 더욱 커지며, 결국 변형도가 증가되어 파괴에 이르게 된다.

(8) 균열이 모르터로 진전되면 주균열이 발생하게 되고, 최대응력 이후에는 극한변형도까지 변형연화(Strain Softening) 현상을 나타낸다.

2) 변형도 연화(Strain Softening)

(1) 콘크리트의 압축강도 시험 시 변형률 재하로 시험하면 압축강도 이후 강도 감소현상이 나타나는데 이는 내부에 균열이 현저하게 증가되어 재료 입자 간 결속이 파괴되기 때문이다. 이를 변형도 연화라 한다.

(2) 하중재하로 압축시험을 하는 경우 압축강도 이후 평형한 진행을 보이다가 파괴한다. 그러므로 변형도 연화역은 관찰할 수 없다.

Memo...

7. 탄성계수 [96회 1교시]

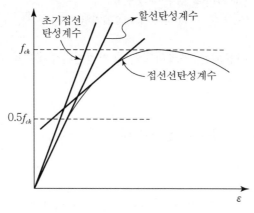

┃ 콘크리트의 접선 및 할선탄성계수 ┃

1) 콘크리트 탄성계수의 정의

응력-변형도 곡선에서 콘크리트의 탄성계수에 대한 정의는 다음과 같다.

(1) 초기접선탄성계수(Initial Modulus) : 원점에서 그은 접선의 기울기, 초기 선형상태
의 기울기

(2) 접선탄성계수(Tangent Modulus) : 임의의 점에서 그은 접선의 기울기(위치에 따라
기울기가 달라짐)

(3) 할선탄성계수(Secant Modulus) : 원점과 $0.5f_{ck}$ 또는 $0.25f_{ck}$에 대한 점을 연결한 기울
기로 국내에서는 할선탄성계수를 콘크리트의 탄성계수 E_c로 한다.

2) 콘크리트 및 보강재의 탄성계수

(1) 콘크리트의 할선탄성계수 [KDS 14 20 10]

콘크리트의 단위질량 m_c의 값이 1,450~2,500kg/m³인 경우

$$E_c = 0.077 m_c^{1.5} \sqrt[3]{f_{cm}} \, (\text{N/mm}^2)$$

다만 보통골재를 사용한 콘크리트($m_c = 2,300\text{kg/m}^3$)의 경우

$$E_c = 8,500 \sqrt[3]{f_{cm}} \, (\text{N/mm}^2)$$

여기서, $f_{cm} = f_{ck} + \triangle f (\text{N/mm}^2)$

$f_{ck} \leq 40\text{MPa}$일 경우 : $\triangle f = 4$

$f_{ck} \geq 60\text{MPa}$일 경우 : $\triangle f = 6$

$40\text{MPa} < f_{ck} < 60\text{MPa}$일 경우 : 직선보간

크리프 계산에 사용되는 콘크리트의 초기접선탄성계수와 할선탄성계수와의 관계식

$$E_{ci} = 1.18 E_c$$

(2) 철근의 탄성계수, 프리스트레싱 긴장재의 탄성계수

$$E_s = 200,000 (\text{N/mm}^2)$$

단, 프리스트레싱 긴장재의 탄성계수는 실험에 의하여 결정하거나 제조자에 의하여 주어지는 것을 원칙으로 함

(3) 형강의 탄성계수

$$E_{ss} = 205,000 (\text{N/mm}^2)$$

Memo...

8. 파괴계수

문제4 콘크리트 파괴계수를 실험 및 계산으로 결정하는 방법을 쓰시오. [73회 1교시], [88회 1교시]

풀이 휨 강도시험 [KS F 2407, 2408]

1) 실험방법

공시체는 정사각형의 단면으로 높이(=폭) d가 100, 150, 200, 250, 300mm(100 및 150mm가 표준)이며 길이는 $4h$가 표준이다. 재하시의 응력증가는 0.06 ± 0.04N/mm²의 일정속도로 규정하고 있다.

일반적으로 150×150×750mm 무근콘크리트보를 공시체로 하여 단순지지상태에서 중심재하 또는 3등분점 재하 등으로 보의 인장 측에 균열이 발생하여 파괴될 때까지 하중을 가하면서 휨인장강도를 측정하는 방법

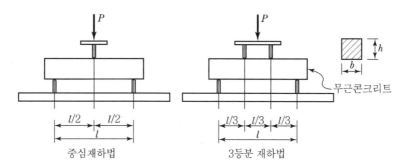

중심재하법   3등분 재하법

2) 콘크리트 파괴계수 f_r : The Modulus of Rupture

재(材)가 외력을 받아 파괴하기까지 단면이 탄성응력분포를 하고 있다고 가정하고 구한 최대응력도

$$f_r = \frac{6M}{bh^2}$$

M : 최대 모멘트, b : 공시체의 폭, h : 공시체의 높이

3) 콘크리트 구조설계기준 [KDS 14 20 30]

$$f_r = 0.63 \lambda \sqrt{f_{ck}} \ (\text{MPa})$$

9. 경량콘크리트계수 [KDS 14 20 10]

경량콘크리트 사용에 따른 영향을 반영하기 위하여 사용하는 경량콘크리트계수 λ는
다음과 같다.

① f_{sp}값이 규정되어 있지 않은 경우

  λ = 0.75, 전경량콘크리트

  λ = 0.85, 모래경량콘크리트

다만, 0.75에서 0.85 사이의 값은 모래경량콘크리트의 잔골재를 경량잔골재로 치환하는
체적비에 따라 직선보간한다.

0.85에서 1.0 사이의 값은 보통중량콘크리트의 굵은골재를 경량골재로 치환하는 체적비
에 따라 직선보간한다.

② f_{sp}값이 주어진 경우

$$\lambda = \frac{f_{sp}}{0.56\sqrt{f_{ck}}} \leq 1.0$$

Memo...

10. 쪼갬인장강도(f_{sp})시험 [88회 1교시]

1) 시험목적

(1) 콘크리트의 인장강도는 압축에 비해 매우 작으므로 콘크리트 부재설계시는 일반적으로 무시되지만 건조수축, 온도변화에 의한 균열 및 철근의 정착길이를 검토할 경우에는 고려되어야 한다.

(2) 콘크리트의 품질을 표시하는 하나의 기준이 된다.

2) 시험방법

(1) 공시체는 일반적으로 압축강도시험용 공시체의 경우와 같다.

(2) 하부 지지대의 중심을 따라 가압판을 맞추고 가압판 위에 공시체를 올려놓는다.

(3) 공시체의 중심을 맞추고 상부 가압판을 설치한다.

(4) 가압시 공시체에 충격을 주지 않도록 하며, 일정비율의 재하속도로 시험한다.

3) 시험결과 쪼갬인장강도(f_{sp})의 계산

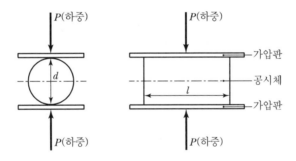

$$f_{sp} = \frac{2\,P}{\pi\,d\,l}$$

f_{sp} : 쪼갬인장강도(N/mm^2)

P : 최대하중(N)

d : 공시체의 지름(mm)

l : 공시체의 길이(mm)

11. 크리프(Creep)

> **문제5** 크리프(Creep) 현상과 이완현상(Relaxation) [62회 1교시]
>
> **문제6** 콘크리트의 크리프(Creep) 현상 [71회 1교시]
>
> **문제7** 콘크리트의 크리프에 영향을 미치는 요인에 대하여 기술하시오. [75회 1교시]
>
> **문제8** 콘크리트의 크리프 현상과 강선의 이완현상을 설명하시오. [76회 1교시]

풀이 크리프(Creep) 현상과 이완현상(Relaxation)

1) 크리프 현상

(1) 정의 : 경화된 콘크리트에 지속하중이 작용할 때 생기는 시간종속적인 변형률

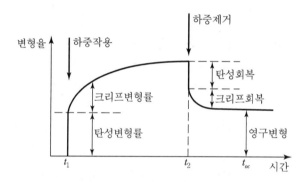

┃ 콘크리트의 탄성 및 크리프 변형률 ┃

(2) 원인

① 콘크리트가 압축을 받으면 압축응력을 전달하는 겔 입자 사이의 흡착수층이 얇게 되려는 경향 때문에 발생함

② 흡착수층의 두께 변화는 초기에 빨리 생기나 시간이 갈수록 늦어진다.

③ 새로운 위치에서 수화에 의한 결합이 형성되어 하중 제거 후에도 영구변형이 남는다.

(3) 분류

① 기본크리프 : 콘크리트와 주위와의 수분이동을 차단한 채 발생되는 시간종속적인 변형률

② 건조크리프 : 기본크리프에 건조에 의한 변형률이 추가된 것

(4) 영향요소

① 콘크리트 강도와 재령 : 강도가 클수록, 높은 재령에서 하중을 받을수록 Creep는 작아진다.

② 하중재하기간 : Creep의 약 80%는 4개월 내에 발생하고 2년 후에는 약 90% 정도가 진행된다.

③ 응력수준 : 강도와 재하기간이 같을 경우 응력증가에 따라 Creep는 증가

④ 환경조건

㉠ 습도가 증가함에 따라 Creep는 감소한다.

㉡ Creep는 온도 70℃까지는 증가하고 70~110℃까지는 감소하며, 110℃부터 다시 증가하는 현상을 보인다.

⑤ 하중재하속도 : 재하속도의 증가에 따라 Creep는 증가한다.

⑥ 물·시멘트비 : 물·시멘트비가 클수록 Creep는 증가한다.

⑦ 배합비 : 시멘트의 양이 많을수록 Creep는 증가한다.

⑧ 양생조건 : 고온증기 양생시 Creep는 감소한다.

2) 응력이완현상

(1) 강선의 긴장력 감소 요인

① Steel Relaxation　　② Concrete Creep, Shrinkage

③ 정착장치의 활동　　④ 탄성변형

⑤ 긴장재 덕트마찰

(2) Steel Relaxation

초기긴장력의 크기, 시간경과, 강종, 강도 등

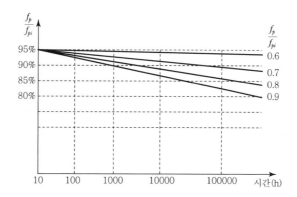

초기긴장력이 60% 정도일 경우 약 5% 초기 감소가 발생한 후 시간경과에 따른 추가 긴장력 감소는 거의 없다.

12. 콘크리트의 건조수축(Drying Shrinkage) [58회 1교시]

1) 정의

수화된 시멘트에 흡착되었던 수분이 증발하여 콘크리트에 생기는 체적변형

※ 경화수축 : 혼합된 시멘트와 물의 절대용적이 수화반응과 동시에 감소하여 수분의 공
급과 증발이 없는 경우에도 수축하는 현상

2) 영향 요인

(1) 주요 요인 – 상대습도

콘크리트와 주위 상대습도의 차이에 의해 발생

(2) 골재의 함량과 성질

시멘트페이스트는 높은 수축 잠재성을 가지고 있으나, 골재의 높은 탄성계수로 시멘
트 페이스트의 수축을 억제하는 효과가 있다.

(3) 물·시멘트비

물·시멘트비와 콘크리트 수축률은 거의 선형비례한다.

물·시멘트비가 낮을수록 실적률(골재)이 클수록 건조수축은 작아진다.

(4) 분말도, 시멘트 성분, 공기량의 영향은 미소하다.

(5) 습윤양생을 하면 건조수축이 발생하는 시점을 늦출 수 있지만 건조수축의 크기에 미
치는 습윤양생의 영향은 매우 적다.

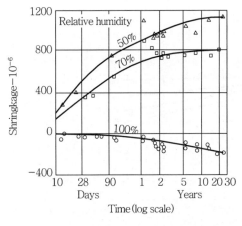

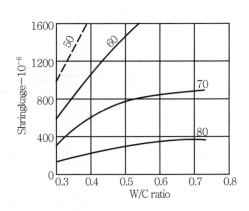

(a) 상대습도에 따른 건조수축 변형률의 크기   (b) 콘크리트 수축에 대한 골재와 물시멘트비의 영향

13. 콘크리트의 연성

> **문제9** 철근콘크리트 부재의 연성을 증가시킬 수 있는 방법에 대해 설명하시오.
>
> [63회 1교시], [101회 1교시 유사]
>
> **문제10** 구조물의 연성능력(Ductility Capacity)이 내진성능에 미치는 영향을 설명하고 철골부재와 철근콘크리트부재의 연성능력을 향상시킬 수 있는 방법을 설명하시오. [72회 4교시]
>
> **문제11** 휨부재에서 인장철근비의 영향을 포함하여 부재의 연성에 영향을 주는 요인을 서술하시오. [73회 1교시]

풀이 **콘크리트의 연성 증가**

1) 콘크리트의 연성을 증가시킬 수 있는 방법

    (1) 콘크리트 내에 연성재료를 혼합시키는 방법

        콘크리트 내에 인장에 대한 저항능력이 우수한 섬유를 보강하여 콘크리트의 취성을 개선하는 방법이다. 섬유보강 콘크리트의 종류는 다음과 같다.

        ① 강섬유 콘크리트

        ② 유리섬유보강 콘크리트

        ③ 탄소섬유보강 콘크리트

        ④ 비닐론섬유 콘크리트

    (2) 적절한 배근 상세를 통한 콘크리트의 연성 확보

        ① 횡구속된 콘크리트 - 3축 압축에 의한 강도증가, 최대변형도 증가(Stirrup, Hoop 배근 상세)

        ② 보의 인장철근비가 낮을수록 연성증가

        ③ 압축철근을 증가시키면 연성증가

        ④ 기둥의 경우 축력이 감소하면 연성증가. 따라서 이러한 특성을 반영하여 강진지역에서는 기둥의 압축력이 $0.2P_o$ 이하가 되도록 권장한다.

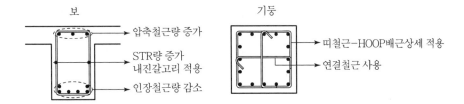

2) 곡률연성계수(The Curvature Ductility Factor)를 이용한 보의 연성검토

$$\text{The Curvature Ductility Factor} = \frac{\phi_u}{\phi_y}$$

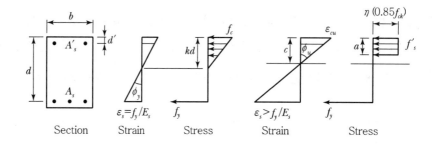

$$\phi_y = \frac{f_y/E}{d(1-k)}, \quad \phi_u = \frac{\varepsilon_{cu}}{c}$$

(1) 인장철근량이 증가하면 연성은 감소한다.

∵ k와 a값이 증가하므로 ϕ_y는 증가하고, ϕ_u는 감소하기 때문이다.

(2) 압축철근이 증가하면 연성은 증가한다.

∵ k와 a값이 감소하므로 ϕ_y는 감소하고, ϕ_u는 증가하기 때문이다.

(3) 철근의 항복강도가 증가하면 연성은 감소한다.

∵ f_y/E와 a값이 증가하므로 ϕ_y는 증가하고, ϕ_u는 감소하기 때문이다.

(4) 콘크리트 강도가 증가하면 연성은 증가한다.

∵ k와 a값이 감소하므로 ϕ_y는 감소하고, ϕ_u는 증가하기 때문이다.

(5) 콘크리트의 극한 변형률이 증가하면 ϕ_u가 증가하기 때문에 연성은 증가한다.

3) 보의 처짐연성비(Deflection Ductility)

$$\text{처짐연성비} = \frac{\delta_u}{\delta_y}$$

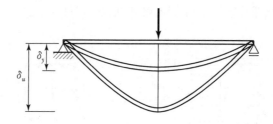

문제 12 다음 조건을 갖는 보의 처짐 연성비(Deflection Ductility)를 구하시오. [72회 4교시]

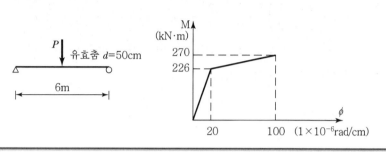

풀이 보의 처짐 연성비(Deflection Ductility) 산정

1) l_p 산정(Mattock's Equation 적용)

$$l_p = 0.5d + 0.05z = 0.5 \times 50 + 0.05 \times 300 = 40\,\text{cm}$$

2) 곡률분포도 작성

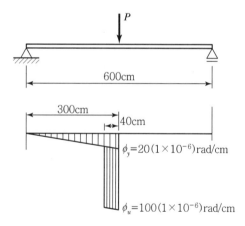

3) δ_y 산정

$$\delta_y = \left(\phi_y \times \frac{l}{2} \times \frac{1}{2}\right) \times \left(\frac{l}{2} \times \frac{2}{3}\right)$$

$$= 20 \times 300 \times 1/2 \times 300 \times 2/3 = 600,000\,(1 \times 10^{-6})\text{cm}$$

4) δ_u 산정

$$\delta_u = \left(\phi_y \times \frac{l}{2} \times \frac{1}{2} \right) \times \left(\frac{l}{2} \times \frac{2}{3} \right) + (\phi_u - \phi_y) \times l_p \times \left(\frac{l}{2} - \frac{l_p}{2} \right)$$

$$= 20 \times 300 \times 1/2 \times 300 \times 2/3 + (100 - 20) \times 40 \times (300 - 20)$$

$$= 1,496,000 \ (1 \times 10^{-6}) \text{cm}$$

5) 보의 처짐연성비 산정

$$\frac{\delta_u}{\delta_y} = \frac{1,496,000}{600,000} = 2.49$$

Memo...

14. 각종 콘크리트

문제 13 매스 콘크리트(Mass Concrete)의 온도 균열 제어에 대하여 다음 사항을 설명하시오.

[72회 2교시], [113회 4교시 유사]

(1) 적용범위   (2) 수화열과 균열
(3) 온도균열지수   (4) 온도균열 제어방법

풀이 매스 콘크리트(Mass Concrete)

1) 적용범위
   (1) 매스 콘크리트의 정의
      부재단면의 최소치수가 80cm 이상이고, 수화열에 의한 콘크리트의 내부 최고온도
      와 외기온도의 차이가 25℃ 이상으로 예상되는 콘크리트
   (2) 적용
      교량의 상판, 교각, 초고층건축물의 기초매트, 코어월, 기둥, 보등 수화열에 의한 내부
      온도와 외기온도의 차이에 의해 온도균열이 예상되는 곳에 적용한다.

2) 수화열과 균열
   시멘트는 수화반응시 125cal/g 정도의 수화열이 발생하게 되며 이 수화열로 인해 콘크
   리트 내부온도가 상승하게 된다. 이때 내외부 온도차에 의해 온도균열이 발생하게 되는
   데 균열의 발생기구를 정리하면 다음과 같다.

   (1) 내부구속응력에 의한 균열
      ① 콘크리트 내부는 시멘트 수화열에 의하여 높고 표면은 외기온도의 영향으로 낮
         아 외기에 면한 쪽에 인장응력이 발생하게 되며 이로 인해 균열이 발생한다.
      ② 일반적으로 콘크리트 내부와 외부의 온도차는 부어넣은 후 1~3일 이내에 최대
         가 된다.
      ③ 균열은 거푸집 탈형 후에 0.1~0.3mm 정도로 규칙성은 없고 단면을 관통하지
         않는다.
   (2) 외부구속응력에 의한 균열
      ① 외부구속력이 클 경우에는 콘크리트에 발생하는 수화열이 식을 때 발생하는 수
         축에 의해 균열이 발생하게 된다.
      ② 외부구속력이 크고 부재의 치수가 클 경우에는 부재를 관통하는 균열이 발생할
         경우가 많고 이로 인하여 구조부재의 내력에도 큰 영향을 미친다.

3) 온도균열지수

매스콘크리트에서 균열발생의 방지 또는 그의 발생위치나 균열폭의 제어가 필요한 구조에 대하여 온도변화, 온도응력의 계산을 실시하고 이로부터 온도균열지수를 구해 균열발생의 가능성을 평가하는 방법이다.

온도균열지수 : 콘크리트의 인장강도를 온도응력으로 나눈 값

$$I_a(t) = \frac{\sigma_t(t)}{\sigma_x(t)}$$

$\sigma_x(t)$: 재령 t일에서의 수화열에 의하여 생긴 부재 내부의 온도응력 최대값

$\sigma_t(t)$: 재령 t일에서의 콘크리트의 인장강도로서 재령 및 양생온도를 고려하여 구함

※ 온도균열지수는 재령에 따라 변하므로 재령을 변화시켜 제일 작은 값을 구하여야 한다.

4) 온도균열 제어방법

(1) 저열기시멘트, 혼합시멘트 등 수화열이 적은 시멘트 선정

(2) 단위시멘트량 감소

(3) 온도균열을 최소화할 수 있는 시공방법 선정

(4) 콘크리트 타설간격 및 부어넣기 높이 고려

(5) 균열제어 철근의 배치

(6) 프리쿨링, 파이프 쿨링 등 수화열 저감대책 마련

문제14 반응성 분체콘크리트(Reactive Powder Concrete)에 대하여 설명하시오. [77회 1교시]

풀이 반응성 분체콘크리트(Reactive Powder Concrete)

1) 개요

최근 건축, 토목분야 구조물의 고층화, 대형화 등이 진행되면서 콘크리트의 고성능화에 대한 요구가 급속도로 증가하고 있다. 특히 국내에서도 고층아파트 및 오피스텔의 신축으로 고강도 콘크리트의 필요성은 이미 인지한 상태에 있으며 세계적으로는 고강도 콘크리트 범위를 넘어서 초고강도 콘크리트의 개발 및 실용화가 진행되고 있다. 그중 슬럼프 플로우 200mm 이상에서 일반양생의 경우 28일 압축강도가 약 200MPa을 발현하며, 90℃에서 2일간 양생한 경우 3일 강도가 무려 240MPa까지 발현하는 Reactive Power Concrete(RPC)에 대한 관심이 국내에서 높아지고 있다.

2) RPC 콘크리트의 기본개념 및 특성

(1) 시멘트와 초미립자 혼합을 통하여 경화체 공극을 감소(2나노미터 이하의 연결되지 않은 공극 : 일반 200나노미터)시켜 압축강도를 증진시키는 개념과 Fiber 첨가에 의한 연성의 증가를 기본개념으로 하여 제조된 콘크리트이다.

(2) 압축강도에 대한 응력－변형률 곡선의 형태가 Steel의 거동과 유사할 정도로 연성이 크게 향상된다.

(3) 물량 대비 경제적인 측면에서도 Steel에 비해 상당한 경제성을 확보하고 있다.

Memo...

문제 15 고강도 콘크리트의 폭렬현상에 대하여 쓰고, 폭렬저감방안에 대하여 논하시오.

[86회 1교시], [90회 1교시], [116회 1교시], [120회 4교시 유사]

풀이 ▶ 고강도 콘크리트의 폭렬현상

1) 폭렬현상
(1) 고강도 철근콘크리트 부재의 경우 고강도를 발휘하기 위해 미세립의 혼화재를 사용하고, 콘크리트 내부의 미세공극을 매워 조직을 조밀하게 한다. 화재 발생 시 콘크리트 내부 수증기의 배출이 어려워 고온에서 갑자기 부재의 표면이 심한 폭음과 함께 박리 및 탈락하는 현상

(2) 구조부재의 가열속도가 20~30℃/분인 화재와 같은 고온조건이나 빠르게 증가하는 온도조건에 노출되었을 때 부재표면에서부터 일정 층이나 조각이 파괴되는 현상

2) 폭렬저감방안
(1) 표층부의 온도상승, 온도구배를 저감하는 방안
내화모르타르 또는 내화보드를 피복하거나 내화도료를 도포하여 표층부의 온도상승 및 온도구배를 저감시키는 방안

(2) 수증기압 저감 및 수분이동을 용이토록 하는 방안
고강도 콘크리트 중에 단섬유형 합성섬유를 혼합하여 화재 시 녹아 수증기의 통로를 형성하거나, 강섬유 등에 의한 인장강도를 증진시켜 균열을 억제시켜 폭렬을 저감하는 방안

(3) 폭렬에 의한 콘크리트의 비산방지 방안
콘크리트 측면에 강철판 및 메탈라스 등을 시공하여 인성을 부여하는 방법

(4) 폭렬억제형 피복콘크리트 이용하는 방안
내화모르타르나 내화보드와 같이 고강도콘크리트 표면에 내화층을 형성하여 수열온도를 제어하는 방안

문제 16 고온에 노출된 보통콘크리트의 노출온도 크기에 따른 응력 – 변형도 곡선의 변화특성을 화해(Fire Damage)에 노출되지 않은 상온의 콘크리트 응력 – 변형도 곡선과 비교하여 도시하고 설명하시오. [89회 1교시]

풀이 일반강도 콘크리트와 고강도 콘크리트의 온도에 따른 응력 – 변형률 곡선 변화

1) 일반강도 콘크리트의 온도에 따른 응력 – 변형률 곡선 변화

   (1) 100℃까지는 탄성재료 특성을 가진다.

   (2) 온도가 증가함에 따라 압축강도는 약 80~90℃에서 10~35%의 감소를 나타내고 90℃를 넘어서면서 다시 증가하다가 200~500℃ 사이에서 선형적인 감소를 나타낸다.(Bazant and Kaplan)

   (3) 200℃에서는 최대응력에 도달한 후 소성재료 특성을 보이게 된다.

   (4) 300℃까지 가열될 경우 초기압축강도에 약 10~20% 정도 강도저하가 발생한다.

   (5) 600℃에서는 60~75% 정도의 강도저하가 발생한다.

   (6) 온도가 증가함에 따라 최대 압축강도는 감소한다.

2) 고강도 콘크리트의 온도에 따른 응력 – 변형률 곡선 변화

   (1) 고강도콘크리트는 상온에서 취성적 특성을 보이고 있다.

   ① 고강도 콘크리트의 응력 – 변형도 곡선은 일반강도콘크리트에 비해 가파르게 최대응력에 도달한다.

   ② 최대응력 이후에 있어서도 가파른 하강을 보이고 있다.

   (2) 200℃까지는 탄성재료 특성을 보인다.

   (3) 300℃ 이상에서는 소성재료의 특성을 보인다.

   (4) 450℃ 미만에서 초기 압축강도의 거의 40% 정도 강도저하가 발생한다.

   (5) 일반강도콘크리트에 비하여 최대응력 이후에 잔존 에너지가 적기 때문에 더 쉽게 붕괴될 수 있다.

   (6) 온도가 증가함에 따라 최대 압축강도는 감소한다.

   (7) 온도가 증가함에 따라 극한변형도는 증가한다.

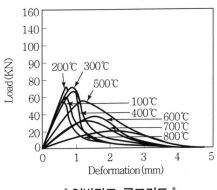

‖ 일반강도 콘크리트 ‖

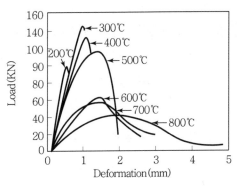

‖ 고강도 콘크리트 ‖

2.2 철근

1. 철근 재료 일반

1) 철근의 종류 및 역학적 성질

일반철근			용접철근			내진철근		
표기	F_y (MPa)	F_u (MPa)	표기	F_y (MPa)	F_u (MPa)	표기	F_y (MPa)	F_u (MPa)
SD300	300 이상	440 이상	–	–	–	–	–	–
SD400	400 이상	560 이상	SD400W	400 이상	560 이상	SD400S	400~520	$1.25F_y$ 이상
SD500	500 이상	620 이상	SD500W	500 이상	620 이상	SD500S	500~620	$1.25F_y$ 이상
SD600	600 이상	710 이상	–	–	–	SD600S	600~720	$1.25F_y$ 이상
SD700	700 이상	800 이상	–	–	–	–	–	–

2) 이형철근의 제원

이형철근의 표기법은 D 뒤에 지름의 근사값을 mm로 나타낸다.

호칭명	단위무게 (kg/m)	공칭지름 (mm)	공칭단면적 (mm²)	공칭둘레 (mm)	마디의 평균 간격 최대치 (mm)
D6	0.249	6.35	31.6	20	4.4
D10	0.560	9.53	71.3	30	6.7
D13	0.995	12.7	126.7	40	8.9
D16	1.56	15.9	198.6	50	11.1
D19	2.25	19.1	286.7	60	13.4
D22	3.04	22.2	387.1	70	15.5
D25	3.98	25.4	506.7	80	17.8
D29	5.04	28.6	642.4	90	20.0
D32	6.23	31.8	794.2	100	22.3
D35	7.51	34.9	956.6	110	24.4
D38	8.95	38.1	1,140	120	26.7
D41	10.5	41.3	1,340	130	28.9
D51	15.9	50.8	2,027	160	35.6

2. 항복강도 결정방법 및 용접철망 냉간신선

> **문제 17** 용접철망 제조 시 냉간신선하는 이유와 f_y가 400MPa 이상인 경우 항복강도를 정하는
> 방법 [61회 1교시]
>
> **문제 18** 고강도 강재 가공된 강재에서 명확한 항복점이 존재하지 않을 경우가 있다. 이 경우
> (항복강도)를 결정하는 방법을 설명하시오. [66회 1교시]

풀이 냉간신선의 정의와 항복강도 결정법

1) 냉간신선
   (1) 정의 : 열간압연에 의해 제작된 연강선을 상온에서 직경이 작은 다이스를 통과시켜
   길이를 늘이는 작업
   (2) 목적 : 가공경화(변형도 연화)에 의해 항복강도 증가
   (3) 단점 : 가공경화에 의해 연신율이 저하되므로 취성파괴의 우려가 있다.(큰 연성을
   필요로 하는 내진구조의 경우 주의하여야 함)

2) 항복점이 명확히 나타나지 않을 경우 항복강도 정하는 법 : Offset Method
   0.2%의 영구변형도를 가지는 점에서 비례한도 내의 직선의 기울기와 평행하게 선을 그
   었을 때, 응력－변형도 곡선과 만나는 점에서의 응력을 항복강도로 한다.

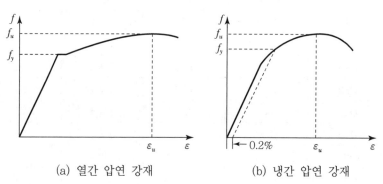

| (a) 열간 압연 강재 | (b) 냉간 압연 강재 |

3) 용접철망의 장단점
   (1) 용접철망 : 냉간신선을 거친 연강선을 격자형으로 용접하여 제작한다.
   (2) 장점 : 가공조립의 인력이 절감되고 배근이 정확하며, 공기가 단축된다.
   (3) 단점 : 냉간신선 공정으로 인해 연성이 저하하므로 취성파괴의 우려가 있다.
   　　　　망눈 치수에 제한, 구부림, 절단 등에 의한 손실 과다

문제 19 다음 철근의 5가지 표기에 대한 의미를 쓰시오. [119회 1교시]

풀이 **강종 마킹표시의 의미**

① 용접용 철근 표시
- 일반 철근 : 마킹 없음
- 용접용 철근 : 원산지 앞에 * 표시

② 제조국(원산지)

　K : Korea, J : Japan, C : China 등

③ 제작회사

　HS : 현대제철, DK : 동국제강 등

④ 철근 호칭

　16 : D16, 25 : D25 등

⑤ 철근 강도

강종 구분		표시방법	
		숫자	Dot
일반용	SD300　녹색	각인 없음	각인 없음
	SD350　적색	3	*
	SD400　황색	4	**
	SD500　흑색	5	***
	SD600　회색	6	****
	SD700　하늘색	7	*****
용접용	SD400W　백색	*+4	*+**
	SD500W　분홍색	*+5	*+***

Memo...

문제20 기존 콘크리트에 묻혀 있는 철근에 새로운 철근을 잇고자 할 때, 기준사항을 KDS 14 20 52에 근거하여 설명하시오.

풀이 기존 콘크리트에 묻혀 있는 철근이 용접용 철근이 아니더라도 설계기준항복강도가 500 MPa 이하인 철근은 다음에 따라 용접용 철근과 겹침 용접이음할 수 있다. 단, 피로하중을 받는 교량의 최대 모멘트 위치에는 적용할 수 없다.

1) 탄소당량이 0.55% 이하인 경우 지름이 22mm 이상 32mm 이하인 철근은 10℃로 예열한 후에 지름이 19mm 이하인 철근은 예열 없이 용접용 철근과 겹침 용접이음할 수 있다.

2) 탄소당량이 0.55%를 초과하고 0.65% 이하인 경우 지름이 22mm 이상 32mm 이하인 철근은 90℃로 예열한 후에, 지름이 19mm 이하인 철근은 40℃로 예열한 후에 용접용 철근과 겹침 용접이음할 수 있다.

3) 탄소당량이 0.65%를 초과하고 0.75% 이하인 경우 지름이 22mm 이상 32mm 이하인 철근은 200℃로 예열한 후에, 지름이 19mm 이하인 철근은 150℃로 예열한 후에 용접용 철근과 겹침 용접이음할 수 있다.

4) 탄소당량이 0.75%를 초과하는 경우 지름이 22mm 이상 32mm 이하인 철근은 260℃로 예열한 후에, 지름이 19mm 이하인 철근은 150℃로 예열한 후에 용접용 철근과 겹침 용접이음할 수 있다.

Memo...

문제21 중연성도와 고연성도가 요구되는 구조형식의 구조물에 사용하는 내진용철근에 대하여 KDS 2019에 근거하여 설명하시오. [118회 3교시 유사]

풀이 내진용 철근 [KDS 41 17 ; 9.3]

모멘트골조부재, 벽체의 경계요소, 연결보에 사용되는 주철근에 대해서는 다음과 같은 성능을 가진 한국산업규격의 내진용철근(SD400S, SD500S, SD600S)을 사용하여야 한다.

1) 철근의 인장강도는 항복강도를 일정 이상 초과하는 충분한 강도를 가져야 한다.
    부재의 소성힌지에서 충분한 변형능력을 발휘하기 위해서는 철근이 항복강도 대비 충분한 인장강도와 신장률을 가져야 한다.
2) 철근의 실제 항복강도는 설계기준항복강도 대비 과도한 강도를 나타내서는 안 된다.
    철근의 실제 항복강도가 설계기준항복강도보다 과도하게 크면, 설계자가 원하지 않는 취성파괴가 발생할 수 있다.
3) 철근은 충분한 신장률을 나타내야 한다.

Memo...

2.3 확대머리 전단스터드와 확대머리 전단철근

> 문제 22 확대머리 전단스터드와 확대머리 전단철근에 대한 재료적 제한사항을 설명하시오.

풀이 확대머리 전단스터드 및 확대머리 전단철근

1) 확대머리 전단스터드

확대머리 전단스터드에서 확대머리의 지름은 전단스터드 지름의 $\sqrt{10}$ 배 이상이어야 한다.

2) 확대머리 전단 철근

확대머리 철근에서 철근 마디와 리브의 손상은 확대머리의 지압면부터 $2d_b$를 초과할 수 없다.

여러 개의 확대머리 전단스터드가 하나의 레이에 부착되는 경우에, 스터드에 소요되는 정착력이 발현될 때까지 레일이 항복하지 않도록 적합한 재료로 충분한 폭과 두께를 가져야 한다.

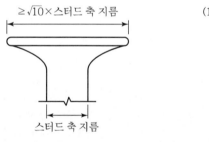
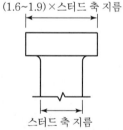

| 확대머리 전단스터드 | | 머리붙이 스터드(KS B 1062) |

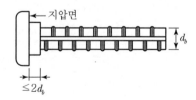

제3장 설계하중 및 하중조합

[KDS 14 20 10]

3.1 하중계수와 강도저감계수

1. 극한강도설계법에서 구조물의 안전도 확보방안 및 하중계수, 하중조합, 강도감소계수

3.1 하중계수와 강도저감계수

1. 극한강도설계법에서 구조물의 안전도 확보방안 및 하중계수, 하중조합, 강도감소계수

> **문제1** 철근콘크리트구조 강도설계법에서 안전기준(Safety Provisions)을 설명하시오. [63회 3교시]
>
> **문제2** 철근콘크리트 부재 설계시 구조 안전성의 개념 [67회 1교시]
>
> **문제3** 일반적으로 철근콘크리트 구조 설계에서 하중계수 및 강도 저감계수를 사용하는 이유를 간단하게 설명하시오. [69회 1교시]
>
> **문제4** 철근콘크리트 구조설계에서 강도감소계수를 사용하는 이유에 대하여 설명하시오.
> [75회 1교시]
>
> **문제5** 하중조합에서 0.9 하중계수의 의미를 설명하시오. [83회 1교시]

풀이 설계규준의 안전규정

1) 안전규정
   (1) 하중계수 u
   (2) 강도저감계수 ϕ
   설계강도 ≥ 소요강도

$$\phi R_n \geq U$$

   R_n : 부재의 공칭강도 - 사용재료와 부재단면에 의하여 계산된 강도
   ϕ : 강도저감계수
   U : 소요강도 = 하중계수 × 작용하중
   즉, 휨 모멘트 : $\phi M_n \geq M_u$, 전단력 : $\phi V_n \geq V_u$
   축력 : $\phi P_n \geq P_u$, 비틀림 모멘트 : $\phi T_n \geq T_u$

2) 하중계수 및 강도감소계수를 사용하는 이유
   (1) 재료 및 부재의 강도가 예상된 값보다 작을 수 있다.
      ① 재료가변성, 시험재하속도의 영향, 현장과 시험의 차이, 건조수축의 영향 등
      ② 철근위치, 휘어짐, 치수의 오차
      ③ 설계가정

(2) 과재하 발생가능성

　　하중의 크기가 가정된 것과 다를 수 있다.

(3) 파괴결과의 심각성

　　인명안전과 유지보수의 경제성

3) 강도감소계수

불의의 사고로 인해 구조물의 파괴가 발생할 때 취성에 의한 급작스런 파괴를 방지하기 위함

※ 보와 기둥의 강도감소계수가 다른 이유

(1) 기둥은 보에 비해 연성이 작다

(2) 기둥은 콘크리트 강도변화에 큰 영향을 받는다.

(3) 콘크리트 기둥은 보에 비해 큰 재하면적을 가진다.

(4) 파괴 시 야기되는 손실이 더 크다.

4) 하중계수와 하중조합 [KDS 41 12 : 2022]

강구조물과 달리 적용하던 하중계수를 통일함

철근콘크리트구조물을 설계할 때는 아래에 제시된 하중계수와 하중조합을 모두 고려하여 해당구조물에 작용하는 최대 소요강도에 대하여 만족하도록 설계되어야 한다.

$$U = 1.4(D+F) \cdots\cdots\cdots (식\ 1)$$

$$U = 1.2(D+F+T) + 1.6(L + \alpha_H H_v + H_h) + 0.5(L_r\ 또는\ S\ 또는\ R) \cdots (식\ 2)$$

$$U = 1.2D + 1.6(L_r\ 또는\ S\ 또는\ R) + (1.0L\ 또는\ 0.65W) \cdots\cdots (식\ 3)$$

$$U = 1.2D + 1.0W + 1.0L + 0.5(L_r\ 또는\ S\ 또는\ R) \cdots\cdots (식\ 4)$$

$$U = 1.2(D+H_v) + 1.0E + 1.0L + 0.2S + (1.0H_h\ 또는\ 0.5H_h) \cdots\cdots (식\ 5)$$

$$U = 1.2(D+F+T) + 1.6(L + \alpha_H H_v) + 0.8H_h + 0.5(L_r\ 또는\ S\ 또는\ R)\ (식\ 6)$$

$$U = 0.9(D+H_v) + 1.0W + (1.6H_h\ 또는\ 0.8H_h) \cdots\cdots (식\ 7)$$

$$U = 0.9(D+H_v) + 1.0E + (1.0H_h\ 또는\ 0.5H_h) \cdots\cdots (식\ 8)$$

다만, α_H는 연직방향 하중 H_v에 대한 보정계수로서, $h \leq 2\text{m}$에 대해서 $\alpha_H = 1.0$이며, $h > 2\text{m}$에 대해서 $\alpha_H = 1.05 - 0.025h \geq 0.875$이다.

① 차고, 공공집회 장소 및 L이 5.0kN/m² 이상인 모든 장소 이외에는 식 (식 3), (식 4) 및 (식 5)에서 L에 대한 하중계수를 0.5로 감소시킬 수 있다.

② 구조물에 충격의 영향이 있는 경우 활하중(L)을 충격효과(I)가 포함된 $(L+I)$로 대체하여 상기 식들을 적용하여야 한다.

③ 부등침하, 크리프, 건조수축, 팽창콘크리트의 팽창량 및 온도변화는 사용구조물의 실제적 상황을 고려하여 계산하여야 한다.

> 여기서, U : 계수하중 또는 이에 의해서 생기는 단면에서 저항하여야 할 소요강도
> D : 고정하중, 또는 이에 의해서 생기는 단면력
> E : 지진하중, 또는 이에 의해서 생기는 단면력
> F : 유체의 밀도를 알 수 있고, 저장 유체의 높이를 조절할 수 있는 유체의 중량 및 압력에 의한 하중 또는 이에 의해서 생기는 단면력
> H_h : 흙, 지하수 또는 기타 재료의 횡압력에 의한 수평방향 하중, 또는 이에 의해서 생기는 단면력
> H_v : 흙, 지하수 또는 기타 재료의 자중에 의한 연직방향 하중, 또는 이에 의해서 생기는 단면력
> L : 활하중 또는 이에 의해서 생기는 단면력
> L_r : 지붕활하중 또는 이에 의해서 생기는 단면력
> R : 강우하중 또는 이에 의해서 생기는 단면력
> S : 적설하중 또는 이에 의해서 생기는 단면력
> T : 온도, 크리프, 건조수축 및 부등침하의 영향 등에 의해서 생기는 단면력
> W : 풍하중 또는 이에 의해서 생기는 단면력
> α_H : 토피의 두께에 따른 연직방향 하중 H_v에 대한 보정계수
> $h \leq 2\text{m}$에 대해서, $\alpha_H = 1.0$
> $h > 2\text{m}$에 대해서, $\alpha_H = 1.05 - 0.025h \geq 0.875$

5) 강도감소계수 ϕ

  (1) 인장지배단면 ··· 0.85

  (2) 압축지배단면

   ① 나선철근 규정에 따라 나선철근으로 보강된 철근콘크리트 부재 ············· 0.70

   ② 그 외의 철근콘크리트 부재 ··· 0.65

   ③ 공칭강도에서 최외단 인장철근의 순인장변형률 ε_t이 압축지배와 인장지배단면 사이일 경우에는, ε_t가 압축지배 변형률 한계에서 0.005로 증가함에 따라 ϕ값을 압축지배 단면에 대한 값에서 0.85까지 증가시킨다.

  (3) 전단력과 비틀림모멘트 ··· 0.75

  (4) 콘크리트의 지압력(포스트텐션 정착부나 스트럿－타이 모델은 제외) ··········· 0.65

  (5) 포스트텐션 정착구역 ··· 0.85

(6) 스트럿-타이 모델과 그 모델에서 스트럿, 절점부 및 지압부 ·························· 0.75

　　　　　　　　　　　　　　　　　　　　　타이 ·························· 0.85

(7) 긴장재 묻힘길이가 정착길이보다 작은 프리텐션부재의 휨단면

　　① 부재의 단부에서 전달깊이 단부까지 ······························· 0.75

　　② 전달길이 단부에서 정착길이 단부 사이의 ϕ값은 0.75에서 0.85까지 선형적으로 증가시킨다. 다만, 긴장재가 부재 단부까지 부착되지 않은 경우에는, 부착력 저하 깊이의 끝에서부터 긴장재가 매입된다고 가정하여야 한다.

(8) 무근콘크리트의 휨모멘트 압축력, 전단력, 지압력 ······························· 0.55

Memo...

문제6 사무실구조물 일반 층의 보 부재에 고정하중, 활하중, 풍하중에 의해 휨모멘트가 다음과 같이 작용하고 있다. $M_D = 60$kN·m, $M_L = 30$kN·m, $M_W = \pm120$kN·m, $M_E = 80$kN·m 설계 휨모멘트를 구하시오.(단, 풍하중은 500년 재현주기에 해당하는 하중)

풀이 하중조합

1) $U = 1.4(D + F + H_v)$에서 $F = 0$, $H_v = 0$

   설계모멘트 $M_u = 1.4 \times 60 = 84$kN · m

2) $U = 1.2(D + F + T) + 1.6(L + \alpha_H H_v + H_h) + 0.5(L_r$ 또는 S 또는 $R)$에서

   $F = 0$, $T = 0$, $H = 0$, $L_r = 0$, $S = 0$, $R = 0$

   설계모멘트 $M_u = 1.2 \times 60 + 1.6 \times 30 = 120$kN · m

3) $U = 1.2D \pm 1.0W + 1.0L + 0.5(L_r$ 또는 S 또는 $R)$

   설계모멘트 $M_u = 1.2 \times 60 \pm 1.0 \times 120 + 0.5 \times 30 = 87 \pm 120$kN · m

   $\qquad\qquad\qquad = 207$ or -33kN · m

   차고, 공공집회 장소 및 $L = 5.0$kN/m² 이상인 장소 이외의 경우 $1.0L$은 $0.5L$로 감소시킬 수 있다.

4) $U = 0.9D \pm 1.0W + 1.6(\alpha_H H_v + H_h)$

   설계모멘트 $M_u = 0.9 \times 60 \pm 1.0 \times 120 = 54 \pm 120 = -66$ or 174kN · m

5) $U = 1.2D + 1.0E + 1.0L + 0.2S$

   설계모멘트 $M_u = 1.2 \times 60 + 1.0 \times 80 + 0.5 \times 30 = 167$kN · m

   차고, 공공집회 장소 및 $L = 5.0$kN/m² 이상인 장소 이외의 경우 $1.0L$은 $0.5L$로 감소시킬 수 있다.

6) $U = 0.9D + 1.0E + 1.6(\alpha_H H_v + H_h)$

   설계모멘트 $M_u = 0.9 \times 60 + 1.0 \times 80 = 134$kN · m

   $\therefore$ 설계모멘트 $M_u = 243$kN · m

문제7 철근 콘크리트 구조물의 설계를 위해 선형탄성 해석을 실시한 결과, 한 부재에 대하여 각 하중별 아래와 같은 결과를 얻었다 이 결과를 바탕으로 KDS 41 12 : 2022에 근거하여 계수휨모멘트와 계수전단력을 구하라.(단, 풍하중은 500년 재현주기)

고정하중 : $M_D = 180\,\text{kN} \cdot \text{m}, \ V_D = 220\,\text{kN}$

활하중 : $M_L = 150\,\text{kN} \cdot \text{m}, \ V_L = 170\,\text{kN}$

풍하중 : $M_W = 85\,\text{kN} \cdot \text{m}, \ V_W = 105\,\text{kN}$

지진하중 : $M_E = 90\,\text{kN} \cdot \text{m}, \ V_E = 120\,\text{kN}$

풀이 ▶ 하중조합

1) 계수 휨모멘트 산정

$M_{u1} = 1.4 M_D = 1.4 \times 180 = 252\,\text{kN} \cdot \text{m}$

$M_{u2} = 1.2 M_D + 1.6 M_L = 1.4 \times 180 + 1.6 \times 150 = 456\,\text{kN} \cdot \text{m}$

$M_{u3} = 1.2 M_D + 1.0 M_L + 1.0 M_W$

$\qquad = 1.2 \times 180 + 1.0 \times 150 + 1.0 \times 85 = 451\,\text{kN} \cdot \text{m}$

$M_{u4} = 0.9 M_D + 1.0 M_W$

$\qquad = 0.9 \times 180 + 1.0 \times 85 = 247\,\text{kN} \cdot \text{m}$

$M_{u5} = 1.2 M_D + 1.0 M_L + M_E$

$\qquad = 1.2 \times 180 + 1.0 \times 150 + 1.0 \times 90 = 456\,\text{kN} \cdot \text{m}$

$M_{u6} = 0.9 M_D + 1.0 M_E$

$\qquad = 0.9 \times 180 + 1.0 \times 90 = 252\,\text{kN} \cdot \text{m}$

$$\therefore \ M_u = 456\,\text{kN} \cdot \text{m}$$

아래의 하중조합에 대하여도 검토하여야 한다.

$M_{u3} = 1.2 M_D + 1.0 M_L - 1.0 M_W$

$M_{u4} = 0.9 M_D - 1.0 M_W$

$M_{u5} = 1.2 M_D + 1.0 M_L - M_E$

$M_{u6} = 0.9 M_D - 1.0 M_E$

2) 계수 전단력 산정

$V_{u1} = 1.4\, V_D = 1.4 \times 220 = 308\,\mathrm{kN}$

$V_{u2} = 1.2\, V_D + 1.6\, V_L = 1.4 \times 220 + 1.6 \times 170 = 536\,\mathrm{kN}$

$V_{u3} = 1.2\, V_D + 1.0\, V_L + 1.0\, V_W$

$\quad = 1.2 \times 220 + 1.0 \times 170 + 1.0 \times 105 = 539\,\mathrm{kN}$

$V_{u4} = 0.9\, V_D + 1.0\, V_W$

$\quad = 0.9 \times 220 + 1.0 \times 105 = 303\,\mathrm{kN}$

$V_{u5} = 1.2\, V_D + 1.0\, V_L + V_E$

$\quad = 1.2 \times 220 + 1.0 \times 170 + 1.0 \times 120 = 554\,\mathrm{kN}$

$V_{u6} = 0.9\, V_D + 1.0\, V_E$

$\quad = 0.9 \times 220 + 1.0 \times 120 = 318\,\mathrm{kN}$

$$\therefore\ \underline{V_u = 554\,\mathrm{kN}}$$

아래의 하중조합에 대하여도 검토하여야 한다.

$V_{u3} = 1.2\, V_D + 1.0\, V_L - 1.0\, V_W$

$V_{u4} = 0.9\, V_D - 1.0\, V_W$

$V_{u5} = 1.2\, V_D + 1.0\, V_L - V_E$

$V_{u6} = 0.9\, V_D - 1.0\, V_E$

Memo...

제4장 사용성 및 내구성

4.1 균열 [KDS 14 20 30]

1. 균열의 원인과 종류

> **문제1** 콘크리트에 발생하는 균열의 원인과 종류에 대해 경화 전과 경화 후로 대별해서 설명하시오. [62회 4교시]
>
> **문제2** 초기 가소성 수축균열(Initial Plastic Shrinloage Crack)의 발생원인, 균열형태, 보강방법에 대해 설명하시오. [72회 1교시]

풀이 균열의 원인과 종류

1) 경화 전 콘크리트의 균열
   (1) 소성수축 균열
      ① 발생원인
         시멘트 페이스트 경화 ⇒ 절대체적의 1% 정도 감소 ⇒ 소성상태의 콘크리트 체적 감소(소성수축) ⇒ 콘크리트에 부분적인 인장력 발생 ⇒ 표면에 불규칙한 균열 발생
      ※ 소성수축이 촉진되는 경우
         ㉠ 콘크리트 표면의 증발률이 $1.0kg/m^2/hr$ 이상
         ㉡ 증발량이 블리딩량보다 클 때
      ② 방지대책
         타설 초기에 콘크리트가 외부환경(바람, 직사광선)에 직접 노출되지 않도록 하는 것이 중요하므로 습윤양생 및 피막양생 등을 실시하는 것이 바람직하다.
   (2) 소성침하 균열
      ① 발생원인
         콘크리트 자중에 의한 압밀 ⇒ 철근, 거푸집, 골재 등에 의한 구속 ⇒ 철근이나 거푸집, 골재의 하부에 블리딩수가 모이거나 공극이 발생 ⇒ 공극 상부에 인장 응력 발생 ⇒ 균열(일반적으로 철근을 따라 발생)
         ㉠ 철근의 직경이 클수록 커짐
         ㉡ 슬럼프가 커질수록 커짐
         ㉢ 진동다짐을 충분하게 하지 않았을 경우 커짐

② 방지대책

㉠ 콘크리트의 침하가 완료되는 시간까지 타설간격을 조정

㉡ 재다짐을 하는 방안이 필요

㉢ 거푸집 설계에 유의

㉣ 수직부재일 경우 1회 콘크리트의 타설높이를 낮춤

(3) 수화열에 의한 온도균열

① 발생원인

시멘트는 수화반응 시 125cal/g 정도의 수화열이 발생하게 되며 이 수화열로 인해 콘크리트 내부온도가 상승하게 된다. 이때 내외부 온도차에 의해 온도균열이 발생하게 된다. 일반적으로 동일 구조물에서 수화열에 의해 발생한 콘크리트의 온도차가 25~30℃ 정도에 도달하면 열응력에 의한 온도균열이 발생한다.

② 방지대책

㉠ 저열기시멘트, 혼합시멘트 등 수화열이 적은 시멘트 선정

㉡ 단위시멘트량 감소

㉢ 온도균열을 최소화할 수 있는 시공방법 선정

㉣ 콘크리트 타설간격 및 부어넣기 높이 고려

㉤ 균열제어 철근의 배치

㉥ 프리쿨링, 파이프 쿨링 등 수화열 저감대책 마련

2) 경화 후 콘크리트의 균열

(1) 건조수축 균열

① 발생원인

㉠ 시공 시 워커빌리티에 기여한 잉여수가 건조하면서 콘크리트는 수축발생(잉여수는 경화된 시멘트 페이스트 내부공극 및 많은 양의 수분이 겔에 포함)

㉡ 콘크리트의 건조수축에 의한 체적변화는 보통 다른 구조체에 의해 저지되기 때문에 이로 인해 인장력이 발생하게 되어 균열이 발생한다.

㉢ 건조수축 균열은 상대습도, 골재의 종류, 부재의 크기와 형상, 혼화제 및 시멘트의 종류에 영향을 많이 받는다.

② 방지대책

적합한 재료선정 및 배합설계, 보강근의 배근 및 시공조인트의 설치, 건조수축을 보상할 수 있는 재료의 사용 등

(2) 알칼리－골재반응에 의한 균열

① 발생원인

시멘트의 알칼리 성분과 골재의 실리카 성분이 반응하여 수분을 흡수·팽창하는 물질이 생성되며 이로 인해 콘크리트에 균열이 발생하게 된다.

② 방지대책

㉠ 반응성 골재의 사용금지

㉡ 시멘트의 알칼리량 저감

㉢ 고로슬래그, 플라이애시, 실리카 퓸 등의 혼화재 사용

(3) 동결융해에 의한 균열

① 발생원인

콘크리트의 구성재료 중 물이 액체에서 고체로 동결되면서 체적이 약 9% 정도 팽창하게 되는데 이로 인해 균열이 발생하게 된다. 이에 의한 균열이 내부로 진전되면서 철근부식 및 중성화 촉진 등과 같은 복합적인 내구성의 저하요인이 된다.

② 동결융해 대책

㉠ AE제, AE 감수제, 고성능 AE 감수제 사용

㉡ 물/시멘트비 저감

㉢ 단위수량 저감

㉣ 양생에 주의(특히 초기양생이 중요함)

(4) 염해에 의한 균열

① 발생원인

염화물, 또는 염분침해로 콘크리트를 침식시키고, 철근(강재)을 부식시켜 구조물에 손상을 일으키는 현상으로 외부의 산성물질이 철근과 작용하면서 체적팽창(약 2.6배)으로 균열이 발생하게 된다.

② 방지대책

㉠ 염분량을 허용치 이하로 관리

㉡ 철근의 표면처리

㉢ 콘크리트의 밀실화

㉣ 철근의 피복두께 증대

㉤ 방청제 사용

2. 초기단계균열과 Main Crack의 응력분포

> **문제3** 초기단계균열과 Main Crack의 응력분포에 대하여 설명하시오.

풀이 초기단계균열과 Main Crack의 응력분포

1) 초기단계균열(Secondary Crack)
   (1) Shrinkage Crack(건조수축균열)
      ① 균열형태에 영향을 미침
      ② 제어하기 어려움
   (2) Secondary Flexural Crack(초기휨균열)
      ① 인장응력이 콘크리트 파괴계수를 초과할 때 생기는 초기균열
      ② 폭 : 0.0256mm, 철근응력 : 40~50MPa
      ③ 재료의 특성상 균질이 아니고, 등방성재료가 아니기 때문에 예측이 어려움
   (3) Corrosion Secondary Crack(부식균열)
      적절한 시공법과 고강도 콘크리트의 사용으로 막을 수 있는 균열

2) Main Crack
   원인 : 같은 위치의 철근과 콘크리트의 변형률이 서로 다르기 때문에 발생함

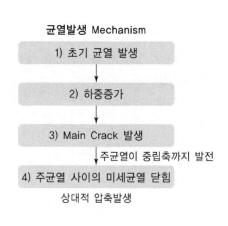

균열발생 Mechanism
1) 초기 균열 발생
2) 하중증가
3) Main Crack 발생
   주균열이 중립축까지 발전
4) 주균열 사이의 미세균열 닫힘
상대적 압축발생

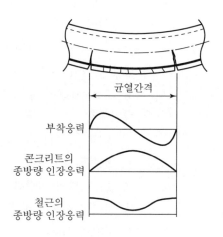

균열간격
부착응력
콘크리트의 종방량 인장응력
철근의 종방량 인장응력

3. 미국 Gergely-Lutz 의 균열폭 계산식 [KBC 2005] [84회 1교시], [86회 1교시]

1) 균열폭 실험결과

(1) 균열폭 → 주의깊은 실험 → 분산이 큼 → 정밀도 감소

(2) 보와 축인장을 받는 부재의 균열폭 실험결과

① 철근의 응력과 지름에 비례

② 철근비에 반비례

(3) 주요변수

① 콘크리트의 피복두께

② 최대인장역에서 각 철근을 둘러싸고 있는 콘크리트의 면적

(4) 균열억제 계산의 목적

합리적인 배근 상세를 얻기 위해

⇒ 최선책 : 철근을 콘크리트 최대 인장역에 고르게 배근

2) 균열폭의 계산식(Gergely-Lutz 식)

$$w = 1.08\beta_c f_s \sqrt[3]{d_c A} \times 10^{-5}(\text{mm}) \leq w_a(허용균열폭)$$

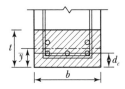 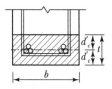

![Memo...]

4. 휨재(보, 슬래브) 철근간격 적정성 검토 내용 [KDS 14 20 20]

1) 보 및 1방향 슬래브의 휨철근 배치 [90회 1교시], [93회 2교시]

콘크리트 인장연단에 가장 가까이 배치되는 철근의 중심간격 s는 아래 식 중 작은 값 이하로 하여야 한다.

$$s = 375\left(\frac{k_{cr}}{f_s}\right) - 2.5\,c_c$$

$$s = 300\left(\frac{k_{cr}}{f_s}\right)$$

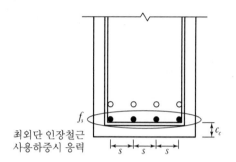

최외단 인장철근
사용하중시 응력

(1) k_{cr} : 건조환경 – 280

　　　　습윤, 부식성, 고부식성 환경 – 210

건조환경	일반 옥내 부재, 부식의 우려가 없을 정도로 보호한 경우의 보통 주거 및 사무실 건물 내부
습윤환경	일반 옥외의 경우, 흙 속의 경우, 옥내의 경우에 있어서 습기가 찬 곳
부식성 환경	1. 습윤환경과 비교하여 건습의 반복작용이 많은 경우, 특히 유해한 물질을 함유한 지하수위 이하의 흙 속에 있어서 강재의 부식에 해로운 영향을 주는 경우, 동결작용이 있는 경우, 동상방지제를 사용하는 경우 2. 해양콘크리트 구조물 중 해수 중에 있거나 극심하지 않은 해양환경에 있는 경우(가스, 액체, 고체)
고부식성 환경	1. 강재의 부식에 현저하게 해로운 영향을 주는 경우 2. 해양콘크리트 구조물 중 간만조위의 영향을 받거나 비말대에 있는 경우, 극심한 해풍의 영향을 받는 경우

(2) c_c : 인장철근이나 긴장재의 표면과 콘크리트 표면 사이의 최소두께

(3) 철근이 하나만 배치된 경우에는 인장연단의 폭을 s로 한다.

(4) f_s : 사용하중상태에서 인장연단에서 가장 가까이에 위치한 철근의 응력으로 사용하중 휨모멘트에 대한 해석으로 결정하여야 하지만 근사값으로 f_y의 2/3을 사용할 수 있다.

3) 휨재(보, 슬래브) 철근간격 적정성 검토 Process

-실제 철근에 발생하는 응력(f_s)을 사용하는 방법-

(1) 균열 발생 여부 검토

① 보의 최대 모멘트 산정

$$M_{s\max} = \frac{\omega_s l^2}{8}(\text{단순보})$$

② 균열모멘트 산정

㉠ $S = \dfrac{bh^2}{6}$

㉡ $f_r = 0.63\lambda \sqrt{f_{ck}}$

㉢ $M_{cr} = S \cdot f_r$

(2) 중립축의 위치 산정

① 탄성계수비 $n = \dfrac{E_s}{E_c}$

$$E_c = 8,500 \sqrt[3]{f_{cm}}\,(\text{N/mm}^2)$$

$$f_{cm} = f_{ck} + \triangle f(\text{N/mm}^2)$$

$f_{ck} \leq$ 40MPa일 경우 : $\triangle f = 4$

$f_{ck} \geq$ 60MPa일 경우 : $\triangle f = 6$

40MPa $< f_{ck} <$ 60MPa일 경우 : 직선보간

$$E_s = 200,000(\text{N/mm}^2)$$

② 중립축의 위치(kd) 산정

$$\frac{b(kd)^2}{2} + (n-1)A_s{'}(kd-d') = n \cdot A_s(d-kd)$$

(3) f_s 산정

① 균열단면 2차모멘트(I_{cr}) 산정

$$I_{cr} = \frac{b(kd)^3}{3} + (n-1)A_s{'}(kd-d')^2 + n \cdot A_s(d-kd)^2$$

② f_s 산정

$$f_s = \frac{M_s}{I_{cr}}(d - kd) \cdot n$$

(4) 철근간격 검토

$$s = 375\left(\frac{k_{cr}}{f_s}\right) - 2.5\,c_c, \quad s = 300\left(\frac{k_{cr}}{f_s}\right) \text{ 중 작은 값}$$

k_{cr} : 건조환경 – 280

습윤, 부식성, 고부식성 환경 – 210

5. 휨재(보, 슬래브) 철근간격 적정성 검토 문제

문제 4 아래와 같이 배근된 보의 철근간격에 대한 적정성 여부를 검토하시오. [118회 2교시 유사]

단, 주위환경조건은 습윤환경이다. [KDS 14 20]

$M_D = 140\,\text{kN·m}$, $M_L = 80\,\text{kN·m}$

$f_{ck} = 24\,\text{MPa}$, $f_y = 400\,\text{MPa}$, $E_s = 200{,}000\,\text{MPa}$, 스터럽 D10@200

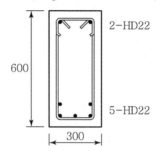

풀이 철근간격 적정성 검토

1) 균열 발생 여부 검토

   (1) $S = \dfrac{bh^2}{6} = \dfrac{300 \cdot (600)^2}{6} = 18{,}000{,}000\,\text{mm}^3$

   (2) $f_r = 0.63\lambda\sqrt{f_{ck}} = 0.63 \times 1.0 \times \sqrt{24} = 3.09\,\text{MPa}$

   (3) $M_{cr} = f_r \cdot S = 3.09 \times 18{,}000{,}000 \times 10^{-6} = 55.6\,\text{kN·m}$

$$\leq M_{\max} = 140 + 80 = 220\,\text{kN·m} \;\cdots\cdots\cdots\; 균열 발생$$

2) 중립축의 위치 산정

   (1) 탄성계수비

     ① $E_c = 8{,}500 \sqrt[3]{f_{cm}} = 8{,}500 \sqrt[3]{28} = 25{,}811\,\text{MPa}$

     $(f_{cm} = f_{ck} + \triangle f = 24 + 4 = 28\,\text{MPa})$

     ② $n = \dfrac{E_s}{E_c} = \dfrac{2.0 \times 10^5}{25{,}811} = 7.75$

(2) 중립축의 위치(kd) 산정

$$\frac{b(kd)^2}{2} + (n-1)A_s{'}(kd-d') = n \cdot A_s(d-kd)$$

$$\frac{300 \times (kd)^2}{2} + (7.75-1) \times 774 \times (kd-61) = 7.75 \times 1{,}935 \times (515.5-kd)$$

$$\therefore \ kd = 173.8\,\text{mm}$$

3) f_s 산정

   (1) 균열단면2차모멘트(I_{cr}) 산정

$$I_{cr} = \frac{b(kd)^3}{3} + (n-1)A_s{'}(kd-d')^2 + n \cdot A_s(d-kd)^2$$

$$= \frac{300 \times 173.8^3}{3} + (7.75-1) \times 774 \times (173.8-61)^2$$

$$\quad + 7.75 \times 1{,}935 \times (515.5-173.8)^2$$

$$= 2{,}342{,}409{,}133\,\text{mm}^4$$

   (2) f_s 산정

$$f_s = \frac{M_s}{I_{cr}}(d-kd) \cdot n$$

$$= \frac{220 \times 10^6}{2{,}342{,}409{,}133} \times (539-173.8) \times 7.75 = 265.8\,\text{MPa}$$

4) 철근간격 검토

$$s = 375\left(\frac{210}{f_s}\right) - 2.5\,c_c$$

$$= 375 \times \left(\frac{210}{265.8}\right) - 2.5 \times 50 = 171.3\,\text{mm}$$

$$s = 300\left(\frac{210}{f_s}\right)$$

$$= 300 \times \left(\frac{210}{265.8}\right) = 237.0\,\text{mm}$$

$$\therefore \ s = 171.3\,\text{mm} \geq (300-40 \times 2 - 10 \times 2 - 22)/2 = 89\,\text{mm} \ \cdots\cdots\cdots\cdots\cdots \ \text{O.K}$$

문제5 아래와 같은 보의 철근간격에 대한 적정성 여부를 검토하시오.

단, 주위환경조건은 건조환경이다. [KDS 14 20]

$w_D = 15\,\mathrm{kN/m}$(자중 미포함), $w_L = 10\,\mathrm{kN/m}$

$f_{ck} = 21\,\mathrm{MPa}$, $f_y = 400\,\mathrm{MPa}$, $E_s = 200,000\,\mathrm{MPa}$, 스터럽 D10@200

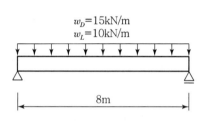

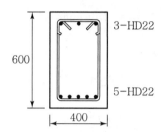

풀이 ▶ **철근간격 적정성 검토**

1) 균열 발생 여부 검토

  (1) M_s 산정

    ① $w_{self} = (0.4 \times 0.6 \times 1) \times 24 = 5.76\,\mathrm{kN/m}$

    ② $M_s = \dfrac{wl^2}{8} = \dfrac{(15+10+5.76) \times 8^2}{8} = 246.1\,\mathrm{kN \cdot m}$

  (2) M_{cr} 산정

    ① $S = \dfrac{bh^2}{6} = \dfrac{400 \times (600)^2}{6} = 24,000,000\,\mathrm{mm}^3$

    ② $f_r = 0.63\lambda\sqrt{f_{ck}} = 0.63 \times 1.0 \times \sqrt{21} = 2.89\,\mathrm{MPa}$

    ③ $M_{cr} = f_r \cdot S = 2.89 \times 24,000,000 \times 10^{-6} = 69.36\,\mathrm{kN \cdot m}$

                       $\leq M_s = 246.1\,\mathrm{kN \cdot m}$ ······ 균열 발생

2) 중립축의 위치 산정

  (1) 탄성계수비

    ① $E_c = 8,500\sqrt[3]{f_{cm}} = 8,500\sqrt[3]{25} = 24,854\,\mathrm{MPa}$

      $(f_{cm} = f_{ck} + \triangle f = 21 + 4 = 25\,\mathrm{MPa})$

    ② $n = \dfrac{E_s}{E_c} = \dfrac{2.0 \times 10^5}{24,854} = 8.05$

(2) 중립축의 위치(kd) 산정

$$\frac{b(kd)^2}{2} + (n-1)A_s'(kd-d') = n \cdot A_s(d-kd)$$

$$\frac{400 \times (kd)^2}{2} + (8.05-1) \times 1,161 \times (kd-61) = 8.05 \times 1,935 \times (539-kd)$$

$$\therefore kd = 159.7\,\text{mm}$$

3) f_s 산정

   (1) 균열단면2차모멘트(I_{cr}) 산정

$$I_{cr} = \frac{b(kd)^3}{3} + (n-1)A_s'(kd-d')^2 + n \cdot A_s(d-kd)^2$$

$$= \frac{400 \times 159.7^3}{3} + (8.05-1) \times 1,161 \times (159.7-61)^2$$

$$+ 8.05 \times 1,935 \times (539-159.7)^2$$

$$= 2,863,806,811\,\text{mm}^4$$

   (2) f_s 산정

$$f_s = \frac{M_s}{I_{cr}}(d-kd) \cdot n$$

$$= \frac{246.1 \times 10^6}{2,863,806,811} \times (539-159.7) \times 8.05 = 262.4\,\text{MPa}$$

4) 철근간격 검토

$$s = 375\left(\frac{280}{f_s}\right) - 2.5\,c_c = 375 \times \left(\frac{280}{262.4}\right) - 2.5 \times 50 = 275.1\,\text{mm}$$

$$s = 300\left(\frac{280}{f_s}\right) = 300 \times \left(\frac{280}{262.4}\right) = 320.1\,\text{mm}$$

$$\therefore s = 275.1\,\text{mm} \geq (400-40 \times 2-10 \times 2-22)/4 = 69.5\,\text{mm} \cdots\cdots\cdots \text{O.K}$$

6. 해석에 의한 균열폭의 검증 [KDS 14 20 30]

$$w_d \leq w_a$$

여기서, w_d : 설계균열폭(지속하중이 작용할 때 계산된 균열폭)

w_a : 내구성, 사용성(누수) 및 미관에 관련하여 허용균열폭

지속하중 : 설계수명 동안 항상 작용하는 고정하중과 설계수명의 절반 이상의 기간 동안 지속해서 작용하는 하중들의 합

1) 허용균열폭

(1) 철근콘크리트 구조물의 내구성 확보를 위한 허용균열폭

철근콘크리트 구조물의 허용균열폭 w_a(mm)

강재의 종류	강재의 부식에 대한 환경조건			
	건조 환경	습윤 환경	부식성 환경	고부식성 환경
철근	0.4mm와 $0.006c_c$ 중 큰 값	0.3mm와 $0.005c_c$ 중 큰 값	0.3mm와 $0.004c_c$ 중 큰 값	0.3mm와 $0.0035c_c$ 중 큰 값
긴장재	0.2mm와 $0.005c_c$ 중 큰 값	0.2mm와 $0.004c_c$ 중 큰 값	–	–

여기서, c_c는 최외단 주철근의 표면과 콘크리트 표면 사이의 콘크리트 최소피복두께(mm)

(2) 수처리 구조물의 내구성과 누수방지를 위한 허용균열폭

수처리 구조물의 허용균열폭 w_a(mm)

구분	휨인장균열	전 단면 인장균열
오염되지 않은 물[1]	0.25	0.20
오염된 액체[2]	0.20	0.15

주 1) 음용수(상수도) 시설물
  2) 오염이 매우 심한 경우 발주자와 협의하여 결정

2) 균열폭의 계산

(1) 설계균열폭

$$w_d = \kappa_{st}\, w_m = \kappa_{st}\, l_s\,(\varepsilon_{sm} - \varepsilon_{cm})$$

여기서, w_d : 설계균열폭

w_m : 평균 균열폭

l_s : 평균 균열간격

κ_{st} : 균열폭 평가계수

ε_{sm} : 균열간격 내의 평균 철근변형률

ε_{cm} : 균열간격 내의 평균 콘크리트변형률

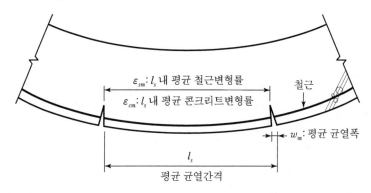

(2) 평균 균열간격(l_s)

① 철근의 중심 간격이 $5(c_c + d_b/2)$ 이하인 경우

$$l_s = 2\,c_c + \frac{0.25\,k_1\,k_2\,d_b}{\rho_e}$$

② 철근의 중심 간격이 $5(c_c + d_b/2)$를 초과하는 경우

$$l_s = 0.75\,(h - x)$$

여기서, c_c : 최외단 인장철근이나 긴장재의 표면과 콘크리트 표면 사이의 최소피복두께

k_1 : 부착강도에 따른 계수(이형철근 : 0.8, 원형철근이나 긴장재 : 1.6)

k_2 : 부재의 하중작용에 따른 계수

• 휨모멘트를 받는 부재 : 0.5

• 직접인장력을 받는 부재 : 1.0

ρ_e : 콘크리트의 유효인장면적을 기준으로 한 철근비

A_{cte} : 콘크리트의 유효인장면적 $A_{cte} = b \, d_{cte}$

d_{cte} : 콘크리트 유효인장깊이

- 휨모멘트를 받는 부재 : $2.5(h-d)$와 $(h-x)/3$ 중 작은 값
- 직접인장력을 받는 부재 : $2.5(h-d)$와 $h/2$ 중 작은 값

$$\rho_e = \frac{A_s}{A_{cte}}$$

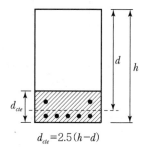 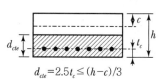

$d_{cte} = 2.5(h-d)$ $d_{cte} = 2.5t_c \leq (h-c)/3$

(3) 평균 변형률

$$\varepsilon_{sm} - \varepsilon_{cm} = \frac{f_{so}}{E_s} - 0.4 \frac{f_{cte}}{E_s \rho_e}(1 + n\rho_e) \geq 0.6 \frac{f_{so}}{E_s}$$

여기서, f_{so} : 균열단면의 철근응력

n : 콘크리트의 탄성계수에 대한 철근의 탄성계수비

f_{cte} : 콘크리트의 유효인장강도

일반적인 경우 : 평균 인장강도 f_{ctm} 적용

$$f_{ctm} = 0.30(f_{cm})^{\frac{2}{3}}$$

$$f_{cm} = f_{ck} + \Delta f$$

여기서, Δf는 f_{ck}가 40MPa 이하면 4MPa, 60MPa 이상이면 6MPa이며, 그 사이는 직선보간

(4) 균열폭 평가계수(κ_{st})

- 평균 균열폭 : 1.0
- 최대 균열폭 : 1.7

문제6 다음 조건에서, 75년 동안 고정하중과 활하중의 20%가 지속하중으로 작용할 경우 균열 폭을 검토하시오.

단, $f_{ck} = 27\,\text{MPa}$(일반콘크리트)

$f_y = 400\,\text{MPa}$

$5 - \text{D}29$

$M_D = 300\,\text{kN·m}$

$M_L = 200\,\text{kN·m}$

옥외구조물

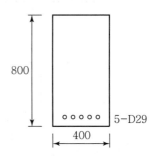

풀이 **균열폭 검증**

1) 균열 발생 여부 검토

(1) 지속하중에 의한 모멘트(M_{sust}) 산정

$$M_{sust} = M_D + 0.2M_L = 300 + 0.2 \times 200 = 340\,\text{kN·m}$$

(2) M_{cr} 산정

① $S = \dfrac{bh^2}{6} = \dfrac{400 \times (800)^2}{6} = 4.267 \times 10^7\,\text{mm}^3$

② $f_r = 0.63\lambda\sqrt{f_{ck}} = 0.63 \times 1.0 \times \sqrt{27} = 3.27\,\text{MPa}$

③ $M_{cr} = f_r \cdot S = 3.27 \times 4.267 \times 10^7 \times 10^{-6} = 139.5\,\text{kN·m}$

$$\leq M_{sust} = 340\,\text{kN·m} \cdots\cdots \text{균열 발생}$$

2) 중립축(kd)의 위치 산정

(1) 탄성계수비

① $E_c = 8{,}500\sqrt[3]{f_{cm}} = 8{,}500\sqrt[3]{31} = 26{,}700\,\text{MPa}$

$(f_{cu} = f_{ck} + \triangle f = 27 + 4 = 31\,\text{MPa})$

② $E_{ci} = 1.18E_c = 1.18 \times 26{,}700 = 31{,}506\,\text{MPa}$

③ $n_i = \dfrac{E_s}{E_{ci}} = \dfrac{2.0 \times 10^5}{31{,}506} = 6.3$

(2) 중립축의 위치(kd) 산정

$$\frac{b \cdot (kd)^2}{2} = n_i \cdot A_s (d - kd)$$

$$\frac{400 \times (kd)^2}{2} = 6.3 \times 5 \times 642 \times (735.5 - kd)$$

$$\therefore \ kd = 226.8 \text{mm}$$

3) f_{so} 산정

(1) 균열단면2차모멘트(I_{cr}) 산정

$$I_{cr} = \frac{b(kd)^3}{3} + n_i \cdot A_s (d - kd)^2$$

$$= \frac{400 \times 226.8^3}{3} + 6.3 \times 5 \times 642 \times (735.5 - 226.8)^2$$

$$= 6.789 \times 10^9 \text{mm}^4$$

(2) f_{so} 산정

$$f_{so} = \frac{M_{sust}}{I_{cr}} (d - kd) \cdot n_i$$

$$= \frac{340 \times 10^6}{6.789 \times 10^9} \times (735.5 - 226.8) \times 6.3 = 160.5 \text{MPa}$$

4) 콘크리트 유효인장면적 산정

(1) d_{cte} 산정

$$d_{cte} = [2.5 \cdot (h - d), (h - kd)/3]_{\min}$$

$$= [2.5 \times (800 - 735.5) = 161.3 \text{mm}, \ (800 - 226.8)/3 = 191.1 \text{mm}]_{\min}$$

$$= 161.3 \text{mm}$$

(2) A_{cte} 산정

$$A_{cte} = b \cdot d_{cte} = 400 \times 161.3 = 64,520 \text{mm}^2$$

(3) $\rho_e = A_s / A_{cte} = (5 \times 642)/64,520 = 0.0498$

5) 평균 균열간격(l_s)

철근 중심간 거리 $s = (400 - 40 \times 2 - 10 \times 2 - 29)/4 = 67.75\,\mathrm{mm}$

$5\,(c_c + d_b/2) = 5 \times (50 + 29/2) = 322.5\,\mathrm{mm} \geqq s$

$$\therefore\ l_s = 2\,c_c + \frac{0.25\,k_1\,k_2\,d_b}{\rho_e}$$

$$= 2 \times 50 + \frac{0.25 \times 0.8 \times 0.5 \times 29}{0.0498} = 158.2\,\mathrm{mm}$$

6) 평균 변형률 산정

$$\varepsilon_{sm} - \varepsilon_{cm} = \frac{f_{so}}{E_s} - 0.4\,\frac{f_{cte}}{E_s \rho_e}(1 + n\rho_e) \geq 0.6\,\frac{f_{so}}{E_s}$$

$$\varepsilon_{sm} - \varepsilon_{cm} = \frac{160.5}{2.0 \times 10^5} - 0.4 \times \frac{3.27}{(2.0 \times 10^5 \times 0.0498)} \times (1 + 6.3 \times 0.0498)$$

$$= 0.00063\ (f_{cte} = f_r\,\text{적용})$$

$$0.6\,\frac{f_{so}}{E_s} = 0.6 \times \frac{160.5}{2.0 \times 10^5} = 0.00048$$

$$\therefore\ \varepsilon_{sm} - \varepsilon_{cm} = 0.00063$$

7) 균열폭

$$w_d = \kappa_{st}\,w_m = \kappa_{st}\,l_s\,(\varepsilon_{sm} - \varepsilon_{cm})$$

$$= 1.7 \times 158.2 \times 0.00063 = 0.17\,\mathrm{mm}\ (\kappa_{st} = 1.7\ \text{적용 : 최대균열폭})$$

8) 검토

옥외구조물 : 습윤환경

$$w_a = [0.3\,\mathrm{mm},\ 0.005 c_c]_{\max}$$

$$= [0.3\,\mathrm{mm},\ 0.005 \times 50 = 0.25\,\mathrm{mm}]_{\max}$$

$$= 0.3\,\mathrm{mm} \geqq w_d = 0.17\,\mathrm{mm}\ \cdots\cdots\ \text{균열폭 만족}$$

4.2 최소피복두께 제한 [KDS 14 20 50]

문제7 구조설계기준(KDS 14 20 50)에서 제시하는 최소피복두께 제한에 대하여 설명하시오.

[100회 1교시 유사], [121회 1교시 유사]

풀이 **최소피복두께 제한**

1) 최소피복두께 제한의 목적
   (1) 내구성 확보
   (2) 내화성 확보
   (3) 철근과의 부착력 확보
   (4) 시공성 확보 - 타설의 용이성, 수밀성

2) 최소피복두께 제한

구분	현장타설 콘크리트	프리캐스트 콘크리트	프리스트레스트 현장콘크리트
수중	100mm		
흙에 접하여 타설 후 영구히 흙에 묻혀 있는 콘크리트	75mm		75mm
흙에 접하거나 옥외의 공기에 직접 노출	(1) D19 이상 : 50mm (2) D16 이하 : 40mm	(1) 벽체 　① D35 초과 : 40mm 　② D35 이하 : 20mm (2) 기타 부재 　① D35 초과 : 50mm 　② D19 이상, D35 이하 : 40mm 　③ D16 이하 : 30mm	(1) 벽체, 슬래브, 장선구조 　: 30mm (2) 기타 부재 : 40mm
옥외의 공기나 흙에 직접 접하지 않는 콘크리트	(1) 슬래브, 벽체, 장선 　① D35 초과 : 40mm 　② D35 이하 : 20mm (2) 보, 기둥 : 40mm 　$f_{ck} \geq 40\text{N/mm}^2$일 경우 　-10mm 저감 가능 (3) 셸, 절판부재 : 20mm	(1) 슬래브, 벽체, 장선구조 　① D35 초과 : 30mm 　② D35 이하 : 20mm (2) 보, 기둥 　① 주철근 d_b 　② 띠철근, 스터럽, 나선철근 　: 10mm (3) 셸, 절판부재 　① 긴장재 : 20mm 　② D19 이상 : 15mm, $0.5d_b$ 중 　큰 값 　③ D16 이하 : 10mm	(1) 슬래브, 벽체, 장선 : 20mm (2) 보, 기둥 　① 주철근 : 40mm 　② 띠철근, 스터럽, 나선철근 　: 30mm (3) 셸, 절판부재 　① D19 이상 : d_b 이상 　② D16 이하 : 10mm

4.3 처짐 [KDS 14 20 30]

1. 처짐의 구간별 특성

> **문제8** 철근콘크리트 보의 하중－처짐곡선을 그리고 처짐 거동을 (1) 균열 전 단계, (2) 허용균열폭 이하의 균열발생단계, (3) 인장철근이 항복하기 전까지의 단계, (4) 그 이후 파괴에 이르기까지의 단계 등 4단계로 나눌 때, 각 단계를 하중－처짐 곡선에 구간으로 표시하고, 구간별(단계별) 특성을 설명하시오. [68회 2교시]
>
>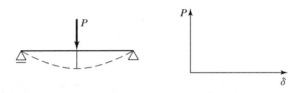

풀이

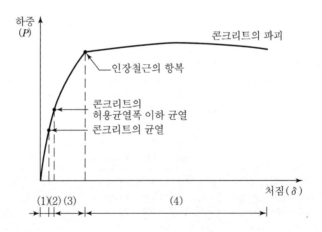

1) 균열 전 단계

   (1) 부재의 응력분포가 거의 직선분포하며 하중－처짐곡선도 거의 선형이다.

   (2) 인장측 콘크리트 응력이 파괴계수($f_r = 0.63\,\lambda\,\sqrt{f_{ck}}$) 이하이므로 균열이 나타나지 않는다.

   (3) 철근에 발생되는 변형률은 콘크리트의 변형률과 동일하다.

   (4) 압축 측 콘크리트 응력은 설계기준강도 f_{ck}에 비해 매우 작은 상태이다.

2) 허용 균열폭 이하의 균열발생단계

    (1) 인장측 콘크리트 응력이 파괴계수 이상되어 균열이 발생한 상태이고 이로 인한 단면손실로 보의 강성이 감소된 상태이다.

    (2) 보의 강성(EI) 감소로 인해 하중－처짐곡선의 기울기가 작아진 상태이다.

    (3) 인장측 콘크리트가 인장강도를 상실하게 되어 철근이 인장력에 저항하게 된다.

    (4) 균열 사이 콘크리트는 인장강성효과에 의해 보의 강성을 일부 증가시킨다.

    (5) 하중－처짐곡선은 보의 강성감소로 인해 기울기가 작아진 상태이지만, 허용균열폭 이하까지는 거의 탄성적 거동을 보인다.

3) 인장철근이 항복하기 전까지의 단계

    (1) 보의 거동이 비탄성거동의 형태를 보인다.

    (2) 중립축이 급속히 상승하고 보의 처짐이 증가한다.

    (3) 휨모멘트는 철근의 인장력과 콘크리트의 압축력에 의해서만 지지된다.

    (4) 콘크리트응력분포는 완전 비선형이 된다.

    (5) 철근의 변형률(ε_t)는 거의 항복변형률(ε_y)에 접근하게 된다.

4) 그 이후 파괴에 이르기까지의 단계

    (1) 철근이 항복에 이르자마자 미소한 휨모멘트의 증가에도 처짐은 크게 증가하게 된다.

    (2) 콘크리트가 최대변형률(ε_{cu})에 도달하자 붕괴파괴가 나타난다.

    (3) 균열의 폭이 점점 커지면서 복부에 사인장균열이 발생하게 되어 보의 처짐은 더욱 증가한다.

Memo...

2. 처짐 일반

1) 탄성처짐 산정을 위한 기본방정식 유도

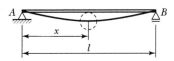

$$\dfrac{d^2y}{dx^2} = -\dfrac{M}{EI}의\ 유도$$

(1) $\dfrac{1}{\rho} = \dfrac{M}{EI}$ 의 유도

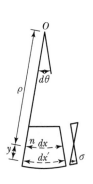

$$\sigma = \varepsilon E = \dfrac{M}{I}y \quad\text{...(식 1)}$$

$$\varepsilon = \dfrac{dx - dx'}{dx}$$

$$\dfrac{\rho}{dx} = \dfrac{(\rho + y)}{dx'}$$

$$y = \rho \cdot \dfrac{(dx' - dx)}{dx}$$

$$y = \rho\,\varepsilon \quad\text{...(식 2)}$$

(식 2)를 (식 1)에 대입하면 곡률$(1/\rho)$은

$$\dfrac{1}{\rho} = \dfrac{M}{EI}$$

(2) $\dfrac{1}{\rho} = \dfrac{d^2y}{dx^2}$ 의 유도

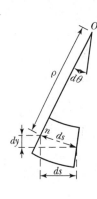

$$\rho \cdot d\theta = ds$$

$$ds = \sqrt{dx^2 + dy^2}$$

$$\rho \cdot d\theta = dx\sqrt{1 + \left(\dfrac{dy}{dx}\right)^2}$$

$$\dfrac{1}{\rho} = \dfrac{1}{\sqrt{1 + \left(\dfrac{dy}{dx}\right)^2}}\dfrac{d\theta}{dx} \quad\text{.................................(식 3)}$$

$$\dfrac{dy}{dx} = \tan\theta$$

양변을 미분하면 $\dfrac{d^2y}{dx^2} = \sec^2\theta \dfrac{d\theta}{dx}$

$$\dfrac{d\theta}{dx} = \dfrac{1}{1+\tan^2\theta}\dfrac{d^2y}{dx^2} \quad \cdots\cdots\cdots (식~4)$$

(식 3)을 (식 4)에 대입하면 곡률$(1/\rho)$은

$$\dfrac{1}{\rho} = \dfrac{1}{\left[1+\left(\dfrac{dy}{dx}\right)^2\right]^{3/2}}\dfrac{d^2y}{dx^2} \quad \cdots\cdots\cdots (식~5)$$

(식 5)에서 $\left(\dfrac{dy}{dx}\right)^2 \approx 0$이므로

$$\dfrac{1}{\rho} = \dfrac{d^2y}{dx^2}$$

탄성곡선 미분방정식은 휨모멘트의 부호와 y축 부호를 고려하여 아래와 같이 유도된다.

$$\dfrac{d^2y}{dx^2} = -\dfrac{M}{EI}$$

2) 탄성처짐

(1) 등분포하중을 받는 단순받침보

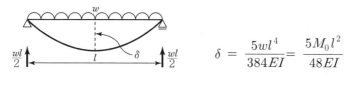

$$\delta = \dfrac{5wl^4}{384EI} = \dfrac{5M_0l^2}{48EI}$$

(2) 양단 모멘트를 받는 보

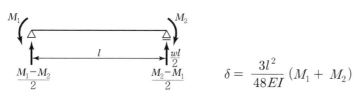

$$\delta = \dfrac{3l^2}{48EI}(M_1 + M_2)$$

(3) 양단 모멘트와 등분포하중을 받는 보

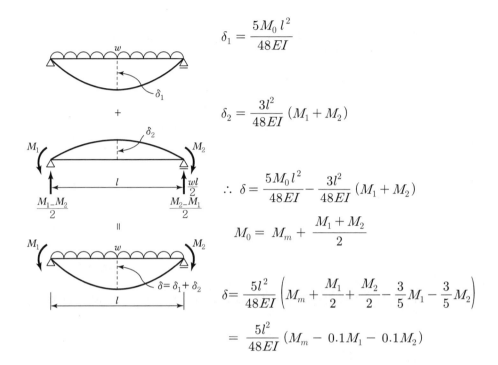

$$\delta_1 = \frac{5M_0 l^2}{48EI}$$

$$\delta_2 = \frac{3l^2}{48EI}(M_1 + M_2)$$

$$\therefore \ \delta = \frac{5M_0 l^2}{48EI} - \frac{3l^2}{48EI}(M_1 + M_2)$$

$$M_0 = M_m + \frac{M_1 + M_2}{2}$$

$$\delta = \frac{5l^2}{48EI}\left(M_m + \frac{M_1}{2} + \frac{M_2}{2} - \frac{3}{5}M_1 - \frac{3}{5}M_2\right)$$

$$= \frac{5l^2}{48EI}(M_m - 0.1M_1 - 0.1M_2)$$

Memo...

3. 인장강성 효과

문제9 콘크리트 인장강성효과를 서술하시오. [73회 1교시]

풀이 **콘크리트 인장강성효과**

1) 정의

인장을 받는 철근콘크리트 구조부재에 균열이 발생하면 일반적으로 구조계산이나 설계 시 인장측 콘크리트는 무시된다. 그러나 실제로는 균열위치에서 모든 인장력이 철근에 의해서만 전달되지만 균열과 균열 사이에서는 부착에 의해 인장력이 철근으로부터 콘크리트로 전달된다. 이러한 결과로 균열단면 2차모멘트에 비해 휨강성이 증가하는 효과가 발생하게 되는데, 콘크리트가 철근의 인장강성을 증가시키는 데 기여하는 효과를 인장강성효과(Tension Stiffening Effect)라고 한다.

2) 인장강성효과에 영향을 미치는 변수

(1) 콘크리트의 강도 (2) 콘크리트 피복두께

(3) 철근비 (4) 철근직경

(5) 철근강도 등

3) 균열발생 Mechanism

(1) 외부응력이 콘크리트 인장강도 초과

(2) 불연속적인 간격으로 균열발생

(3) 균열된 단면 – 모든 인장력이 철근에 의해서 전달

균열 사이 – 부착응력에 의해 철근에서 콘크리트로 약간의 인장력이 전달

⇒ 콘크리트에 인장응력 발생

(4) 부가적인 균열발생

균열 사이의 인장응력이 콘크리트의 인장강도를 초과할 경우 발생

(5) Main Crack 발생

최종 균열 간격은 두 개의 기존하는 균열 사이에 부가적인 균열을 형성하기 위한 충분한 양의 인장력이 더 이상 철근으로부터 콘크리트로 부착에 의해 전달되지 않을 때 도달된다.

※ 유효단면 2차모멘트 필요성

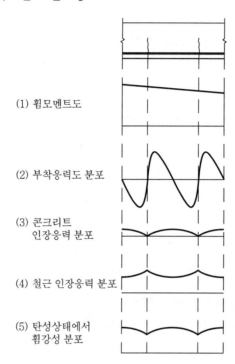

(1) 휨모멘트도

(2) 부착응력도 분포

(3) 콘크리트
　　인장응력 분포

(4) 철근 인장응력 분포

(5) 탄성상태에서
　　휨강성 분포

Memo...

4. 유효단면 2차모멘트

> **문제 10** 철근콘크리트 휨부재에서 유효단면 2차모멘트(Effective Moment of Mertia)에 대하여 **설명하시오.** [67회 1교시], [73회 2교시], [78회 1교시]

풀이 철근콘크리트 부재의 휨강성 EI는 콘크리트의 균열, 인장철근의 배근정도, 부착길이 확보여부 등의 영향을 받으면서 휨모멘트의 크기에 따라 변한다.

1) 전단면 2차모멘트(I_g)

균열 발생 전 : 전단면에 대한 단면 2차모멘트

2) 균열단면 2차모멘트(I_{cr})

균열 발생 후 : 중립축 이하의 콘크리트를 무시하고 구한 단면 2차모멘트이며, 이 값을 사용할 경우 사용하중하에서 실제 처짐보다 과다한 처짐이 산출된다.

3) 유효단면 2차모멘트(I_e)

실제 처짐은 I_g를 사용하여 구한 처짐보다 크고 I_{cr}를 사용하여 구한 처짐보다는 작다. 그러므로 실험을 통하여 유효단면 2차모멘트(I_e)를 정의하고, 부재의 강성도를 엄밀한 해석방법으로 구하지 않는 한, 부재의 순간처짐은 콘크리트 탄성계수 E_c와 유효단면 2차 모멘트를 이용하여 구한다.

$$I_e = \left(\frac{M_{cr}}{M_a}\right)^3 I_g + \left[1 - \left(\frac{M_{cr}}{M_a}\right)^3\right] I_{cr} \leq I_g$$

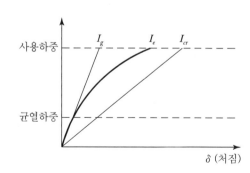

(1) 단순보

유효단면 2차모멘트 $I_e = \left(\dfrac{M_{cr}}{M_a}\right)^3 I_g + \left[1 - \left(\dfrac{M_{cr}}{M_a}\right)^3\right] I_{cr} \leq I_g$

여기서, M_{cr} : 균열 모멘트

M_a : 단면 2차모멘트가 계산되는 단면에서의 최대 휨모멘트

I_{cr} : 균열 단면의 단면 2차모멘트

$I_g = \dfrac{BD^3}{12}$: 보의 전단면에 대한 단면 2차모멘트

(철근의 유효단면적을 고려한 등가단면적으로 계산한 결과와 15% 정도 차이가 나지만, 계산의 편의상 무시하고 보의 전단면적으로 계산함)

(2) 연속보

정모멘트와 부모멘트가 생기는 연속보에서는 단부 및 중앙부의 단면형태와 모멘트 분포에 따라 유효단면 2차모멘트 I_e의 값이 달라질 수 있으므로 I_e의 평균값을 약산식으로 계산하여 사용한다.

① 양단이 연속인 보

$I_e = 0.7I_{em} + 0.15(I_{e1} + I_{e2})$

② 1단이 단순지지, 타단은 연속인 보

$I_e = 0.85I_{em} + 0.15(I_{e,con})$

여기서, I_{em} : 보 중앙부에서의 I_e값

I_{e1}, I_{e2} : 양단연속보의 단부에서의 I_e값

$I_{e,con}$: 1단 단순, 타단 연속보의 연속되는 단부에서의 I_e값

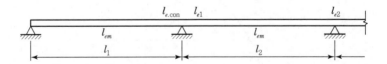

5. 장기처짐

> **문제 11** 장기처짐에 대하여 서술하시오.

풀이 **장기처짐**

1) 지속 하중하에서는 크리프와 건조수축의 영향을 받아 장기처짐이 발생

2) 철근콘크리트 보에서의 처짐 거동

　　콘크리트 : 지속하중에서 크리프 변형 발생 ε_t

　　철근 : 지속하중에서 변형의 증가는 미소

$$\Downarrow$$

　　철근콘크리트 보는 중립축 이동

　　(cf) 압축철근이 배근된 경우 압축철근이 콘크리트 응력을 일부 부담하여, 콘크리트의
　　　　응력이 줄어들므로 콘크리트의 크리프 변형도 감소한다. 따라서 압축철근비
　　　　$\rho' = \dfrac{A_s'}{bd}$가 클수록 변형이 감소한다.

3) 영향 요인

　　① 온도와 습도　　　　　　② 양생조건

　　③ 재하시의 재령 및 함수량　　④ 압축철근의 단면적

　　⑤ 지속하중의 크기 등

4) 종합적인 해석에 의하지 않는 한, 일반 또는 경량콘크리트 휨부재의 크리프와 건조수축
　 에 의한 추가 장기처짐은 해당 지속하중에 의해 생긴 순간처짐에 다음 계수를 곱하여
　 구할 수 있다)

$$\lambda_\Delta = \frac{\xi}{1 + 50\rho'}$$

　　　　여기서, (1) 시간경과계수 ξ

　　　　　　지속하중의 재하기간에 따르는 계수로 재하기간에 따라 다음 값을 사용한다.

재령(월)	1	3	6	12	18	24	36	48	60 이상
ξ	0.5	1	1.2	1.4	1.6	1.7	1.8	1.9	2.0

(2) 압축철근비 ρ'

$$\rho' = \frac{A_s'}{bd}$$

① 단순 및 연속경간인 경우 보 중앙의 값
② 캔틸레버인 경우 받침점의 값

Memo...

6. 처짐제한

문제 12 철근콘크리트 구조물의 처짐제한에 대하여 서술하시오. [92회 1교시]

풀이 처짐제한

1) 1방향 구조 처짐제한 [105회 1교시]

   (1) 적용 : 큰 처짐에 의하여 손상되기 쉬운 칸막이벽이나 기타구조물을 지지하지 않는
      1방향 구조물

   (2) 단, 처짐계산에 의하여 더 작은 두께를 사용하여도 유해하지 않다는 검토를 한 경우
      예외

처짐을 계산하지 않는 경우의 보 또는 1방향 슬래브의 최소두께

부재	최소두께, h			
	단순 지지	1단 연속	양단 연속	캔틸레버
	큰 처짐에 의해 손상되기 쉬운 칸막이벽이나 기타 구조물을 지지 또는 부착하지 않은 부재			
• 1방향 슬래브	$l/20$	$l/24$	$l/28$	$l/10$
• 보 • 리브가 있는 1방향 슬래브	$l/16$	$l/18.5$	$l/21$	$l/8$

이 표의 값은 보통콘크리트($w_c = 2{,}300\text{kg/m}^3$)와 설계기준항복강도 400N/mm^2 철근을 사용한 부재에 대한 값이며 다른 조건에 대해서는 그 값을 다음과 같이 수정하여야 한다.

① $1{,}500 \sim 2{,}000\text{kg/m}^3$ 범위의 단위질량을 갖는 구조용 경량콘크리트에 대해서는 계산된 h 값에 $(1.65 - 0.00031 w_c)$를 곱해야 하지만 1.09보다 작지 않아야 한다.

② f_y가 400MPa 이외인 경우는 계산된 h 값에 $(0.43 + f_y/700)$를 곱하여야 한다.

   (1) 유효단면 2차모멘트 I_e값과 장기처짐효과를 고려하여 계산한 최대허용처짐량

최대허용처짐

부재의 형태	고려해야 할 처짐	처짐 한계
과도한 처짐에 의해 손상되기 쉬운 비구조 요소를 지지 또는 부착하지 않은 평지붕구조	활하중 L에 의한 순간처짐	$\dfrac{l}{180}$[1]
과도한 처짐에 의해 손상되기 쉬운 비구조 요소를 지지 또는 부착하지 않은 바닥구조	활하중 L에 의한 순간처짐	$\dfrac{l}{360}$

과도한 처짐에 의해 손상되기 쉬운 비구조 요소를 지지 또는 부착한 지붕 또는 바닥구조	전체 처짐 중에서 비구조 요소가 부착된 후에 발생하는 처짐 부분(모든 지속하중에 의한 장기처짐과 추가적인 활하중에 의한 순간처짐의 합)	$\dfrac{l}{480}$
과도한 처짐에 의해 손상될 우려가 없는 비구조 요소를 지지 또는 부착한 지붕 또는 바닥구조		$\dfrac{l}{240}$

주 1) 이 제한은 물고임에 대한 안전성을 고려하지 않았다. 물고임에 대한 적절한 처짐계산을 검토하되, 고인물에 대한 추가처짐을 포함하여 모든 지속하중의 장기적 영향, 솟음, 시공오차 및 배수설비의 신뢰성을 고려하여야 한다.

(2) 보행자 및 차량하중 등 동하중을 주로 받는 구조물의 최대허용처짐 [121회 1교시]

① 단순 또는 연속경간의 부재는 활하중과 충격으로 인한 처짐이 경간의 1/800을 초과하지 않아야 한다. 다만, 부분적으로 보행자에 의해 사용되는 도시지역 교량의 경우 처짐은 경간의 1/1,000을 초과하지 않아야 한다.

② 활하중과 충격으로 인한 캔틸레버의 처짐은 캔틸레버 길이의 1/300 이하이어야 한다. 다만, 보행자의 이용이 고려된 경우 처짐은 캔틸레버 길이의 1/375까지 허용된다.

2) 2방향 구조 처짐제한

경간의 비가 2를 초과하지 않는 슬래브 또는 기타 2방향 구조에 적용한다.

(1) 테두리보를 제외하고 슬래브 주변에 보가 없거나 보의 강성비 α_m이 0.2 이하일 경우

① 지판이 없는 슬래브의 경우 : 120mm

② 지판을 가진 슬래브의 경우 : 100mm

$\alpha_m \leq 0.2$, 또는 내부에 보가 없는 슬래브의 최소두께

설계기준 항복강도 f_y (MPa)	지판이 없는 경우			지판이 있는 경우		
	외부 슬래브		내부 슬래브	외부 슬래브		내부 슬래브
	테두리보가 없는 경우	테두리보가 있는 경우		테두리보가 없는 경우	테두리보가 있는 경우	
300	$l_n / 32$	$l_n / 35$	$l_n / 35$	$l_n / 35$	$l_n / 39$	$l_n / 39$
350	$l_n / 31$	$l_n / 34$	$l_n / 34$	$l_n / 34$	$l_n / 37.5$	$l_n / 37.5$
400	$l_n / 30$	$l_n / 33$	$l_n / 33$	$l_n / 33$	$l_n / 36$	$l_n / 36$
500	$l_n / 28$	$l_n / 31$	$l_n / 31$	$l_n / 31$	$l_n / 33$	$l_n / 33$
600	$l_n / 26$	$l_n / 29$	$l_n / 29$	$l_n / 29$	$l_n / 31$	$l_n / 31$

(2) $0.2 < \alpha_m < 2.0$인 경우 슬래브의 최소두께

$$h = \frac{l_n\left(800 + \dfrac{f_y}{1.4}\right)}{36,000 + 5,000\beta(\alpha_m - 0.2)} \quad 또는 \ 120mm \ 이상$$

(3) $2.0 \leq \alpha_m$인 경우 슬래브의 최소두께

$$h = \frac{l_n\left(800 + \dfrac{f_y}{1.4}\right)}{36,000 + 9,000\beta} \quad 또는 \ 90mm \ 이상$$

※ 불연속단을 갖는 슬래브에 대해서는 강성비 α의 값이 0.8 이상을 갖는 테두리보를 설치하거나 (2), (3)식에서 구한 최소소요두께를 적어도 10% 이상 증대시켜야 한다.

l_n : 장방향 순스팬 　　　　　　　 $\beta : \dfrac{장방향 \ 순스팬}{단방향 \ 순스팬}$

α(보와 슬래브의 강성비) : $\dfrac{E_b\,I_b}{E_s\,I_s}$, 　　 $\alpha_m : \alpha$의 평균값

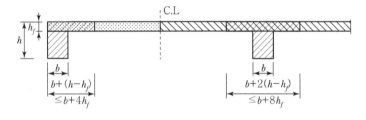

Memo...

7. 단순보의 처짐 검토 Process 및 문제

1) 하중 및 모멘트 산정

(1) ω_D (2) ω_L (3) ω_{sus} (4) M_D

(5) M_L (6) M_{D+L} (7) M_{sus}

2) 균열 발생 여부 판정

(1) $f_r = 0.63\lambda\sqrt{f_{ck}}$

(2) $M_{cr} = f_r \cdot Z$

3) 순단면 2차모멘트(I_g) 및 균열단면 2차모멘트(I_{cr}) 산정

(1) $I_g = \dfrac{bh^3}{12}$

(2) I_{cr} 산정

① 탄성계수비 $n = \dfrac{E_s}{E_c}$

② 중립축의 위치(kd) 산정

$$\frac{b(kd)^2}{2} + (n-1)A_s'(kd-d') = nA_s(d-kd)$$

③ I_{cr} 산정

4) 유효단면 2차모멘트(I_e) 산정

$$I_e = \left(\frac{M_{cr}}{M_a}\right)^3 I_g + \left[1 - \left(\frac{M_{cr}}{M_a}\right)^3\right] I_{cr} \leq I_g$$

$(I_g,\ I_{cr},\ M_{cr},\ M_D,\ M_{D+L},\ M_{sus})$

(1) $I_{e(D)}$ 산정

(2) $I_{e(D+L)}$ 산정

(3) $I_{e(sus)}$ 산정

5) 탄성처짐

(1) $\delta_{D+L} = \dfrac{5\,w_{(D+L)}\,l^4}{384EI_{e(D+L)}} = \dfrac{5\,M_{(D+L)}\,l^2}{48EI_{e(D+L)}}$

(2) $\delta_D = \dfrac{5\,w_{(D)}\,l^4}{384EI_{e(D)}} = \dfrac{5\,M_{(D)}\,l^2}{48EI_{e(D)}}$

(3) $\delta_L = \delta_{D+L} - \delta_D \leq \delta_a$ CHECK

6) 장기처짐

(1) $\delta_{cp+sh} = \lambda \cdot \delta_{sus}$

   ① $\lambda_{\triangle} = \dfrac{\xi}{1+50\rho}$

   ② $\delta_{sus} = \dfrac{5w_{(sus)}\,l^4}{384EI_{e(sus)}} = \dfrac{5M_{(sus)}\,l^2}{48EI_{e(sus)}}$

   ③ $\delta_{cp+sh} = \lambda_{\triangle} \cdot \delta_{sus}$

(2) $\delta_L + \delta_{cp+sh} \leq \delta_a$ CHECK

문제 13 아래와 같은 단순보의 처짐을 검토하시오. 단, 적재하중 50%가 5년 이상 지속 시의 장기처짐에 대하여도 검토하시오. 단, 손상되기 어려운 비구조요소를 지지하고 있다.

[83회 3교시], [87회 3교시], [88회 2교시 유사], [107회 3교시 유사], [109회 2교시 유사], [115회 3교시 유사], [123회 3교시 유사]

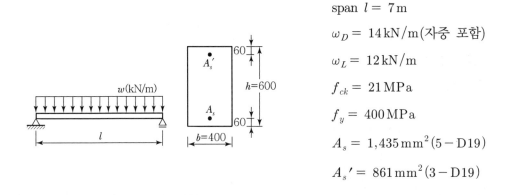

span $l = 7\,\mathrm{m}$

$\omega_D = 14\,\mathrm{kN/m}$(자중 포함)

$\omega_L = 12\,\mathrm{kN/m}$

$f_{ck} = 21\,\mathrm{MPa}$

$f_y = 400\,\mathrm{MPa}$

$A_s = 1,435\,\mathrm{mm^2}\,(5-\mathrm{D19})$

$A_s{'} = 861\,\mathrm{mm^2}\,(3-\mathrm{D19})$

풀이 ▶ **처짐 검토**

1) 하중 및 모멘트 산정

   (1) $\omega_{D+L} = 14 + 12 = 26\,\mathrm{kN/m}$

   (2) $\omega_{sus} = 14 + 0.5 \times 12 = 20\,\mathrm{kN/m}$

   (3) $M_D = 14 \times 7^2/8 = 85.75\,\mathrm{kN \cdot m}$

   (4) $M_L = 12 \times 7^2/8 = 73.5\,\mathrm{kN \cdot m}$

   (5) $M_{D+L} = 85.75 + 73.5 = 159.25\,\mathrm{kN \cdot m}$

   (6) $M_{sus} = 20 \times 7^2/8 = 122.5\,\mathrm{kN \cdot m}$

2) 균열 발생 여부 판정

   (1) I_g 산정

$$I_g = \frac{bh^3}{12} = \frac{400 \times 600^3}{12} = 7.2 \times 10^9\,\mathrm{mm^4}$$

   (2) $f_r = 0.63\lambda\sqrt{f_{ck}} = 0.63 \times 1.0 \times \sqrt{21} = 2.89\,\mathrm{MPa}$

(3) $M_{cr} = f_r \cdot \dfrac{I_g}{y} = 2.89 \times \dfrac{7.2 \times 10^9}{300} \times 100^{-6} = 69.39 \, \text{kN·m}$

$\therefore \ M_{cr} = 69.39 \, \text{kN·m} \ \leq \ M_D = 85.75 \, \text{kN·m}$이므로 균열 발생

3) 균열단면 2차모멘트(I_{cr}) 산정

  (1) I_{cr} 산정

    ① 탄성계수비 $n = \dfrac{E_s}{E_c} = \dfrac{2.0 \times 10^5}{8,500 \sqrt[3]{25}} = \dfrac{2.0 \times 10^5}{24,854} = 8.05$

    ② 중립축의 위치(kd) 산정

$$\dfrac{b(kd)^2}{2} + (n-1)A_s{}'(kd - d') = nA_s(d - kd)$$

$$(400/2) \cdot (kd)^2 + (8.05 - 1) \times 861 \times (kd - 60) = 8.05 \times 1,435 \times (540 - kd)$$

$$\therefore \ kd = 142.9 \, \text{mm}$$

    ③ $I_{cr} = \dfrac{b \cdot (kd)^3}{3} + \left\{ (n-1) \cdot A_s{}' \cdot (kd - d')^2 + n \cdot A_s \cdot (d - kd)^2 \right\}$

$$= \dfrac{400 \times 142.9^3}{3} + (8.05 - 1) \times 861 \times (142.9 - 60)^2$$

$$+ \, 8.05 \times 1,435 \times (540 - 142.9)^2$$

$$= 2.25 \times 10^9 \, \text{mm}^4$$

4) 유효단면 2차모멘트(I_e) 산정

$$I_e = \left(\dfrac{M_{cr}}{M_a} \right)^3 I_g + \left[1 - \left(\dfrac{M_{cr}}{M_a} \right)^3 \right] I_{cr} \ \leq \ I_g$$

  (1) $I_{e(D)} = \left(\dfrac{69.39}{85.75} \right)^3 \times (7.2 \times 10^9) + \left[1 - \left(\dfrac{69.39}{85.75} \right)^3 \right] \times (2.25 \times 10^9)$

$$= 4.87 \times 10^9 \, \text{mm}^4$$

  (2) $I_{e(D+L)} = \left(\dfrac{69.39}{159.25} \right)^3 \times (7.2 \times 10^9) + \left[1 - \left(\dfrac{69.39}{159.25} \right)^3 \right] \times (2.25 \times 10^9)$

$$= 2.66 \times 10^9 \, \text{mm}^4$$

(3) $I_{e(sus)} = \left(\dfrac{69.39}{122.5}\right)^3 \times (7.2 \times 10^9) + \left[1 - \left(\dfrac{69.39}{122.5}\right)^3\right] \times (2.25 \times 10^9)$

$= 3.15 \times 10^9\,\text{mm}^4$

5) 탄성처짐

(1) $\delta_{D+L} = \dfrac{5w_{(D+L)}l^4}{384E_c I_{e(D+L)}} = \dfrac{5 \times 26 \times 7{,}000^4}{384 \times 24{,}854 \times 2.66 \times 10^9} = 12.29\,\text{mm}$

(2) $\delta_D = \dfrac{5w_D l^4}{384E_c I_{e(D)}} = \dfrac{5 \times 14 \times 7{,}000^4}{384 \times 24{,}854 \times 4.87 \times 10^9} = 3.62\,\text{mm}$

(3) $\delta_L = \delta_{D+L} - \delta_D = 12.29 - 3.62 = 8.67\,\text{mm}$

6) 장기처짐

$\delta_{cp+sh} = \lambda_\triangle \cdot \delta_{sus}$

(1) $\lambda_\triangle = \dfrac{\xi}{1+50\rho'} = \dfrac{2.0}{1+50 \times 0.004} = 1.67$

(2) $\delta_{sus} = \dfrac{5w_{(sus)}l^4}{384E_c I_{e(sus)}} = \dfrac{5 \times 20 \times 7{,}000^4}{384 \times 24{,}854 \times 3.15 \times 10^9} = 7.99\,\text{mm}$

(3) $\delta_{cp+sh} = \lambda_\triangle \cdot \delta_{sus} = 1.67 \times 7.99 = 13.3\,\text{mm}$

7) 처짐 검토

$\delta_L + \delta_{cp+sh} = 8.67 + 13.3 = 21.97\,\text{mm} \le \dfrac{7{,}000}{240} = 29.2\,\text{mm}$ ·············· O.K

문제 14 다음 그림과 같은 보에 고정하중 $w_d = 20\text{kN/m}$(자중 미포함), 활하중 $w_l = 12\text{kN/m}$가 작용할 때, 현행 기준의 규정에 따라 순간과 5년 뒤의 장기허용처짐의 조건을 만족하는지 검토하라. [101회 2교시]

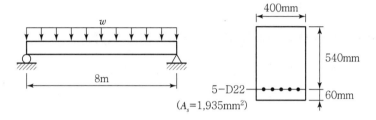

단, 1) 순간 처짐에 대해서는 외부 지붕구조로 보고, 장기 처짐에 대해서는 큰 처짐에 의해서 손상받을 염려가 없는 비구조 요소들을 지지하고 있다.

   2) 활하중 중에서 40%를 지속하중으로 고려한다.

   3) 모래경량콘크리트 $f_{ck} = 24\text{MPa}$, $f_y = 400\text{MPa}$

   4) 모래경량 콘크리트의 단위질량 $m_c = 2,150\,\text{kg/m}^3$이다.

풀이 ▶ 처짐 검토

1) 하중 및 모멘트 산정

   (1) $w_D = 20\,\text{kN/m} + 21.5 \times 0.4 \times 0.6 = 25.2\,\text{kN/m}$

   (2) $w_L = 12\,\text{kN/m}$

   (3) $w_{D+L} = 25.2 + 12 = 37.2\,\text{kN/m}$

   (4) $w_{sus} = 25.2 + 0.4 \times 12 = 30\,\text{kN/m}$

   (5) $M_D = \dfrac{wl^2}{8} = \dfrac{25.2 \times 8^2}{8} = 201.6\,\text{kN·m}$

   (6) $M_{D+L} = \dfrac{37.2 \times 8^2}{8} = 297.6\,\text{kN·m}$

   (7) $M_{sus} = \dfrac{30 \times 8^2}{8} = 240\,\text{kN·m}$

2) 균열 발생 여부 검토

   (1) $f_r = 0.63\lambda\sqrt{f_{ck}} = 0.63 \times 0.85 \times \sqrt{24} = 2.62\,\text{MPa}$

   (2) $M_{cr} = f_r \cdot S = 2.62 \times \dfrac{400 \times 600^2}{6} \times 10^{-6} = 62.9\,\text{kN·m} < M_d$이므로 균열 발생

3) 순단면 2차모멘트(I_g) 및 균열단면 2차모멘트(I_{cr}) 산정

   (1) $I_g = \dfrac{bh^3}{12} = \dfrac{400 \times 600^3}{12} = 7.2 \times 10^9\,\text{mm}^4$

   (2) I_{cr} 산정

     ① 탄성계수비 $n = \dfrac{E_s}{E_c} = \dfrac{2.0 \times 10^5}{23,309.6} = 8.58$

     $(E_c = 0.077 m_c^{1.5}\sqrt[3]{f_{cm}} = 0.077 \times 2,150^{1.5} \times \sqrt[3]{28} = 23,309.6\,\text{MPa})$

     $(f_{cm} = f_{ck} + \Delta f = 24 + 4 = 28\,\text{MPa})$

     ② 중립축의 위치(kd) 산정

$$\frac{b(kd)^2}{2} = nA_s(d - kd)$$

$$\frac{400}{2} \times (kd)^2 = 8.58 \times 1,935 \times (540 - kd)$$

$$\therefore kd = 174.2\,\text{mm}$$

   (3) $I_{cr} = \dfrac{400 \times 174.2^3}{3} + 8.58 \times 1,935 \times (540 - 174.2)^2 = 2.926 \times 10^9\,\text{mm}^4$

4) 유효단면 2차모멘트(I_e) 산정

$$I_e = \left(\frac{M_{cr}}{M_a}\right)^3 I_g + \left[1 - \left(\frac{M_{cr}}{M_a}\right)^3\right] I_{cr} \leq I_g$$

   (1) $I_{e(D)} = \left(\dfrac{62.9}{201.6}\right)^3 \times 7.2 \times 10^9 + \left[1 - \left(\dfrac{62.9}{201.6}\right)^3\right] \times 2.926 \times 10^9 = 3.056 \times 10^9\,\text{mm}^4$

   (2) $I_{e(D+L)} = \left(\dfrac{62.9}{297.6}\right)^3 \times 7.2 \times 10^9 + \left[1 - \left(\dfrac{62.9}{297.6}\right)^3\right] \times 2.926 \times 10^9$

          $= 2.966 \times 10^9\,\text{mm}^4$

(3) $I_{e(sus)} = \left(\dfrac{62.9}{240}\right)^3 \times 7.2 \times 10^9 + \left[1 - \left(\dfrac{62.9}{240}\right)^3\right] \times 2.926 \times 10^9 = 3.003 \times 10^9 \, \text{mm}^4$

5) 탄성처짐

(1) $\delta_{D+L} = \dfrac{5 M_{D+L} l^2}{48 E_c I_{e(D+L)}} = \dfrac{5 \times 297.6 \times 10^6 \times 8{,}000^2}{48 \times 23{,}309.6 \times 2.966 \times 10^9} = 28.7 \, \text{mm}$

(2) $\delta_D = \dfrac{5 M_D l^2}{48 E_c I_{e(D)}} = \dfrac{5 \times 201.6 \times 10^6 \times 8{,}000^2}{48 \times 23{,}309.6 \times 3.056 \times 10^9} = 18.9 \, \text{mm}$

(3) $\delta_L = \delta_{D+L} - \delta_D = 28.7 - 18.9 = 9.8 \leq \delta_a = \dfrac{l}{180} = \dfrac{8{,}000}{180} = 44.4 \, \text{mm}$ ······ O.K

6) 장기처짐

(1) $\delta_{cp+sh} = \lambda_\Delta \cdot \delta_{sus}$

   ① $\lambda_\Delta = \dfrac{\xi}{1 + 50\rho'} = 2.0$

   ② $\delta_{sus} = \dfrac{5 M_{sus} l^2}{48 E_c I_{e(sus)}} = \dfrac{5 \times 240 \times 10^6 \times 8{,}000^2}{48 \times 23{,}309.6 \times 3.003 \times 10^9} = 22.9 \, \text{mm}$

   ③ $\delta_{cp+sh} = \lambda_\Delta \cdot \delta_{sus} = 2 \times 22.9 = 45.8 \, \text{mm}$

7) 처짐 검토

$\delta_L + \delta_{cp+sh} = 9.8 + 45.8 = 55.6 \, \text{mm} > \delta_a = \dfrac{l}{240} = \dfrac{8{,}000}{240} = 33.3 \, \text{mm}$ ······ N.G

Memo...

8. 연속보의 처짐계산 Process

1) 균열발생 여부 판정

(1) I_g 산정

① 도심 $\overline{y}$ 산정

② I_g 산정

(2) 균열모멘트(M_{cr}) 산정

① $f_r = 0.63\lambda\sqrt{f_{ck}}$

② 균열모멘트 산정

단부 균열모멘트 : $M_{cr} = f_r \cdot \dfrac{I_g}{y_t}$

중앙부 균열모멘트 : $M_{cr} = f_r \cdot \dfrac{I_g}{y_b}$

(3) 균열여부 판정

① 단부 : 각 단부 M, M_{cr} 대소 비교 균열발생 여부 판단

② 중앙부 : M, M_{cr} 대소 비교 균열발생 여부 판단

2) 균열단면 2차모멘트 산정

(1) 탄성계수비 $n = \dfrac{E_s}{E_c}$

(2) 중립축의 위치(kd) 산정

$$\frac{b(kd)^2}{2} + (n-1)A_s{}'(kd-d') = nA_s(d-kd)$$

(3) $I_{cr} = \dfrac{b \cdot (kd)^3}{3} + (n-1) \cdot A_s{}' \cdot (kd-d')^2 + n \cdot A_s \cdot (d-kd)^2$

3) 평균유효단면 2차모멘트 산정

  (1) 균열단면에 대한 유효단면 2차모멘트 산정

$$I_e = \left(\frac{M_{cr}}{M_a}\right)^3 I_g + \left[1 - \left(\frac{M_{cr}}{M_a}\right)^3\right] I_{cr} \leq I_g$$

  (2) 평균유효단면 2차모멘트 산정

    ① 양단이 연속인 보 : $I_e = 0.7 I_{em} + 0.15(I_{e1} + I_{e2})$

    ② 1단 단순 타단 연속인 보 : $I_e = 0.85 I_{em} + 0.15(I_{e,con})$

4) 즉시처짐 산정

$$\Delta = \frac{5l_n^{\,2}}{48 E_c I_e}(M_m - 0.1 M_1 - 0.1 M_2)$$

Memo...

문제 15 그림의 T형보에서 즉시처짐 Δ를 구하시오. [77회 4교시], [84회 3교시], [92회 3교시]

단, $f_{ck} = 27\,\mathrm{MPa}$, $f_y = 400\,\mathrm{MPa}$, $E_s = 2.0 \times 10^5\,\mathrm{MPa}$

$I_e = 0.7 I_{em} + 0.15(I_{e1} + I_{e2})$: 평균유효단면 2차모멘트

$$\Delta = \frac{5 {l_n}^2}{48 E_c I_e}(M_m - 0.1 M_1 - 0.1 M_2)$$

    I_{e1} : A단부 유효단면 2차모멘트

    I_{e2} : C단부 유효단면 2차모멘트

    I_{em} : 중앙부 유효단면 2차모멘트

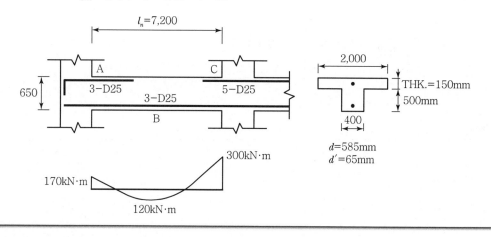

풀이 1. 균열발생 여부 판정

   (1) I_g 산정

     ① 도심 $\bar{y} = \dfrac{400 \times 500 \times 250 + 2{,}000 \times 150 \times 575}{400 \times 500 + 2{,}000 \times 150} = 445\,\mathrm{mm}$

     ② $I_g = \dfrac{2{,}000 \times (150)^3}{12} + 2{,}000 \times 150 \times (575 - 445)^2 + \dfrac{400 \times 500^3}{12}$

          $+\ 400 \times 500 \times (445 - 250)^2 = 1.74 \times 10^{10}\,\mathrm{mm}^4$

   (2) 균열모멘트(M_{cr}) 산정

     ① $f_r = 0.63\lambda\sqrt{f_{ck}} = 0.63 \times 1.0 \times \sqrt{27} = 3.27\,\mathrm{MPa}$

     ② 균열모멘트 산정

       ㉠ A, C의 균열모멘트

$$M_{cr} = f_r \cdot \frac{I_g}{y_t} = 3.27 \times \frac{1.74 \times 10^{10}}{205} \times 10^{-6} = 277.6\,\text{kN·m}$$

ⓛ 중앙부(B) 균열모멘트

$$M_{cr} = f_r \cdot \frac{I_g}{y_b} I_g = 3.27 \times \frac{1.74 \times 10^{10}}{445} \times 10^{-6} = 127.9\,\text{kN·m}$$

(3) 균열 여부 판정

① A단부 : $M_A = 170\,\text{kN·m} < M_{cr} = 277.6\,\text{kN·m} \Rightarrow$ 균열 발생하지 않음

② B 중앙부 : $M_B = 120\,\text{kN·m} < M_{cr} = 127.9\,\text{kN·m} \Rightarrow$ 균열 발생하지 않음

③ C단부 : $M_c = 300\,\text{kN·m} > M_{cr} = 277.6\,\text{kN·m} \Rightarrow$ 균열 발생함

2) 균열단면 2차모멘트 산정

(1) 탄성계수비 $n = \dfrac{E_s}{E_c} = \dfrac{2.0 \times 10^5}{8,500\,\sqrt[3]{31}} = \dfrac{2.0 \times 10^5}{26,701.7} = 7.49$

(2) 중립축의 위치(kd) 산정

$$\frac{b(kd)^2}{2} + (n-1)A_s{}'(kd-d') = nA_s(d-kd)$$

$$\frac{400}{2} \times (kd)^2 + (7.49-1) \times 1,521 \times (kd-65) = 7.49 \times 2,535 \times (585-kd)$$

$$\therefore\ kd = 180.7\,\text{mm}$$

(3) $I_{cr} = \dfrac{400 \times 180.7^3}{3} + (7.49-1) \times 1,521 \times (180.7-65)^2$

$$+\ 7.49 \times 2,535 \times (585-180.7)^2 = 4.02 \times 10^9\,\text{mm}^4$$

3) 평균유효단면 2차모멘트 산정

(1) A단부, 중앙부 유효단면 2차모멘트 산정

M_A, M_B는 M_{cr}보다 작으므로 전단면 2차모멘트 $I_g = 1.74 \times 10^{10}\,\text{mm}^4$ 적용

(2) C단부 유효단면 2차모멘트 산정

$$I_{e2} = \left(\frac{M_{cr}}{M_a}\right)^3 I_g + \left[1 - \left(\frac{M_{cr}}{M_a}\right)^3\right] I_{cr} \leq I_g$$

$$= \left(\frac{277.6}{300}\right)^3 \times 1.74 \times 10^{10} + \left[1 - \left(\frac{277.6}{300}\right)^3\right] \times 4.02 \times 10^9$$

$$= 1.46 \times 10^{10}\,\text{mm}^4$$

(3) 평균유효단면 2차모멘트 산정

$$\text{평균 } I_e = 0.7\,I_{em} + 0.15\,(I_{e1} + I_{e2})$$
$$= 0.7 \times 1.74 \times 10^{10} + 0.15\,(1.74 \times 10^{10} + 1.46 \times 10^{10})$$
$$= 1.70 \times 10^{10}\,\text{mm}^4$$

4) 즉시처짐 산정

$$\Delta = \frac{5l_n^2}{48E_cI_e}\,(M_m - 0.1\,M_1 - 0.1\,M_2)$$
$$= \frac{5 \times 7{,}200^2}{48 \times 26{,}701.7 \times 1.70 \times 10^{10}} \times (120 - 0.1 \times 170 - 0.1 \times 300) \times 10^6$$
$$= 0.89\,\text{mm} < \frac{l_n}{360} = \frac{7{,}200}{360} = 20\,\text{mm} \quad\cdots\cdots\cdots\cdots\cdots\cdots\cdots\cdots\cdots\cdots\text{O.K}$$

9. 약산식을 적용한 중앙부 최대 처짐 산정

$$\triangle_i = K \frac{5 M_a l^2}{48 E_c I_e}$$

K : 처짐계수

M_a : 캔틸레버보 – 단부모멘트, 단순보 · 연속보 – 중앙부 모멘트

I_e : 중앙부 I_e

※ 처짐계수 K

1) 단순보 : $K = 1.0$

2) 연속보

(1) 연속보 : $K = 1.2 - \dfrac{0.2 M_o}{M_a}$

$$\triangle = \frac{5 M_o l^2}{48 E I} - \frac{M_E l^2}{8 E I} (M_o = M_a + M_E)$$

$$= \frac{5 M_o l^2 - 6 M_o l^2 + 6 M_a l^2}{48 E I} = \frac{6 M_a l^2 - M_o l^2}{48 E I}$$

$$= \left(1.2 - 0.2 \frac{M_o}{M_a} \right) \frac{5 M_a l^2}{48 E I}$$

(2) 양단연속보 : $K = 0.6$

$$K = 1.2 - \frac{0.2 M_o}{M_a} = 1.2 - 0.2 \left(\frac{3 M_a}{M_a} \right) = 0.6$$

(3) 일단연속보 : $K = 0.8$

3) 캔틸레버보 : $K = 2.4$

$$\triangle = \frac{w l^4}{8 E I} \left(M_a = \frac{w l^2}{2} \right) = \frac{M_a l^2}{4 E I} = \frac{12 M_a l^2}{48 E I} = \frac{12}{5} \frac{5 M_a l^2}{4 E I}$$

> **문제 16** 다음 건물은 백화점 2층 구조평면도의 일부이다. 내부 보의 활하중에 의한 즉시처짐에 대하여 단근 장방형보로 검토하시오. [94회 2교시]
>
>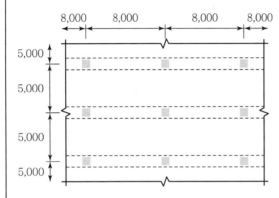
>
>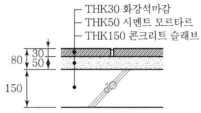
>
> - 재료의 단위체적중량
>   화강석 중량 : $27 \, \mathrm{kN/m^3}$
>   시멘트 모르타르 : $20 \, \mathrm{kN/m^3}$
>   철근콘크리트 : $24 \, \mathrm{kN/m^3}$
> - 천장마감 : $300 \, \mathrm{N/m^2}$
> - $\rho_{\max} = 0.688 \rho_b$
> - $kd = \sqrt{2d \dfrac{b}{nA_s} + 1} - 1$
> - $\Delta_i = K \cdot \dfrac{5 M_a l^2}{48 E_c I_e}$
>
> 보단면 : $400 \times 900 (\mathrm{B \times H})$
> 보단부 배근 : $9-\mathrm{D22}$
> 보중앙부 배근 : $6-\mathrm{D22}$
> $f_{ck} = 30 \, \mathrm{MPa}$, $f_y = 500 \, \mathrm{MPa}$
> 중력가속도 g=10.0m/sec²
> 모멘트 및 처짐은 약산으로 계산
> 스터럽 : D10

풀이 ▶ 연속보의 처짐

1) 하중 및 모멘트 산정

   (1) 하중산정

      화강석마감(THK.=30mm) : $27 \times 0.03 = 0.81 \, \mathrm{kN/m^2}$

      시멘트 모르타르(THK.=50mm) : $20 \times 0.05 = 1.0 \, \mathrm{kN/m^2}$

      콘크리트 슬래브(THK.=150mm) : $24 \times 0.15 = 3.6 \, \mathrm{kN/m^2}$

      천장 : $ 0.3 \, \mathrm{kN/m^2}$

$$D.L = 5.71 \, \mathrm{kN/m^2}$$
$$L.L = 4.0 \, \mathrm{kN/m^2}$$

(2) 모멘트 산정

$$W_D = 5.71 \times 5 + 24 \times (0.75 \times 0.4) = 35.75 \, \text{kN/m}$$

$$W_L = 4.0 \times 5 = 20 \, \text{kN/m}$$

$$W_{D+L} = 35.75 + 20 = 55.75 \, \text{kN/m}$$

$$M_{D+L}^+ = \frac{W_{D+L} \, l_n^2}{16} = \frac{55.75 \times 7.5^2}{16} = 196.0 \, \text{kN·m}$$

$$M_D^+ = \frac{W_D \, l_n^2}{16} = \frac{35.75 \times 7.5^2}{16} = 125.68 \, \text{kN·m}$$

2) 균열여부 검토

$$M_{cr} = f_r \, S$$

$$= \left(0.63 \lambda \sqrt{f_{ck}} \right) \left(\frac{bh^2}{6} \right) = \left(0.63 \times 1.0 \times \sqrt{30} \right) \times \left(\frac{400 \times 900^2}{6} \right) \times 10^{-6}$$

$$= 186.3 \, \text{kN·m}$$

$$M_{D+L} = 196.0 \, \text{kN·m} > M_{cr} = 186.3 \, \text{kN·m} \Rightarrow \text{균열 발생}$$

$$M_D = 125.68 \, \text{kN·m} < M_{cr} = 186.3 \, \text{kN·m} \Rightarrow \text{균열 발생하지 않음}$$

3) $I_{e(D+L)}$ 산정

(1) $E_c = 8{,}500 \sqrt[3]{f_{cm}} = 8{,}500 \sqrt[3]{34} = 27{,}536.7 \, \text{MPa}$

$$(f_{cm} = f_{ck} + \triangle f = 30 + 4 = 34 \, \text{MPa})$$

(2) $n = \dfrac{E_s}{E_c} = \dfrac{2.0 \times 10^5}{27{,}536.7} = 7.26$

(3) kd 산정

$$\frac{b(kd)^2}{2} = n \cdot A_s (d - kd)$$

$$\frac{400 \times (kd)^2}{2} = 7.26 \times 6 \times 387 \times (820 - kd)$$

$$\therefore \; kd = 224.1 \, \text{mm}$$

(4) $I_g = \dfrac{bh^3}{12} = \dfrac{400 \times 900^3}{12} = 2.43 \times 10^{10}\,\text{mm}^4$

(5) $I_{cr} = \dfrac{bc^3}{3} + n \cdot A_s (d-c)^2$

$= \dfrac{400 \times 224.1^3}{3} + 7.26 \times 6 \times 387 \times (820 - 224.1)^2 = 7.48 \times 10^9$

(6) $I_e = \left(\dfrac{M_{cr}}{M_a}\right)^3 I_g + \left[1 - \left(\dfrac{M_{cr}}{M_a}\right)^3 \right] I_{cr} \leq I_g$

$= \left(\dfrac{186.3}{196.0}\right)^3 \times 2.43 \times 10^{10} + \left[1 - \left(\dfrac{186.3}{196.0}\right)^3 \right] \times 7.48 \times 10^9 = 2.19 \times 10^{10}\,\text{mm}^4$

4) $\triangle_L$ 산정

$\triangle_{D+L} = K \dfrac{5 M_{D+L}\, l^2}{48\, E_c\, I_{e(D+L)}} = 0.6 \times \dfrac{5 \times 196.0 \times 10^6 \times 8{,}000^2}{48 \times 27{,}536.7 \times 2.19 \times 10^{10}} = 1.3\,\text{mm}$

$\triangle_D = K \dfrac{5 M_D\, l^2}{48\, E_c\, I_g} = 0.6 \times \dfrac{5 \times 125.68 \times 10^6 \times 8{,}000^2}{48 \times 27{,}536.7 \times 2.43 \times 10^{10}} = 0.75\,\text{mm}$

$\therefore\ \triangle_L = \triangle_{D+L} - \triangle_D = 1.3 - 0.75 = 0.55\,\text{mm}$

10. 처짐을 검토하지 않아도 되는 슬래브의 최소 두께

문제 17 다음 그림과 같은 단면을 가진 보에 대하여 처짐을 검토하지 않아도 되는 최소 두께를
계산하라.

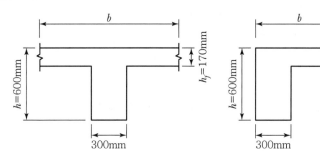

$f_y = 400\,\mathrm{MPa}$

슬래브 두께 $h_f = 170\,\mathrm{mm}$

슬래브의 크기(보 중심 간 거리) $= 6,800 \times 6,800\,\mathrm{mm}$

보의 크기 : $300 \times 600\,\mathrm{mm}$

풀이 2방향 슬래브의 최소두께 산정

1) α_m 산정

  (1) 내부보($E_{cb} = E_{cs}$ 가정)

    ① I_s 산정

$$I_s = \frac{bh_f^{\,3}}{12} = \frac{6,800 \times 170^3}{12} = 2.784 \times 10^9\,\mathrm{mm}^4$$

    ② I_b 산정

      • $h - h_f = 600 - 170 = 430\,\mathrm{mm} \leq 4h_f = 4 \times 170 = 680\,\mathrm{mm}$ 적합

      ∴ $b = 300 + 2 \times 430 = 1,160\,\mathrm{mm}$

      • $\bar{y} = \dfrac{(300 \times 600) \times 300 + (170 \times 2 \times 430) \times (600 - 170/2)}{(300 \times 600) + (170 \times 2 \times 400)} = 396.4\,\mathrm{mm}$

      • $I_b = \dfrac{b_w h^3}{12} + (b_w h)\left(\dfrac{h}{2} - \bar{y}\right)^2 + \dfrac{(b - b_w)h_f^{\,3}}{12} + (b - b_w)h_f\left(h - \bar{y} - \dfrac{h_f}{2}\right)^2$

      $= \dfrac{300 \times 600^3}{12} + (300 \times 600) \times (300 - 396.4)^2$

$$+ \frac{860 \times 170^3}{12} + (860 \times 170) \times \left(600 - 396.4 - \frac{170}{2}\right)^2$$

$$= 9.481 \times 10^9 \, \text{mm}^4$$

$$\therefore \ \alpha_f = \frac{E_{cb} I_b}{E_{cs} I_s} = \frac{9.481 \times 10^9}{2.784 \times 10^9} = 3.41$$

(2) 외부보($E_{cb} = E_{cs}$가정)

　① I_s 산정

$$I_s = \frac{b h_f^3}{12} = \frac{3,400 \times 170^3}{12} = 1.392 \times 10^9 \, \text{mm}^4$$

　② I_b 산정

　　• $b = 300 + 430 = 730 \, \text{mm}$

　　• $\overline{y} = \dfrac{(300 \times 600) \times 300 + (170 \times 430) \times (600 - 170/2)}{(300 \times 600) + (170 \times 400)} = 362.1 \, \text{mm}$

　　• $I_b = \dfrac{b_w h^3}{12} + (b_w h)\left(\dfrac{h}{2} - \overline{y}\right)^2 + \dfrac{(b - b_w) h_f^3}{12} + (b - b_w) h_f \left(h - \overline{y} - \dfrac{h_f}{2}\right)^2$

$$= \frac{300 \times 600^3}{12} + (300 \times 600) \times (300 - 362.1)^2$$

$$+ \frac{430 \times 170^3}{12} + (430 \times 170) \times \left(600 - 362.1 - \frac{170}{2}\right)^2$$

$$= 7.979 \times 10^9 \, \text{mm}^4$$

$$\therefore \ \alpha_f = \frac{E_{cb} I_b}{E_{cs} I_s} = \frac{7.979 \times 10^9}{1.392 \times 10^9} = 5.73$$

(3) α_m 산정

　내부 : $\alpha_m = 3.41$

　외부 : $\alpha_m = (3 \times 3.41 + 5.73)/4 = 3.99$

　모서리 : $\alpha_m = (2 \times 3.41 + 2 \times 5.73)/4 = 4.57$

2) β 산정

$$\beta = \frac{6,500}{6,500} = 1.0$$

3) 처짐을 검토하지 않아도 되는 슬래브 최소 두께

2.0 $\leq \alpha_m$인 경우 슬래브의 최소 두께

$$h_{\min} = \frac{l_n\left(800 + \dfrac{f_y}{1.4}\right)}{36,000 + 9,000\beta} = \frac{6,500 \times \left(800 + \dfrac{400}{1.4}\right)}{36,000 + 9,000 \times 1.0} = 156.8\,\text{mm} \leq h_f = 170\,\text{mm}$$

따라서 처짐을 검토하지 않아도 된다.

Memo...

4.4　피로 [KDS 14 20 26]

1. 피로에 대한 안전성 검토

(1) 피로에 대한 안전성을 검토할 경우, 충격을 포함한 사용 활하중에 의한 철근의 응력범위 및 프리스트레싱 긴장재의 인장응력 변동 범위가 아래 표의 응력 이내에 들면 피로에 대하여 검토할 필요가 없다.

피로를 고려하지 않아도 되는 철근과 프리스트레싱 긴장재의 응력범위(N/mm²)

강재의 종류와 위치		철근의 인장 및 압축응력 범위 또는 프리스트레싱 긴장재의 인장응력 변동 범위
이형철근	SD 300	130
	SD 350	140
	SD 400 이상	150
프리스트레싱 긴장재	연결부 또는 정착부	140
	기타 부위	160

(2) 피로의 검토가 필요한 구조부재는 높은 응력을 받는 부분에서 철근을 구부리지 않도록 하여야 한다.

Memo...

문제 18 아래와 같은 조건의 단근 직사각형 보의 피로에 대한 안정성을 검토하시오.

보의 $\text{span} = 8.0\,\text{m}$, $f_{ck} = 24\,\text{MPa}$, $f_y = 400\,\text{MPa}$, $A_s = 1,935\,\text{mm}^2\,(5-\text{D}22)$

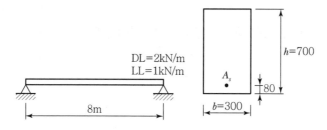

풀이 피로 검토

1) 최대 최소 모멘트 산정

$$M_{\max} = \frac{(w_D + w_L)l^2}{8} = 24\,\text{kN}\cdot\text{m}$$

$$M_{\min} = \frac{(w_D)l^2}{8} = 16\,\text{kN}\cdot\text{m}$$

2) 철근의 최대, 최소 응력 산정

(1) $a = \dfrac{A_s \cdot f_y}{\eta(0.85\,f_{ck})\cdot b} = \dfrac{1,935\times400}{0.85\times24\times300} = 126.47\,\text{mm}$

(2) $f_{s-\max} = \dfrac{M_{\max}}{A_s\cdot(d-a/2)} = \dfrac{24\times10^6}{1,935\times(620-126.47/2)} = 22.28\,\text{MPa}$

(3) $f_{s-\min} = \dfrac{M_{\min}}{A_s\cdot(d-a/2)} = \dfrac{16\times10^6}{1,935\times(620-126.47/2)} = 14.85\,\text{MPa}$

3) 응력범위 및 피로에 대한 안정성 검토

(1) $f_{s-range} = f_{s-\max} - f_{s-\min} = 22.28 - 14.85 = 7.43\,\text{MPa}$

(2) CHECK : $f_{s-range} = 7.43\,\text{MPa} \leq 150\,\text{MPa}$

　　　　　피로에 대한 상세검토는 하지 않아도 무방하다.

4.5 중성화 [KDS 14 20 40]

1. 중성화시험

> **문제 19** 콘크리트가 화재를 입었을 때 화재온도의 육안추정방법과 콘크리트 구조물의 화재피해 시 중성화 조사를 하는 이유를 설명하라. [73회 2교시], [91회 1교시 유사], [95회 1교시 유사]

풀이 중성화

1) 화재온도 육안추정방법

고온에 노출된 콘크리트 수열온도에 따라 색상이 변한다.

(1) 300℃ 이하 : 색의 변화 거의 없음. 그을음 발생

(2) 300~600℃ : 핑크나 빨간색(온도가 높을수록 빨간색에 가깝다.)

(3) 600~900℃ : 연회색(Whitish Grey)

(4) 900~1,000℃ : 담황색(Buff)

콘크리트는 화재를 경험하게 되면 강도저하, 중성화 등의 열화가 발생하게 되므로 구조물의 안정성 평가와 시설물 유지 보수를 위해 비파괴검사와 코어 테스트 등을 실시하여 콘크리트 강도 저감, 중성화 등 열화정도를 정량적으로 평가하는 것이 매우 중요하다.

2) 화재 시 콘크리트의 중성화 조사를 하는 이유

화재 시 콘크리트에 발생하는 대표적 피해로는 강도의 감소와 중성화가 있다.

콘크리트는 수화 생성물인 수산화칼슘[$Ca(OH)_2$]에 의해 강한 알칼리성(pH 12.5)을 나타낸다. 수산화칼슘이 대기 중의 이산화탄소(CO_2) 등 산성물질과 화학반응을 일으켜 알칼리성을 서서히 잃고 pH 8.5~10의 중성으로 변하는 것을 중성화라고 하는데, 화재 발생 시에는 탄화수소계의 완전, 불완전연소로 인해 이산화탄소 및 일산화탄소의 농도가 높아지고 이로 인해 중성화는 가속화된다.

$$Ca(OH)_2 + CO_2 = CaCO_3 + H_2O$$

$$Ca(OH)_2 + 산 = 중화로 알칼리성 소실$$

중성화가 철근 위치까지 진행되면 콘크리트가 철근부식을 막아줄 수 없게 되고 철근이 부식하게 된다. 철근은 부식하면 체적이 약 2.5배 가량 증가하므로 이로 인해 콘크리트에 인장력을 주게 되고 콘크리트는 균열 또는 탈락하게 된다. 균열 또는 탈락 부위의

철근의 부식은 가속화되고 종국에는 내력저하로 인한 구조적 안정성을 확보할 수 없게 된다. 그러므로 중성화 부위 콘크리트를 절취하여 신선한 콘크리트나 에폭시모르타르 등으로 교체는 등의 중성화에 적절한 대책을 마련하여야 한다.

3) 중성화 측정방법

(1) 측정위치에 코어를 뚫고 청소를 깨끗이 한다.

(2) 1%의 페놀프탈레인 용액을 분사한다.

(3) 알칼리성 부분(pH 10 이상)은 분홍색으로 변하며 색상의 변화상태에 의해 중성화 정도를 파악한다.

4) 온도에 따른 콘크리트의 물리적, 화학적 특성

(1) 100℃ 이상 : 자유공극수 방출

(2) 300℃ 이상 : 시멘트 수화물 화학적 변질

(3) 400℃ 이상 : 화학적 결합수 방출

(4) 500℃ 이상 : 수산화 칼슘 – 열분해

(5) 600~800℃ : 시멘트 페이스트 수축 및 골재 파열

(6) 1,000~1,200℃ : 콘크리트 폭열

4.6 내구성 [KDS 14 20 40] [124회 1교시]

문제20 내구성 설계기준에서 구조용 콘크리트 부재에 대해 예측되는 노출 정도를 고려하여 다음과 같은 노출 범주에 대한 노출등급을 구분하고, 내구성 허용기준(최소 설계기준압축강도)에 대하여 설명하시오.

(1) 동결융해   (2) 황산염   (3) 철근부식

풀이 내구성 설계 최소 설계기준압축강도 기준

1) 노출 범주 및 등급

범주	등급	조건	예
일반	E0	• 물리적 · 화학적 작용에 의한 콘크리트 손상의 우려가 없는 경우 • 철근이나 내부 금속의 부식 위험이 없는 경우	공기 중 습도가 매우 낮은 건물 내부의 콘크리트
EC (탄산화)	EC1	건조하거나 수분으로부터 보호되는 또는 영구적으로 습윤한 콘크리트	• 공기 중 습도가 낮은 건물 내부의 콘크리트 • 물에 계속 침지되어 있는 콘크리트
	EC2	습윤하고 드물게 건조되는 콘크리트로 탄산화의 위험이 보통인 경우	• 장기간 물과 접하는 콘크리트 표면 • 외기에 노출되는 기초
	EC3	보통 정도의 습도에 노출되는 콘크리트로 탄산화 위험이 비교적 높은 경우	• 공기 중 습도가 보통 이상으로 높은 건물 내부의 콘크리트[1] • 비를 맞지 않는 외부 콘크리트[2]
	EC4	건습이 반복되는 콘크리트로 매우 높은 탄산화 위험에 노출되는 경우	EC2 등급에 해당하지 않고, 물과 접하는 콘크리트(예를 들어 비를 맞는 콘크리트 외벽[2], 난간 등)
ES (해양환경, 제빙화학제 등 염화물)	ES1	보통 정도의 습도에서 대기 중의 염화물에 노출되지만 해수 또는 염화물을 함유한 물에 직접 접하지 않는 콘크리트	• 해안가 또는 해안 근처에 있는 구조물[3] • 도로 주변에 위치하여 공기 중의 제빙화학제에 노출되는 콘크리트
	ES2	습윤하고 드물게 건조되며 염화물에 노출되는 콘크리트	• 수영장 • 염화물을 함유한 공업용수에 노출되는 콘크리트
	ES3	항상 해수에 침지되는 콘크리트	해상 교각의 해수 중에 침지되는 부분

ES (해양환경, 제빙화학제 등 염화물)	ES4	건습이 반복되면서 해수 또는 염화물에 노출되는 콘크리트	• 해양 환경의 물보라 지역(비말대) 및 간만대에 위치한 콘크리트 • 염화물을 함유한 물보라에 직접 노출되는 교량 부위[4] • 도로 포장 • 주차장[5]
EF (동결융해)	EF1	간혹 수분과 접촉하나 염화물에 노출되지 않고 동결융해의 반복작용에 노출되는 콘크리트	비와 동결에 노출되는 수직 콘크리트 표면
	EF2	간혹 수분과 접촉하고 염화물에 노출되며 동결융해의 반복작용에 노출되는 콘크리트	공기 중 제빙화학제와 동결에 노출되는 도로구조물의 수직 콘크리트 표면
	EF3	지속적으로 수분과 접촉하나 염화물에 노출되지 않고 동결융해의 반복작용에 노출되는 콘크리트	비와 동결에 노출되는 수평 콘크리트 표면
	EF4	지속적으로 수분과 접촉하고 염화물에 노출되며 동결융해의 반복작용에 노출되는 콘크리트	• 제빙화학제에 노출되는 도로와 교량 바닥판 • 제빙화학제가 포함된 물과 동결에 노출되는 콘크리트 표면 • 동결에 노출되는 물보라 지역(비말대) 및 간만대에 위치한 해양 콘크리트
EA (황산염)	EA1	보통 수준의 황산염이온에 노출되는 콘크리트	• 토양과 지하수에 노출되는 콘크리트 • 해수에 노출되는 콘크리트
	EA2	유해한 수준의 황산염이온에 노출되는 콘크리트	토양과 지하수에 노출되는 콘크리트
	EA3	매우 유해한 수준의 황산염이온에 노출되는 콘크리트	• 토양과 지하수에 노출되는 콘크리트 • 하수, 오·폐수에 노출되는 콘크리트

주 1) 중공 구조물의 내부는 노출등급 EC3로 간주할 수 있다. 다만, 외부로부터 물이 침투하거나 노출되어 영향을 받을 수 있는 표면은 EC4로 간주하여야 한다.

2) 비를 맞는 외부 콘크리트라 하더라도 규정에 따라 방수 처리된 표면은 노출등급 EC3로 간주할 수 있다.

3) 비래염분의 영향을 받는 콘크리트로 해양환경의 경우 해안가로부터 거리에 따른 비래염분량은 지역마다 큰 차이가 있으므로 측정결과 등을 바탕으로 한계영향 거리를 정해야 한다. 또한 공기 중의 제빙화학제에 영향을 받는 거리도 지역에 따라 편차가 크게 나타나므로 기존 구조물의 염화물 측정결과 등으로부터 한계영향 거리를 정하는 것이 바람직하다.

4) 차도로부터 수평방향 10m, 수직방향 5m 이내에 있는 모든 콘크리트 노출면은 제빙화학제에 직접 노출되는 것으로 간주해야 한다. 또한 도로로부터 배출되는 물에 노출되기 쉬운 신축이음(expansion joints) 아래에 있는 교각 상부도 제빙화학제에 직접 노출되는 것으로 간주해야 한다.

5) 염화물이 포함된 물에 노출되는 주차장의 바닥, 벽체, 기둥 등에 적용한다.

2) 노출등급에 따른 최소 설계기준압축강도

항목	노출등급															
	−	EC				ES				EF				EA		
	E0	EC1	EC2	EC3	EC4	ES1	ES2	ES3	ES4	EF1	EF2	EF3	EF4	EA1	EA2	EA3
최소 설계기준 압축강도 $f_{ck}(\text{MPa})$	21	21	24	27	30	30	30	35	35	24	27	30	30	27	30	30

제5장 철근 상세

[KDS 14 20 50]

Professional Engineer Architectural Structures

5.1 주철근 및 스터럽의 표준갈고리 상세

문제1 주철근 및 스터럽의 표준갈고리에 대하여 설명하시오. [65회 1교시], [81회 1교시], [113회 1교시]

풀이 주철근 및 스터럽의 표준갈고리 상세

1) 여장길이

  (1) 주철근

      표준갈고리는 다음과 같이 180° 표준갈고리와 90° 표준갈고리로 분류되며, 각 표준
      갈고리는 다음 규정을 만족하여야 한다.

      ① 180° 표준갈고리는 180° 구부린 반원 끝에서 $4d_b$ 이상, 또한 60mm 이상 연장

      ② 90° 표준갈고리는 90° 구부린 끝에서 $12d_b$ 이상 더 연장

  (2) 스터럽, 띠철근

      스터럽과 띠철근의 표준갈고리는 90° 표준갈고리와 135° 표준갈고리로 분류되며,
      다음과 같이 제작하여야 한다.

      ① 90° 표준갈고리

         ㉠ D16 이하인 철근은 90° 구부린 끝에서 $6d_b$ 이상 더 연장

         ㉡ D19, D22와 D25인 철근은 90° 구부린 끝에서 $12d_b$ 이상 더 연장

      ② 135° 표준갈고리

         D25 이하의 철근은 135° 구부린 끝에서 $6d_b$ 이상 더 연장

D16 이하 : $6d_b$
D19~D25 : $12d_b$

2) 최소 구부림의 내면 반지름

주철근		스터럽 & 띠철근	
철근 크기	최소 내면 반지름	철근 크기	최소 내면 반지름
D10 ~ D25	$3d_b$	D10 ~ D16	$2d_b$
D29 ~ D35	$4d_b$	D19 ~ D25	$3d_b$
D38 이상	$5d_b$		

Memo...

5.2 슬래브, 보, 기둥의 배근 상세

문제2 슬래브, 보, 기둥의 배근 상세에 대하여 설명하시오. [65회 1교시], [123회 1교시]

풀이 슬래브, 보, 기둥의 배근 상세

위치		간격 제한
보	25mm 이상 S	축방향 철근의 순간격 S • 25mm • D_b • 굵은 골재의 최대치수×4/3 중 큰 값 이상으로 한다.
기둥	S 150mm 초과	축방향 철근의 순간격 S • 40mm • 1.5 D_b • 굵은 골재의 최대치수×4/3 중 큰 값 이상으로 한다.
슬래브	S	1방향 슬래브 • $t_s \geq 100$mm • S ① 최대 휨모멘트 구간 : $2 \times t_s$, 300mm 이하 　　② 그 외 구간 : $3 \times t_s$, 450mm 이하 • 온도철근 　① 최소철근비 만족 　② $5 \times t_s$, 450mm 이하 2방향 슬래브 　S ① 최대 휨모멘트 구간 : $2 \times t_s$, 300mm 이하 　　② 그 외 구간 : $3 \times t_s$ 450mm 이하

※ 수축 · 온도철근

(1) 설계기준항복강도가 400N/mm^2 이하인 이형철근을 사용한 슬래브 $\rho_{\min} = 0.002$

(2) 0.0035의 항복변형률에서 측정한 철근의 설계기준항복강도가 400N/mm^{2}를 초과한 슬래브 $\rho_{\min} = 0.0020 \times 400/f_y$

(3) 요구되는 수축 · 온도철근비에 전체 콘크리트 단면적을 곱하여 계산한 수축 · 온도철근 단면적을 단위 m당 1,800mm^{2}보다 크게 취할 필요 없다.

(4) 수축 · 온도철근의 간격은 슬래브 두께의 5 배 이하, 또한 450mm 이하로 하여야 한다.

(5) 수축 · 온도철근은 설계기준항복강도 f_y를 발휘할 수 있도록 정착되어야 한다.

Memo...

5.3 기둥철근의 옵셋 굽힘철근

> **문제3** 옵셋 굽힘철근(상하층 기둥 단면 치수가 변하는 경우) [67회 1교시]
>
> **문제4** 상·하층 기둥 단면 치수가 변하는 경우 단면 차이에 따른 옵셋 굽힘철근 배근상세를 스케치하고 주근과 띠철근 배근에 대해 기술하시오. [76회 1교시]

풀이 ▶ 기둥철근의 옵셋 굽힘철근

1. 옵셋철근의 굽힘부에서 기울기는 1/6을 초과하지 않아야 한다.
2. 옵셋철근의 굽힘부를 벗어난 상·하부 철근은 기둥 축에 평행하여야 한다.
3. 옵셋철근의 굽힘부에는 띠철근, 나선철근 또는 바닥구조에 의해 수평지지가 이루어져야 한다. 이때 수평지지는 옵셋철근의 굽힘부에서 계산된 수평분력의 1.5배를 지지할 수 있도록 설계되어야 하며, 수평지지로 띠철근이나 나선철근을 사용하는 경우에는 이들 철근을 굽힘점으로부터 150mm 이내에 배치하여야 한다.
4. 옵셋철근은 거푸집 내에 배치하기 전에 굽혀 두어야 한다.
5. 기둥 연결부에서 상·하부의 기둥면이 75mm 이상 차이가 나는 경우는 종방향 철근을 구부려서 옵셋철근으로 사용하지 않아야 한다. 이러한 경우에 별도의 연결철근을 옵셋되는 기둥의 종방향 철근과 겹침이음하여 사용하여야 한다.

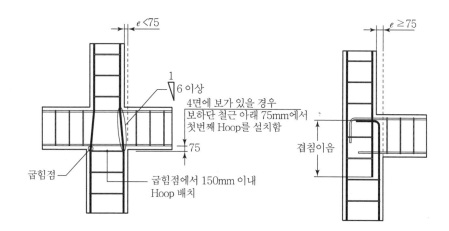

5.4 구조 일체성 확보를 위한 요구조건

문제5 철근콘크리트 구조에서 구조일체성을 확보하기 위한 요구조건 중 구조물 테두리보 및 테두리보 이외 구조에 대해 콘크리트 구조설계기준(KDS 2021)에 따라 설명하시오.

[66회 4교시], [82회 2교시]

풀이 구조 일체성 확보를 위한 요구조건

1) 현장치기 콘크리트 구조
 (1) 테두리보
  테두리보에는 아래의 ①, ②에 해당되는 연속철근을 기둥의 축방향 철근으로 둘러 싸인 부분을 지나 전 경간에 걸쳐 배치하여야 한다. 그리고 불연속 받침부에서는 아래의 ①, ② 철근이 받침부 면에서 항복강도를 발휘할 수 있도록 표준갈고리 또는 확대머리 이형철근으로 정착되어야 한다.
  ① 받침부에서 요구되는 부철근의 1/6 이상, 2개 이상의 인장철근
  ② 경간 중앙부에서 요구되는 정철근의 1/4 이상, 2개 이상의 인장철근
  ③ 스터럽의 배근상세
   • 부재축에 수직인 폐쇄스터럽
   • 부재축에 수직인 횡방향 강선으로 구성된 폐쇄용 용접철망
   • 종방향 철근 주위로 135° 표준갈고리에 의한 정착
   • 정착부를 둘러싸는 콘크리트가 플랜지나 슬래브 또는 기타 유사한 부재에 의하여 박리가 일어나지 않도록 구속되었는지 여부에 따라 갈고리 상세 적용
  ④ 이음이 필요할 때 상단 철근의 이음은 경간 중앙부, 하단 철근은 받침부 부근에서 B급 인장겹침이음, 기계적이음, 용접이음으로 연속성을 확보하여야 한다.

 (2) 테두리보 이외의 보
  상기 (1)의 ③의 스터럽 배근상세를 적용하지 않을 경우에는 다음과 같이 배근하여야 한다.
  ① 경간 중앙부에서 요구되는 정모멘트철근의 1/4 이상이며 두 개 이상의 인장철근이 기둥의 축방향 철근으로 둘러싸인 부분을 지나야 한다.

② (2)①에 해당하는 철근이 이음이 필요할 때, 받침부 부근에서 B급 인장겹침이음, 기계적이음, 용접이음으로 연속성을 확보하여야 한다.

③ 불연속 받침부에서는 받침부 면에서 항복강도를 발휘할 수 있도록 표준갈고리 또는 확대머리 이형철근으로 정착되어야 한다.

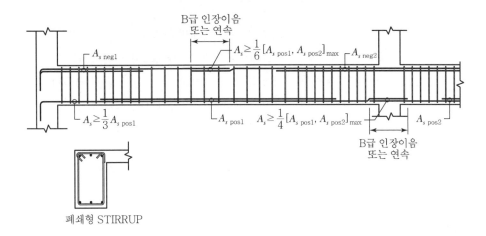

폐쇄형 STIRRUP

(3) 장선구조

① 적어도 하나의 하부철근은 연속되거나, 받침부를 지나 B급 인장겹침이음 또는 기계적 이음, 용접이음으로 이어져야 한다.

② 불연속 받침부에서는 항복강도를 발휘 할 수 있도록 표준갈고리나, 확대머리 이형철근으로 정착되어야 한다.

2) 프리캐스트 콘크리트 구조

(1) 프리캐스트 콘크리트 벽판을 사용한 구조물

3층 이상 내력벽구조에 대한 제한사항 규정이 적용되는 경우를 제외하고는 프리캐스트콘크리트 벽판 구조물에서 구조 일체성을 확보하기 위하여 요구조건을 만족하여야 한다.

① 프리캐스트콘크리트 구조물의 횡방향, 종방향, 수직방향 및 구조물 둘레는 부재의 효과적인 결속을 위하여 인장연결철근으로 일체화시켜야 한다. 특히 종방향과 횡방향 연결철근을 횡하중 저항구조에 연결되도록 설치하여야 한다.

② 프리캐스트콘크리트 부재가 바닥 또는 지붕층 격막구조일 때, 격막구조와 횡력을 부담하는 구조를 연결하는 접합부는 최소한 4,400N/m의 공칭인장강도를 가져야 한다.

③ 단순히 연직하중에 의한 마찰력만으로 저항하는 접합부 상세는 사용할 수 없다.

④ 일체성 접합부는 균열 발생 가능성을 최소화시킬 수 있도록 설치 위치를 설정하여야 한다.

⑤ 일체성 확보를 위한 접합부는 콘크리트의 파괴에 앞서 강재의 항복이 먼저 이루어지도록 설계하여야 한다.

(2) 리프트 슬래브 구조의 경우 다음사항을 만족시켜야 한다.

① 전단머리가 있는 슬래브나 리프트 슬래브의 시공에서는 적어도 각 방향으로 2개의 부착된 하부 철근이나 철선이 가능한 한 기둥에 근접하게 전단머리나 리프팅 칼라를 지나도록 하여야 하며, 연속이거나 A급 겹침이음으로 이어져야 한다.

② 외부기둥에서는 이 철근을 전단머리나 리프팅 칼라에 정착시켜야 한다.

Memo...

5.5 공동주택(벽식) 바닥(경량) 충격용 차단 표준 바닥구조

문제6 공동주택 바닥(경량) 충격용 차단 표준 바닥구조에 대하여 설명하시오. [75회 1교시]

풀이 표준 바닥구조

벽식 구조 및 혼합구조

구분	표준 바닥구조 단면상세	바닥마감재의 종류
1	바닥마감재 마감모르터 40mm 이상 경량기포콘크리트 40mm 이상 단열재 20mm 이상 콘크리트 슬래브 210mm 이상 • 마감모르터 40mm 이상 • 경량기포콘크리트 40mm 이상 • 단열재 20mm 이상 • 슬래브 두께 210mm 이상	가중바닥충격음레벨 감쇠량이 13dB 이상인 바닥마감재
2	바닥마감재 마감모르터 40mm 이상 경량기포콘크리트 40mm 이상 완충재 20mm 이상 콘크리트 슬래브 210mm 이상 측면 완충재 • 마감모르터 40mm 이상 • 경량기포콘크리트 40mm 이상 • 완충재 20mm 이상 • 슬래브 두께 210mm 이상	바닥마감재 사용제한 없음
3	바닥마감재 마감모르터 40mm 이상 단열재 20mm 이상 경량기포콘크리트 40mm 이상 콘크리트 슬래브 210mm 이상 • 마감모르터 40mm 이상 • 단열재 20mm 이상 • 경량기포콘크리트 40mm 이상 • 슬래브 두께 210mm 이상	가중바닥충격음레벨 감쇠량이 13dB 이상인 바닥마감재

4	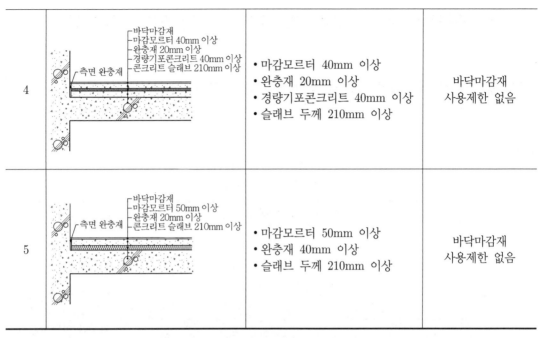	• 마감모르터 40mm 이상 • 완충재 20mm 이상 • 경량기포콘크리트 40mm 이상 • 슬래브 두께 210mm 이상	바닥마감재 사용제한 없음
5		• 마감모르터 50mm 이상 • 완충재 40mm 이상 • 슬래브 두께 210mm 이상	바닥마감재 사용제한 없음

주 1. 콘크리트 슬래브 두께는 콘크리트로 구성된 두께만을 말하며 콘크리트의 표준설계기준강도는 21MPa 의 보통콘크리트를 기준으로 한 것임
   2. 온돌층이 벽체와 접하는 부위에는 측면완충재를 적용한다.
   3. 라멘조의 슬래브 두께는 150mm, 무량판구조의 슬래브 두께는 180mm로 한다.

Memo...

제6장 휨부재 설계

[KDS 14 20 20]

→ Professional Engineer Architectural Structures

6.1 휨재 일반사항

1. 휨 해석 시 기본가정 [KDS 14 20 20] [66회 1교시], [103회 1교시]

1) 휨모멘트를 받는 부재의 강도설계 : 힘의 평형조건과 변형률 적합조건 만족

2) 철근과 콘크리트의 변형률은 중립축부터 거리에 비례하는 것으로 가정(깊은 보 : 비선형 변형률 분포 고려, 스트럿 – 타이 모델 적용)

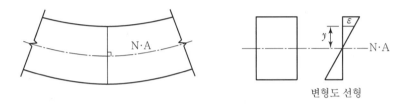

3) 콘크리트 압축연단의 극한변형률은 콘크리트의 설계기준압축강도가 40MPa 이하인 경우 0.0033으로 가정하며, 40MPa을 초과할 경우 매 10MPa의 강도 증가에 대하여 0.0001씩 감소(콘크리트의 설계기준압축강도가 90MPa을 초과하는 경우 : 성능실험, 근거 명시)

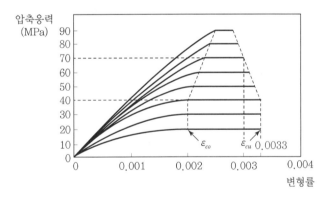

4) 철근의 응력이 설계기준항복강도 f_y 이하일 때 f_s는 $\varepsilon_s \times E_s$로 하고, 철근의 변형률이 ε_y 이상일 경우 철근의 응력은 변형률에 관계없이 f_y로 함

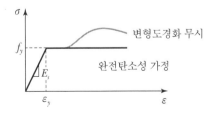

5) 콘크리트의 인장강도는 철근콘크리트 부재 단면의 축강도와 휨강도 계산에서 무시

6) 콘크리트 압축응력분포와 콘크리트변형률 사이 관계 : 직사각형, 사다리꼴, 포물선형 등 가정 가능

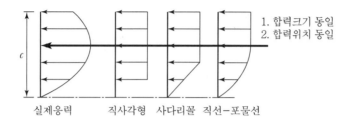

실제응력   직사각형 사다리꼴 직선-포물선

1. 합력크기 동일
2. 합력위치 동일

7) 콘크리트 압축응력의 분포와 콘크리트변형률 사이의 관계

   (1) 포물선-직선 형상의 응력-변형률 관계

     ① 콘크리트 압축강도가 40MPa 이하인 경우 : n, ε_{co}, ε_{cu} 는 각각 2.0, 0.002, 0.0033

     ② 콘크리트 압축강도가 40MPa을 초과하는 경우 : 아래 식에 따라 산정

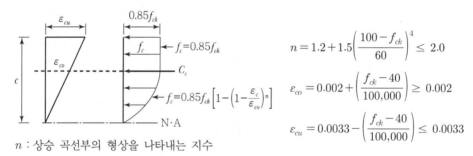

$$n = 1.2 + 1.5 \left(\frac{100 - f_{ck}}{60} \right)^4 \leq 2.0$$

$$\varepsilon_{co} = 0.002 + \left(\frac{f_{ck} - 40}{100,000} \right) \geq 0.002$$

$$\varepsilon_{cu} = 0.0033 - \left(\frac{f_{ck} - 40}{100,000} \right) \leq 0.0033$$

n : 상승 곡선부의 형상을 나타내는 지수

    단, 콘크리트의 설계기준압축강도가 90MPa을 초과하는 경우 : 성능실험, 근거 명시

   (2) 포물선-직선 형상의 응력-변형률 관계에 의하여 콘크리트에 작용하는 압축응력의 평균값은 $\alpha(0.85 f_{ck})$로, 압축연단으로부터 합력의 작용위치는 중립축 깊이 c에 대한 β의 비율로 나타내며, 응력분포의 각 변수 및 계수는 다음 표 값을 적용

응력분포의 변수 및 계수 값

f_{ck}(MPa)	≤40	50	60	70	80	90
n	2.0	1.92	1.50	1.29	1.22	1.20
ε_{co}	0.002	0.0021	0.0022	0.0023	0.0024	0.0025
ε_{cu}	0.0033	0.0032	0.0031	0.003	0.0029	0.0028
α	0.80	0.78	0.72	0.67	0.63	0.59
β	0.40	0.40	0.38	0.37	0.36	0.35

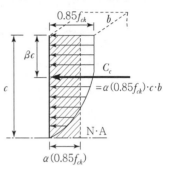

8) 콘크리트 압축응력의 분포와 콘크리트변형률 사이의 관계 : 등가 직사각형 압축응력블록
   (1) 단면의 가장자리와 최대 압축변형률이 일어나는 연단부터 $a = \beta_1 c$ 거리에 있고 중립축과 평행한 직선에 의해 이루어지는 등가 압축영역에 $\eta(0.85f_{ck})$인 콘크리트 응력이 등분포하는 것으로 가정
   (2) 최대 변형률이 발생하는 압축연단에서 중립축까지 거리 c는 중립축에서 직각방향으로 측정

등가 직사각형 응력분포 변수 값

f_{ck}(MPa)	≤40	50	60	70	80	90
ε_{cu}	0.0033	0.0032	0.0031	0.003	0.0029	0.0028
η	1.00	0.97	0.95	0.91	0.87	0.84
β_1	0.80	0.80	0.76	0.74	0.72	0.70

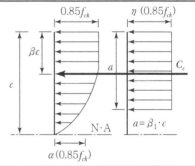

2. 휨재의 콘크리트 압력분포 [KDS 14 20 20] [66회 3교시], [107회 1교시]

1) 포물선 – 직선 형상의 응력 – 변형률 관계 [KDS 14 20 20]

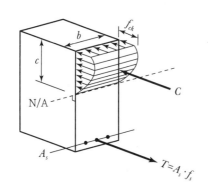

‖ 실제 응력 ‖

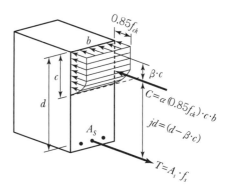

‖ 콘크리트 응력 : 포물선직선 ‖

응력분포의 변수 및 계수 값

f_{ck}(MPa)	≤40	50	60	70	80	90
n	2.0	1.92	1.50	1.29	1.22	1.20
ε_{co}	0.002	0.0021	0.0022	0.0023	0.0024	0.0025
ε_{cu}	0.0033	0.0032	0.0031	0.003	0.0029	0.0028
α	0.80	0.78	0.72	0.67	0.63	0.59
β	0.40	0.40	0.38	0.37	0.36	0.35

2) 등가직사각형 압축응력블록

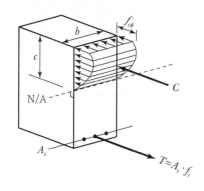

‖ 실제 응력 ‖

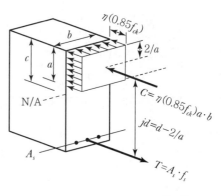

‖ 콘크리트 응력 : 등가직사각형 ‖

등가 직사각형 응력분포 변수 값

f_{ck}(MPa)	≤40	50	60	70	80	90
ε_{cu}	0.0033	0.0032	0.0031	0.003	0.0029	0.0028
η	1.00	0.97	0.95	0.91	0.87	0.84
β_1	0.80	0.80	0.76	0.74	0.72	0.70

참고

콘크리트 압축응력분포를 직사각형, 사다리꼴, 포물선형 등으로 가정 시 다음 두 가지 기본조건을 만족시켜야 한다.
1. 압축응력의 합력(압축력)의 크기는 같아야 한다.
2. 압축력의 작용선은 같아야 한다.

Memo...

3. 균형보의 정의와 균형철근비의 유도

1) 휨단면의 종류

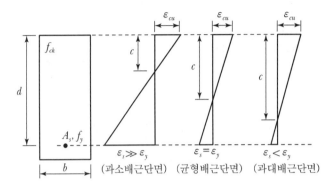

2) 중립축 위치변화에 따른 인장철근의 변형률 변화

(1) $c = \dfrac{A_s \cdot f_y}{\alpha(0.85 f_{ck})b}$

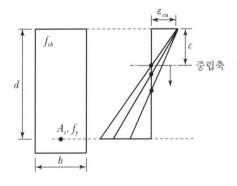

① $A_s \uparrow$ (인장철근량이 많을수록)

② $f_y \uparrow$ (인장철근 항복강도가 클수록)

③ $f_{ck} \downarrow$ (압축강도가 작을수록)

④ $b \downarrow$ (보폭이 작을수록)

중립축 c의 위치는 낮아진다.

(2) c의 위치가 낮아질수록 공정강도하에 철근의 변형률은 낮아진다. ⇒ 취성파괴

3) 균형철근비(ρ_b)

(1) 균형변형률 상태

인장철근의 변형률이 최초로 항복변형률에 도달할 때 동시에 압축연단의 콘크리트 최대변형률이 극한변형률(ε_{cu})에 도달한 상태

(2) 균형철근비(ρ_b)

균형변형률 상태의 철근비

(3) 균형철근비 ρ_b의 유도

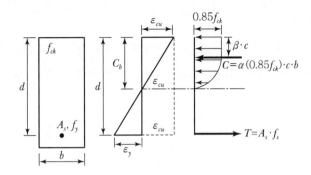

① 힘의 평형조건

$$C = \alpha(0.85 f_{ck}) \cdot c \cdot b \quad \cdots\cdots\cdots\cdots\cdots\cdots\cdots\cdots\cdots\cdots\cdots\cdots\cdots\cdots\cdots\cdots \text{(식 1)}$$

$$T = A_s \cdot f_y = \rho \cdot b \cdot d \cdot f_y \quad \cdots\cdots\cdots\cdots\cdots\cdots\cdots\cdots\cdots\cdots\cdots\cdots \text{(식 2)}$$

$C = T$에 의해

$$\rho = \frac{\alpha \cdot (0.85 f_{ck})}{f_y} \cdot c \cdot \frac{1}{d} \quad \cdots\cdots\cdots\cdots\cdots\cdots\cdots\cdots\cdots\cdots\cdots \text{(식 3)}$$

② 균형변형률 상태의 중립축의 위치(c_b)

$$\frac{c_b}{d} = \frac{\varepsilon_{cu}}{(\varepsilon_{cu} + \varepsilon_y)}$$

$$c_b = \left(\frac{\varepsilon_{cu}}{\varepsilon_{cu} + \varepsilon_y} \right) \cdot d \quad \cdots\cdots\cdots\cdots\cdots\cdots\cdots\cdots\cdots\cdots\cdots\cdots \text{(식 4)}$$

(식 4)를 (식 3)에 대입하면

$$\rho_b = \frac{\alpha \cdot (0.85 f_{ck})}{f_y} \cdot \frac{\varepsilon_{cu}}{\varepsilon_{cu} + \varepsilon_y}$$

$f_{ck} \leqq 40\text{MPa}$일 경우

$$\rho_b = \frac{\alpha \cdot (0.85 f_{ck})}{f_y} \cdot \frac{0.0033}{0.0033 + \varepsilon_y}$$

4. 순인장변형률(ε_t) 및 최소허용변형률

1) 순인장변형률(ε_t)

공칭강도에서 최외단 인장철근 또는 긴장재의 인장변형률에서 프리스트레스, 크리프, 건조수축, 온도변화에 의한 변형률을 제외한 인장변형률을 의미한다.

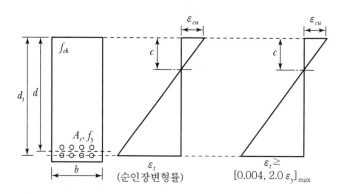

$$\varepsilon_t = \left(\frac{d_t - c}{c} \right) \cdot \varepsilon_{cu} \geq \varepsilon_{a\min} = \left[\, 0.004,\ 2.0\,\varepsilon_y \,\right]_{\max}$$

2) 휨부재의 최소허용변형률 [KDS 14 20 20] [107회 1교시], [108회 1교시]

(1) 휨부재의 최소허용변형률

철근의 항복강도가 400MPa 이하인 경우 0.004로 하며, 철근의 항복강도가 400MPa을 초과하는 경우 철근 항복변형률의 2배로 한다(프리스트레스를 가하지 않은 휨부재 또는 휨모멘트와 축력을 동시에 받는 부재로서 계수축력이 $0.10\,f_{ck}\,A_g$보다 작은 경우, 공칭축강도 상태에 있어서 순인장변형률 ε_t는 휨부재의 최소허용변형률 이상이어야 한다).

(2) 목적

휨부재의 연성파괴유도

(3) 고찰

① KBC05 이전 최대철근비 기준

KBC05에서는 휨재의 최대철근량을 연성을 확보하기 위한 목적으로 균형철근비(ρ_b)의 75% 이하로 배근하도록 규정하고 있다.

② KBC09(KCI07) 이후 최소허용변형률 기준

　㉠ 종전(KBC05)에서 휨재의 연성확보를 위해 최대철근비를 ρ_b의 75% 이하로 사용하는 것을 암묵적으로 규정하던 것을 KBC09에서는 순인장변형률 ε_t가 최소허용변형률 $[\,0.004,\ 2.0\,\varepsilon_y\,]_{\max}$ 이상 되게 규정하는 것으로 수정하였다.

　㉡ SD400의 경우 최소허용변형률에 해당하는 철근량을 ρ_b의 비로 표현하면 $0.714\rho_b$이므로 KBC05에 비해 다소 보수적으로 수정되었다.

Memo...

5. 휨부재의 최소철근량 [KDS 14 20 20] [68회 1교시], [83회 1교시]

1) 목적

단면에 균열을 일으키는 균열모멘트보다 공칭휨강도 M_n이 작을 경우, 예기치 않은 과하중이 작용하여 휨모멘트가 균열모멘트를 초과하게 되면 취성파괴를 발생시킬 수 있다. 이를 방지하기 위하여 최소철근량을 제한하고 있다.

2) 휨부재의 최소철근량 [KDS 14 20 20]

(1) 해석에 의하여 인장철근 보강이 요구되는 휨부재의 모든 단면에 대하여 다음, (2)와 (3)에 규정된 경우를 제외하고는 설계휨강도가 다음을 만족하도록 인장철근을 배치하여야 한다.

$$\phi M_n \geq 1.2 M_{cr} = 1.2 [f_r \cdot S] = 1.2 \cdot [0.63 \lambda \sqrt{f_{ck}} \cdot S]$$

여기서, M_{cr} : 휨부재의 균열휨모멘트

f_r : 파괴계수(휨인장강도) MPa

S : 인장측 단면계수

(2) 부재의 모든 단면에서 해석에 의해 필요한 철근량보다 1/3 이상 인장철근이 더 배치되어 다음을 만족하는 경우는 상기 (1)의 규정을 적용하지 않을 수 있다.

$$\phi M_n \geq \frac{4}{3} M_u$$

(3) 두께가 균일한 구조용 슬래브와 기초판에 대하여 경간방향으로 보강되는 휨철근의 단면적은 수축 · 온도철근량 이상이어야 한다. 철근의 최대 간격은 슬래브 또는 기초판 두께의 3배와 450mm 중 작은 값을 초과하지 않도록 하여야 한다.

참고 ☑ 이전 기준

1. 목적

단면에 균열을 일으키는 균열모멘트 M_{cr}보다 공칭휨강도 M_n이 작을 경우, 예기치 않은 과하중이 작용하여 휨모멘트가 균열모멘트를 초과하게 되면 취성파괴를 발생시킬 수 있다. 이를 방지하기 위하여 최소철근량을 제한하고 있다.

2. 최소철근량

$$A_{s\,min} = \left[\frac{0.25\sqrt{f_{ck}}}{f_y}, \ \frac{1.4}{f_y} \right]_{max} b_w d$$

---

6. 강도감소계수 [KDS 14 20 10]

1) 단면의 정의

(1) 인장지배단면 : $\phi = 0.85$

콘크리트의 변형률이 극한 변형률에 이르렀을 때 최외단 인장철근 또는 긴장재의 순
인장변형률이 0.005 이상으로 충분히 큰 경우에는 과도한 처짐이나 균열의 발생으로
파괴의 징후를 쉽게 알 수 있는 단면

(2) 압축지배단면 : $\phi = 0.65$(나선철근기둥 $\phi = 0.7$)

공칭강도에서 최외단 인장철근의 순인장변형률이 압축지배 변형률 한계(ε_y) 이하인 단
면으로 순인장변형률이 압축지배 변형률 한계(ε_y) 이하로 매우 작은 경우에는 파괴가
임박했음을 나타내는 징후가 없이 급격히 파괴되는 취성파괴가 발생할 수 있는 단면

(3) 변화구간단면 : $0.65 \leqq \phi \leqq 0.85$ 직선보간

순인장변형률(ε_t)이 압축지배 변형률 한계와 인장지배 변형률 한계 사이의 단면

2) 지배단면에 따른 강도감소계수 [89회 1교시], [90회 1교시], [102회 1교시], [107회 1교시]

지배단면 구분	순인장변형률(ε_t) 조건	강도감소계수(ϕ)
압축지배단면	$\varepsilon_t \leq \varepsilon_y$	0.65
변화구간단면	$\varepsilon_y < \varepsilon_t < 0.005 \ (\text{or } 2.5\varepsilon_y)$	0.65~0.85
인장지배단면	$\varepsilon_t \geq 0.005$ ($f_y > 400\text{MPa}$인 경우 $\varepsilon_t \geq 2.5\varepsilon_y$)	0.85

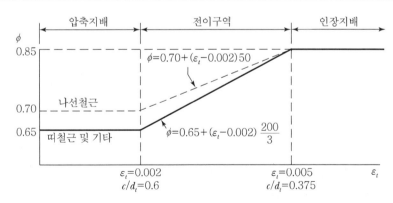

c/d_t에 대한 보간 : 나선 $\phi = 0.70 + 0.15[1/(c/d_t) - 5/3]$
기타 $\phi = 0.65 + 0.20[1/(c/d_t) - 5/3]$

‖ 예) SD400 철근의 ϕ값 변화 ‖

7. 휨부재의 최소허용변형률 및 해당 철근비

1) 균형철근비(ρ_b)

$f_{ck} \leq 40\text{MPa}$일 경우 : $\rho_b = \dfrac{\alpha \cdot (0.85 f_{ck})}{f_y} \cdot \dfrac{0.0033}{0.0033 + \varepsilon_y}$

2) 철근비(ρ)와 순인장변형률(ε_t) 관계식 유도

① 힘의 평형조건($C = T$에 의해)

$\rho = \dfrac{\alpha \cdot (0.85 f_{ck})}{f_y} \cdot c \cdot \dfrac{1}{d}$ .... (식 1)

② 중립축의 위치(c)와 순인장변형률과(ε_t)의 비례식

$c = \left(\dfrac{\varepsilon_{cu}}{\varepsilon_{cu} + \varepsilon_t} \right) \cdot d_t$ .... (식 2)

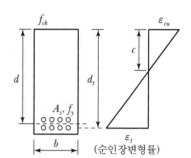

(식 2)를 (식 1)에 대입하면

$\rho = \dfrac{\alpha \cdot (0.85 f_{ck})}{f_y} \cdot \dfrac{0.0033}{0.0033 + \varepsilon_t} \cdot \dfrac{d_t}{d}$

3) 순인장변형률(ε_t)에 따른 철근비(ρ)와 균형철근비(ρ_b)의 비

$$\dfrac{\rho}{\rho_b} = \dfrac{\dfrac{\alpha \cdot (0.85 f_{ck})}{f_y} \cdot \dfrac{0.0033}{0.0033 + \varepsilon_t} \cdot \dfrac{d_t}{d}}{\dfrac{\alpha \cdot (0.85 f_{ck})}{f_y} \cdot \dfrac{0.0033}{0.0033 + \varepsilon_y}} = \dfrac{0.0033 + \varepsilon_y}{0.0033 + \varepsilon_t} \cdot \dfrac{d_t}{d}$$

철근 강도별 ρ/ρ_b(단, $f_{ck} \leq 40\text{MPa}$, $\varepsilon_{cu} = 0.0033$, $d_t/d = 1$ 가정)

f_y (MPa)	ε_y	최소허용변형률		인장지배단면한계변형률			
				$\varepsilon_{cu} = 0.0033$		$\varepsilon_{cu} = 0.003$	
		ε_t	ρ/ρ_b	ε_t	ρ/ρ_b	ε_t	ρ/ρ_b
300	0.0015	0.004	0.658	0.005	0.578	0.005	0.563
350	0.00175	0.004	0.692	0.005	0.608	0.005	0.594
400	0.002	0.004	0.726	0.005	0.639	0.005	0.625
500	0.0025	0.005	0.699	0.00625	0.607	0.00625	0.688
600	0.003	0.006	0.677	0.0075	0.583	0.0075	0.75

8. RC 휨부재의 해석 및 설계 시 적용식 유도

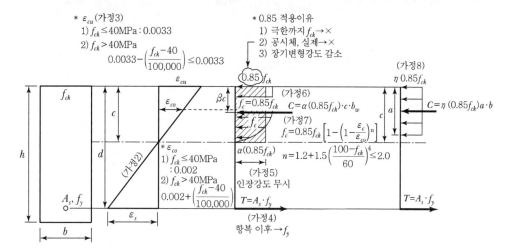

1) 최소허용변형률($\varepsilon_{a\,\min}$) 검토($f_{ck} \leq 40\mathrm{MPa}$, $\alpha = 0.8$, $\beta = 0.4$, $\varepsilon_{cu} = 0.0033$)

  (1) $c = \dfrac{A_s f_y}{\alpha(0.85 f_{ck})b}$

  (2) $\varepsilon_t \geq \varepsilon_{a\,\min}$ 검토

  (3) $\varepsilon_t = \left(\dfrac{d_t - c}{c}\right) \cdot \varepsilon_{cu} \geq \varepsilon_{a\,\min} = \left[\, 0.004,\ 2.0\,\varepsilon_y \,\right]_{\max}$

2) 힘의 평형조건 : $C = T$

      $C = \alpha(0.85 f_{ck}) \cdot c \cdot b$

      $T = A_s \cdot f_y$

3) $\phi M_n = \phi A_s f_y\, jd$

      $= \phi A_s f_y (d - \beta \cdot c)$

4) 위의 식에 $A_s = \rho\, b\, d$, $c = \dfrac{A_s f_y}{\alpha(0.85 f_{ck})b}$ 대입

$$\phi M_n = \phi\, \rho\, f_y\, b\, d^2 \left[1 - \frac{\beta \cdot \rho f_y}{\alpha \cdot (0.85 f_{ck})} \right]$$

5) 공칭강도 저항계수(R_n) [93회 3교시]

$$M_n = b\, d^2 \rho\, f_y \left[1 - \frac{\beta \cdot \rho f_y}{\alpha \cdot (0.85 f_{ck})} \right] \text{의 양변을 } bd^2 \text{으로 나누면}$$

$$R_n = \frac{M_n}{bd^2} = \rho\, f_y \left[1 - \frac{\beta \cdot \rho f_y}{\alpha \cdot (0.85 f_{ck})} \right] \quad (M_u \leq \phi\, M_n \Rightarrow R_n = \frac{M_u}{\phi\, b\, d^2})$$

6) ρ_{req} 산정

   (1) 직선 – 포물선 응력 기본식에 의해

     ① $R_n = \dfrac{M_u}{\phi\, bd^2} = \rho\, f_y \left[1 - \dfrac{\beta \cdot \rho f_y}{\alpha \cdot (0.85 f_{ck})} \right]$

       ($f_{ck} = 40\text{MPa}$일 경우 $\alpha = 0.8$, $\beta = 0.4$)

     ② $\rho_{req} = \dfrac{0.85 f_{ck}}{f_y} \left[1 - \sqrt{1 - \dfrac{2R_n}{0.85 f_{ck}}} \right]$

   (2) 등가응력블록 a 적용($f_{ck} \leq 40\text{MPa}$, $\eta = 1.0$)

     ① $R_n = \dfrac{M_u}{\phi\, bd^2} = \rho f_y \left[1 - \dfrac{\rho f_y}{\eta(1.7 f_{ck})} \right]$, ($w = (\rho f_y / \eta f_{ck})$으로 놓으면)

       $\dfrac{M_u}{\phi\, \eta f_{ck}\, b\, d^2} = w \cdot \left[1 - \dfrac{w}{1.7} \right]$ w에 대한 2차식을 풀어서 ρ_{req} 산정

     ② $\rho_{req} = \dfrac{\eta \cdot (0.85 f_{ck})}{f_y} \left[1 - \sqrt{1 - \dfrac{2R_n}{0.85 f_{ck}}} \right]$

9. 휨재의 설계원칙 및 설계제한

1) 파괴한계 검토

(1) 휨재 설계 시 가정사항

(2) 최소철근량($A_{s\,min}$) 검토

균열 이후 취성파괴를 방지하기 위함

① $\phi M_n \geq 1.2 M_{cr} = 1.2[f_r \cdot S] = 1.2 \cdot [0.63 \lambda \sqrt{f_{ck}} \cdot S]$

② $\phi M_n \geq (4/3) M_u$을 만족시키면 ①의 제한사항을 무시할 수 있음

(3) 최소허용변형률($\varepsilon_{a\,min}$) 검토

연성파괴 유도

$$\varepsilon_t = \left(\frac{d_t - c}{c} \right) \cdot \varepsilon_{cu} \geq \varepsilon_{a\,min} = [\,0.004,\ 2.0\,\varepsilon_y\,]_{max}$$

(4) 횡방향 좌굴에 대한 안정성 검토

횡지지간격이 압축측면 최소폭의 50배 이내이면 안정성 확보

2) 사용성 한계 검토

(1) 보폭의 적정성 검토

(2) 사용성 균열방지를 위해 철근 간격 검토

보 및 1방향 슬래브 휨철근 배치

$$s \leq s_{max} = \left[375 \left(\frac{k_{cr}}{f_s} \right) - 2.5\, c_c,\ \ 300 \left(\frac{k_{cr}}{f_s} \right) \right]_{min}$$

여기서, k_{cr} : 건조환경 – 280

습윤, 부식성, 고부식성 환경 – 210

$f_s = 2/3 f_y$ 적용 가능

(3) 처짐 검토

큰 처짐에 의해 손상되기 쉬운 칸막이벽이나 기타 구조물을 지지하지 않는 부재

처짐을 계산하지 않는 경우의 보 최소두께

최소두께, h			
단순 지지	1단 연속	양단 연속	캔틸레버
$l/16$	$l/18.5$	$l/21$	$l/8$

① 1,500~2,000kg/m³ 범위의 단위질량을 갖는 구조용 경량콘크리트에 대해서는 계산된 h 값에 $(1.65 - 0.00031w_c)$를 곱해야 하지만 1.09보다 작지 않아야 한다.

② f_y가 400MPa 이외인 경우는 계산된 h 값에 $(0.43 + f_y/700)$를 곱하여야 한다.

Memo...

6.2 단근보 해석 및 설계

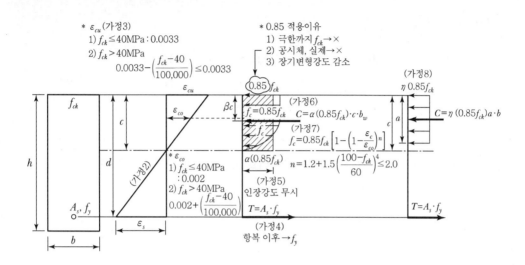

1. 단근보 해석 Process

1) 최소허용변형률($\varepsilon_{a\,min}$) 검토($f_{ck} \leq 40\,\mathrm{MPa}$, $\alpha = 0.8$, $\varepsilon_{cu} = 0.0033$)

(1) $c = \dfrac{A_s f_y}{\alpha(0.85 f_{ck})b}$

(2) $\varepsilon_t \geq \varepsilon_{a\,min}$ 검토

$$\varepsilon_t = \left(\frac{d_t - c}{c}\right) \cdot \varepsilon_{cu} \geq \varepsilon_{a\,min} = \left[\,0.004,\ 2.0\,\varepsilon_y\,\right]_{max}$$

2) 최소철근량 검토 및 ϕM_n 산정

(1) M_{cr} 산정

$$M_{cr} = f_r \cdot S = \left(0.63\,\lambda\,\sqrt{f_{ck}}\,\right) \cdot S$$

(2) ϕ 산정

$$\phi = \phi_c + \frac{\phi_t - \phi_c}{\left[2.5\varepsilon_y,\ 0.005\right]_{max} - \varepsilon_y}(\varepsilon_t - \varepsilon_c) \leq \phi_t$$

$$\phi = 0.65 + \frac{200}{3}(\varepsilon_t - 0.002) \leq 0.85 \,(\text{예 : SD400일 경우})$$

(3) ϕM_n 산정

$$\phi M_n = \phi A_s f_y (d - \beta c) \,,\, (f_{ck} \leq 40\text{MPa},\ \beta = 0.4)$$

$$\geq 1.2 M_{cr} \quad \cdots\cdots\cdots\cdots\cdots\cdots\cdots\cdots \text{최소철근량 검토}$$

문제 1 아래 그림과 같은 단면을 갖는 콘크리트 보의 설계 모멘트 강도를 구하시오.

[108회 4교시 유사]

단, [KDS 14 20 : 2021] 적용, 콘크리트 응력−변형률 : 포물선−직선형상 적용

$h = 650\text{mm}$, $b = 400\text{mm}$, $f_{ck} = 35\text{MPa}$, $f_y = 400\text{MPa}$, $d = 565\text{mm}$,

$A_s = 4,055\text{mm}^2(8-D25)$

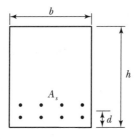

풀이 단근보의 설계 모멘트 산정

1) 최소허용변형률($\varepsilon_{a\min}$) 검토($f_{ck} \leq 400\text{MPa}$, $\alpha = 0.8$, $\varepsilon_{cu} = 0.0033$)

(1) 중립축 c 산정

$$c = \frac{A_s f_y}{\alpha(0.85 f_{ck})b}$$

$$= \frac{4,055 \times 400}{0.8 \times (0.85 \times 35) \times 400} = 170.4\text{mm}$$

(2) $\varepsilon_t \geq \varepsilon_{a\,min} = [\,0.004,\ 2.0\varepsilon_y\,]_{max}$

$$\varepsilon_t = \left(\frac{d_t}{c} - 1\right) \cdot \varepsilon_{cu}$$

$$= \left(\frac{650 - 62.5}{170.4} - 1\right) \times 0.0033 = 0.00808 \geq \varepsilon_{a\,min} = 0.004 \quad\cdots\cdots\cdots\cdots \text{O.K}$$

2) 최소철근량 검토 및 설계 모멘트 강도(ϕM_n) 산정

(1) M_{cr} 산정

$$M_{cr} = f_r \cdot S = (0.63\lambda \sqrt{f_{ck}})\cdot(bh^2/6)$$

$$= (0.63 \times 1.0 \times \sqrt{35}) \times (400 \times 650^2/6) \times 10^{-6}$$

$$= 105\,\text{kN·m}$$

(2) $\phi = 0.85(\varepsilon_t = 0.00808 \geq 0.005$: 인장지배단면$)$

(3) $\phi M_n = \phi A_s f_y (d - \beta c)\ (f_{ck} \leq 40\,\text{MPa},\ \beta = 0.4)$

$$= 0.85 \times 4{,}055 \times 400 \times (565 - 0.4 \times 170.4) \times 10^{-6}$$

$$= 685.0\,\text{kN·m} \geq 1.2 M_{cr}$$

$$= 1.2 \times 105 = 126\,\text{kN·m} \quad\cdots\cdots\cdots\cdots\cdots\cdots\cdots\cdots\cdots\cdots\cdots 최소철근량기준 만족$$

Memo...

문제2 다음 조건에 대한 설계 모멘트 강도 ϕM_n과 파괴 시의 인장철근의 변형률을 결정하고, 콘크리트강도 변화에 따른 부재의 연성변화에 대하여 설명하라.

단, [KDS 14 20 : 2021] 적용, 콘크리트 응력−변형률 : 포물선−직선형상 적용

CASE 1 : $f_y = 400\text{MPa}$, $f_{ck} = 20\text{MPa}$, $3-\text{D}25(A_s = 1{,}521\text{mm}^2)$

CASE 2 : $f_y = 400\text{MPa}$, $f_{ck} = 40\text{MPa}$, $3-\text{D}25(A_s = 1{,}521\text{mm}^2)$

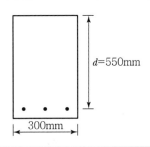

풀이 ▶ **CASE 1 : $f_y = 400\text{MPa}$, $f_{ck} = 20\text{MPa}$일 경우**

1) 최소허용변형률($\varepsilon_{a\min}$) 검토($f_{ck} \leq 40\text{MPa}$, $\alpha = 0.8$, $\varepsilon_{cu} = 0.0033$)

   (1) 중립축 c 산정

$$c = \frac{A_s f_y}{\alpha(0.85 f_{ck})b}$$

$$= \frac{1{,}521 \times 400}{0.8 \times (0.85 \times 20) \times 300} = 149.1\text{mm}$$

   (2) $\varepsilon_t \geq \varepsilon_{a\min} = [\,0.004,\ 2.0\varepsilon_y\,]_{\max}$

$$\varepsilon_t = \left(\frac{d_t - c}{c}\right) \cdot \varepsilon_{cu}$$

$$= \left(\frac{550 - 149.1}{149.1}\right) \times 0.0033 = 0.008873 \geq \varepsilon_{a\min} = 0.004 \quad\cdots\cdots\cdots\cdots\cdots \text{O.K}$$

2) 최소철근량 검토 및 설계 모멘트 강도(ϕM_n) 산정

   (1) M_{cr} 산정

$$M_{cr} = f_r \cdot S = (0.63\lambda\sqrt{f_{ck}}) \cdot (bh^2/6)$$

$$= (0.63\lambda\sqrt{f_{ck}}) \cdot (bh^2/6)$$

$$= (0.63 \times 1.0 \times \sqrt{20}) \times (300 \times 612.5^2/6) \times 10^{-6} = 52.8\text{kN·m}$$

(2) $\phi = 0.85(\varepsilon_t = 0.008873 \geq 0.005 :$ 인장지배단면$)$

(3) $\phi M_n = \phi A_s f_y (d - \beta c)$ $(f_{ck} \leq 40\mathrm{MPa}, \ \beta = 0.4)$

$\qquad = 0.85 \times 1{,}521 \times 400 \times (550 - 0.4 \times 149.1) \times 10^{-6}$

$\qquad = 253.6\,\mathrm{kN \cdot m} \geq 1.2 M_{cr}$

$\qquad = 1.2 \times 52.8 = 63.4\,\mathrm{kN \cdot m}$ ······································ 최소철근량기준 만족

CASE 2 : $f_y = 400\mathrm{MPa}$, $f_{ck} = 40\mathrm{MPa}$일 경우

1) 최소허용변형률$(\varepsilon_{a\min})$ 검토$(f_{ck} \leq 40\mathrm{MPa}, \ \alpha = 0.8, \ \varepsilon_{cu} = 0.0033)$

  (1) 중립축 c 산정

$$c = \frac{A_s f_y}{\alpha(0.85 f_{ck}) b}$$

$$= \frac{1{,}521 \times 400}{0.8 \times (0.85 \times 40) \times 300} = 74.6\,\mathrm{mm}$$

  (2) $\varepsilon_t \geq \varepsilon_{a\min} = [\,0.004, \ 2.0\varepsilon_y\,]_{\max}$

$$\varepsilon_t = \left(\frac{d_t - c}{c}\right) \cdot \varepsilon_{cu}$$

$$= \left(\frac{550 - 74.6}{74.6}\right) \times 0.0033 = 0.02103 \geq \varepsilon_{a\min} = 0.004 \ \cdots\cdots\cdots\cdots \ \mathrm{O.K}$$

2) 최소철근량 검토 및 설계 모멘트 강도(ϕM_n) 산정

  (1) M_{cr} 산정

$$M_{cr} = f_r \cdot S = (0.63\lambda \sqrt{f_{ck}}) \cdot (bh^2/6)$$

$$= (0.63\lambda \sqrt{f_{ck}}) \cdot (bh^2/6)$$

$$= (0.63 \times 1.0 \times \sqrt{40}) \times (300 \times 612.5^2/6) \times 10^{-6}$$

$$= 74.7\,\mathrm{kN \cdot m}$$

  (2) $\phi = 0.85(\varepsilon_t = 0.02103 \geq 0.005 :$ 인장지배단면$)$

  (3) $\phi M_n = \phi A_s f_y (d - \beta c)$

$\qquad = 0.85 \times 1{,}521 \times 400 \times (550 - 0.4 \times 74.6) \times 10^{-6}$

$\qquad = 269.0\,\mathrm{kN \cdot m} \geq 1.2 M_{cr}$

$\qquad = 1.2 \times 74.7 = 89.6\,\mathrm{kN \cdot m}$ ······································ 최소철근량기준 만족

문제3 **다음 직사각형 단면에서 다음 값들을 현행 구조설계기준에 따라 계산하라.**

[102회 3교시 유사]

단, [KDS 14 20 : 2021] 적용, 콘크리트 응력 − 변형률 : 포물선 − 직선형상 적용
1. 균형철근량 A_{sb}과 그때의 중립축 위치, 등가압축응력의 깊이
2. $\phi = 0.85$를 적용할 수 있는 최대철근량(A_s)과 그때의 중립축 위치, 등가압축응력의 깊이
3. 단면이 저항할 수 있는 최대 설계 휨 모멘트 강도 ϕM_n
   단, $f_{ck} = 24\text{MPa}$, $f_y = 400\text{MPa}$

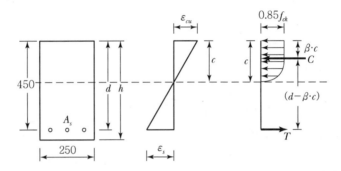

풀이 **단근보 해석**

1) 균형철근량 A_{sb}과 그때의 중립축 위치, 등가압축응력의 깊이($f_{ck} \leq 40\,\text{MPa}$, $\alpha = 0.8$, $\varepsilon_{cu} = 0.0033$)

  (1) 균형철근량(A_{sb}) 산정

$$① \quad \rho_b = \frac{\alpha(0.85 f_{ck})}{f_y} \cdot \frac{\varepsilon}{\varepsilon_{cu} + \varepsilon_y} = \frac{0.8 \times (0.85 \times 24)}{400} \times \frac{0.0033}{0.0033 + 0.002}$$

$$= 0.0254$$

$$② \quad A_{sb} = 0.0254 \times (250 \times 450) = 2,857.5\,\text{mm}^2$$

  (2) 중립축 위치 산정

$$c = \frac{A_s f_y}{\alpha(0.85 f_{ck})b}$$

$$= \frac{2,857.5 \times 400}{0.8 \times (0.85 \times 24) \times 250} = 280.1\text{mm}$$

2) 최소허용변형률 상태에서의 철근량과 그때의 중립축의 위치

  (1) 최소허용변형률 상태의 철근량(A_s) 산정

$$① \ \rho_{st} = \frac{\alpha \cdot (0.85 f_{ck})}{f_y} \cdot \frac{\varepsilon_{cu}}{(\varepsilon_{cu} + \varepsilon_t)} \cdot \frac{d_t}{d}$$

      (여기서, $\alpha = 0.8, \ \varepsilon_t = 0.004, \ d_t/d \approx 1$가정)

$$= \frac{0.8 \times (0.85 \times 24)}{400} \times \frac{0.0033}{(0.0033 + 0.004)} = 0.0184$$

$$② \ A_s = 0.0184 \times (250 \times 450) = 2{,}070 \mathrm{mm}^2$$

  (2) 중립축 위치 산정

$$c = \frac{A_s f_y}{\alpha (0.85 f_{ck}) b}$$

$$= \frac{2{,}070 \times 400}{0.8 \times (0.85 \times 24) \times 250} = 202.9 \mathrm{mm}$$

  (3) 설계 모멘트 강도(ϕM_n) 산정

    ① ϕ 산정

$$\phi = 0.65 + (\varepsilon_t - 0.002)\frac{200}{3} \leq 0.85 = 0.65 + (0.004 - 0.002)\frac{200}{3} = 0.783$$

$$② \ \phi M_n = \phi A_s f_y (d - \beta c) \ (f_{ck} \leq 40\,\mathrm{MPa}, \ \beta = 0.4)$$

$$= 0.783 \times 2{,}070 \times 400 \times (450 - 0.4 \times 202.9) \times 10^{-6}$$

$$= 269.0\,\mathrm{kN \cdot m} \geq 1.2 M_{cr} = 40.9\,\mathrm{kN \cdot m} \ \cdots\cdots \ 최소철근량기준 \ 만족$$

3) $\phi = 0.85$를 적용할 수 있는 최대 철근량(A_s)과 그때의 중립축 위치

  (1) 최소허용변형률 상태의 철근량(A_s) 산정($f_{ck} \leq 40\,\mathrm{MPa}, \ \alpha = 0.8, \ \varepsilon_{cu} = 0.0033$)

$$① \ \rho_{st} = \frac{\alpha \cdot (0.85 f_{ck})}{f_y} \cdot \frac{\varepsilon_{cu}}{(\varepsilon_{cu} + \varepsilon_t)} \cdot \frac{d_t}{d}$$

      (여기서, $\varepsilon_t = 0.005, \ d_t/d \approx 1$가정)

$$= \frac{0.8 \times (0.85 \times 24)}{400} \times \frac{0.0033}{(0.0033 + 0.005)} = 0.0162$$

$$② \ A_s = 0.0162 \times (250 \times 450) = 1{,}822.5 \mathrm{mm}^2$$

(2) 중립축 위치 산정

$$c = \frac{A_s f_y}{\alpha(0.85 f_{ck})b}$$

$$= \frac{1,822.5 \times 400}{0.8 \times (0.85 \times 24) \times 250} = 178.7 \text{mm}$$

(3) 설계 모멘트 강도(ϕM_n) 산정

① $\phi = 0.85$

② $\phi M_n = \phi A_s f_y (d - \beta c)$ ($f_{ck} \leq 40\,\text{MPa}, \ \beta = 0.4$)

$$= 0.85 \times 1822.5 \times 400 \times (450 - 0.4 \times 178.7) \times 10^{-6}$$

$$= 234.6\,\text{kN·m} \geq 1.2 M_{cr} = 40.9\,\text{kN·m} \ \cdots\cdots\cdots \ \text{최소철근량기준 만족}$$

2. 단근보 설계

1) 단근보 설계 Process 1 $-[M_u,\ f_{ck},\ f_y,\ b,\ d$가 주어질 때]

  (1) 단근 직사각형 보로 설계가능성 검토($f_{ck} \le 40\,\mathrm{MPa}$, $\alpha = 0.8$, $\beta = 0.4$, $\varepsilon_{cu} = 0.0033$)

    ① $\rho_s = \dfrac{\alpha \cdot (0.85 f_{ck})}{f_y} \cdot \dfrac{\varepsilon_{cu}}{(\varepsilon_{cu} + \varepsilon_t)} \cdot \dfrac{d_t}{d}$

    (여기서, $\varepsilon_t = [0.005,\ 2.5\,\varepsilon_y]_{\max}$, $d_t/d \approx 1.0$ 가정)

    ② $A_s = \rho_s\, b\, d$

    ③ $c = \dfrac{A_s f_y}{\alpha (0.85 f_{ck})\, b}$

    ④ $\phi M_n = \phi A_s f_y (d - \beta c)$

    별해 : $\phi M_n = \phi \rho_s f_y b d^2 \left[1 - \dfrac{\beta \cdot \rho_s f_y}{\alpha \cdot (0.85 f_{ck})} \right]$

                         $\phi M_n \ge M_u \Rightarrow$ 단근보, $\phi M_n < M_u \Rightarrow$ 복근보

  (2) R_n 산정

    $R_n = \dfrac{M_u}{\phi b d^2}$ $(\phi = 0.85)$

  (3) ρ_{req} 산정

    ① 직선-포물선 응력 기본식에 의해($f_{ck} \le 40\,\mathrm{MPa}$, $\alpha = 0.8$, $\beta = 0.4$)

      ㉠ $R_n = \dfrac{M_u}{\phi b d^2} = \rho f_y \left[1 - \dfrac{\beta \cdot \rho f_y}{\alpha \cdot (0.85 f_{ck})} \right]$

      ㉡ $\rho_{req} = \dfrac{0.85 f_{ck}}{f_y} \left[1 - \sqrt{1 - \dfrac{2 R_n}{0.85 f_{ck}}} \right]$

    ② 등가응력블록 a 적용($f_{ck} \le 40\,\mathrm{MPa}$, $\eta = 1.0$)

      ㉠ $R_n = \dfrac{M_u}{\phi b d^2} = \rho f_y \left[1 - \dfrac{\rho f_y}{\eta (1.7 f_{ck})} \right]$, $(w = (\rho f_y / \eta f_{ck})$으로 놓으면$)$

         $\dfrac{M_u}{\phi\, \eta f_{ck}\, b\, d^2} = w \cdot \left[1 - \dfrac{w}{1.7} \right]$ w에 대한 2차식을 풀어서 ρ_{req} 산정

$$ⓛ \quad \rho_{req} = \frac{\eta \cdot (0.85 f_{ck})}{f_y} \left[1 - \sqrt{1 - \frac{2R_n}{0.85 f_{ck}}} \right]$$

(4) 철근 배근

(5) 최소허용변형률 검토($f_{ck} \leq 40\,\mathrm{MPa}$, $\alpha = 0.8$, $\varepsilon_{cu} = 0.0033$)

① $c = \dfrac{A_s f_y}{\alpha (0.85 f_{ck}) b}$

② 최소허용변형률 검토

$$\varepsilon_t = \left(\frac{d_t - c}{c} \right) \cdot \varepsilon_{cu} = \left(\frac{d_t - c}{c} \right) \cdot 0.0033 \geq \varepsilon_{a\,\min} = \left[0.004,\ 2.0\varepsilon_y \right]_{\max}$$

········ 최소허용변형률 만족

(6) 최소철근량 검토 및 설계 모멘트 강도($\phi\,M_n$) 산정

① M_{cr} 산정

$$M_{cr} = f_r \cdot S = (0.63 \lambda \sqrt{f_{ck}}) \cdot (bh^2/6)$$

② ϕ 산정

$$\phi = \phi_c + \frac{\phi_t - \phi_c}{[2.5\varepsilon_y, 0.005]_{\max} - \varepsilon_y} (\varepsilon_t - \varepsilon_c) \leq \phi_t$$

③ $\phi M_n = \phi A_s f_y (d - \beta c) \geq 1.2 M_{cr}$ ····················· 최소철근량기준 만족

(7) 보폭 적정성 검토

(8) 철근간격의 적정성 검토

철근 중심간격 $\leq s_{\max}$

$$s_{\max} = \left[375 \left(\frac{k_{cr}}{f_s} \right) - 2.5 c_c,\ 300 \left(\frac{k_{cr}}{f_s} \right) \right]_{\min}$$

여기서, k_{cr} : 건조환경 -280

습윤, 부식, 고부식성 환경 -210

$f_s = 2/3 f_y$

(9) 배근도 작성

2) 단근보설계 Process 2 – (M_u, f_{ck}, f_y가 주어질 때)

(1) ρ 가정($f_{ck} \leq 40\,\text{MPa}$, $\alpha = 0.8$, $\varepsilon_{cu} = 0.0033$)

$$\rho = \frac{\alpha \cdot (0.85 f_{ck})}{f_y} \cdot \frac{0.0033}{(0.0033 + \varepsilon_t)} \cdot \frac{d_t}{d}$$

(여기서, $\varepsilon_t = [0.005,\ 2.5\,\varepsilon_y]_{max}$, $d_t/d \approx 1$ 가정)

(2) $R_n = \rho f_y \left[1 - \dfrac{\beta \cdot \rho f_y}{\alpha \cdot (0.85 f_{ck})} \right]$ ($f_{ck} \leq 40\,\text{MPa}$, $\alpha = 0.8$, $\beta = 0.4$)

(3) b, d 값 산정

① $R_n = \dfrac{M_u}{\phi b d^2}$ ($\phi = 0.85$)

② 처짐을 고려한 d 값 가정

③ b 산정 ∴ $b \times h$ 결정

(4) $R_n = \dfrac{M_u}{\phi b d^2}$ ($\phi = 0.85$)

(5) ρ_{req} 산정

① 직선-포물선 응력 기본식에 의해($f_{ck} \leq 40\,\text{MPa}$, $\alpha = 0.8$, $\beta = 0.4$)

㉠ $R_n = \dfrac{M_u}{\phi b d^2} = \rho f_y \left[1 - \dfrac{\beta \cdot \rho f_y}{\alpha \cdot (0.85 f_{ck})} \right]$

㉡ $\rho_{req} = \dfrac{0.85 f_{ck}}{f_y} \left[1 - \sqrt{1 - \dfrac{2 R_n}{0.85 f_{ck}}} \right]$

② 등가응력블록 a 적용($f_{ck} \leq 40\,\text{MPa}$, $\eta = 1.0$)

㉠ $R_n = \dfrac{M_u}{\phi b d^2} = \rho f_y \left[1 - \dfrac{\rho f_y}{\eta(1.7 f_{ck})} \right]$, ($w = (\rho f_y / \eta f_{ck})$으로 놓으면)

$\dfrac{M_u}{\phi \eta f_{ck} b d^2} = w \cdot \left[1 - \dfrac{w}{1.7} \right]$ w에 대한 2차식을 풀어서 ρ_{req} 산정

㉡ $\rho_{req} = \dfrac{\eta \cdot (0.85 f_{ck})}{f_y} \left[1 - \sqrt{1 - \dfrac{2 R_n}{0.85 f_{ck}}} \right]$

(6) 철근 배근

(7) 최소허용변형률 검토($f_{ck} \leq 40\,\mathrm{MPa}$, $\alpha = 0.8$, $\varepsilon_{cu} = 0.0033$)

① $c = \dfrac{A_s f_y}{\alpha(0.85 f_{ck})b}$

② 최소허용변형률 검토

$$\varepsilon_t = \left(\frac{d_t - c}{c}\right) \cdot \varepsilon_{cu} = \left(\frac{d_t - c}{c}\right) \cdot 0.0033 \geq \varepsilon_{a\,\min} = [\,0.004,\ 2.0\varepsilon_y\,]_{\max}$$

·················· 최소허용변형률 만족

(8) 설계 모멘트 강도(ϕM_n) 산정

① ϕ 산정

$$\phi = \phi_c + \frac{\phi_t - \phi_c}{[2.5\varepsilon_y,\ 0.005]_{\max} - \varepsilon_y}(\varepsilon_t - \varepsilon_c) \leq \phi_t$$

② ϕM_n 산정

$$\phi M_n = \phi A_s f_y (d - \beta c),\ (f_{ck} \leq 40\,\mathrm{MPa},\ \beta = 0.4)$$

(9) 최소철근량 검토

① $M_{cr} = f_r \cdot S = (0.63\lambda \sqrt{f_{ck}}\,) \cdot S$

② $1.2 M_{cr} \leq \phi M_n$ ··············· 최소철근량 만족

(10) 보폭 적정성 검토

(11) 철근간격의 적정성 검토

철근 중심간격 $\leq s_{\max}$

$$s_{\max} = \left[\,375\left(\frac{k_{cr}}{f_s}\right) - 2.5 c_c,\ 300\left(\frac{k_{cr}}{f_s}\right)\right]_{\min}$$

여기서, k_{cr} : 건조환경 -280)

습윤, 부식, 고부식성 환경 -210

$f_s = 2/3 f_y$

(12) 배근도 작성

문제4 다음 그림에서 보의 곡률 연성비(Curvature Ductility)가 5이고 W_u(Ultimate Load)가 15kN/m일 때, 보의 유효춤(d)과 인장철근량(A_s)을 구하시오. [72회 3교시], [121회 2교시 유사]

$$\frac{\phi_u}{\phi_y} = \frac{1}{1.5w - 0.075}$$

$$w = \rho \frac{f_y}{f_{ck}}$$

$$f_{ck} = 27\,\mathrm{MPa}$$

$$f_y = 400\,\mathrm{MPa}$$

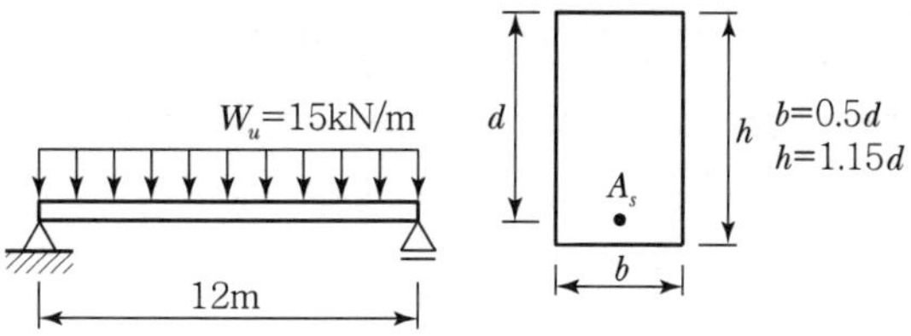

$W_u = 15\mathrm{kN/m}$

12m

d A_s h $b = 0.5d$ $h = 1.15d$ b

풀이 보의 유효춤(d)과 인장철근량(A_s)

1) $\dfrac{\phi_u}{\phi_y} = \dfrac{1}{1.5w - 0.075} = 5$

$w = 0.1833$

2) $w = \rho \dfrac{f_y}{f_{ck}}$

$\rho = w\,\dfrac{f_{ck}}{f_y} = \dfrac{0.1833 \times 27}{400} = 0.012375$

3) R_n 산정

$R_n = \rho\, f_y \left[1 - \dfrac{\beta \cdot \rho f_y}{\alpha \cdot (0.85 f_{ck})} \right] (\alpha = 0.8,\ \beta = 0.4)$

$= 0.012375 \times 400 \times \left[1 - \dfrac{0.4 \times 0.012375 \times 400}{0.8 \times (0.85 \times 27)} \right]$

$R_n = 4.416\,\mathrm{MPa}$

4) $R_n = \dfrac{M_u}{\phi\, b d^2}$

$4.416 = \dfrac{15 \times 12^2/8 \times 10^6}{0.85 \times 0.5 \times d^3}$ $\therefore\ d = 524\,\mathrm{mm}$

5) $A_s = \rho \cdot b \cdot d = 0.012375 \times (0.5 \times 524) \times 524 = 1{,}698.9\,\mathrm{mm}^2$

문제5 고정하중에 의한 모멘트 $M_d = 100\text{kN·m}$, 그리고 활하중에 의한 모멘트 $M_l = 80\text{kN·m}$가 경간 6,000mm의 단순보에 작용하고 있을 때 이 보의 단면을 설계하라. [106회 3교시 유사]

단, [KDS 14 20 : 2021] 적용, 콘크리트 응력 – 변형률 : 포물선 – 직선형상 적용 $f_{ck} = 24\text{MPa}$, $f_y = 400\text{MPa}$이고, 골재의 크기는 20mm 이하로 가정한다.

풀이 단근보 설계

1) ρ 가정($f_{ck} \leq 40\text{MPa}$, $\alpha = 0.8$, $\varepsilon_{cu} = 0.0033$)

$$\rho = \frac{\alpha \cdot (0.85 f_{ck})}{f_y} \cdot \frac{\varepsilon_{cu}}{(\varepsilon_{cu} + \varepsilon_t)} \cdot \frac{d_t}{d}$$

(여기서, $\varepsilon_t = [0.005, 2.5\,\varepsilon_y]_{\max}$, $d_t/d \approx 1$ 가정)

$$= \frac{0.8 \times (0.85 \times 24)}{400} \times \frac{0.0033}{(0.0033 + 0.005)} = 0.01622$$

2) $R_n = \rho f_y \left[1 - \frac{\beta \cdot 0 \rho f_y}{\alpha \cdot (0.85 f_{ck})} \right]$ ($f_{ck} \leq 40\text{MPa}$, $\alpha = 0.8$, $\beta = 0.4$)

$$= 0.01622 \times 400 \times \left[1 - \frac{0.4 \times 0.01622 \times 400}{0.8 \times (0.85 \times 24)} \right] = 5.456\text{N/mm}^2$$

3) b, d값 산정

(1) $R_n = \dfrac{M_u}{\phi b d^2}$ ($\phi = 0.85$)

$$bd^2 = \frac{M_u}{\phi R_n} = \frac{248 \times 10^6}{0.85 \times 5.456} = 5.3476 \times 10^7\text{mm}^3$$

(2) 처짐을 고려한 d값 가정

$$\frac{6,000}{16} = 375\text{mm}$$

$d = 420\text{mm}$로 가정($h = 500\text{mm}$)

(3) b 산정

$$b = \frac{5.3476 \times 10^7}{420^2} = 303\text{mm}$$

$b = 400\text{mm}$로 가정

4) $R_n = \dfrac{M_u}{\phi b d^2}$ $(\phi = 0.85)$

$$R_n = \dfrac{248 \times 10^6}{0.85 \times 400 \times 420^2} = 4.135 \text{N/mm}^2$$

5) ρ_{req} 산정 및 철근 배근

  (1) ρ_{req} 산정

$$R_n = \rho f_y \left[1 - \dfrac{\beta \cdot \rho f_y}{\alpha \cdot (0.85 f_{ck})} \right]$$

$$4.135 = \rho_{req} \times 400 \times \left[1 - \dfrac{0.4 \times \rho_{req} \times 400}{0.8 \times (0.85 \times 24)} \right] \text{를 } \rho_{req}\text{에 대하여 풀면}$$

$$\rho_{req} = 0.01167$$

  (2) 철근 배근

$$A_{s,req} = 0.01167 \times 400 \times 420 = 1{,}960.6\text{mm}^2 \ (7 - D19, \ A_s = 2{,}009\text{mm}^2)$$

6) 최소철근량 및 최소허용변형률 검토$(f_{ck} \leq 40\text{MPa}, \ \alpha = 0.8, \ \varepsilon_{cu} = 0.0033)$

  (1) 최소허용변형률$(\varepsilon_{a\min})$ 검토

    ① 중립축 c 산정

$$c = \dfrac{A_s f_y}{\alpha (0.85 f_{ck}) b}$$

$$= \dfrac{2{,}009 \times 400}{0.8 \times (0.85 \times 24) \times 400} = 123.1\text{mm}$$

    ② $\varepsilon_t \geq \varepsilon_{a\min} = \left[0.004, \ 2.0\varepsilon_y \right]_{\max}$

$$\varepsilon_t = \left(\dfrac{d_t - c}{c} \right) \cdot \varepsilon_{cu}$$

$$= \left(\dfrac{440.5 - 123.1}{123.1} \right) \times 0.0033 = 0.0085 \geq \varepsilon_{a\min} = 0.004 \ \cdots\cdots\cdots\cdots \text{O.K}$$

  (2) 최소철근량 검토 및 설계 모멘트 강도(ϕM_n) 산정

    ① M_{cr} 산정

$$M_{cr} = f_r \cdot S = (0.63 \lambda \sqrt{f_{ck}}) \cdot (bh^2/6)$$

$$= (0.63 \times 1.0 \times \sqrt{24}) \times (400 \times 500^2/6) \times 10^{-6}$$

$$= 51.4\,\text{kN·m}$$

② $\phi = 0.85(\varepsilon_t = 0.0085 \geq 0.005 : \text{인장지배단면})$

③ $\phi M_n = \phi\,A_s\,f_y\,(d - \beta c)$

$$= 0.85 \times 2{,}009 \times 400 \times (420 - 0.4 \times 123.1) \times 10^{-6}$$

$$= 253.3\,\text{kN·m} \geq 1.2 M_{cr}$$

$$= 1.2 \times 51.4 = 61.7\,\text{kN·m} \cdots\cdots\cdots\cdots \text{최소철근량기준 만족}$$

7) 보폭 및 철근간격의 적정성 검토

(1) 보폭의 적정성 검토(반수 이상 이음 고려)

2단 배근으로 상단에 2-D19, 하단에 5-D19를 배근하면

$$b_{req} = 2 \times 40 + 2 \times 10 + 8 \times 19 + 4 \times 26.7$$

$$= 358.8\text{mm} \leq b = 400\text{mm} \cdots\cdots\cdots\cdots\cdots \text{O.K}$$

(2) 철근간격의 적정성 검토

철근 중심간격 $\leq s_{\max}$

$$\text{철근 중심간격}(s) = \frac{400 - 2 \times (40 + 10 + 19/2)}{4} = 70.25\text{mm}$$

$$s_{\max} = \left[375\left(\frac{k_{cr}}{f_s}\right) - 2.5c_c,\ 300\left(\frac{k_{cr}}{f_s}\right)\right]_{\min} = [170\text{mm},\ 236\text{mm}]_{\min}$$

$$\left(k_{cr} = 210,\ f_s = \frac{2}{3}f_y\right)$$

$$\therefore\ s = 70.25\text{mm} \leq s_{\max} = 170 \cdots\cdots\cdots\cdots\cdots \text{O.K}$$

10) 배근도 작성

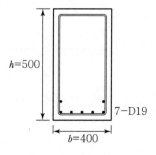

6.3 복근보 해석 및 설계

1. 복근보 일반사항

1) 복근보

인장측 철근과 함께 압축측 철근을 갖는 보

2) 복근배근의 필요성

① 압축철근의 배근으로 인장철근비를 증가시킬 수 있어 설계강도를 증가시킨다.

② 장기처짐의 감소－단근보에 비하여 50% 이하의 변형량을 나타낸다.

③ 연성증진－耐震구조에 유리, 모멘트 재분배에 의한 구조체 안전성 증가

④ 시공성 우수－Stirrup 설치와 피복두께 유지에 유리

3) 복근보의 개념

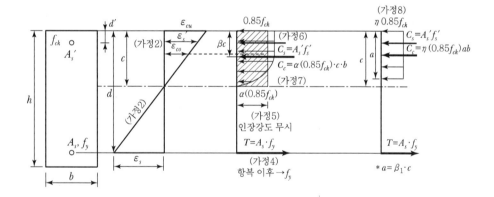

2. 복근보 해석 Process

1) 압축철근 항복하는 경우($f_{ck} \leq 40\text{MPa}$, $\alpha = 0.8$, $\varepsilon_{cu} = 0.0033$)

(1) 최소허용변형률($\varepsilon_{a\,\min}$) 검토

① c산정($\varepsilon_s{}' \geq \varepsilon_y$ 가정)

$$c = \frac{A_s f_y - A_s{}'(f_y - 0.85 f_{ck})}{\alpha(0.85 f_{ck})b}$$

② 압축철근 항복 검토

$$\varepsilon_s' = \left(\frac{c-d'}{c}\right) \cdot \varepsilon_{cu} = \left(\frac{c-d'}{c}\right) \times 0.0033 \geq \varepsilon_y \quad \text{·················· 압축철근 항복}$$

③ 최소허용변형률 검토

$$\varepsilon_t = \left(\frac{d_t-c}{c}\right) \cdot \varepsilon_{cu} = \left(\frac{d_t-c}{c}\right) \times 0.0033 \geq \varepsilon_{a\,min} = [\,0.004,\ 2.0\varepsilon_y\,]_{max}$$

················· 최소허용변형률 만족

(2) ϕM_n 산정

① ϕ 산정

$$\phi = \phi_c + \frac{\phi_t - \phi_c}{[2.5\varepsilon_y,\, 0.005]_{max} - \varepsilon_y}(\varepsilon_t - \varepsilon_c) \leq \phi_t$$

② ϕM_n 산정($f_{ck} \leq 40\mathrm{MPa},\ \beta = 0.4$)

$$\phi M_n = \phi\,(A_s - A_s')\,f_y(d - \beta c) + A_s'(f_y - 0.85f_{ck})(d - d')$$

(3) 최소철근량 검토

① $M_{cr} = f_r \cdot S = (0.63\lambda\sqrt{f_{ck}}) \cdot S$

② $1.2M_{cr} \leq \phi M_n$ ················· 최소철근량 만족

2) 압축철근 항복하지 않는 경우

(1) 최소허용변형률($\varepsilon_{a\,min}$) 검토($f_{ck} \leq 40\mathrm{MPa},\ \alpha = 0.8,\ \varepsilon_{cu} = 0.0033$)

① c 산정($\varepsilon_s' \geq \varepsilon_y$ 가정)

$$c = \frac{A_s f_y - A_s'(f_y - 0.85f_{ck})}{\alpha(0.85f_{ck})b}$$

② 압축철근 항복 검토

$$\varepsilon_s' = \left(\frac{c-d'}{c}\right) \cdot \varepsilon_{cu} = \left(\frac{c-d'}{c}\right) \times 0.0033 < \varepsilon_y \quad \text{······· 압축철근 항복하지 않음}$$

③ c 재산정($C_c + C_s = T$)

    ㉠ $C_c = \alpha(0.85 f_{ck}) c b$

    ㉡ $C_s = A_s{}'(f_s{}' - 0.85 f_{ck}) = A_s{}'\left(E_s \dfrac{(c - d')}{c}\varepsilon_{cu} - 0.85 f_{ck}\right)$

    ㉢ $T_s = A_s f_y$

       ㉠~㉢을 연립하여 c 산정

④ 최소허용변형률 검토

$$\varepsilon_t = \left(\frac{d_t - c}{c}\right)\cdot\varepsilon_{cu} = \left(\frac{d_t - c}{c}\right)\cdot 0.0033 \geq \varepsilon_{a\,\min} = [\,0.004,\ 2.0\varepsilon_y\,]_{\max}$$

                                                     ········ 최소허용변형률 만족

(2) ϕM_n 산정

    ① ϕ 산정

$$\phi = \phi_c + \frac{\phi_t - \phi_c}{[2.5\varepsilon_y, 0.005]_{\max} - \varepsilon_y}(\varepsilon_t - \varepsilon_c) \leq \phi_t$$

    ② ϕM_n 산정($\beta = 0.4$)

       ㉠ $C_c = \alpha(0.85 f_{ck}) c b$

       ㉡ $C_s = A_s{}'(f_s{}' - 0.85 f_{ck})$

       $\therefore \ \phi M_n = \phi\left[C_c \cdot (d - \beta c) + C_s \cdot (d - d')\right]$

(3) 최소철근량 검토

    ① $M_{cr} = f_r \cdot S = (0.63\lambda \sqrt{f_{ck}})\cdot S$

    ② $1.2 M_{cr} \leq \phi M_n$ ············· 최소철근량 만족

문제6 복근 직사각형 보의 설계모멘트 강도를 산정하라.

[99회 4교시 유사], [107회 4교시 유사], [109회 2교시 유사], [111회 4교시 유사], [123회 2교시 유사]

단, [KDS 14 20 : 2021]적용, 콘크리트 응력−변형률 : 포물선−직선형상 적용

$f_{ck} = 24\text{MPa}, f_y = 400\text{MPa}$

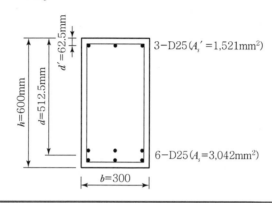

풀이 복근 직사각형 보의 설계모멘트 강도

1) 최소허용변형률($\varepsilon_{a\,\min}$) 검토($f_{ck} \leq 40\text{MPa}, \alpha = 0.8, \varepsilon_{cu} = 0.0033$)

(1) c 산정($\varepsilon_s' \geqq \varepsilon_y$ 가정)

$$c = \frac{A_s f_y - A_s'(f_y - 0.85f_{ck})}{\alpha(0.85f_{ck})b}$$

$$= \frac{3042 \times 400 - 1521 \times (400 - 0.85 \times 24)}{0.8 \times (0.85 \times 24) \times 300} = 130.6\text{mm}$$

(2) 압축철근 항복 검토

$$\varepsilon_s' = \frac{c - d'}{c} \times \varepsilon_{cu} = \frac{130.6 - 62.5}{130.6} \times 0.0033 = 0.00172 < \varepsilon_y$$

(3) c 재산정($C_c + C_s = T$)

① $C_c = \alpha(0.85f_{ck})cb = 0.8 \times (0.85 \times 24) \times c \times 300$

② $C_s = A_s'(f_s' - 0.85f_{ck}) = A_s'\left(E_s\frac{c - d'}{c} \cdot \varepsilon_{cu} - 0.85f_{ck}\right)$

$$= 1,521 \times \left(2.0 \times 10^5 \times \frac{(c - 62.5)}{c} \times 0.0033 - 0.85 \times 24\right)$$

③ $T_s = A_s f_y = 3,042 \times 400$

$C_c + C_s = T$ 에서

$\therefore \ c = 140.8 \text{mm}$

(4) $\varepsilon_t \geq \varepsilon_{a\,\min}$ 검토

$$\varepsilon_t = \left(\frac{537.5 - 140.8}{140.8} \right) \times 0.0033 = 0.0093$$

$$\geq \varepsilon_{a\,\min} = \left[\, 0.004, \ 2.0\,\varepsilon_y \, \right]_{\max} \ \cdots\cdots\cdots \ \text{O.K}$$

2) ϕM_n 산정

(1) $\phi = 0.85$ (인장지배단면)

(2) ϕM_n 산정 $(f_{ck} \leq 40\,\text{MPa}, \ \beta = 0.4)$

$C_c = 689.4\,\text{kN}, \ C_s = 527.2\,\text{kN}$

$$\phi M_n = \phi \left[\, C_c \cdot (d - \beta c) + C_s \cdot (d - d') \, \right]$$

$$= 0.85 \times \left[689.4 \times (512.5 - 0.4 \times 140.8) + 527.2 \times (512.5 - 62.5) \right] \times 10^{-3}$$

$$= 469.0\,\text{kN·m}$$

3) 최소철근량 검토

(1) M_{cr} 산정

$$M_{cr} = \left(0.63\lambda \sqrt{f_{ck}} \right) \cdot S$$

$$= 0.63 \times \sqrt{24} \times (300 \times 600^2 / 6) \times 10^{-6} = 55.6\,\text{kN·m}$$

(2) $1.2 M_{cr} = 66.7\,\text{kN·m} \leq \phi M_n = 469.0\,\text{kN·m}$ $\cdots\cdots\cdots\cdots$ 최소철근량 만족

Memo...

3. 복근보 설계

1) 단근보 최대저항모멘트(ϕM_{n1}) 산정($f_{ck} \leq 40\text{MPa}$, $\alpha = 0.8$, $\beta = 0.4$, $\varepsilon_{cu} = 0.0033$)

   (1) $\rho_s = \dfrac{\alpha \cdot (0.85 f_{ck})}{f_y} \cdot \dfrac{\varepsilon_{cu}}{(\varepsilon_{cu} + \varepsilon_t)} \cdot \dfrac{d_t}{d}$

       (여기서, $\varepsilon_t = [0.005, \, 2.5 \, \varepsilon_y]_{\max}$, $d_t/d \approx 1$ 가정)

   (2) $A_{s1} = \rho_s \, b \, d$

   (3) $c = \dfrac{A_{s1} f_y}{\alpha (0.85 f_{ck}) \, b}$

   (4) $\phi M_{n1} = \phi \, A_{s1} \, f_y \, (d - \beta c)$

      별해 : $\phi M_{n1} = \phi \, \rho_s \, f_y \, b \, d^2 \left[1 - \dfrac{\beta \cdot \rho_s f_y}{\alpha \cdot (0.85 f_{ck})} \right]$

                 $\phi M_{n1} \geq M_u \Rightarrow$ 단근보, $\phi M_{n1} < M_u \Rightarrow$ 복근보

2) 압축철근량 산정

   (1) $\phi M_{n2} = M_u - \phi M_{n1}(\phi = 0.85)$

   (2) 압축철근량 산정(압축철근 항복 가정)

      $\phi M_{n2} = \phi A_{s2} (f_y - 0.85 f_{ck})(d - d')$

      $A_{s2} = \dfrac{\phi M_{n2}}{\phi (f_y - 0.85 f_{ck})(d - d')}$

3) 철근 배근

   (1) $A_s = A_{s1} + A_{s2}$

   (2) $A_s' = A_{s2} (\geq A_s - A_{s1})$

4) 최소허용변형률($\varepsilon_{a\,\min}$) 검토($f_{ck} \leq 40\text{MPa}$, $\alpha = 0.8$, $\varepsilon_{cu} = 0.0033$)

   (1) c 산정 ($\varepsilon_s' \geq \varepsilon_y$ 가정)

      $c = \dfrac{A_s f_y - A_s'(f_y - 0.85 f_{ck})}{\alpha (0.85 f_{ck}) b}$

(2) 압축철근 항복 검토

$$\varepsilon_s' = \left(\frac{c-d'}{c}\right) \cdot \varepsilon_{cu} = \left(\frac{c-d'}{c}\right) \times 0.0033 \geq \varepsilon_y \quad \cdots\cdots\cdots\cdots\cdots \text{압축철근 항복}$$

(3) 최소허용변형률 검토

$$\varepsilon_t = \left(\frac{d_t-c}{c}\right) \cdot \varepsilon_{cu} = \left(\frac{d_t-c}{c}\right) \times 0.0033 \geq \varepsilon_{a\min} = [\,0.004,\ 2.0\varepsilon_y\,]_{\max}$$

$$\cdots\cdots\cdots\cdots\cdots \text{최소허용변형률 만족}$$

5) $M_u \leq \phi M_n$ 검토

(1) ϕ 산정

$$\phi = \phi_c + \frac{\phi_t - \phi_c}{[2.5\varepsilon_y,\ 0.005]_{\max} - \varepsilon_y}(\varepsilon_t - \varepsilon_c) \leq \phi_t$$

(2) ϕM_n 산정($f_{ck} \leq 40\,\mathrm{MPa},\ \beta = 0.4$)

$$\phi M_n = \phi\,(A_s - A_s')\,f_y(d-\beta c) + A_s'\,(f_y - 0.85 f_{ck})\,(d-d') \geq M_u \quad \cdots\cdots\cdots \text{적합}$$

6) 최소철근량 검토

(1) $M_{cr} = f_r \cdot S = (0.63\lambda\sqrt{f_{ck}}\,) \cdot S$

(2) $1.2M_{cr} \leq \phi M_n$ $\cdots\cdots\cdots\cdots$ 최소철근량 만족

7) 보폭 적정성 검토

8) 철근간격의 적정성 검토

철근 중심간격 $\leq s_{\max}$

$$s_{\max} = \left[375\left(\frac{k_{cr}}{f_s}\right) - 2.5c_c,\ 300\left(\frac{k_{cr}}{f_s}\right)\right]_{\min}$$

여기서, k_{cr} : 건조환경 – 280)

습윤, 부식, 고부식성 환경 – 210

$f_s = 2/3f_y$

9) 배근도 작성

문제 7 소요모멘트 $M_u = 1,400\text{kN·m}$를 지지할 수 있도록 $b = 500\text{mm}$, $h = 800\text{mm}$ 직사각형 보에 SD400 재질의 D25($A_b = 507\text{mm}^2$) 철근으로 설계하여 도시하라. 콘크리트의 강도는 $f_{ck} = 21\text{MPa}$로 하고, 스터럽은 D13 철근으로 한다.

단, [KDS 14 20 : 2021] 적용, 콘크리트 응력−변형률 : 포물선−직선형상 적용

풀이 복근보 설계

1) 단근보 최대저항모멘트(ϕM_{n1}) 산정($f_{ck} \leq 40\text{MPa}$, $\alpha = 0.8$, $\beta = 0.4$, $\varepsilon_{cu} = 0.0033$)

   (1) $\rho_s = \dfrac{\alpha \cdot (0.85 f_{ck})}{f_y} \cdot \dfrac{\varepsilon_{cu}}{(\varepsilon_{cu} + \varepsilon_t)} \cdot \dfrac{d_t}{d}$

   (여기서, $\varepsilon_t = [0.005,\ 2.5\ \varepsilon_{y]_{\max}}$, $d_t = 734.5\text{mm}$, $d = 709.5\text{mm}$ 가정)

   $= \dfrac{0.8 \times (0.85 \times 21)}{400} \times \dfrac{0.0033}{(0.0033 + 0.005)} \times \dfrac{734.5}{709.5} = 0.014694$

   (2) $A_{s1} = \rho_s b d = 0.014694 \times 500 \times 709.5 = 5,212.7\text{mm}^2$

   (3) $c = \dfrac{5,212.7 \times 400}{0.8 \times (0.85 \times 21) \times 500} = 292.0\text{mm}$, ($f_{ck} \leq 40\text{MPa}$, $\alpha = 0.8$)

   (4) $\phi M_{n1} = \phi A_{s1} f_y (d - \beta c)$

   $= 0.85 \times 5,212.7 \times 400 \times (709.5 - 0.4 \times 292.0) \times 10^{-6}$

   $= 1,050.5\text{kN·m} < M_u = 1,400\text{kN·m}$

   ∴ 압축철근 필요(복근보 해석)

2) 압축철근량 산정(추가 인장철근량 산정)

   (1) ϕM_{n2} 산정

   $\phi M_{n2} = M_u - \phi M_{n1} = 1,400 - 1,050.5 = 349.5\text{kN·m}$

   (2) 압축철근량 산정

   $A_{s2} = \dfrac{\phi M_{n2}}{\phi (f_y - 0.85 f_{ck}) \cdot (d - d')}$

   $= \dfrac{349.5 \times 10^6}{0.85 \times (400 - 0.85 \cdot 21) \times (709.5 - 65.5)} = 1,670.7\text{mm}^2$

3) 철근 배근

(1) A_s 산정

$$A_s = A_{s1} + A_{s2} = 5,212.7 + 1,670.7 = 6883.4 \text{mm}^2$$

$$\Rightarrow 14 - \text{HD25}(A_s = 7,098 \text{mm}^2)$$

(2) $A_s{}'$ 산정

$$A_s{}' = A_s - A_{s1} = 7,098 - 5,212.7 = 1,885.3 \text{mm}^2$$

$$\Rightarrow 14 - \text{HD25}(A_s{}' = 2,028 \text{mm}^2)$$

4) 최소허용변형률($\varepsilon_{a\min}$) 검토($f_{ck} \leq 40\text{MPa}$, $\alpha = 0.8$, $\varepsilon_{cu} = 0.0033$)

(1) c 산정($\varepsilon_s{}' \geq \varepsilon_y$ 가정)

$$c = \frac{A_s f_y - A_s{}'(f_y - 0.85 f_{ck})}{\alpha(0.85 f_{ck})b}$$

$$= \frac{7,098 \times 400 - 2,028 \times (400 - 0.85 \times 21)}{0.8 \times (0.85 \times 21) \times 500} = 289.1 \text{mm}$$

(2) 압축철근 항복 검토

$$\varepsilon_s{}' = \frac{c - d'}{c} \times \varepsilon_{cu} = \frac{289.1 - 65.5}{289.1} \times 0.0033 = 0.00255 \geq \varepsilon_y$$

(3) $\varepsilon_t \geq \varepsilon_{a\min}$ 검토

$$\varepsilon_t = \left(\frac{d_t - c}{c}\right) \cdot \varepsilon_{cu}$$

$$= \left(\frac{734.5 - 289.1}{289.1}\right) \times 0.0033 = 0.00508 \geq \varepsilon_{a\min} = [0.004, 2.0\varepsilon_y]_{\max}$$

5) ϕM_n 산정

(1) $\phi = 0.85$(인장지배단면)

(2) ϕM_n 산정($f_{ck} \leq 40\text{MPa}$, $\beta = 0.4$)

$$\phi M_n = \phi(A_s - A_s{}')f_y(d - \beta c) + A_s{}'(f_y - 0.85 f_{ck})(d - d')$$

$$= 0.85 \times [(7,098 - 2,028) \times 400 \times (709.5 - 0.4 \times 289.1)$$

$$+ 2,028 \times (400 - 0.85 \times 21) \times (709.5 - 65.5)] \times 10^{-6}$$

$$= 1,447.9 \text{kN·m} \geq M_u = 1,400 \text{kN·m} \quad \cdots\cdots\cdots\cdots\cdots\cdots\cdots\cdots \text{O.K}$$

6) 최소철근량 검토

  (1) M_{cr} 산정

$$M_{cr} = f_r \cdot S = (0.63\,\lambda\,\sqrt{f_{ck}}\,) \cdot S$$

$$= 0.63 \times 1.0 \times \sqrt{21} \times (500 \times 800^2/6) \times 10^{-6} = 154.0\,\text{kN·m}$$

  (2) $1.2 M_{cr} = 184.8\,\text{kN·m} \leqq \phi M_n = 1{,}447.9\,\text{kN·m}$ ·············· 최소철근량 만족

7) 보폭 및 철근간격의 적정성 검토

  (1) 보폭의 적정성 검토

$$40 \times 2 + 13 \times 2 + 25 \times 7 + 34 \times 6 = 485\text{mm} \leqq 500\text{mm}$$

  (반수 이상 이음 고려하지 않음) ·· O.K

  (2) 철근간격의 적정성 검토

    ① 철근 중심간격 : $\dfrac{500 - 2 \times (40 + 13) - 25}{6} = 61.5\text{mm}$

    ② 최대철근중심간격($k_{cr} = 210,\ f_s = \dfrac{2}{3}f_y$)

$$s = \left[\,375\left(\frac{210}{f_s}\right) - 2.5\,c_c,\ 300\left(\frac{210}{f_s}\right)\right]_{\min}$$

$$s_1 = 375\left(\frac{210}{2/3 \times 400}\right) - 2.5 \times 53 = 162.8\text{mm} \geqq 61.5\text{mm} \ \cdots\cdots\cdots \text{O.K}$$

$$s_2 = 300\left(\frac{210}{2/3 \times 400}\right) = 236.3\text{mm}$$

8) 배근도 작성

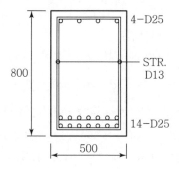

> **문제8** 소요모멘트 $M_u = 1,250\text{kN·m}$를 지지할 수 있도록 $b = 400\text{mm}$, $h = 800\text{mm}$ 직사각형 보에 SD400 재질의 D32($A_b = 794.2\text{mm}^2$) 철근으로 설계하여 도시하라. 콘크리트의 강도는 $f_{ck} = 24\text{MPa}$로 하고, 스터럽은 D13 철근으로 한다.
>
> [77회 2교시], [104회 3교시 유사], [124회 3교시 유사]
>
> 단, [KDS 14 20 : 2021] 적용, 콘크리트 응력−변형률 : 포물선−직선형상 적용

풀이 **복근보 설계**

1) 단근보 최대저항모멘트(ϕM_{n1}) 산정($f_{ck} \leq 40\text{MPa}$, $\alpha = 0.8$, $\beta = 0.4$, $\varepsilon_{cu} = 0.0033$)

   (1) $\rho_s = \dfrac{\alpha \cdot (0.85 f_{ck})}{f_y} \cdot \dfrac{\varepsilon_{cu}}{(\varepsilon_{cu} + \varepsilon_t)} \cdot \dfrac{d_t}{d}$

       (여기서, $\varepsilon_t = [0.005, 2.5\,\varepsilon_y]_{\max}$, $d_t = 731\text{mm}$, $d = 702.5\text{mm}$ 가정)

       $= \dfrac{0.8 \times (0.85 \times 24)}{400} \times \dfrac{0.0033}{(0.0033 + 0.005)} \times \dfrac{731}{702.5} = 0.01688$

   (2) $\phi M_{n1} = \phi\, b\, d^2\, \rho\, f_y \left[1 - \dfrac{\beta \rho f_y}{\alpha (0.85 f_{ck})}\right]$

       $= 0.85 \times 400 \times 702.5^2 \times 0.01688 \times 400 \times \left[1 - \dfrac{0.4 \times 0.01688 \times 400}{0.8 \times 0.85 \times 24}\right] \times 10^{-6}$

       $= 945.4\,\text{kN·m} < M_u = 1,250\,\text{kN·m}$ ·············· 압축철근 필요

2) 압축철근량 산정(추가 인장철근량 산정)

   (1) ϕM_{n2} 산정

       $\phi M_{n2} = M_u - \phi M_{n1} = 1,250 - 945.4 = 304.6\,\text{kN·m}$

   (2) 압축철근량 산정

       $A_{s2} = \dfrac{\phi M_{n2}}{\phi(f_y - 0.85 f_{ck})(d - d')}$

       $= \dfrac{304.6 \times 10^6}{0.85 \times (400 - 0.85 \times 24) \times (702.5 - 69)} = 1,490.2\,\text{mm}^2$

3) 철근 배근

(1) A_s 산정

$$A_{s1} = \rho_s b d = 0.01688 \times 400 \times 702.5 = 4743.3 \, \text{mm}^2$$

$$A_s = A_{s1} + A_{s2} = 4,743.3 + 1,490.2 = 6,233.5 \, \text{mm}^2$$

$$\Rightarrow 8 - \text{HD}32(A_s = 6,353.6 \, \text{mm}^2)$$

(2) $A_s{}'$ 산정

$$A_s{}' = 1,490.2 \, \text{mm}^2 \Rightarrow 2 - \text{HD}32(A_s{}' = 1,588.4 \, \text{mm}^2)$$

4) 최소허용변형률($\varepsilon_{a\min}$) 검토($f_{ck} \leq 40\text{MPa}$, $\alpha = 0.8$, $\varepsilon_{cu} = 0.0033$)

(1) c 산정($\varepsilon_s{}' \geq \varepsilon_y$ 가정)

$$c = \frac{A_s f_y - A_s{}'(f_y - 0.85 f_{ck})}{\alpha(0.85 f_{ck}) b}$$

$$= \frac{6,353.6 \times 400 - 1,588.4 \times (400 - 0.85 \times 24)}{0.8 \times (0.85 \times 24) \times 400} = 297.0 \text{mm}$$

(2) 압축철근 항복 검토

$$\varepsilon_s{}' = \frac{c - d'}{c} \cdot \varepsilon_{cu} = \frac{297.0 - 69}{297.0} \times 0.0033 = 0.00253 \geq \varepsilon_y$$

(3) $\varepsilon_t \geq \varepsilon_{a\min}$ 검토

$$\varepsilon_t = \left(\frac{d_t - c}{c}\right) \cdot \varepsilon_{cu} = \left(\frac{731.0 - 297.0}{297.0}\right) \times 0.0033$$

$$= 0.00482 \geq \varepsilon_{a\min} = [0.004, \, 2.0\varepsilon_y]_{\max}$$

5) 최소철근량 검토 및 ϕM_n 산정

(1) ϕ 산정

$$\phi = \phi_c + \frac{\phi_t - \phi_c}{[2.5\varepsilon_y, 0.005]_{\max} - \varepsilon_y}(\varepsilon_t - \varepsilon_c) \leq \phi_t$$

$$= 0.65 + \frac{200}{3} \times (0.00482 - 0.002) = 0.838$$

(2) ϕM_n 산정($f_{ck} \leq 40\text{MPa}$, $\beta = 0.4$)

$$\phi M_n = \phi(A_s - A_s{}') f_y(d - \beta c) + A_s{}'(f_y - 0.85 f_{ck})(d - d')$$

$$= 0.838 \times [(6,353.6 - 1588.4) \times 400 \times (702.5 - 0.4 \times 297.0)$$

$$+\,1,588.4 \times (400 - 0.85 \times 24) \times (702.5 - 69)] \times 10^{-6}$$

$$=\, 1,252.4\,\text{kN·m} \; \geq\; M_u = 1,250\,\text{kN·m} \;\cdots\cdots\cdots\cdots\cdots\cdots\cdots\cdots\; \text{O.K}$$

6) 최소철근량 검토

  (1) M_{cr} 산정

$$M_{cr} = f_r \cdot S = (0.63\,\lambda\,\sqrt{f_{ck}}\,) \cdot S$$

$$=\, 0.63 \times 1.0 \times \sqrt{24} \times (400 \times 800^2/6) \times 10^{-6} = 131.7\,\text{kN·m}$$

  (2) $1.2 M_{cr} = 158.0\,\text{kN·m} \; \leq\; \phi M_n = 1,252.4\,\text{kN·m} \;\cdots\cdots\cdots\;$ 최소철근량 만족

7) 보폭 및 철근간격의 적정성 검토

  (1) 보폭의 적정성 검토

$$40 \times 2 + 13 \times 2 + 32 \times (4 + 2) + 34 \times 3 = 400\,\text{mm} \; \leq\; 400\,\text{mm} \;\cdots\cdots\cdots\cdots\;\text{O.K}$$

  (2) 철근간격의 적정성 검토

  ① 철근 중심간격 : $[400 - 2 \times (40 + 13) - 32]/3 = 87.3\,\text{mm}$

  ② 최대철근중심간격($k_{cr} = 210,\; f_s = 2/3 f_y$)

$$s = \left[\, 375 \left(\frac{210}{f_s}\right) - 2.5\,c_c,\; 300 \left(\frac{210}{f_s}\right) \right]_{\min}$$

$$s_1 = 375 \left(\frac{210}{2/3 \times 400}\right) - 2.5 \times 53 = 162.8\,\text{mm} \; \geq\; 87.3\,\text{mm} \;\cdots\cdots\cdots\cdots\cdots\;\text{O.K}$$

$$s_2 = 300 \left(\frac{210}{2/3 \times 400}\right) = 236.3\,\text{mm}$$

8) 배근도 작성

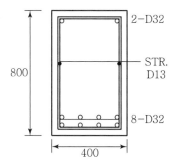

6.4 T형 보 해석 및 설계

1. T형 보의 설계 모멘트 강도 산정

1) T형 보의 개념

(1) 보와 인접한 슬래브의 일부가 보의 플랜지 역할을 한다.

(2) 보의 중앙부 : 콘크리트 압축지지면적 증가 – 취성파괴 방지, 강성 증가

(3) 보의 단부 : 슬래브 철근의 일부가 인장철근의 역할을 한다. – 무시

『KDS 14 20』 [83회 3교시]

T형 보 구조의 플랜지가 인장을 받는 경우에는 휨인장철근을 유효 플랜지 폭이나 경간의 1/10의 폭 중에서 작은 폭에 걸쳐서 분포시켜야 한다. 만일 유효 플랜지 폭이 경간의 1/10을 넘는 경우에는 약간의 종방향 철근을 플랜지 바깥부분에 배치하여야 한다.

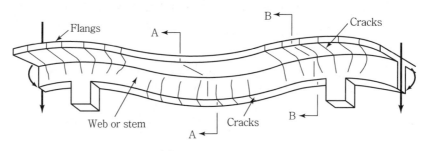

(a) Deflected Beam

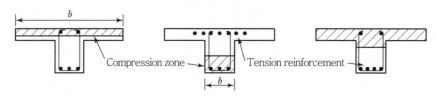

(b) Section A–A
(Rectangular
Compression Zone)

(c) Section B–B
(Negative Moment)

(d) Section A–A
(T-shaped
Compression Zone)

2) 유효폭 [KDS 14 20 10]

(1) T형 보 : 다음 값 중 작은 값

① Span 길이의 1/4, 즉 $b = \dfrac{L_y}{4}$

② $b = 16t + b_w$

    t : 슬래브 두께, b_w : 보의 폭

③ 슬래브 중심 간 거리 $b = \dfrac{L_x}{2}$

(2) 반 T형 보 : 다음 값 중 작은 값

① Span 길이의 1/12, $b = \dfrac{L_y}{12}$

② $b = 6t + b_w$

③ 보 외측으로부터 슬래브 중심 간의 거리 $b = \dfrac{L_x}{2}$

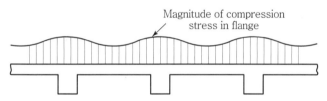

(a) Distribution of maximum flexural compressive stresses.

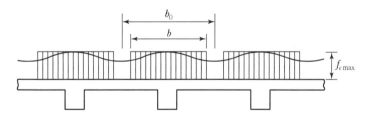

(b) Flaxural compressive stress distribution assumed in design.

3) 설계강도

T형 보의 설계강도 계산은 등가응력블록의 깊이 a에 따라 두 가지 방법으로 계산된다.

(1) $a = \dfrac{A_s f_y}{\eta(0.85 f_{ck})b} \leq h_f$인 경우의 해석 방법 – 단근보 해석법과 동일

    주의 : b 적용

$$\phi M_n = \phi A_s \cdot f_y \cdot \left(d - \frac{a}{2} \right)$$

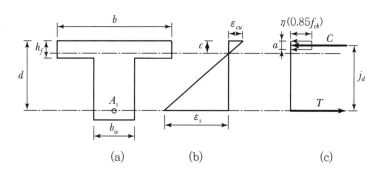

(a)　　　　　(b)　　　　　(c)

(2) $a = \dfrac{A_s f_y}{\eta(0.85 f_{ck})b} > h_f$ 인 경우

T형 보의 공칭모멘트 강도 ϕM_n=Flange 부분에 의한 공칭모멘트 강도 ϕM_{nf}＋Web 부분에 의한 공칭모멘트 강도 ϕM_{nw}

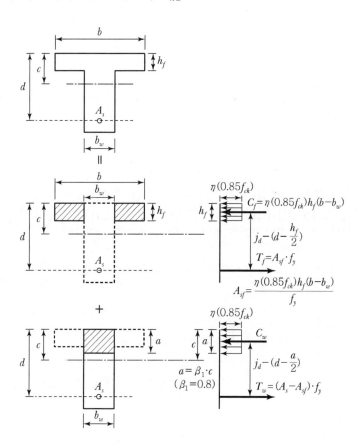

① Flange 부분에 의한 공칭모멘트 강도 ϕM_{nf}

인장철근의 Flange 철근 A_{sf} 산정

A_{sf} : Flange의 압축응력과 평형을 이루는 철근

$$A_{sf} \cdot f_y = \eta(0.85 f_{ck})(b - b_w)h_f$$

$$A_{sf} = \frac{\eta(0.85 f_{ck})(b - b_w)h_f}{f_y}$$

$$\phi M_{nf} = \phi A_{sf} \cdot f_y \cdot \left(d - \frac{h_f}{2}\right)$$

② Web 부분에 의한 공칭모멘트 강도 ϕM_{nw} - 단근보

단, 철근 A_w 는 $(A_s - A_{sf})$

$$a = \frac{(A_s - A_{sf})f_y}{\eta(0.85 f_{ck})b_w}$$

$$\phi M_{nw} = \phi(A_s - A_{sf})f_y\left(d - \frac{a}{2}\right)$$

∴ T형 보의 공칭모멘트 강도

$$\phi M_n = \phi[M_{nf} + M_{nw}]$$

$$\phi M_n = \phi\left[A_{sf} \cdot f_y\left(d - \frac{h_f}{2}\right) + (A_s - A_{sf})f_y\left(d - \frac{a}{2}\right)\right]$$

4) 최소철근량 검토

$$\phi M_n \geq 1.2 M_{cr}$$

$$\phi M_n \geq (4/3) M_u$$

2. T형 보 해석

1) 등가응력블록이 플랜지(슬래브) 내에 있을 경우

(1) 유효폭(b_e) 산정

① Span 길이의 1/4

② $b = 16h_f + b_w$

h_f : 슬래브 두께, b_w : 보 웨브폭

③ 슬래브 중심 간 거리

①~③ 중 작은 값

> **참고** 독립 T형 보일 경우 제한사항 검토
>
> • $h_f \geq b_w/2$
>
> • $b \leq 4\,b_w$

(2) 최소허용변형률($\varepsilon_{a\,\min}$) 검토($f_{ck} \leq 40\mathrm{MPa}$, $\eta = 1.0$, $\beta = 0.4$, $\varepsilon_{cu} = 0.0033$)

① $a = \dfrac{A_s f_y}{\eta(0.85 f_{ck})\,b} \leq h_f$

② $c = a/\beta_1$

③ 최소허용변형률 검토

$$\varepsilon_t = \left(\frac{d_t - c}{c}\right) \cdot \varepsilon_{cu}$$

$$= \left(\frac{d_t - c}{c}\right) \times 0.0033 \geq \varepsilon_{a\,\min} = [\,0.004,\ 2.0\,\varepsilon_y\,]_{\max}$$

··············· 최소허용변형률 만족

(3) ϕM_n 산정

① ϕ 산정

$$\phi = \phi_c + \frac{\phi_t - \phi_c}{[2.5\varepsilon_y,\, 0.005]_{\max} - \varepsilon_y}(\varepsilon_t - \varepsilon_c) \leq \phi_t$$

② ϕM_n 산정

$$\phi M_n = \phi A_s f_y (d - a/2)$$

(4) 최소철근량 검토

① $f_r = 0.63 \lambda \sqrt{f_{ck}}$

② S 산정

   ㉠ $\bar{y}$ 산정

   ㉡ I_g 산정

   ㉢ $S = I_g / y_t$

③ $M_{cr} = f_r \cdot S = (0.63 \lambda \sqrt{f_{ck}}) \cdot S$

④ 최소철근량 검토

$$1.2 M_{cr} \leq \phi M_n \cdots\cdots\cdots\cdots\cdots\cdots\cdots\cdots\cdots\cdots\cdots\cdots\cdots\cdots \text{최소철근량 만족}$$

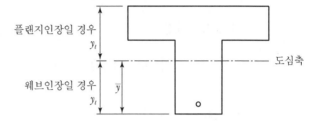

플랜지인장일 경우 y_t

도심축

웨브인장일 경우 $\bar{y}$ y_t

2) 등가응력블록이 플랜지(슬래브) 외에 있을 경우

(1) 최소허용변형률($\varepsilon_{a\,min}$) 검토 ($f_{ck} \leq 40\text{MPa}$, $\eta = 1.0$, $\beta_1 = 0.8$, $\varepsilon_{cu} = 0.0033$)

① $a = \dfrac{A_s f_y}{\eta(0.85 f_{ck}) b} > h_f$

② a 재산정

   ㉠ $A_{sf} = \dfrac{\eta(0.85 f_{ck}) \cdot (b - b_w) \cdot h_f}{f_y}$

   ㉡ $a = \dfrac{(A_s - A_{sf}) f_y}{\eta(0.85 f_{ck}) b_w}$

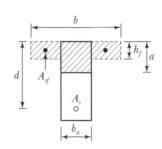

③ $c = a / \beta_1$

④ 최소허용변형률 검토

$$\varepsilon_t = \left(\frac{d_t - c}{c}\right) \cdot \varepsilon_{cu} = \left(\frac{d_t - c}{c}\right) \times 0.0033 \geq \varepsilon_{a\,min} = [\,0.004,\ 2.0 \varepsilon_y\,]_{max}$$

$$\cdots\cdots\cdots\cdots\cdots \text{최소허용변형률 만족}$$

(2) ϕM_n 산정

① ϕ 산정

$$\phi = \phi_c + \frac{\phi_t - \phi_c}{[2.5\varepsilon_y, 0.005]_{\max} - \varepsilon_y}(\varepsilon_t - \varepsilon_c) \leq \phi_t$$

② ϕM_n 산정

$$\phi M_n = \phi\left[(A_s - A_{sf})f_y(d - a/2) + A_{sf}f_y(d - h_f/2)\right]$$

(3) 최소철근량 검토

① $f_r = 0.63\lambda\sqrt{f_{ck}}$

② S 산정

ㄱ $\overline{y}$ 산정

ㄴ I_g 산정

ㄷ $S = I_g / y_t$

③ $M_{cr} = f_r \cdot S = (0.63\lambda\sqrt{f_{ck}}) \cdot S$

④ 최소철근량 검토

$1.2 M_{cr} \leq \phi M_n$ ·· 최소철근량 만족

3) 압축철근을 고려한 T형 보 해석

(1) 최소허용변형률($\varepsilon_{a\min}$) 검토($f_{ck} \leq 40\text{MPa}$, $\eta = 1.0$, $\beta_1 = 0.8$, $\varepsilon_{cu} = 0.0033$)

① a 산정($\varepsilon_s' \geq \varepsilon_y$, $a \leq h_f$ 가정)

$$a = \frac{A_s f_y - A_s'(f_y - \eta 0.85 f_{ck})}{\eta(0.85 f_{ck})b} > h_f$$

(만약 $a \leq h_f$일 경우, $b \times d$인 복근보 해석)

② a 재산정($\varepsilon_s' \geq \varepsilon_y$ 가정)

ㄱ $A_{sf} = \dfrac{\eta(0.85 f_{ck}) \cdot (b - b_w) \cdot h_f}{f_y}$

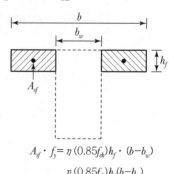

$A_{sf} \cdot f_y = \eta(0.85 f_{ck})h_f \cdot (b - b_w)$

$A_{sf} = \dfrac{\eta(0.85 f_{ck})h_f(b - b_w)}{f_y}$

$$\text{ⓛ } a = \frac{(A_s - A_{sf})f_y - A_s'(f_y - \eta 0.85 f_{ck})}{\eta (0.85 f_{ck}) b_w}$$

③ 압축철근 항복 검토

　　㉠ $c = a/\beta_1$

　　ⓛ $\varepsilon_s' = \left(\dfrac{c-d'}{c}\right) \cdot \varepsilon_{cu} = \left(\dfrac{c-d'}{c}\right) \times 0.0033 \geq \varepsilon_y$ ·············· 압축철근 항복

　　(만약 압축철근 항복하지 않을 경우 $C_c + C_{sf} + C_s = T$로 c 재산정)

④ 최소허용변형률 검토

$$\varepsilon_t = \left(\frac{d_t - c}{c}\right) \cdot \varepsilon_{cu} = \left(\frac{d_t - c}{c}\right) \times 0.0033 \geq \varepsilon_{a\,min} = [\,0.004,\ 2.0\varepsilon_y\,]_{max}$$

············· 최소허용변형률 만족

(2) ϕM_n 산정

① ϕ 산정

$$\phi = \phi_c + \frac{\phi_t - \phi_c}{[2.5\varepsilon_y, 0.005]_{max} - \varepsilon_y}(\varepsilon_t - \varepsilon_c) \leq \phi_t$$

② ϕM_n 산정

$$\phi M_n = \phi [(A_s - A_{sf} - A_s')f_y(d - a/2) + A_{sf}f_y(d - h_f/2)$$
$$+ A_s'(f_y - \eta 0.85 f_{ck})(d - d')]$$

(3) 최소철근량 검토

　　① $f_r = 0.63\lambda \sqrt{f_{ck}}$

　　② S 산정

　　　　㉠ $\overline{y}$ 산정

　　　　ⓛ I_g 산정

　　　　㉢ $S = I_g / y_t$

　　③ $M_{cr} = f_r \cdot S = (0.63\lambda \sqrt{f_{ck}}) \cdot S$

　　④ 최소철근량 검토

$$1.2 M_{cr} \leq \phi M_n$$ ··· 최소철근량 만족

> **문제9** 다음 보의 설계 모멘트 강도를 계산하시오. [97회 3교시 유사], [101회 2교시 유사]

단, $f_{ck} = 24\text{MPa}$, $f_y = 400\text{MPa}$, STR. = D10

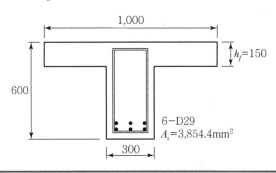

풀이 ▶ T형 보 해석

1) 최소허용변형률 검토($f_{ck} \leq 40\text{MPa}$, $\eta = 1.0$, $\beta_1 = 0.8$, $\varepsilon_{cu} = 0.0033$)

  (1) a 산정($a \leq h_f$ 가정)

$$a = \frac{A_s f_y}{\eta(0.85 f_{ck})b} = \frac{3,854.4 \times 400}{1.0 \times 0.85 \times 24 \times 1,000} = 75.6\,\text{mm} \leq h_f = 150\,\text{mm}$$

  (2) $c = \dfrac{a}{\beta_1} = \dfrac{75.6}{0.8} = 94.5\text{mm}$

  (3) $\varepsilon_t = \left(\dfrac{d_t - c}{c}\right) \cdot \varepsilon_{cu}$

$$= \left(\frac{535.5 - 94.5}{94.5}\right) \times 0.0033 = 0.0154 \geq 0.004 \quad\cdots\cdots\cdots\cdots\cdots\cdots \text{O.K}$$

2) ϕM_n 산정 및 최소철근량 검토

  (1) ϕ 산정

    $\phi = 0.85$ ($\because \varepsilon_t = 0.0154 \geq 0.005$ 인장지배단면)

  (2) ϕM_n

$$\phi M_n = \phi A_s f_y \left(d - \frac{a}{2}\right)$$

$$= 0.85 \times 3,854.4 \times 400 \times \left(508.5 - \frac{75.6}{2}\right) \times 10^{-6} = 616.9\,\text{kN·m}$$

(3) 최소철근량 검토

$$f_r = 0.63\,\lambda\,\sqrt{f_{ck}} = 0.63 \times 1.0 \times \sqrt{24} = 3.086\,\text{N/mm}^2$$

$$\overline{y} = \frac{(700 \times 150 \times 525 + 300 \times 600 \times 300)}{(700 \times 150 + 300 \times 600)} = 382.9\,\text{mm}\,(\text{하부면에서})$$

$$I = \frac{700 \times 150^3}{12} + (700 \times 150) \times (525 - 382.9)^2$$

$$+ \frac{300 \times 600^3}{12} + (300 \times 600) \times (382.9 - 300)^2 = 8.95411 \times 10^9\,\text{mm}^4$$

$$S = I/y = \frac{8.95411 \times 10^9}{382.9} = 2.3385 \times 10^7$$

$$M_{cr} = f_r \cdot S = 3.086 \times 2.3385 \times 10^7 \times 10^{-6} = 72.2\,\text{kN·m}$$

$$\therefore\ 1.2\,M_{cr} = 1.2 \times 72.2 = 86.64\,\text{kN·m} \leqq \phi M_n = 616.9\,\text{kN·m}$$

················ 최소철근량 만족

Memo...

문제 10 아래와 같은 T형 보의 최대 설계 모멘트 강도를 산정하시오.

단, $f_{ck} = 21\text{MPa}$, $f_y = 400\text{MPa}$

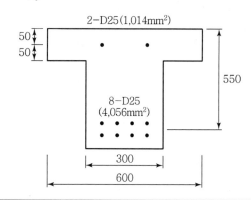

2-D25(1,014mm²)

50
50

550

8-D25
(4,056mm²)

300

600

풀이 복근 T형 보 최대 공칭모멘트 강도 산정

1) 최소허용변형률($\varepsilon_{a\,\min}$) 검토($f_{ck} \leq 40\text{MPa}$, $\eta = 1.0$, $\beta_1 = 0.8$, $\varepsilon_{cu} = 0.0033$)

(1) a 산정($\varepsilon_s' \geqq \varepsilon_y$, $a \leqq h_f$ 가정)

$$a = \frac{A_s f_y - A_s'(f_y - 0.85 f_{ck})}{\eta(0.85 f_{ck})b}$$

$$= \frac{4,056 \times 400 - 1,014 \times (400 - 0.85 \times 21)}{1.0 \times (0.85 \times 21) \times 600} = 115.3\text{mm} > h_f = 100\text{mm}$$

(2) a 재산정($\varepsilon_s' \geqq \varepsilon_y$ 가정)

① $A_{sf} = \dfrac{\eta(0.85 f_{ck}) \cdot (b - b_w) \cdot h_f}{f_y}$

$$= \frac{1.0 \times (0.85 \times 21) \times (600 - 300) \times 100}{400} = 1,338.8\text{mm}^2$$

② $a = \dfrac{(A_s - A_{sf})f_y - A_s'(f_y - \eta 0.85 f_{ck})}{\eta(0.85 f_{ck}) b_w}$

$$= \frac{(4,056 - 1,338.8) \times 400 - 1,014 \times (400 - 0.85 \times 21)}{1.0 \times (0.85 \times 21) \times 300} = 130.6\text{mm}$$

(3) 압축철근 항복 검토

① $c = a/\beta_1 = 130.6/0.8 = 163.3\text{mm}$

② $\varepsilon_s' = \left(\dfrac{c-d'}{c}\right) \cdot \varepsilon_{cu} = \left(\dfrac{130.6-50}{130.6}\right) \times 0.0033 = 0.00204 \geq \varepsilon_y$

··················· 압축철근 항복

(4) 최소허용변형률 검토

$\varepsilon_t = \left(\dfrac{d_t-c}{c}\right) \cdot \varepsilon_{cu} = \left(\dfrac{575-163.3}{163.3}\right) \times 0.0033 = 0.00832 \geq \varepsilon_{a\,min}$

$\quad = [\,0.004,\ 2.0\,\varepsilon_y\,]_{max}$ ············ 최소허용변형률 만족

2) ϕM_n 산정

(1) $\phi = 0.85$ ($\because \varepsilon_t = 0.00832 \geq 0.005$ 인장지배단면)

(2) ϕM_n 산정

$$\phi M_n = \phi[(A_s - A_{sf} - A_s')f_y(d-a/2) + A_{sf}f_y(d-h_f/2)$$

$$\qquad + A_s'(f_y - \eta 0.85f_{ck})(d-d')]$$

$$= 0.85 \times [(4{,}056 - 1{,}338.8 - 1{,}014) \times 400 \times (550 - 130.6/2)$$

$$\qquad + 1{,}338.8 \times 400 \times (550 - 100/2)$$

$$\qquad + 1{,}014 \times (400 - 0.85 \times 21) \times (550 - 50)] \times 10^{-6}$$

$$= 680.4\,\text{kN·m}$$

(3) 최소철근량 검토

$$f_r = 0.63\lambda\sqrt{f_{ck}} = 0.63 \times 1.0 \times \sqrt{21} = 2.887\,\text{N/mm}^2$$

$$\bar{y} = \dfrac{300 \times 550 \times (550/2) + 600 \times 100 \times 600}{(300 \times 550 + 600 \times 100)} = 361.7\,\text{mm (하부면에서)}$$

$$I = \dfrac{300 \times 550^3}{12} + (300 \times 550) \times (361.7 - 550/2)^2$$

$$\qquad + \dfrac{600 \times 100^3}{12} + (600 \times 100) \times (600 - 361.7)^2 = 8.86 \times 10^9\,\text{mm}^4$$

$$S = I/y = \dfrac{8.86 \times 10^9}{361.7} = 2.45 \times 10^7$$

$$M_{cr} = f_r \cdot S = 2.887 \times 2.45 \times 10^7 \times 10^{-6} = 70.73\,\text{kN·m}$$

$$\therefore 1.2\,M_{cr} = 1.2 \times 70.73 = 84.88\,\text{kN·m} \leq \phi M_n = 680.4\,\text{kN·m}$$

············ 최소철근량 만족

문제11 단순지지된 아래와 같은 보의 설계 휨모멘트 강도 ϕM_n을 구하여라.

단, $f_{ck} = 30\,\mathrm{MPa}$이고, $f_y = 500\,\mathrm{MPa}$이다.

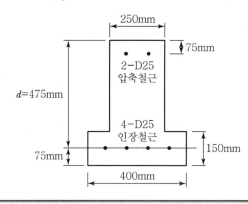

풀이 복근 직사각형 보의 설계 모멘트 강도

1) 최소허용변형률$(\varepsilon_{a\,min})$ 검토$(f_{ck} \leq 40\mathrm{MPa},\ \eta = 1.0,\ \beta_1 = 0.8,\ \varepsilon_{cu} = 0.0033)$

   (1) a 산정 $(\varepsilon_s' \geq \varepsilon_y$ 가정$)$

$$a = \frac{A_s f_y - A_s'(f_y - \eta 0.85 f_{ck})}{\eta(0.85 f_{ck})b_w}$$

$$= \frac{2,028 \times 500 - 1,014 \times (500 - 1.0 \times 0.85 \times 30)}{1.0 \times (0.85 \times 30) \times 250} = 83.6\mathrm{mm}$$

   (2) 압축철근 항복 검토

$$c = a/\beta_1 = 83.6/0.8 = 104.5\mathrm{mm}$$

$$\varepsilon_s' = \frac{104.5 - 75}{104.5} \times 0.0033 = 0.00093 < \varepsilon_y = 0.0025$$

   (3) c 재산정 $(C_c + C_s = T)$

     ① $C_c = \eta(0.85 f_{ck})\beta_1 c\,b = 1.0 \times (0.85 \times 30) \times 0.8 \times c \times 250$

     ② $C_s = A_s'(f_s' - \eta 0.85 f_{ck}) = A_s'\left(E_s \dfrac{c - d'}{c}\varepsilon_{cu} - \eta 0.85 f_{ck}\right)$

$$= 1,014 \times \left(2.0 \times 10^5 \times \frac{(c - 75)}{c} \times 0.0033 - 0.85 \times 30\right)$$

     ③ $T_s = A_s f_y = 2,028 \times 500 = 1,014,000\mathrm{N}$

$$C_c + C_s = T \text{에서}$$

$$\therefore \ c = 142\text{mm}$$

(4) $\varepsilon_t \geq \varepsilon_{a\,\min}$ 검토

$$\varepsilon_t = \left(\frac{475-142}{142}\right) \times 0.0033 = 0.00774 \geq \varepsilon_{a\,\min} = [\,0.004,\ 2.0\,\varepsilon_y\,]_{\max}$$

$$= 0.005 \qquad\qquad\qquad\qquad \cdots\cdots\cdots\cdots\cdots\cdots\cdots\cdots \text{O.K}$$

2) $\phi\,M_n$ 산정

(1) $\phi = 0.85$ (인장지배단면)

(2) $\phi\,M_n$ 산정 ($f_{ck} \leq 40\text{MPa}$, $\beta_1 = 0.8$)

$$C_c = 724.2\text{kN}, \ \ C_s = 289.9\text{kN}, \ \ a = \beta_1 c = 0.8 \times 142 = 113.6\text{mm}$$

$$\phi\,M_n = \phi\,[\,C_c \cdot (d - a/2) + C_s \cdot (d - d')\,]$$

$$= 0.85 \times [\,724.2 \times (475 - 113.6/2) + 289.9 \times (475 - 75)\,] \times 10^{-3}$$

$$= 356.0\,\text{kN·m}$$

3) 최소철근량 검토

$$f_r = 0.63\lambda\,\sqrt{f_{ck}} = 0.63 \times 1.0 \times \sqrt{30} = 3.45\,\text{N/mm}^2$$

$$\bar{y} = \frac{400 \times 150 \times 75 + 250 \times 400 \times 350}{(400 \times 150 + 250 \times 400)} = 246.9\,\text{mm}\,(\text{하부면에서})$$

$$I = \frac{400 \times 150^3}{12} + (400 \times 150) \times (246.9 - 75)^2$$

$$+ \frac{250 \times 400^3}{12} + (250 \times 400) \times (350 - 246.9)^2 = 2.514 \times 10^9\,\text{mm}^4$$

$$S = I/y = \frac{2.514 \times 10^9}{246.9} = 1.018 \times 10^7\,\text{mm}^3$$

$$M_{cr} = f_r \cdot S = 3.45 \times 1.018 \times 10^7 \times 10^{-6} = 42.16\,\text{kN·m}$$

$$\therefore \ 1.2\,M_{cr} = 1.2 \times 42.16 = 50.59\,\text{kN·m} \leq \phi\,M_n = 356.0\,\text{kN·m}$$

$$\cdots\cdots\cdots \text{최소철근량 만족}$$

문제 12 역T형 보에 계수 휨모멘트 $M_u = 360\text{kN·m}$가 작용하고 있다. 이때 인장철근량과 압축철근량을 구하시오.(파괴한계검토, 사용성한계검토 생략)

단, $f_{ck} = 24\text{MPa}$, $f_y = 400\text{MPa}$이다. D25철근 사용

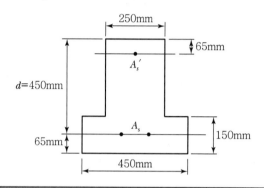

풀이 역T형 보 설계

1) 단근보 최대저항모멘트(ϕM_{n1}) 산정($f_{ck} \leq 40\text{MPa}$, $\alpha = 0.8$, $\beta = 0.4$, $\varepsilon_{cu} = 0.0033$)

(1) $\rho_s = \dfrac{\alpha \cdot (0.85 f_{ck})}{f_y} \cdot \dfrac{\varepsilon_{cu}}{(\varepsilon_{cu} + \varepsilon_t)} \cdot \dfrac{d_t}{d}$

(여기서, $\varepsilon_t = [0.005,\ 2.5\,\varepsilon_y]_{\max}$, $d_t/d = 1.0$ 가정)

$= \dfrac{0.8 \times (0.85 \times 24)}{400} \times \dfrac{0.0033}{(0.0033 + 0.005)} = 0.01622$

(2) $\phi M_{n1} = \phi\, b\, d^2\, \rho\, f_y \left[1 - \dfrac{\beta \rho f_y}{\alpha (0.85 f_{ck})} \right]$

$\phi M_{n1} = 0.85 \times 250 \times 450^2 \times 0.01622 \times 400$

$\times \left[1 - \dfrac{0.4 \times 0.01622 \times 400}{0.8 \times 0.85 \times 24} \right] \times 10^{-6}$

$= 234.8\,\text{kN·m} < M_u = 360\,\text{kN·m}$ ·········· 압축철근 필요

2) 압축철근량 산정(추가 인장철근량 산정)

   (1) ϕM_{n2} 산정

$$\phi M_{n2} = M_u - \phi M_{n1} = 360 - 234.8 = 125.2 \text{ kN·m}$$

   (2) 압축철근량 산정

$$A_{s2} = \frac{\phi M_{n2}}{\phi(f_y - 0.85 f_{ck})(d - d')}$$

$$= \frac{125.2 \times 10^6}{0.85 \times (400 - 0.85 \times 24) \times (450 - 65)} = 1,007.9 \text{ mm}^2$$

3) 철근 배근

   (1) A_s 산정

$$A_{s1} = \rho_s b d = 0.01622 \times 250 \times 450 = 1824.8 \text{ mm}^2$$

$$A_s = A_{s1} + A_{s2} = 1,824.8 + 1,007.9 = 2,832.7 \text{ mm}^2$$

$$\Rightarrow 6 - \text{HD25}(A_s = 3,042 \text{ mm}^2)$$

   (2) $A_s{}'$ 산정

$$A_s{}' = A_s - A_{s1} = 3,042 - 1,824.8 = 1,217.2 \text{ mm}^2$$

$$\Rightarrow 3 - \text{HD25}(A_s{}' = 1,521 \text{ mm}^2)$$

4) 최소허용변형률($\varepsilon_{a\min}$) 검토($f_{ck} \leq 40\text{MPa}$, $\alpha = 0.85$, $\varepsilon_{cu} = 0.0033$)

   (1) c 산정 ($\varepsilon_s{}' \geqq \varepsilon_y$ 가정)

$$c = \frac{A_s f_y - A_s{}'(f_y - 0.85 f_{ck})}{\alpha(0.85 f_{ck}) b}$$

$$= \frac{3,042 \times 400 - 1,521 \times (400 - 0.85 \times 24)}{0.8 \times (0.85 \times 24) \times 250} = 156.7 \text{mm}$$

   (2) 압축철근 항복 검토

$$\varepsilon_s{}' = \frac{c - d'}{c} \cdot \varepsilon_{cu} = \frac{156.7 - 65}{156.7} \times 0.0033 = 0.00193 < \varepsilon_y$$

   (3) c 재산정 ($C_c + C_s = T$)

     ① $C_c = \alpha(0.85 f_{ck}) c b = 0.8 \times (0.85 \times 24) \times c \times 250$

② $C_s = A_s{}' \left(f_s{}' - 0.85 f_{ck} \right) = A_s{}' \left(E_s \dfrac{c - d'}{c} \varepsilon_{cu} - 0.85 f_{ck} \right)$

$\qquad = 1,521 \times \left(2.0 \times 10^5 \times \dfrac{(c - 65)}{c} \times 0.0033 - 0.85 \times 24 \right)$

③ $T_s = A_s f_y = 3,042 \times 400$

$C_c + C_s = T$ 에서 $\qquad\qquad\qquad \therefore\ c = 159.8\,\mathrm{mm}$

(4) $\varepsilon_t \geq \varepsilon_{a\min}$ 검토

$$\varepsilon_t = \left(\dfrac{450 - 159.8}{159.8} \right) \times 0.0033 = 0.006 \geq \varepsilon_{a\min} = \left[\, 0.004,\ 2.0\,\varepsilon_y \,\right]_{\max} \cdots \text{O.K}$$

5) ϕM_n 산정

(1) $\phi = 0.85$ (인장지배단면)

(2) ϕM_n 산정 ($f_{ck} \leq 40\,\mathrm{MPa}$, $\beta = 0.4$)

$\qquad C_c = 652.0\,\mathrm{kN}$, $C_s = 564.5\,\mathrm{kN}$

$\qquad \phi M_n = \phi \left[\, C_c \cdot (d - \beta c) + C_s \cdot (d - d') \,\right]$

$\qquad\qquad = 0.85 \times \left[\, 652.0 \times (450 - 0.4 \times 159.8) + 564.5 \times (450 - 65) \,\right] \times 10^{-3}$

$\qquad\qquad = 398.7\,\mathrm{kN \cdot m} \geq M_u = 360\,\mathrm{kN \cdot m} \qquad \cdots\cdots\cdots\cdots\cdots\cdots\cdots \text{O.K}$

6) 최소철근량 검토

$f_r = 0.63 \lambda \sqrt{f_{ck}} = 0.63 \times 1.0 \times \sqrt{24} = 3.086\,\mathrm{N/mm^2}$

$\bar{y} = \dfrac{450 \times 150 \times 75 + 250 \times 365 \times 332.5}{(400 \times 150 + 250 \times 365)} = 234.1\,\mathrm{mm}$ (하부면에서)

$I = \dfrac{450 \times 150^3}{12} + (450 \times 150) \times (234.1 - 75)^2$

$\qquad + \dfrac{250 \times 365^3}{12} + (250 \times 365) \times (332.5 - 234.1)^2 = 3.723 \times 10^9\,\mathrm{mm^4}$

$S = I / y = \dfrac{3.723 \times 10^9}{234.1} = 1.59 \times 10^7\,\mathrm{mm^3}$

$M_{cr} = f_r \cdot S = 3.086 \times 1.59 \times 10^7 \times 10^{-6} = 49.07\,\mathrm{kN \cdot m}$

$\therefore\ 1.2\,M_{cr} = 1.2 \times 49.07 = 58.9\,\mathrm{kN \cdot m} \leq \phi M_n = 398.7\,\mathrm{kN \cdot m}$

$\qquad\qquad\qquad\qquad\qquad\qquad\qquad\qquad\qquad \cdots\cdots\cdots\cdots\cdots$ 최소철근량 만족

문제 13 $M_u = 305.2\text{kN·m}$를 지지하기 위해 필요한 T형 단면보의 철근량을 결정하여라.

〈조건〉

$f_{ck} = 27\,\text{MPa}$

$f_y = 400\,\text{MPa}$

철근 D29 적용 ($A_s = 642\,\text{mm}^2/\text{ea}$)

외부환경 조건 : 습윤환경

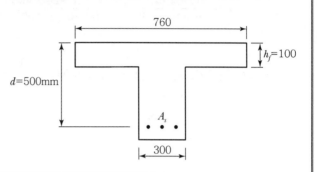

풀이 T형 단면보 설계

1) 등가응력블록의 깊이(a) 위치 검토($a = h_f$일 경우 ϕM_n 산정) ($f_{ck} \leq 40\text{MPa}$, $\eta = 1.0$)

$$C_c = \eta \cdot (0.85 f_{ck}) \cdot a \cdot b_w$$

$$= 1.0 \times (0.85 \times 27) \times 100 \times 760 \times 10^{-3} = 1744.2\,\text{kN}$$

$$\phi M_n = \phi C_c \cdot (d - h_f/2)$$

$$= 0.85 \times 1744.2 \times (500 - 50) \times 10^{-3} = 667.2\,\text{kN·m} \geq M_u = 305.2\,\text{kN·m}$$

$$\therefore \ a \leq h_f, \ b \times d = 760 \times 500 \ \text{단근보 설계}$$

2) 철근량 산정

(1) R_n 산정

$$R_n = \frac{M_u}{\phi b d^2} = \frac{305.2 \times 10^6}{0.85 \times 760 \times 500^2} = 1.89\,\text{N/mm}^2$$

(2) ρ_{req} 산정

$$\rho_{req} = \frac{\eta(0.85 f_{ck})}{f_y}\left[1 - \sqrt{1 - \frac{2R_n}{\eta(0.85 f_{ck})}}\right]$$

$$= \frac{1.0 \times (0.85 \times 27)}{400}\left[1 - \sqrt{1 - \frac{2 \times 1.89}{1.0 \times (0.85 \times 27)}}\right] = 0.00494$$

(3) $A_{sreq} = \rho\, b\, d = 0.00494 \times 760 \times 500 = 1{,}877.2\,\text{mm}^2$

$$\therefore \ 3 - \text{D29}(A_s = 1{,}926\,\text{mm}^2)$$

(4) $a \leq h_f$ 검토

$$a = \frac{A_s f_y}{\eta(0.85 f_{ck})b} = \frac{1,926 \times 400}{1.0 \times (0.85 \times 27) \times 760} = 44.2 \,\mathrm{mm}$$

$$\leq h_f = 100 \,\mathrm{mm} \quad \cdots\cdots\cdots\cdots\cdots\cdots\cdots\cdots \text{OK}$$

3) 최소허용변형률($\varepsilon_{a\,\min}$), ($f_{ck} \leq 40 \,\mathrm{MPa}$, $\beta_1 = 0.8$, $\varepsilon_{cu} = 0.0033$)

(1) $c = \dfrac{a}{\beta_1} = \dfrac{44.2}{0.8} = 55.3 \,\mathrm{mm}$

(2) $\varepsilon_t = \left(\dfrac{d_t - c}{c}\right) \cdot \varepsilon_{cu} = \left(\dfrac{500 - 55.3}{55.3}\right) \times 0.0033 = 0.02654$

$$\geq \varepsilon_{a\,\min} = [\,0.004,\ 2.0\,\varepsilon_y\,]_{\max} \quad \cdots\cdots\cdots\cdots\cdots \text{O.K}$$

4) ϕM_n 산정

$\phi = 0.85$ (∵ 인장지배단면)

$\phi M_n = \phi A_s f_y (d - a/2)$

$$= 0.85 \times 1,926 \times 400 \times (500 - 44.2/2) \times 10^{-6} = 313 \,\mathrm{kN \cdot m}$$

$$\geq M_u = 305.2 \,\mathrm{kN \cdot m} \quad \cdots\cdots\cdots\cdots\cdots\cdots \text{O.K}$$

5) 최소철근량 검토

$$f_r = 0.63 \lambda \sqrt{f_{ck}} = 0.63 \times 1.0 \times \sqrt{27} = 3.274 \,\mathrm{N/mm^2}$$

$$\bar{y} = \frac{760 \times 100 \times 520 + 300 \times 470 \times 235}{(760 \times 100 + 300 \times 470)} = 334.8 \,\mathrm{mm} \quad (h = 570 \,\mathrm{mm} \ \text{가정})$$

$$I = \frac{760 \times 100^3}{12} + (760 \times 100) \times (520 - 334.8)^2$$

$$+ \frac{300 \times 470^3}{12} + (300 \times 470) \times (235 - 334.8)^2 = 6.67 \times 10^9 \,\mathrm{mm^4}$$

$$S = I/y = \frac{6.67 \times 10^9}{334.8} = 1.992 \times 10^7 \,\mathrm{mm^3}$$

$$M_{cr} = f_r \cdot S = 3.274 \times 1.992 \times 10^7 \times 10^{-6} = 65.2 \,\mathrm{kN \cdot m}$$

$$\therefore 1.2 M_{cr} = 1.2 \times 65.2 = 78.24 \,\mathrm{kN \cdot m} \leq \phi M_n = 313 \,\mathrm{kN \cdot m}$$

$$\cdots\cdots\cdots\cdots \text{최소철근량 만족}$$

6) 보폭 및 철근 간격의 적정성 검토

  (1) 보폭의 적정성 검토

$$b_{req} = 40 \times 2 + 10 \times 2 + 3 \times 29 + 2 \times 33.3 = 253.6\,\mathrm{mm} \leq b = 300\,\mathrm{mm} \cdots\cdots \text{O.K}$$

  (2) 철근 간격의 적정성 검토

$$\left(c_c = 40 + 10 = 50\,\mathrm{mm},\ f_s = \frac{2}{3} f_y = 267\,\mathrm{MPa}\right)$$

$$s_{\max 1} = 375 \left(\frac{\kappa_{cr}}{f_s}\right) - 2.5\,c_c = 375 \times \left(\frac{210}{267}\right) - 2.5 \times 50 = 169.9\,\mathrm{mm}$$

$$s_{\max 2} = 300 \left(\frac{\kappa_{cr}}{f_s}\right) = 300 \times \left(\frac{210}{267}\right) = 236\,\mathrm{mm} \qquad \therefore\ s_{\max} = 169.9\,\mathrm{mm}$$

$$s = \frac{1}{2}\left[300 - 2(40 + 10) - 29\right] = 85.5\,\mathrm{mm} < s_{\max} = 169.9\,\mathrm{mm} \qquad \langle \text{적합} \rangle$$

7) 배근도

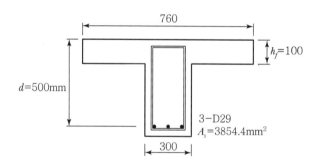

Memo...

6.5 특수단면보

> **문제 14** 그림과 같은 단면의 보가 $M_u = 400\text{kN·m}$를 받을 때 필요한 인장철근량을 구하시오.
>
> [122회 2교시]
>
> 단, $f_{ck} = 27\text{MPa}$, $f_y = 400\text{MPa}$
>
>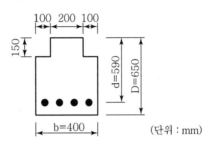

풀이 특수단면보

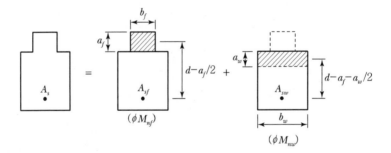

1) 돌출부의 ϕM_{nf} 산정(등가응력불록의 깊이(a)가 요철면의 경계에 존재한다고 가정)

   ($f_{ck} \leq 40\text{MPa}$, $\eta = 1.0$)

   (1) $C_f = \eta(0.85f_{ck})A_f = 1.0 \times (0.85 \times 27) \times (200 \times 150) \times 10^{-3}$
      $= 688.5\text{kN}$

   (2) $\phi M_{nf} = \phi\,C_f\,jd = 0.85 \times 688.5 \times (590 - 150/2) \times 10^{-3}$
      $= 301.4\text{kN} < M_u$

      ∴ 등가응력블록의 깊이는 150mm보다 큼

   (3) $A_{sf} = C_f/f_y = (688.5 \times 10^3)/400 = 1721.3\text{mm}^2$

2) A_{sw} 산정

  (1) $\phi M_{nw} = M_u - \phi M_{nf} = 400 - 301.4 = 98.6\,\text{kN·m}$

  (2) $R_n = \dfrac{\phi M_{nw}}{\phi b_w d^2} = \dfrac{98.6 \times 10^6}{0.85 \times 400 \times (590 - 150)^2} = 1.498$

  (3) $\rho_{req} = \dfrac{\eta(0.85f_{ck})}{f_y}\left(1 - \sqrt{1 - \dfrac{2R_n}{\eta(0.85f_{ck})}}\right) = 0.003876$

  (4) $A_{sw} = \rho_{req} \times b_w \times d = 0.003876 \times 400 \times (590 - 150) = 682.2\,\text{mm}^2$

  (5) $a' = \dfrac{A_{sw}f_y}{\eta(0.85f_{ck})b_w} = 29.7\,\text{mm}$

3) 소요철근량(A_s)

  $A_s = A_{sf} + A_{sw} = 1721.3 + 682.2 = 2403.5\,\text{mm}^2$

4) 최소허용변형률 검토$(f_{ck} \le 40\,\text{MPa},\ \beta_1 = 0.8,\ \varepsilon_{cu} = 0.0033)$

  (1) $c = a/\beta_1 = (150 + 29.7)/0.80 = 224.6\,\text{mm}$

  (2) $\varepsilon_t = \dfrac{d_t - c}{c} \cdot \varepsilon_{cu} = \dfrac{590 - 224.6}{224.6} \times 0.0033$

      $= 0.0054 \ge [2.0\varepsilon_y, 0.004]_{\max} = 0.004$ ·························· O.K

5) ϕM_n 산정

  (1) $\phi = 0.85$ (∵ 인장지배단면)

  (2) $M_n = A_{sf}f_y(d - 150/2) + A_{sw}f_y((d - 150) - a'/2)] \times 10^{-6}$

      $= 1721.3 \times 400 \times (590 - 150/2)$

         $+ 682.2 \times 400 \times ((590 - 150) - 29.7/2)] \times 10^{-6}$

      $= 470.6\,\text{kN·m}$

    $\phi M_n = 400\,\text{kN·m} \ge M_u = 400\,\text{kN·m}$ ·························· O.K

6) 최소철근량 검토

$$f_r = 0.63\lambda\sqrt{f_{ck}} = 0.63\times1.0\times\sqrt{27} = 3.274\,\mathrm{N/mm^2}$$

$$\bar{y} = \frac{200\times150\times525 + 400\times450\times225}{(200\times150 + 400\times450)} = 267.9\,\mathrm{mm}$$

$$I = \frac{200\times150^3}{12} + (200\times150)\times(525-267.9)^2$$

$$+ \frac{400\times450^3}{12} + (400\times450)\times(267.9-225)^2 = 5.408\times10^9\,\mathrm{mm^4}$$

$$S = I/y = \frac{5.408\times10^9}{267.9} = 2.019\times10^7\,\mathrm{mm^3}$$

$$M_{cr} = f_r\cdot S = 3.274\times2.019\times10^7\times10^{-6} = 66.1\,\mathrm{kN\cdot m}$$

$$\therefore\ 1.2\,M_{cr} = 1.2\times66.1 = 79.3\,\mathrm{kN\cdot m}\ \leq\ \phi M_n = 400\,\mathrm{kN\cdot m}\ \cdots\ 최소철근량\ 만족$$

$$\therefore\ 인장철근량:A_s = 2403.5\,\mathrm{mm^2}$$

Memo...

문제 15 아래와 같은 보의 설계 모멘트 강도(ϕM_n)를 구하시오.

단, $f_{ck} = 24\,\text{MPa}$이고, $f_y = 400\,\text{MPa}$이다.

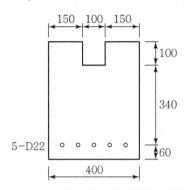

풀이 특수단면보의 설계 모멘트 강도(ϕM_n)

1) 최소허용변형률 검토($f_{ck} \leq 40\,\text{MPa}$, $\eta = 1.0$, $\beta_1 = 0.8$, $\varepsilon_{cu} = 0.0033$)

(1) a 산정(압축연단으로부터 100 이하 위치에 존재한다고 가정)

$$a = \frac{A_s f_y}{\eta(0.85 f_{ck})b} = \frac{1,935 \times 400}{1.0 \times (0.85 \times 24) \times 300} = 126.5\,\text{mm} > 100\,\text{mm}$$

∴ 등가응력블록의 깊이(a)는 압축연단에서 요철부 아래에 있음

(2) a 재산정($C = T$)

$\eta(0.85 f_{ck})A_c = A_s f_y$

$1.0 \times (0.85 \times 24) \times (100 \times 300 + x \times 400) = 1,935 \times 400$

$x = 19.9\,\text{mm}$

∴ $a = 100 + 19.9 = 119.9\,\text{mm}$

(3) $c = \dfrac{a}{\beta_1} = \dfrac{119.9}{0.80} = 149.9\,\text{mm}$

(4) $\varepsilon_t = \dfrac{d_t - c}{c} \cdot \varepsilon_{cu} = \dfrac{440 - 149.9}{149.9} \times 0.0033$

$\quad = 0.00639 > \varepsilon_{a\,\min} = \left[0.004, 2.0\varepsilon_y\right]_{\max}$ ································· O.K

2) ϕM_n 산정

   (1) $\phi = 0.85(\because$ 인장지배단면$)$

   (2) $\phi M_n = 0.85 \times \left[1.0 \times (0.85 \times 24) \times (100 \times 300) \times \left(440 - \dfrac{100}{2} \right) \right.$

$$+ 1.0 \times (0.85 \times 24) \times (400 \times 19.9) \times \left\{ 440 - \left(100 + \dfrac{19.9}{2} \right) \right\} \left] \times 10^{-6} \right.$$

$$= 248.4 \, \text{kN·m}$$

3) 최소철근량 검토

$$f_r = 0.63 \lambda \sqrt{f_{ck}} = 0.63 \times 1.0 \times \sqrt{24} = 3.086 \, \text{N/mm}^2$$

$$\overline{y} = \frac{300 \times 100 \times 450 + 400 \times 400 \times 200}{(300 \times 100 + 400 \times 400)} = 239.5 \, \text{mm}$$

$$I = \frac{300 \times 100^3}{12} + (300 \times 100) \times (450 - 239.5)^2$$

$$+ \frac{400 \times 400^3}{12} + (400 \times 400) \times (239.5 - 200)^2 = 3.74 \times 10^9 \, \text{mm}^4$$

$$S = I / y = \frac{3.74 \times 10^9}{239.5} = 1.56 \times 10^7 \, \text{mm}^3$$

$$M_{cr} = f_r \cdot S = 3.086 \times 1.56 \times 10^7 \times 10^{-6} = 48.14 \, \text{kN·m}$$

$$\therefore \, 1.2 M_{cr} = 1.2 \times 48.14 = 57.77 \, \text{kN·m} \leq \phi M_n = 248.4 \, \text{kN·m}$$

···················· 최소철근량 만족

문제16 아래 그림과 같이 콘크리트 보 단면이 각각 콘크리트 압축강도가 30MPa, 40MPa로 주어졌을 경우에 정모멘트에 대한 설계 휨모멘트 강도(ϕM_n)를 구하시오.

단, $f_y = 400\,\text{MPa}$, 상부철근 2−D25, 하부철근 8−D25, D25 : $A_s = 507\,\text{mm}^2$

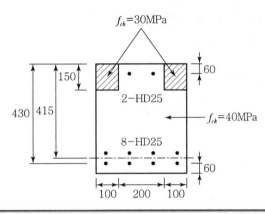

풀이 설계강도 산정

1) 최소허용변형률($\varepsilon_{a\,\text{min}}$) 검토($f_{ck} \leq 40\,\text{MPa}$, $\eta = 1.0$, $\beta_1 = 0.8$, $\varepsilon_{cu} = 0.0033$)

(1) a 산정 ($a \leqq 150\text{mm}$, $\varepsilon_s' \geqq \varepsilon_y$ 가정)

$$a = \frac{A_s f_y - A_s'(f_y - \eta 0.85 f_{ck})}{\eta(0.85 f_{ck})b}$$

$$= \frac{4,056 \times 400 - 1,014 \times (400 - 1.0 \times 0.85 \times 35)}{1.0 \times (0.85 \times 35) \times 400} = 104.8\,\text{mm} \leqq 150\,\text{mm}$$

(2) 압축철근 항복 검토

$$c = a/\beta_1 = 104.8/0.8 = 131.0\,\text{mm}$$

$$\varepsilon_s' = \frac{c - d'}{c} \cdot \varepsilon_{cu} = \frac{131 - 60}{131} \times 0.0033 = 0.00179 < \varepsilon_y$$

$\therefore$ 압축철근 항복하지 않음

(3) c 재산정 ($C_c + C_s = T$)

① $C_{c30} = \eta(0.85 f_{ck})\,\beta_1\,c\,b_{30} = 1.0 \times (0.85 \times 30) \times 0.8 \times c \times 200$

② $C_{c40} = \eta(0.85 f_{ck})\,\beta_1\,c\,b_{40} = 1.0 \times (0.85 \times 40) \times 0.8 \times c \times 200$

③ $C_s = A_s{'}(f_s{'} - \eta 0.85 f_{ck}) = A_s{'}\left(E_s \dfrac{c-d'}{c}\varepsilon_{cu} - 0.85 f_{ck}\right)$

$\qquad = 1{,}014 \times \left(2.0\times 10^5 \times \dfrac{(c-60)}{c} \times 0.0033 - 1.0\times 0.85 \times 40\right)$

④ $T_s = A_s f_y = 4{,}056 \times 400$

$\qquad C_{c30} + C_{c40} + C_s = T$ 에서

$\qquad \therefore\ c = 135.0\,\mathrm{mm}$

(4) $\varepsilon_t \ge \varepsilon_{a\min}$ 검토

$\quad \varepsilon_t = \left(\dfrac{430 - 135.0}{135.0}\right)\times 0.0033 = 0.0072 \ge \varepsilon_{a\min} = [\,0.004,\ 2.0\varepsilon_y\,]_{\max}$

$\qquad\qquad\qquad\qquad\qquad\qquad\qquad\qquad\qquad\qquad \cdots\cdots\cdots$ O.K

2) ϕM_n 산정

  (1) $\phi = 0.85$ (인장지배단면)

  (2) $C_{c30},\ C_{c40},\ C_s$ 산정

    ① $C_{c30} = 1.0\times(0.85\times 30)\times 0.8\times 135\times 200\times 10^{-3} = 550.8\,\mathrm{kN}$

    ② $C_{c40} = 1.0\times(0.85\times 40)\times 0.8\times 135\times 200\times 10^{-3} = 734.4\,\mathrm{kN}$

    ③ $C_s = 1{,}014\times\left(2.0\times 10^5 \times \dfrac{(135-60)}{135}\times 0.0033 - 0.85\times 40\right)\times 10^{-3} = 337.3\,\mathrm{kN}$

  (3) ϕM_n

$\quad \phi M_n = \phi\left[C_{c30}\left(d - \dfrac{\beta_1 \cdot c}{2}\right) + C_{c40}\left(d - \dfrac{\beta_1 \cdot c}{2}\right) + C_s(d - d')\right]$

$\qquad = 0.85\times\left[550.8\times\left(415 - \dfrac{0.8\times 135}{2}\right)\right.$

$\qquad\qquad \left. + 734.4\times\left(415 - \dfrac{0.8\times 135}{2}\right) + 337.3\times(415 - 60)\right]\times 10^{-3}$

$\qquad = 496.1\,\mathrm{kN\cdot m}$

3) 최소철근량 검토

  (1) M_{cr} 산정($f_{ck} = 40\mathrm{MPa}$로 가정)

$\quad M_{cr} = (0.63\lambda\sqrt{f_{ck}})\cdot S$

$\qquad = 0.63\times\sqrt{40}\times(400\times 490^2/6)\times 10^{-6} = 63.78\,\mathrm{kN\cdot m}$

  (2) $1.2 M_{cr} = 75.82\,\mathrm{kN\cdot m} \le \phi M_n = 496.1\,\mathrm{kN\cdot m}$ $\cdots\cdots\cdots\cdots$ 최소철근량 만족

문제 17 아래와 같은 중공형 사각보의 설계 모멘트 강도(ϕM_n)를 구하시오.

단, $f_{ck} = 24\,\text{MPa}$이고, $f_y = 400\,\text{MPa}$이다.

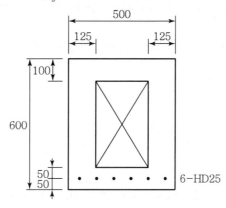

6-HD25

풀이 중공형 사각보의 설계 모멘트 강도(ϕM_n)

1) 최소허용변형률 검토($f_{ck} \leq 40\,\text{MPa}$, $\eta = 1.0$, $\beta_1 = 0.8$, $\varepsilon_{cu} = 0.0033$)

   (1) a 산정(a 플랜지 내 가정)

$$a = \frac{A_s \cdot f_y}{\eta(0.85 f_{ck}) \cdot b} = \frac{3,042 \times 400}{1.0 \times (0.85 \times 24) \times 500} = 119.3\,\text{mm}$$

$$> h_f = 100\text{mm} \quad \cdots\cdots\cdots\cdots \quad a\text{는 플랜지 밖에 있음}$$

   (2) a 재산정($C = T$)

$$1.0 \times (0.85 \times 24) \times (100 \times 500 + 250 \times x) = 3,042 \times 400$$

$$x = 38.6\,\text{mm} \qquad\qquad \therefore\ a = 100 + 38.6 = 138.6\,\text{mm}$$

   (3) $c = \dfrac{a}{\beta_1} = \dfrac{138.6}{0.80} = 173.3\,\text{mm}$

   (4) $\varepsilon_t = \dfrac{d_t - c}{c} \cdot \varepsilon_{cu}$

$$= \frac{550 - 173.3}{173.3} \times 0.0033 = 0.00717 > \varepsilon_{a\,\min} = \left[0.004, 2.0\varepsilon_y\right]_{\max} \quad \cdots\cdots \text{ O.K}$$

2) ϕM_n 산정

   (1) $\phi = 0.85$ ($\because$ 인장지배단면)

   (2) $\phi M_n = 0.85 \times \left[1.0 \times (0.85 \times 24) \times (100 \times 500) \times (550 - 50) \right.$

$$+ 1.0 \times (0.85 \times 24) \times (250 \times 38.6) \times \left\{ 550 - \left(100 + \frac{38.6}{2} \right) \right\} \Big] \times 10^{-6}$$

$$= 505 \, \text{kN·m}$$

3) 최소철근량 검토

   (1) M_{cr} 산정(안전측으로 내부 중공부 무시)

$$M_{cr} = \left(0.63 \lambda \sqrt{f_{ck}} \right) \cdot S$$

$$= 0.63 \times \sqrt{24} \times (500 \times 600^2/6) \times 10^{-6} = 92.6 \, \text{kN·m}$$

   (2) $1.2 M_{cr} = 111.12 \, \text{kN·m} \leqq \phi M_n = 505 \, \text{kN·m}$ ·············· 최소철근량 만족

Memo...

문제18 그림과 같이 직사각형 결손부(0.1m×0.2m)가 있는 철근콘크리트 단근 T형 보가 있다. 보에 배근할 수 있는 최대 인장철근량(A_s)과 그때의 모멘트 강도(ϕM_n)를 구하시오.

[112회 2교시]

단, 사용재료의 강도는 $f_{ck} = 30\,\mathrm{MPa}$, $f_y = 500\,\mathrm{MPa}$, $E_s = 2 \times 10^5\,\mathrm{MPa}$이다.

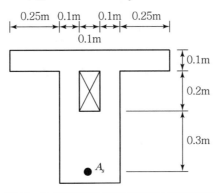

풀이 $\phi M_{n\,\max}$ 산정

1) 최소허용변형률 상태에서의 c 산정($f_{ck} \leq 40\,\mathrm{MPa}$, $\eta = 1.0$, $\beta_1 = 0.8$, $\varepsilon_{cu} = 0.0033$)

$$c = \frac{\varepsilon_{cu}}{\varepsilon_{cu} + \varepsilon_{a\,\min}} \cdot d = \frac{0.0033}{0.0033 + 0.005} \times 600 = 238.5\,\mathrm{mm}$$

$$\varepsilon_{a\,\min} = [0.004,\ 2.0\,\varepsilon_y]_{\max} = 0.005$$

2) 최대인장철근량 A_s 산정

(1) a 산정

$$a = \beta_1\,c = 0.8 \times 238.5 = 190.8\,\mathrm{mm}$$

(2) C 산정

$$C = C_f + C_w$$
$$C_f = \eta(0.85\,f_{ck})\,A_f = 1.0 \times (0.85 \times 30) \times (800 \times 100) = 2{,}040{,}000\,\mathrm{N}$$
$$C_w = \eta(0.85\,f_{ck})\,A_w = 1.0 \times (0.85 \times 30) \times (200 \times 90.8) = 463{,}080\,\mathrm{N}$$
$$C = 2{,}040{,}000 + 463{,}080 = 2{,}503{,}080\,\mathrm{N}$$

(3) A_s 산정

$$A_s = \frac{C}{f_y} = \frac{2,503,080}{500} = 5,006.2\,\text{mm}^2$$

3) ϕM_n 산정

$$\phi = 0.65 + \frac{0.2}{(2.5\varepsilon_y - \varepsilon_y)} \times (2.0\,\varepsilon_y - \varepsilon_y) = 0.783$$

$$= 0.65 + \frac{0.2}{(2.5 \times 0.005 - 0.005)} \times (2.0 \times 0.005 - 0.005) = 0.783$$

$$M_n = \left[2,040,000 \times \left(600 - \frac{100}{2}\right) + 463,080 \times \left(500 - \frac{90.8}{2}\right) \right] \times 10^{-6}$$

$$= 1,332.5\,\text{kN·m}$$

$$\phi M_n = 0.783 \times 1,332.5 = 1,043.4\,\text{kN·m}$$

 Memo...

6.6 표피철근 [113회 1교시], [118회 1교시]

1. 표피철근

1) 콘크리트 구조설계기준 [KDS 14 20 20]

보나 장선의 깊이 h가 900mm를 초과하면, 종방향 표피철근을 인장연단으로부터 $h/2$지점까지 부재 양쪽 측면을 따라 균일하게 배치하여야 한다.

이때 표피철근의 간격 s는 아래 식에 따라 결정하며, 여기서, c_c는 표피철근의 표면에서 부재 측면까지 최단거리이다. 개개의 철근이나 철망의 응력을 결정하기 위하여 변형률 적합조건에 따라 해석을 하는 경우, 이러한 철근은 강도계산에 포함시킬 수 있다.

2) 콘크리트 구조설계기준 및 해설

종전기준에서는 이 보조철근을 표면철근으로 정의하였으나, 이 기준에서는 표피철근으로 용어를 개정하였다. 표피철근을 배치하여야 할 조건에 대하여 종전기준에서 유효깊이 d를 기준으로 하던 것을 전체 두께 h를 기준으로 하도록 개정하였다. 또 종전 기준에서는 철근의 양과 간격을 규정하였으나, 이 설계기준에서는 철근의 간격을 기준으로 설계하도록 개정하였다. 이는 표면철근의 크기보다 간격이 균열제어에 주된 영향을 준다는 연구결과를 반영한 것이다. 일반적으로 지름이 10mm에서 16mm 사이인 철근이나 1m당 $280mm^2$ 이상의 단면적을 갖는 철선을 표피철로 사용하면 충분할 것이다. 깊은 보, 벽체 및 프리캐스트 패널에서 많은 철근이 요구되는 곳에는 해당 기준에 따른 철근 간격 규정과 함께 이 규정이 적용되어야 한다.

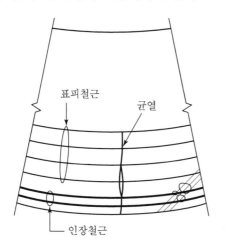
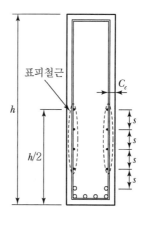

2. 표피철근량 산정

1) 표피철근 필요 여부 검토

$$h > 900\text{mm} \Rightarrow \text{표피철근 배근}$$

2) 표피철근의 최대간격 검토 및 배근

(1) 표피철근 최대간격

$$s = \left[375\left(\frac{k_{cr}}{f_s}\right) - 2.5\,c_c,\ 300\left(\frac{k_{cr}}{f_s}\right) \right]_{\min}$$

c_c : 표피철근 표면까지 거리

k_{cr} : 건조환경 − 280

습윤, 부식성, 고부식성 환경 − 210

$$f_s = \frac{2}{3}f_y$$

(2) 표피철근의 배근

3) 배근도

Memo...

문제 19 폭 $b = 450mm$, 깊이 $h = 1,200mm$, 인장철근 $10 - D25(A_t = 5,070mm^2)$로 된 보단면의 표피철근을 기준에 따라 설계하라. [98회 1교시 유사]

단, $f_{ck} = 27MPa$, $f_y = 400MPa$이다.

풀이 **표피철근**

1) 표피철근 필요 여부 검토

   $h = 1,200mm > 900mm$ 표피철근 필요

2) 표피철근의 최대간격 검토 및 배근

   (1) 최대간격 검토($k_{cr} = 210$ 적용, 습윤환경 가정)

$$s = \left[375 \left(\frac{210}{f_s} \right) - 2.5 \, c_c, \; 300 \left(\frac{210}{f_s} \right) \right]_{\min}$$

$$s_1 = 375 \left(\frac{210}{f_s} \right) - 2.5 \, c_c = 375 \left(\frac{210}{267} \right) - 2.5 \times 50 = 170 \, mm$$

$$(c_c = 40 + 10 = 50 \, mm, \; f_s = (2/3) f_y = 2/3 \times 400 = 267 \, MPa)$$

$$s_2 = 300 \left(\frac{210}{f_s} \right) = 300 \left(\frac{210}{267} \right) = 236 \, mm$$

$$\therefore \; s_{\max} = 170 \, mm$$

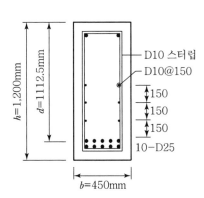

(2) 표피철근의 배근

$D10@150(A_{sk} = 475.3\,\mathrm{mm^2/m} > 280\,\mathrm{mm^2/m})$

인장연단에서 $h/2$ 거리까지 양쪽 측면에 배근

문제 20 현행 기준에 따라 다음 그림, 깊은 보의 측면에 발생하는 균열을 제한하기 위한 표피철
근량과 간격을 결정하라. D10 스터럽이 배치되어 있으며 피복두께는 기준에 따라 40mm
를 확보한다.

단, $f_y = 400\,\mathrm{MPa}$

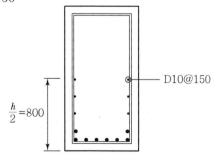

풀이 **표피철근**

1) 표피철근 배근 여부

$h = 1,600 > 900$ ∴ 표피철근배근

2) 표피철근 최대간격 검토($k_{cr} = 210$ 적용, 습윤환경 가정)

  (1) $c_c = 40 + 10 = 50$

  (2) $s_1 = 375 \times \left(\dfrac{210}{f_s}\right) - 2.5 \times c_c = 375 \times (210/(400 \times 2/3)) - 125 = 170.31\,\mathrm{mm}$

      $s_2 = 300 \times \left(\dfrac{210}{f_s}\right) = 300 \times 210/(400 \times 2/3) = 236.25\,\mathrm{mm}$

      ∴ $s_{\max} = 170.31\,\mathrm{mm}$

3) 표피철근 배근

  $\mathrm{D}10@150\left(A_{sk} = \dfrac{71 \times 1,000}{150} = 473.3\,\mathrm{mm}^2/\mathrm{m} > 280\,\mathrm{mm}^2/\mathrm{m}\right)$

> **문제21** 아래 그림과 같이 표피철근을 반영한 보의 ϕM_n을 변형률 적합조건을 이용하여 산정하시오.
>
> 단, $f_{ck} = 24\text{MPa}$, $f_y = 400\text{MPa}$, $A_s = 5 - D22$
>
>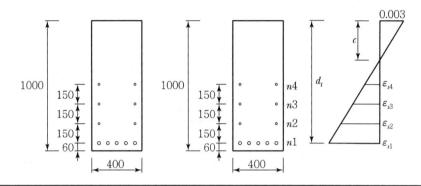

풀이 표피철근을 고려한 ϕM_n 산정

1) 최소허용변형률($\varepsilon_{a\min}$) 검토($f_{ck} \leq 40\text{MPa}$, $\alpha = 0.8$, $\varepsilon_{cu} = 0.0033$)

   (1) 중립축 c 산정(표피철근 무시)

   $$c = \frac{A_s f_y}{\alpha(0.85 f_{ck}) b}$$

   $$= \frac{1,935 \times 400}{0.8 \times (0.85 \times 24) \times 400} = 118.6\,\text{mm}$$

   (2) $\varepsilon_t \geq \varepsilon_{a\min} = [\,0.004,\ 2.0\varepsilon_y\,]_{\max}$

   $$\varepsilon_t = \left(\frac{d_t - c}{c}\right) \cdot \varepsilon_{cu}$$

   $$= \left(\frac{940 - 118.6}{118.6}\right) \times 0.0033 = 0.02286 \geq \varepsilon_{a\min} = 0.004 \quad \cdots\cdots\cdots\cdots\cdots \text{O.K}$$

2) 표피철근을 고려한 중립축 c 재산정

   (1) 인장철근의 변형률 산정

   ① $\varepsilon_{s1} = \dfrac{940 - 118.6}{118.6} \times 0.0033 = 0.02286 \geq \varepsilon_y$

   ② $\varepsilon_{s2} = \dfrac{790 - 118.6}{118.6} \times 0.0033 = 0.01868 \geq \varepsilon_y$

③ $\varepsilon_{s3} = \dfrac{640 - 118.6}{118.6} \times 0.0033 = 0.01451 \geq \varepsilon_y$

④ $\varepsilon_{s4} = \dfrac{490 - 118.6}{118.6} \times 0.0033 = 0.01033 \geq \varepsilon_y$

(2) c 재산정

$$c = \dfrac{(1{,}935 + 6 \times 127) \times 400}{0.8 \times (0.85 \times 24) \times 400} = 165.3 \, \text{mm}$$

3) 표피철근의 항복 여부 재검토

(1) $\varepsilon_{s4} = \dfrac{490 - 165.3}{165.3} \times 0.0033 = 0.00648 \geq \varepsilon_y$ ·························· O.K

(2) $\varepsilon_{s1} \geq \varepsilon_{a\min}$

∴ 표피철근을 고려하더라도 최소허용변형률 만족

4) ϕM_n 산정($f_{ck} \leq 40\,\text{MPa},\ \beta = 0.4$)

$$\phi M_n = 0.85 \left[A_{s1} f_y (d_1 - \beta c) + A_{s2} f_y (d_2 - \beta c) + A_{s3} f_y (d_3 - \beta c) + A_{s4} f_y (d_4 - \beta c) \right]$$

$$= 0.85 \times [1{,}935 \times 400 \times (940 - 0.4 \times 165.3) + 254 \times 400 \times (790 - 0.4 \times 165.3)$$

$$+ 254 \times 400 \times (640 - 0.4 \times 165.3) + 254 \times 400 \times (490 - 0.4 \times 165.3)] \times 10^{-6}$$

$$= 723.61 \, \text{kN·m}$$

5) 최소철근량 검토

(1) M_{cr} 산정

$$M_{cr} = (0.63 \lambda \sqrt{f_{ck}}) \cdot S$$

$$= 0.63 \times \sqrt{24} \times (400 \times 1{,}000^2 / 6) \times 10^{-6} = 205.76 \, \text{kN·m}$$

(2) $1.2 M_{cr} = 246.9 \, \text{kN·m} \leq \phi M_n = 723.61 \, \text{kN·m}$ ············ 최소철근량 만족

문제22 경간이 15m인 연속보에서 다음과 같이 주어진 T형 단면보의 철근 배치를 결정하여라.

[100회 2교시 유사], [104회 4교시 유사]

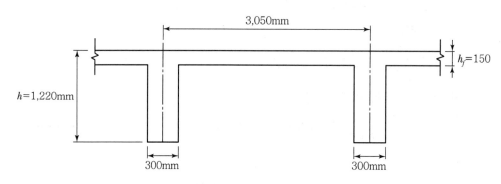

〈조건〉

1) $f_{ck} = 27\text{MPa}$, $f_y = 400\text{MPa}$

2) 사용하중 휨모멘트

정모멘트 : $M_d = 307\,\text{kN·m}$, $M_l = 787\,\text{kN·m}$

부모멘트 : $M_d = -310\,\text{kN·m}$, $M_l = -950\,\text{kN·m}$

3) 철근 직경

정철근 : D32 적용-($A_s = 794\,\text{mm}^2$)

부철근 : D29 적용-($A_s = 642\,\text{mm}^2$)

스터럽 : D10 적용

4) 굵은골재 최대치수 : 25mm 적용

풀이 ▶ T형 보 설계

1) 계수 휨모멘트 산정

$$M_u^{+} = 1.2\,M_d + 1.6\,M_l = (1.2 \times 307) + (1.6 \times 787) = 1{,}629\,\text{kN·m}$$

$$M_u^{-} = (1.2 \times 310) + (1.6 \times 950) = 1{,}892\,\text{kN·m}$$

2) 유효폭 b의 결정

$$b = 16\,t_f + b_w = 16 \times 150 + 300 = 2{,}700\,\text{mm}$$

$$b = 3{,}050\,\text{mm}$$

$$b = \frac{15,000}{4} = 3,750\,\text{mm} \text{ 중 작은 값} \qquad\qquad \therefore\ b = 2,700\,\text{mm}$$

3) 정철근량 산정

   (1) 정철근량 산정($f_{ck} \leq 40\,\text{MPa},\ \eta = 1.0$)

   ① R_n 산정($a \leq h_f$ 가정)

   $$R_n = \frac{M_u}{\phi b d^2} = \frac{1,629 \times 10^6}{0.85 \times 2,700 \times 1125.5^2} = 0.56\,\text{N/mm}^2$$

   ($d = 1,220 - 40 - 10 - 32 - 25/2 = 1,125.5\,\text{mm}$ 적용)

   ② ρ_{req} 산정

   $$\rho_{req} = \frac{\eta(0.85 f_{ck})}{f_y}\left[1 - \sqrt{1 - \frac{2R_n}{\eta(0.85 f_{ck})}}\right]$$

   $$= \frac{1.0 \cdot (0.85 \times 27)}{400}\left[1 - \sqrt{1 - \frac{2 \times 0.56}{1.0 \times (0.85 \times 27)}}\right] = 0.00142$$

   ③ $A_{sreq} = \rho_{req}\,b\,d = 0.00142 \times 2,700 \times 1,125.5 = 4,315.2\,\text{mm}^2$

   $$\therefore\ 6 - \text{D32}(A_s = 4,764\,\text{mm}^2)$$

   ④ $a \leq h_f$ 검토

   $$a = \frac{A_s f_y}{\eta(0.85 f_{ck})b} = \frac{4,764 \times 400}{1.0 \times (0.85 \times 27) \times 2,700} = 30.8\,\text{mm}$$

   $$\leq h_f = 150\,\text{mm} \qquad \text{O.K}$$

   (2) 최소허용변형률($\varepsilon_{a\min}$) 검토($f_{ck} \leq 40\,\text{MPa},\ \beta_1 = 0.8,\ \varepsilon_{cu} = 0.0033$)

   $\varepsilon_t \geq \varepsilon_{a\min}$ 검토

   $$c = \frac{a}{\beta_1} = \frac{30.8}{0.80} = 38.5\,\text{mm}$$

   $$\varepsilon_t = \left(\frac{d_t - c}{c}\right) \cdot \varepsilon_{cu} = \left(\frac{1,125.5 - 38.5}{38.5}\right) \times 0.0033 = 0.09317$$

   $$\geq \varepsilon_{a\min} = [\,0.004,\ 2.0\varepsilon_y\,]_{\max} \cdots\cdots\cdots \text{O.K}$$

   (3) ϕM_n 산정

   $$\phi M_n = \phi A_s f_y (d - a/2)$$

   $$= 0.85 \times 4,764 \times 400 \times (1,125.5 - 30.8/2) \times 10^{-6} = 1,798.1\,\text{kN·m}$$

   $$\geq M_u = 1,629\,\text{kN·m} \cdots\cdots\cdots\cdots \text{O.K}$$

(4) 최소철근량(A_s) 검토

$$f_r = 0.63\lambda\sqrt{f_{ck}} = 0.63\times1.0\times\sqrt{27} = 3.274\,\text{N/mm}^2$$

$$\overline{y} = \frac{2,700\times150\times1,145 + 300\times1,070\times535}{(2,700\times150 + 300\times1,070)} = 875.3\,\text{mm}$$

$$I = \frac{2,700\times150^3}{12} + (2,700\times150)\times(1,145-875.3)^2$$

$$+ \frac{300\times1,070^3}{12} + (300\times1,070)\times(875.3-535)^2 = 9.802\times10^{10}\,\text{mm}^4$$

$$S = I/y = \frac{9.802\times10^{10}}{875.3} = 1.12\times10^8\,\text{mm}^3$$

$$M_{cr} = f_r\cdot S = 3.274\times1.12\times10^8\times10^{-6} = 366.7\,\text{kN·m}$$

$$\therefore 1.2M_{cr} = 1.2\times366.7 = 440.04\,\text{kN·m} \leq \phi M_n = 1,798.1\,\text{kN·m}$$

········ 최소철근량 만족

(5) 보폭 및 철근 간격의 적정성 검토

① 보폭의 적정성 검토

$$b_{req} = 40\times2 + 10\times2 + 3\times32 + 2\times33.3 = 262.6\,\text{mm} \leq b = 300\,\text{mm} \quad \text{O.K}$$

② 철근 간격의 적정성 검토

$$\left(c_c = 40+10 = 50\,\text{mm},\ f_s = \frac{2}{3}f_y = 267\,\text{MPa}\right)$$

$$s_{\max1} = 375\left(\frac{\kappa_{cr}}{f_s}\right) - 2.5c_c = 375\times\left(\frac{210}{267}\right) - 2.5\times50 = 169.9\,\text{mm}$$

$$s_{\max2} = 300\left(\frac{\kappa_{cr}}{f_s}\right) = 300\times\left(\frac{210}{267}\right) = 236\,\text{mm} \qquad \therefore s_{\max} = 169.9\,\text{mm}$$

$$s = \frac{1}{2}\left[300 - 2(40+10) - 32\right] = 84\,\text{mm} < s_{\max} = 169.9\,\text{mm} \qquad \langle\text{적합}\rangle$$

4) 부철근량 산정

(1) 부철근량 산정($f_{ck} \leq 40\,\text{MPa},\ \eta = 1.0$)

① R_n 산정($a \leq h_f$ 가정)

$$R_n = \frac{M_u}{\phi bd^2} = \frac{1,892\times10^6}{0.85\times300\times1,155.5^2} = 5.557\,\text{N/mm}^2$$

$$(d = 1,220 - 40 - 10 - 29/2 = 1,155.5\,\text{mm} \text{ 적용})$$

② ρ_{req} 산정

$$\rho_{req} = \frac{\eta(0.85f_{ck})}{f_y}\left[1 - \sqrt{1 - \frac{2R_n}{\eta(0.85f_{ck})}}\right]$$

$$= \frac{1.0 \times (0.85 \times 27)}{400}\left[1 - \sqrt{1 - \frac{2 \times 5.557}{1.0 \times (0.85 \times 27)}}\right] = 0.01617$$

③ $A_{sreq} = \rho_{req}\, b\, d = 0.01617 \times 300 \times 1,155.5 = 5,605.3\,\text{mm}^2$

$$\therefore\ 9 - \text{D29}(A_s = 5,778\,\text{mm}^2)$$

(2) 최소허용변형률($\varepsilon_{a\,\min}$) 검토($f_{ck} \leq 40\,\text{MPa}$, $\beta_1 = 0.8$, $\varepsilon_{cu} = 0.0033$)

$$a = \frac{A_s f_y}{\eta(0.85\, f_{ck})\, b_w} = \frac{5,778 \times 400}{1.0 \times (0.85 \times 27) \times 300} = 335.7\,\text{mm}$$

$$c = \frac{a}{\beta_1} = \frac{335.7}{0.80} = 419.6\,\text{mm}$$

$$\varepsilon_t = \left(\frac{d_t - c}{c}\right) \cdot 0.0033 = \left(\frac{1,155.5 - 419.6}{419.6}\right) \times 0.0033 = 0.00579$$

$$\geq\ \varepsilon_{a\,\min} = [\,0.004,\ 2.0\,\varepsilon_y\,]_{\max} \cdots\cdots\cdots\cdots\cdots \text{O.K}$$

(3) $\phi\, M_n$ 산정

$$\phi M_n = \phi A_s f_y(d - a/2)$$

$$= 0.85 \times 5,778 \times 400 \times (1,155.5 - 335.7/2) \times 10^{-6} = 1,940.3\,\text{kN·m}$$

$$\geq\ M_u = 1,892\,\text{kN·m} \cdots\cdots\cdots \text{O.K}$$

(4) 최소철근량(A_s) 검토

$$I = \frac{2,700 \times 150^3}{12} + (2,700 \times 150) \times (1,145 - 875.3)^2$$

$$+ \frac{300 \times 1,070^3}{12} + (300 \times 1070) \times (875.3 - 535)^2 = 9.802 \times 10^{10}\,\text{mm}^4$$

$$S = I/y = \frac{9.802 \times 10^{10}}{(1220 - 875.3)} = 2.844 \times 10^8\,\text{mm}^3$$

$$M_{cr} = f_r \cdot S = 3.274 \times 2.844 \times 10^8 \times 10^{-6} = 931.1\,\text{kN·m}$$

$$\therefore\ 1.2\, M_{cr} = 1.2 \times 931.1 = 1,117.3\,\text{kN·m} \leq \phi M_n = 1,940.3\,\text{kN·m}$$

$$\cdots\cdots\cdots 최소철근량 만족$$

(5) 부모멘트 철근 배치

① 부모멘트 철근 배치구간 $= [b,\ l/10]_{\min} = [2{,}700\ ,\ 15{,}000/10 = 1{,}500]_{\min}$

$$= 1{,}500\,\mathrm{mm}$$

② 철근 최대간격 산정

$$\left(c_c = 40 + 10 = 50\,\mathrm{mm},\ f_s = \frac{2}{3}f_y = 267\,\mathrm{MPa}\right)$$

$$s_{\max 1} = 375\left(\frac{\kappa_{cr}}{f_s}\right) - 2.5\,c_c = 375 \times \left(\frac{210}{267}\right) - 2.5 \times 50 = 169.9\,\mathrm{mm}$$

$$s_{\max 2} = 300\left(\frac{\kappa_{cr}}{f_s}\right) = 300 \times \left(\frac{210}{267}\right) = 236\,\mathrm{mm} \qquad \therefore\ s_{\max} = 169.9\,\mathrm{mm}$$

따라서, $1{,}500\,\mathrm{mm}$에 $9-\mathrm{D}29$배치

(6) 균열제어를 위한 종방향 표피철근($d > 900\,\mathrm{mm}$)

$$s = 375\left(\frac{\kappa_{cr}}{f_s}\right) - 2.5\,c_c = 375 \times \left(\frac{210}{267}\right) - 2.5 \times 50 = 169.9\,\mathrm{mm}$$

$$s = 300\left(\frac{\kappa_{cr}}{f_s}\right) = 300 \times \left(\frac{210}{267}\right) = 236\,\mathrm{mm} \qquad \therefore\ s_{\max} = 169.9\,\mathrm{mm}$$

따라서 D10 종방향 표피철근을 인장연단으로부터 $\dfrac{h}{2}$ 지점까지 부재 양쪽 측면을 따라 균일하게 배치(간격은 150mm로 선택) - 표피철근 : $4-\mathrm{D}10@150/\mathrm{Side}$

5) 배근도

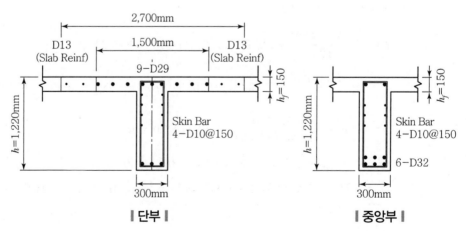

‖ 단부 ‖   ‖ 중앙부 ‖

6.7 연속휨부재 부모멘트 재분배

1. 부모멘트 재분배 [KDS 14 20 10] [81회 1교시], [85회 1교시], [92회 1교시], [108회 1교시], [109회 3교시]

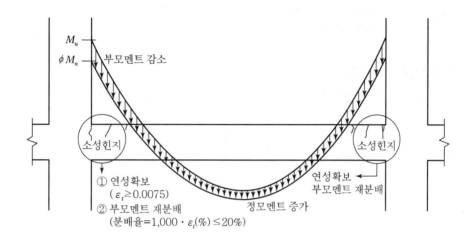

1) 구조체의 비탄성 거동을 인정하는 것이며, 소성힌지의 생성을 허용하는 것

2) 휨모멘트 재분배는 소성힌지 지역에서의 충분한 연성능력에 달려 있음

3) 많은 실험을 통해 작은 회전능력을 가정하더라도 휨부재는 철근비에 따라 7.5%에서 20% 사이에 휨모멘트 재분배가 일어나고, 그 결과 안전한 것으로 판명됨

참고 🔟 **부모멘트 재분배**

연속 휨부재의 모멘트 재분배 [KDS 14 20 10]

1. 근사해법에 의해 휨모멘트를 계산한 경우를 제외하고, 어떠한 가정의 하중을 적용하여 탄성이론에 의하여 산정한 연속 휨부재 받침부의 부모멘트는 20% 이내에서 $1,000 \, \varepsilon_t$ %만큼 증가 또는 감소시킬 수 있다.

2. 경간 내의 단면에 대한 휨모멘트의 계산은 수정된 부모멘트를 사용하여야 하며, 휨모멘트 재분배 이후에도 정적 평형은 유지되어야 한다.

3. 휨모멘트의 재분배는 휨모멘트를 감소시킬 단면에서 최외단 인장철근의 순인장변형률 ε_t 가 0.0075 이상인 경우에만 가능하다.

2. 부모멘트 재분배 Process

1) 부모멘트 재분배 적용 가능성 여부($f_{ck} \leq 40\,\mathrm{MPa}$, $\alpha = 0.8$, $\varepsilon_{cu} = 0.0033$)

(1) c 산정($\varepsilon_s' \geq \varepsilon_y$ 가정)

$$c = \frac{A_s f_y - A_s'(f_y - 0.85 f_{ck})}{\alpha(0.85 f_{ck})b}$$

(2) 압축철근 항복 검토

① 압축철근 항복하는 경우 - (4) 부모멘트 재분배 가능성 여부 검토

$$\varepsilon_s' = \left(\frac{c - d'}{c}\right) \cdot \varepsilon_{cu} = \left(\frac{c - d'}{c}\right) \times 0.0033 \geq \varepsilon_y \ \cdots\cdots\cdots\cdots\cdots \ \text{압축철근 항복}$$

② 압축철근 항복하지 않는 경우 - (3) c 재산정

$$\varepsilon_s' = \left(\frac{c - d'}{c}\right) \cdot \varepsilon_{cu} = \left(\frac{c - d'}{c}\right) \times 0.0033 < \varepsilon_y \ \cdots\cdots\cdots \ \text{압축철근 항복하지 않음}$$

(3) c 재산정 $(C_c + C_s = T)$

① $C_c = \alpha(0.85 f_{ck})cb$

② $C_s = A_s'(f_s' - 0.85 f_{ck}) = A_s'\left(E_s \dfrac{(c - d')}{c} \cdot \varepsilon_{cu} - 0.85 f_{ck}\right)$

③ $T_s = A_s f_y$

①~③을 연립하여 c 산정

(4) 부모멘트 재분배 가능성 검토

$$\varepsilon_t = \left(\frac{d_t - c}{c}\right) \cdot \varepsilon_{cu} = \left(\frac{d_t - c}{c}\right) \times 0.0033 \geq 0.0075 \ \cdots\cdots\cdots \ \text{부모멘트 재분배 가능}$$

2) 분배율 산정

분배율 $= 1,000 \times \varepsilon_t(\%)$

3) 부모멘트 재분배를 고려한 ϕM_n 산정

3. 부모멘트 재분배 계산

> **문제23** 그림과 같은 보가 부모멘트 재분배 규정 적용 시 지지할 수 있는 최대 부모멘트 설계강
>
> 도를 계산하시오. [84회 3교시 유사]
>
> $f_{ck} = 24\,\mathrm{MPa}$, $f_y = 400\,\mathrm{MPa}$

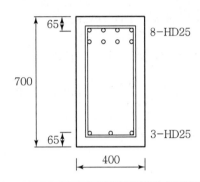

풀이 ▶ 부모멘트 재분배 – 최대 부모멘트 설계강도 산정

1) 부모멘트 재분배 적용 가능성 여부($f_{ck} \leq 40\,\mathrm{MPa}$, $\alpha = 0.8$, $\varepsilon_{cu} = 0.0033$)

  (1) c 산정

   ① 압축철근항복($\varepsilon_s{'} \geq \varepsilon_y$) 가정 – c 산정

   $$c = \frac{A_s f_y - A_s{'}(f_y - 0.85 f_{ck})}{\alpha(0.85 f_{ck})b}$$

   $$= \frac{4,056 \times 400 - 1,521 \times (400 - 0.85 \times 24)}{0.8 \times (0.85 \times 24) \times 400} = 160.1\,\mathrm{mm}$$

   ② 압축철근 항복 검토

   $$\varepsilon_s{'} = \frac{c - d'}{c} \cdot \varepsilon_{cu} = \frac{160.1 - 65}{160.1} \times 0.0033 = 0.00196 < \varepsilon_y = 0.002$$

   압축철근 항복하지 않는다.

   ③ c 재산정

   $$C_c + C_s = T$$

   ㉠ $C_c = \alpha(0.85 f_{ck}) c\,b = 0.8 \times (0.85 \times 24) \times c \times 400 = 6,528\,c(\mathrm{N})$

$$\text{ⓛ} \quad C_s = A_s' (f_s - 0.85 f_{ck}) = A_s' (\varepsilon_s' E_s - 0.85 f_{ck})$$

$$= 1,521 \times \left(2.0 \times 10^5 \times \frac{c-65}{c} \times 0.0033 - 0.85 \times 24 \right)$$

$$= \left(1.00386 \times 10^6 \times \frac{c-65}{c} \right) - 31,028.4\,\text{N}$$

$$\text{ⓒ} \quad T_s = A_s f_y = 4,056 \times 400 = 1,622,400\,\text{N}$$

$$\text{ⓐ} \sim \text{ⓒ}을 \ 연립하면 \ c = 161.4\,\text{mm}$$

(2) ε_t 산정 및 부모멘트 재분배 가능성 검토

$$\varepsilon_t = \frac{d_t - c}{c} \cdot \varepsilon_{cu} = \frac{635 - 161.4}{161.4} \times 0.0033 = 0.00968 \geq 0.0075$$

∴ 부모멘트 재분배 가능

2) 분배율 산정

$$분배율 = 1,000 \times \varepsilon_y = 1,000 \times 0.00968 = 9.68\,\%$$

3) 부모멘트 재분배를 고려하지 않을 경우 ϕM_n 산정

(1) $\phi = 0.85 \,(\varepsilon_t = 0.00968 \geq 0.005)$

(2) M_n 산정($f_{ck} \leq 40\,\text{MPa}, \ \beta = 0.4$)

$$C_c = 6,528c = 6,528 \times 161.4 \times 10^{-3} = 1,053.6\,\text{kN}$$

$$C_s = \left(1.00386 \times 10^6 \times \frac{c-65}{c} \right) - 31,028.4$$

$$= \left[\left(1.00386 \times 10^6 \times \frac{161.4 - 65}{161.4} \right) - 31,028.4 \right] \times 10^{-3} = 568.6\,\text{kN}$$

$$M_n = C_c (d - \beta c) + C_s (d - d')$$

$$= \{ 1,053.6 \times (610 - 0.4 \times 161.4) + 568.6 \times (610 - 65) \} \times 10^{-3}$$

$$= 884.56\,\text{kN·m}$$

$$\therefore \ \phi M_n = 0.85 \times 884.56 = 751.88\,\text{kN·m}$$

4) 부모멘트 적용 시 저항할 수 있는 최대 소요모멘트

$$\phi M_{n-\max} = \frac{751.88}{(1 - 0.0968)} = 832.46\,\text{kN·m}$$

문제24 그림과 같은 보가 부모멘트 재분배 규정 적용 시 지지할 수 있는 최대 부모멘트 설계강도를 계산하시오.

$f_{ck} = 27\,\mathrm{MPa},\ f_y = 400\,\mathrm{MPa}$

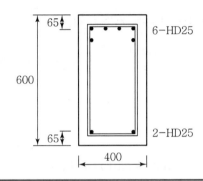

풀이 부모멘트 재분배 – 최대 부모멘트 설계강도 산정

1) 부모멘트 재분배 적용 가능성 여부($f_{ck} \leq 40\,\mathrm{MPa},\ \alpha = 0.8,\ \varepsilon_{cu} = 0.0033$)

  (1) c 산정

    ① 압축철근항복($\varepsilon_s' \geqq \varepsilon_y$) 가정 – c 산정

$$c = \frac{A_s f_y - A_s'(f_y - 0.85 f_{ck})}{\alpha(0.85 f_{ck})b}$$

$$= \frac{3{,}042 \times 400 - 1{,}014 \times (400 - 0.85 \times 27)}{0.8 \times (0.85 \times 27) \times 400} = 113.6\,\mathrm{mm}$$

    ② 압축철근 항복 검토

$$\varepsilon_s' = \frac{c - d'}{c} \cdot \varepsilon_{cu} = \frac{113.6 - 65}{113.6} \times 0.0033 = 0.00141 < \varepsilon_y = 0.002$$

    압축철근 항복하지 않는다.

    ③ c 재산정

$$C_c + C_s = T$$

      ㉠ $C_c = \alpha(0.85 f_{ck})\,c\,b = 0.8 \times (0.85 \times 27) \times c \times 400 = 7{,}344\,c(\mathrm{N})$

      ㉡ $C_s = A_s'(f_s - 0.85 f_{ck}) = A_s'(\varepsilon_s' E_s - 0.85 f_{ck})$

$$= 1{,}014 \times \left(2.0 \times 10^5 \times \frac{c - 65}{c} \times 0.0033 - 0.85 \times 27\right)$$

$$= \left(669,240 \times \frac{c-65}{c} \right) - 23,271.3 \, \text{N}$$

④ $T_s = A_s f_y = 3,042 \times 400 = 1,216,800 \, \text{N}$

①~④를 연립하면 $c = 125.1 \, \text{mm}$

(2) ε_t 산정 및 부모멘트 재분배 가능성 검토

$$\varepsilon_t = \frac{d_t - c}{c} \cdot \varepsilon_{cu} = \frac{535 - 125.1}{125.1} \times 0.0033 = 0.0108 \geq 0.0075$$

$\cdots\cdots\cdots\cdots\cdots\cdots$ ∴ 부모멘트 재분배 가능

2) 분배율 산정

분배율 $= 1,000 \times \varepsilon_y = 1,000 \times 0.0108 = 10.8 \%$

3) 부모멘트 재분배를 고려하지 않을 경우 ϕM_n 산정

(1) $\phi = 0.85 \, (\varepsilon_t = 0.0108 \geq 0.005)$

(2) M_n 산정 $(f_{ck} \leq 40 \, \text{MPa}, \ \beta = 0.4)$

$$C_c = 7,344c = 7,344 \times 125.1 \times 10^{-3} = 918.7 \, \text{kN}$$

$$C_s = \left(669,240 \times \frac{c-65}{c} \right) - 23,271.3$$

$$= \left[\left(669,240 \times \frac{125.1 - 65}{125.1} \right) - 23,271.3 \right] \times 10^{-3} = 298.2 \, \text{kN·m}$$

$$M_n = C_c \, (d - \beta c) + C_s \, (d - d')$$

$$= \{918.7 \times (510 - 0.4 \times 125.1) + 298.2 \times (510 - 65)\} \times 10^{-3}$$

$$= 555.3 \, \text{kN·m}$$

∴ $\phi M_n = 0.85 \times 555.3 = 472.0 \, \text{kN·m}$

4) 부모멘트 적용 시 저항할 수 있는 최대 소요모멘트

$$\phi M_{n-\max} = \frac{472.0}{(1 - 0.108)} = 529.1 \, \text{kN·m}$$

제7장 압축재 설계

[KDS 14 20 20]

→ Professional Engineer Architectural Structures

7.1 설계제한 및 일반사항

1. 철근콘크리트 기둥에서 최소철근비를 규정하는 이유

1) 압축부재의 설계단면치수 [KDS 14 20 20]

(1) 둘 이상의 맞물린 나선철근을 가진 독립 압축부재의 유효단면의 한계는 나선철근의 최외측에서 콘크리트 최소피복두께에 해당하는 거리를 더하여 취하여야 한다.

(2) 콘크리트 벽체나 교각구조와 일체로 시공되는 나선철근 또는 띠철근 압축부재 유효단면 한계는 나선철근이나 띠철근 외측에서 40mm보다 크지 않게 취하여야 한다.

(3) 정사각형, 8각형 또는 다른 형상의 단면을 가진 압축부재 설계에서 전체 단면적을 사용하는 대신에 실제 형상의 최소치수에 해당하는 지름을 가진 원형 단면을 사용할 수 있다. 이 경우 고려되는 부재의 전체 단면적, 요구되는 철근비 및 설계강도는 위의 원형 단면을 기준으로 하여야 한다.

(4) 하중에 의해 요구되는 단면보다 큰 단면으로 설계된 압축부재의 경우 감소된 유효단면적을 사용하여 최소 철근량과 설계강도를 결정할 수 있다. 이때 감소된 유효단면적은 전체 단면적의 1/2 이상이어야 한다.

2) 압축부재의 철근량 제한 [KDS 14 20 20]

(1) 비합성 압축부재의 축방향 주철근 단면적은 전체 단면적 A_g의 0.01배 이상, 0.08배 이하로 하여야 한다. 축방향 주철근이 겹침이음되는 경우의 철근비는 0.04를 초과하지 않도록 하여야 한다.

※ 최소철근비 규정 이유 [72회 1교시], [110회 1교시]

① 휨에 저항성을 부여

② 하중의 지속적인 작용상태에서 크리프와 수축의 영향을 감소시키기 위하여(축하중에 의한 변형률은 철근과 콘크리트에 같이 생기나 축하중이 지속적으로 작용하면 콘크리트는 건조수축과 크리프에 의하여 추가변형을 일으키므로 콘크리트의 부담하중이 점차 철근으로 옮겨져 철근의 응력이 증가되며 이러한 응력 증가는 철근비가 낮을수록 더 현저하게 나타난다.)

(2) 압축 부재의 축방향 주철근의 최소 개수는 직사각형이나 원형 띠철근 내부의 철근의 경우 4개, 삼각형 띠철근 내부의 철근의 경우 3개, 나선철근으로 둘러싸인 철근의 경우 6개로 하여야 한다.

(3) 나선철근비 ρ_s 는 다음 값 이상으로 하여야 한다. [KDS 14 20 20]

$$\rho_s = 0.45 \left(\frac{A_g}{A_c} - 1 \right) \frac{f_{ck}}{f_y}$$

여기서, 나선철근의 설계기준항복강도 f_{yt}는 700MPa 이하로 하여야 하며, 400MPa을 초과하는 경우에는 KDS 14 20 50(4.4.2(2))에 따른 겹침이음을 할 수 없다.

띠철근 역할
1) 주철근 위치고정
2) 주철근 좌굴방지
3) 콘크리트 연성증가
4) 전단보강

S
150mm 초과
내부 띠철근 배근

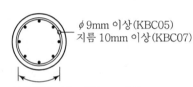

ϕ 9mm 이상(KBC05)
지름 10mm 이상(KBC07)

이형철근 : $48d_t$, 300mm 이상
원형철근 : $72d_t$, 300mm 이상(KCI07)

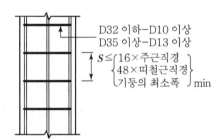

D32 이하-D10 이상
D35 이상-D13 이상
$S \le \begin{cases} 16 \times 주근직경 \\ 48 \times 띠철근직경 \\ 기둥의 최소폭 \end{cases}_{min}$

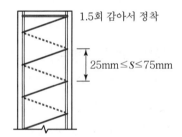

1.5회 감아서 정착

$25mm \le S \le 75mm$

3) 최소나선철근비 유도

(1) 기본개념

| 콘크리트의 피복(Shell)이 떨어져 나가면서 발생한 강도의 감소 | $\le$ | 나선철근의 횡방향 구속력으로 심부의 콘크리트에 발생하는 강도 증가 |

(2) 횡구속(3축응력) 상태의 압축강도

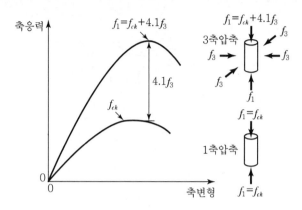

┃ 1축압축강도와 3축압축강도의 비교 ┃

(3) 최소나선철근비 유도

① $(A_g - A_{ch}) (0.85 f_{ck}) = A_{ch} (4.1 f_3)$

$$D_c s f_3 = 2 A_{ss} f_{yt}, \ f_3 = \frac{2 A_{ss} f_{yt}}{D_c s}$$

①식에 f_3 대신 위 식을 대입하고 A_{ch}로 나누면

② $\left(\dfrac{A_g}{A_{ch}} - 1 \right) (0.85 f_{ck}) = 4.1 \left(\dfrac{2 A_{ss} f_{yt}}{D_c s} \right)$

$$\rho_s = \frac{1피치당 나선철근량}{1피치당 심부의 체적} = \frac{\pi \cdot D_c \cdot A_{ss}}{\pi \cdot D_c^2 /4 \cdot s} = \frac{4 A_{ss}}{D_c \cdot s}$$

$$A_{ss} = \frac{\rho_s \cdot D_c \cdot s}{4} \quad ②식에 대입$$

③ $\rho_s = 0.415 \dfrac{f_{ck}}{f_{yt}} \left(\dfrac{A_g}{A_{ch}} - 1 \right)$

④ 최소나선철근비

$$\rho_{s \, \min} = \frac{4 A_{ss}}{D_c \, s} \geq 0.45 \frac{f_{ck}}{f_y} \left(\frac{A_g}{A_{ch}} - 1 \right)$$

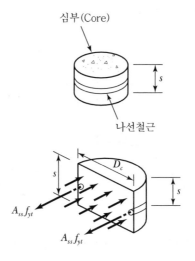

심부(Core)

나선철근

D_c : 나선철근 바깥으로 측정한 지름

A_{ch} : 심부의 면적

s : 나선철근의 간격(Pitch)

A_{ss} : 나선철근의 단면적

f_{yt} : 나선철근의 항복강도

Memo...

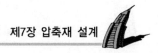

2. 원형 기둥의 최소나선철근 간격 산정

문제 1 직경 500mm인 원형 기둥의 최소나선철근의 간격을 산정하시오. [80회 1교시]

단, 철근은 D10을 사용하고, 철근의 항복강도 $f_y = 400\,\text{MPa}$, $f_{ck} = 24\,\text{MPa}$이다.

풀이 원형 기둥의 최소나선철근의 간격 산정

1) 나선철근의 최대 간격 산정

$$\rho_s = \frac{4A_{ss}}{D_c \cdot s} = \frac{4 \times 71}{420 \times S}$$

$$\rho_{\min} = 0.45\left(\frac{A_g}{A_c} - 1\right)\frac{f_{ck}}{f_y}$$

$$0.45 \times \left(\frac{\pi \times 500^2/4}{\pi \times 420^2/4} - 1\right) \times \frac{24}{400} = 0.01126$$

$$\rho_{\min} = 0.01126 \leq \rho_s = \frac{4 \times 71}{420 \times S}$$

$$\therefore S \leq 60.05\,\text{mm}$$

2) 나선철근 제한사항 검토

심부직경 ≥200mm

$\phi\,9\text{mm}$ 이상

$48d_s$, 300mm 이상

1.5회 감아서 정착

25mm ≤ S ≤ 75mm

3) 배근

D10으로 60mm 간격으로 배근

3. 띠철근 기둥과 나선철근 원형 기둥의 하중－변형 곡선과 거동특성

> **문제2** 축하중을 받는 철근콘크리트 띠철근 기둥과 나선철근 원형 기둥의 하중－변형 곡선을
> 그리고 기둥의 차이점을 설명하시오. [68회 1교시]

풀이 띠철근 기둥과 나선철근 원형 기둥의 하중－변형 곡선과 거동특성

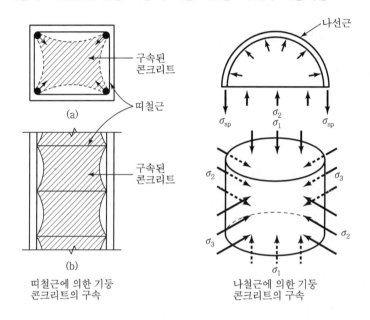

띠철근에 의한 기둥
콘크리트의 구속

나철근에 의한 기둥
콘크리트의 구속

1) RC 띠철근 기둥의 압축파괴 양상

  (1) 피복탈락

  (2) 주근좌굴

  (3) 압축파괴

2) 나선철근 기둥의 파괴 양상

  (1) 최고하중에 이르렀을 때－피복탈락

  (2) 나선근 내부－삼축응력

  (3) 나선근 파괴될 때까지 대변형

  (4) 변형능력 증가－충격이나 동적하중에 의한 에너지 흡수능력 증가－내진에 유리

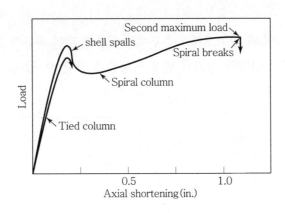

3) 철근콘크리트 기둥 부재의 내력증진대책

   (1) 띠철근 촘촘히 배근

   (2) 나선철근 사용

   (3) 보강 Hoop 사용

   (4) 고강도 Con'c 사용

Memo...

4. 횡방향 구속효과

횡방향 철근으로 구속된 휨부재와 압축부재는 다음과 같이 횡구속 효과를 고려한 응력-변형률 관계를 사용하여 단면의 강도와 변형 성능을 검증할 수 있다.

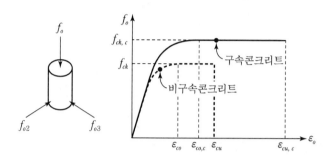

(1) 횡구속 효과를 고려할 때의 횡구속 철근은 심부콘크리트를 구속할 수 있는 철근상세를 가진 횡방향 철근이어야 한다.

(2) 별도로 조사된 상세한 자료가 없는 경우 다음 식으로 콘크리트의 압축강도와 변형률이 증가된 포물선-직선형상의 응력-변형률 관계를 사용할 수 있다.

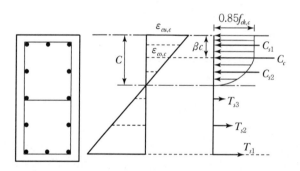

$$f_c = 0.85 f_{ck,c} \left[1 - \left(1 - \frac{\varepsilon_c}{\varepsilon_{co,c}} \right)^n \right] \qquad f_c = 0.85 f_{ck,c}$$

$$f_{ck,c} = f_{ck} + 3.7 f_{c2}$$

$$\varepsilon_{co,c} = \varepsilon_{co} \left(\frac{f_{ck,c}}{f_{ck}} \right)^2, \ \varepsilon_{cu,c} = \varepsilon_{cu} + \frac{0.2 f_{c2}}{f_{ck}}$$

여기서, f_{c2} : 극한한계상태에서 구속에 의해서 발생하는 횡방향 유효 압축응력

종류	횡방향 유효 압축응력(f_{c2})	NOTE
원형 후프 나선 철근	$f_{c2} = \dfrac{1}{2}\rho_s f_{yh}\left(1 - \dfrac{s}{d_s}\right) = \dfrac{2A_{sp}f_{yh}}{s\,d_c}\left(1 - \dfrac{s}{d_c}\right)$ 여기서, $\rho_s = \dfrac{4A_{sp}}{s\,d_c}$ 　　s : 부재 축방향으로 측정한 횡구속 철근 　　　의 간격	
사각형 횡구속 띠철근	$f_{c2} = \rho_{r\min} f_{yh}\left(1 - \dfrac{s}{b_d}\right)\left(1 - \dfrac{s}{b_{cs}}\right)$ 　　　$\left(1 - \dfrac{\sum b_i{}^2/6}{b_d b_{cs}}\right)$ 여기서 (1) $\rho_{r\min} = [\rho_{rl},\ \rho_{rs}]_{\min}$ 　　$\rho_{rl} = \dfrac{A_{shl}}{s\,b_{cs}}$, $\rho_{rs} = \dfrac{A_{shs}}{s\,b_d}$ (2) b_i : 후프띠철근의 모서리나 보강띠철 　　근의 갈고리로 구속된 축방향철근 사 　　이의 중심간격 (3) $\sum b_i{}^2$: 단면둘레를 따라 존재하는 모 　　든 b_i를 계산에 포함	

> **문제3** 우측과 같은 기둥의 횡구속효과를 고려한 콘크리트 강도 $f_{ck,c}$를 산정하시오.
>
> 단, 1) 횡방향 철근은 구속효과를 발휘할 수 있도록 철근상세 적용
>   2) $f_{ck} = 24\,\text{MPa}$, $f_y = 400\,\text{MPa}$
>   3) Hoop : D13@150
>
>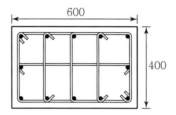

풀이 $f_{ck,c}$ **산정**

1) 횡구속 띠철근비 산정

   (1) $\rho_{rl} = \dfrac{A_{shl}}{s \cdot b_{cs}} = \dfrac{3 \times 127}{150 \times 320} = 0.007938$

   (2) $\rho_{rs} = \dfrac{A_{shs}}{s \cdot b_{cl}} = \dfrac{5 \times 127}{150 \times 520} = 0.008141$

   $\therefore \rho_{r\min} = [\rho_{rl},\ \rho_{rs}]_{\min} = 0.007938$

2) $\sum b_i{}^2/6$ 산정(주철근 등간격 배치)

   $\sum b_i{}^2/6 = (8 \times 118^2 + 4 \times 136^2)/6 = 30{,}896\,\text{mm}^2$

3) f_{c2} 산정

$$f_{c2} = \rho_{r\min} f_{yh}\left(1 - \frac{s}{b_{cl}}\right)\left(1 - \frac{s}{b_{cs}}\right)\left(1 - \frac{\sum b_i{}^2/6}{b_{cl}\,b_{cs}}\right)$$

$$= 0.007938 \times 400 \times \left(1 - \frac{150}{320}\right)\left(1 - \frac{150}{520}\right)\left(1 - \frac{30{,}896}{320 \times 520}\right) = 0.98\,\text{MPa}$$

4) $f_{ck,c}$ 산정

$$f_{ck,c} = f_{ck} + 3.7 f_{c2} = 24 + 3.7 \times 0.98 = 34 + 3.6 = 27.6\,\text{MPa}$$

7.2 중심축하중 작용 시 $\phi P_{n(\text{max})}$ 산정

편심이 없는 순수 축하중을 받는 압축재의 설계강도

띠철근 기둥 : $\phi P_{n(\max)} = 0.80\phi[0.85f_{ck}(A_g - A_{st}) + f_y A_{st}](\phi = 0.65)$

나선철근 기둥 : $\phi P_{n(\max)} = 0.85\phi[0.85f_{ck}(A_g - A_{st}) + f_y A_{st}](\phi = 0.70)$

1. 원형 나선철근 기둥의 $\phi P_{n(\max)}$ 산정

> **문제4** 아래와 같은 원형 나선철근 기둥의 ϕP_n을 산정하시오.
>
> $f_{ck} = 21\,\text{MPa}$
>
> $f_y = 400\,\text{MPa}$
>
> Main Bar : $6 - D25(3{,}042\text{mm}^2)$
>
> 나선철근 : $\phi 10$
>
> 나선철근 간격 : 40mm
>
> 기둥의 직경 : $\phi 400$

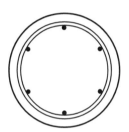

풀이 원형 나선철근 기둥의 ϕP_n 산정

1) 주철근비 검토

$$\rho = \frac{A_{st}}{A_g} = \frac{3{,}042}{125{,}663.7} = 0.0242 \geq \rho_{\min} = 0.01$$

2) 나선철근비 검토

$$\rho_s = \frac{4A_{ss}}{D_c \cdot s} = \frac{4 \times 71}{320 \times 40} = 0.02218$$

$$\rho_{\min} = 0.45\left(\frac{A_g}{A_c} - 1\right)\frac{f_{ck}}{f_y}$$

$$0.45 \times \left(\frac{\pi \times 400^2/4}{\pi \times 320^2/4} - 1\right) \times \frac{21}{400} = 0.01328$$

$\therefore \rho_{\min} = 0.01328 \leq \rho_s = 0.02218$ ⋯⋯⋯⋯⋯⋯⋯⋯⋯⋯⋯⋯⋯⋯ O.K

$$\rho_s = \frac{1\text{피치당 나선철근량}}{1\text{피치당 심부의 체적}}$$

$$= \frac{\pi \cdot D_c \cdot A_{ss}}{\pi \cdot D_c^2/4 \cdot s}$$

$$= \frac{4A_{ss}}{D_c \cdot s}$$

3) 설계축강도 P_u

나선철근 기둥

$$\phi P_{n(\max)} = 0.85\,\phi\,[\,0.85\,f_{ck}\,(A_g - A_{st}) + f_y\,A_{st}\,]$$

$$= 0.85 \times 0.70 \times [0.85 \times 21 \times (125{,}663.7 - 3042) + 400 \times 3{,}042] \times 10^{-3}$$

$$= 2{,}026\,\text{kN}$$

Memo...

7.3 축하중 및 1축 휨모멘트 작용 시 단면내력 산정 및 검토

1. 소성중심

(1) 콘크리트 단면 전체가 최대압축응력도($0.85f_{ck}$)에 도달하고, 모든 철근이 항복응력도(f_y)로 압축될 때의 단면의 저항중심

(2) 기둥에 작용하는 하중의 편심거리는 소성중심으로부터 떨어진 하중의 위치를 말함

(3) 대칭일 경우 – 도심과 소성중심 일치

문제 5 철근콘크리트의 소성중심을 설명하고 다음 단면의 소성중심을 구하시오. [66회 3교시]

$f_{ck} = 21\,\text{MPa},\ f_y = 400\,\text{MPa}$

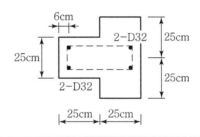

풀이 소성중심 산정

1) 콘크리트에 의한 압축력($f_{ck} \leq 40\,\text{MPa}$, $\eta = 1.0$)

$$C_{c1} = \eta(0.85f_{ck})A$$
$$= 1.0 \times (0.85 \times 21) \times 250 \times 250 = 1,115,625\,\text{N}$$
$$C_{c2} = 2 \times C_{c1} = 2,231,250\,\text{N}$$

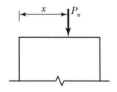

2) 철근에 의한 압축력

$$C_{s1} = C_{s2} = A_s\left[f_y - \eta(0.85f_{ck})\right]$$
$$= (2 \times 794) \times \left[400 - 1.0 \times (0.85 \times 21)\right]$$
$$= 606,854.2\,\text{N}$$

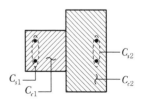

3. 소성중심 산정

(1) $\sum V = 0$

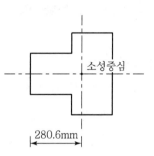

$$P_n = C_{c1} + C_{c2} + C_{s1} + C_{s2}$$
$$= 1,115,625 + 2,231,250 + 2 \times 606,854.2$$
$$= 4,560,583.4\,\mathrm{N}$$

(2) $\sum M = 0$

$$P_n \cdot x = C_{c1} \times 125 + C_{c2} \times 375 + C_{s1} \times (60 + 440)$$
$$= 1,279,598,975\,\mathrm{N \cdot mm}$$

(3) 소성중심의 위치 x

$$x = \frac{1,279,598,975}{4,560,583.4} = 280.6\,\mathrm{mm}$$

Memo...

2. Column의 균형변형률 상태에서의 P_b와 e_b 산정

압축측 외단의 변형률이 극한 변형률 0.0033에 도달할 때, 동시에 인장측 바깥 철근의 변형률이 ε_y에 도달하는 상태

균형변형률 상태 개념도	균형변형률 상태에서의 P_b와 e_b 산정 Process
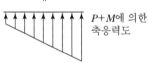 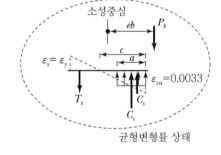 균형변형률 상태	1) 균형변형률 상태에서 중립축의 위치 산정 $(f_{ck} \leq 40\,\mathrm{MPa},\ \varepsilon_{cu} = 0.0033,\ \beta_1 = 0.8)$ $c_b = \dfrac{\varepsilon_{cu}}{\varepsilon_{cu} + \varepsilon_y} \cdot d = \dfrac{0.0033}{0.0033 + \varepsilon_y} \cdot d$ $a = c \cdot \beta_1 (\beta_1 = 0.8)$ 2) $C_c,\ C_s,\ T_s$ 산정$(f_{ck} \leq 40\,\mathrm{MPa},\ \eta = 1.0,\ \varepsilon_{cu} = 0.0033)$ (1) C_c 산정 $\quad C_c = \eta(0.85 f_{ck}) \cdot a \cdot b = \eta(0.85 f_{ck}) \cdot \beta_1 c \cdot b$ (2) C_s 산정 ① 항복 여부 판단 $\quad \varepsilon_s' = \left(\dfrac{c-d'}{c}\right) \cdot \varepsilon_{cu} = \left(\dfrac{c-d'}{c}\right) \times 0.0033 \geq \varepsilon_y$ ② $\varepsilon_s' \geq \varepsilon_y$일 경우 $\quad C_s = A_s'[f_y - \eta(0.85 f_{ck})]$ ③ $\varepsilon_s < \varepsilon_y$일 경우 $\quad \bullet\ f_s = E_s \cdot \varepsilon_s' = E_s \cdot \left(\dfrac{c-d'}{c}\right) \cdot \varepsilon_{cu}$ $\quad \bullet\ C_s = A_s'[f_s - \eta(0.85 f_{ck})]$ (3) $T_s = A_s \cdot f_y$ 3) 균형변형률 상태에서 축하중 P_b와 편심 e_b 산정 (1) $P_b = C_c + C_s - T_s$(힘의 평형조건) (2) e_b 산정 소성중심에 대한 모멘트 평형방정식을 세우면 $\quad P_b \cdot e_b = \left[C_c \left(\dfrac{h}{2} - \dfrac{a}{2}\right) + C_s \left(\dfrac{h}{2} - d'\right) + T_s \left(d - \dfrac{h}{2}\right) \right]$

문제6 아래 그림과 같은 단면을 갖는 콘크리트 기둥의 균형변형률 상태에서 축강도 P_b와 편심 e_b를 구하시오. [70회 2교시]

단, 콘크리트 설계기준강도 $f_{ck} = 21\text{MPa}$, 철근강도 설계기준 항복강도,
$f_y = 400\text{MPa}$, $E_s = 2.0 \times 10^5 \text{MPa}$, $A_s = 3,042\text{mm}^2(6-\text{D}25)$

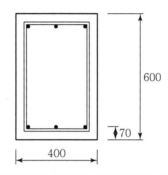

풀이 균형변형률 상태에서의 P_b와 e_b 산정

1) 균형변형률 상태에서 중립축의 위치 산정($f_{ck} \leq 40\text{MPa}$, $\beta_1 = 0.8$, $\varepsilon_{cu} = 0.0033$)

$$c_b = \frac{\varepsilon_{cu}}{\varepsilon_{cu} + \varepsilon_y} \cdot d = \frac{0.0033}{0.0033 + 0.002} \times 530 = 330\,\text{mm}$$

$$a = c \cdot \beta_1 = 330 \times 0.80 = 264\,\text{mm}$$

2) C_c, C_s, T_s 산정

(1) C_c 산정($f_{ck} \leq 40\text{MPa}$, $\eta = 1.0$)

$$C_c = \eta(0.85 f_{ck})\,a\,b = 1.0 \times (0.85 \times 21) \times 264 \times 400 \times 10^{-3} = 1,885.0\text{kN}$$

(2) C_s 산정

① 항복 여부 판단

$$\varepsilon_s' = \left(\frac{c - d'}{c}\right) \cdot \varepsilon_{cu} = \left(\frac{330 - 70}{330}\right) \times 0.0033 = 0.0026 > \varepsilon_y \cdots\cdots\cdots\cdots 항복$$

② $C_s = A_s'[f_y - \eta(0.85 f_{ck})]$

$$= (3 \times 507) \times [400 - 1.0 \times (0.85 \times 21)] \times 10^{-3} = 581.3\text{kN}$$

(3) T_s 산정

$$T_s = A_s \cdot f_y = (3 \times 507) \times 400 \times 10^{-3} = 608.4 \, \text{kN}$$

3) 균형변형률 상태에서 축하중 P_b와 편심 e_b 산정

(1) P_b 산정

$$P_b = C_b + C_s - T_s$$
$$= 1,885.0 + 581.3 - 608.4 = 1,857.9 \, \text{kN}$$

(2) e_b 산정

소성중심에 대한 모멘트 평형방정식을 세우면

$$P_b \cdot e_b = \left[C_c \left(\frac{h}{2} - \frac{a}{2} \right) + C_s \left(\frac{h}{2} - d' \right) + T_s \left(d - \frac{h}{2} \right) \right]$$
$$= [1,885.0 \times (300 - 264/2) + 581.3 \times (300 - 70)$$
$$+ 608.4 \times (530 - 300)] \times 10^{-3}$$
$$= 590.3 \, \text{kN} \cdot \text{m}$$

$$e_b = \frac{590.3 \times 10^3}{1,857.9} = 317.7 \, \text{mm}$$

참고

1. 주어진 단면에 축하중이 P_b보다 작거나, e_b보다 큰 편심이 작용하면 기둥부재보다 보부재에 가까움. 휨인장 지배
2. 축하중이 P_b보다 크거나, e_b보다 작은 편심이 작용하면 압축지배

문제7 정사각형 기둥(단주)에 대하여 다음 사항을 계산하시오. [90회 3교시], [114회 4교시 유사]

단, $f_{ck} = 27\,\mathrm{MPa}$, $f_y = 350\,\mathrm{MPa}$, 주근 $4-\mathrm{D}29(A_s = 2{,}570\,\mathrm{mm}^2)$

기둥단면 : $450\,\mathrm{mm} \times 450\,\mathrm{mm}(\mathrm{d} = \mathrm{d}' = 60\,\mathrm{mm})$

$E_s = 2.0 \times 10^5\,\mathrm{MPa}$

(1) 편심이 없는 경우의 축하중

(2) 균형하중시 P_b, M_b

(3) 압축파괴 구역에 대한 축하중과 모멘트($c = 30\,\mathrm{cm}$)

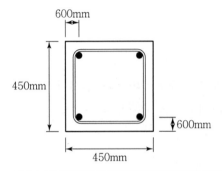

풀이 1) $\phi P_{n(\max)}$ 산정

$$\phi P_{n(\max)} = 0.8\,\phi\,[0.85\,f_{ck}\,(A_g - A_{st}) + f_y\,A_{st}]$$
$$= 0.65 \times 0.8 \times [0.85 \times 27 \times (450^2 - 2{,}570) + 350 \times 2{,}570] \times 10^{-3}$$
$$= 2{,}853.7\,\mathrm{kN}$$

2) P_b, e_b 산정

(1) c_b 산정 ($f_{ck} \leq 40\mathrm{MPa}$, $\varepsilon_{cu} = 0.0033$)

$$c_b = \frac{\varepsilon_{cu}}{\varepsilon_{cu} + \varepsilon_y} \cdot d = \frac{0.0033}{0.0033 + 350/(2.0 \times 10^5)} \times 390 = 254.9\,\mathrm{mm}$$

(2) P_b 산정

  ① C_c 산정 ($f_{ck} \le 40\,\mathrm{MPa}$, $\eta = 1.0$, $\beta_1 = 0.8$)

$$C_c = \eta(0.85 f_{ck})\beta_1\, c\, b$$

$$= 1.0 \times (0.85 \times 27) \times 0.80 \times 254.9 \times 450 \times 10^{-3} = 2,106.0\,\mathrm{kN}$$

  ② C_s 산정

$$\varepsilon_s{}' = \frac{c - d'}{c} \cdot \varepsilon_{cu} = \frac{254.9 - 60}{254.9} \times 0.0033$$

$$= 0.00252 \ge \varepsilon_y = 350/2.0 \times 10^5 = 0.00175 \quad\cdots\cdots\cdots\cdots\cdots\cdots\text{항복}$$

$$\therefore\ C_s = A_s{}' \cdot [f_y - \eta(0.85 f_{ck})]$$

$$= 1,285 \times [350 - 1.0 \times (0.85 \times 27)] \times 10^{-3} = 420.3\,\mathrm{kN}$$

  ③ $T_s = A_s f_y = 1,285 \times 350 \times 10^{-3} = 449.8\,\mathrm{kN}$

  ④ $P_b = C_c + C_s - T = 2,106.0 + 420.3 - 449.8 = 2,076.5\,\mathrm{kN}$

(3) e_b 산정

$$P_b \cdot e_b = \left[C_c\left(\frac{h}{2} - \frac{a}{2}\right) + C_s\left(\frac{h}{2} - d'\right) + T_s\left(d - \frac{h}{2}\right) \right]$$

$$2076.5\, e_b = \left[2,106.0 \times \left(\frac{450}{2} - \frac{0.8 \times 254.9}{2}\right) + 420.3 \times \left(\frac{450}{2} - 60\right) \right.$$

$$\left. + 449.8 \times \left(390 - \frac{450}{2}\right) \right]$$

$$\therefore\ e_b = 193.9\,\mathrm{mm}$$

3) $c = 30\mathrm{cm}$일 경우 P_u, M_u 산정

  (1) P_u 산정

    ① C_c 산정 ($f_{ck} \le 40\,\mathrm{MPa}$, $\eta = 1.0$, $\beta_1 = 0.8$)

$$C_c = \eta(0.85 f_{ck})\beta_1\, c\, b$$

$$= 1.0 \times (0.85 \times 27) \times 0.80 \times 300 \times 450 \times 10^{-3} = 2,478.6\,\mathrm{kN}$$

    ② C_s 산정($c_b \le c$므로 $\varepsilon_s{}' > \varepsilon_y$)

$$C_s = A_s{}'[f_y - \eta(0.85 f_{ck})]$$

$$= 1,285 \times [350 - 1.0 \times (0.85 \times 27)] \times 10^{-3} = 420.3\,\mathrm{kN}$$

③ T_s 산정

$$\varepsilon_s = \frac{90}{300} \times 0.0033 = 0.00099$$

$$\therefore\ T_s = A_s f_s = 1,285 \times (0.00099 \times 2.0 \times 10^5) \times 10^{-3} = 254.4\,\text{kN}$$

④ $P_n = C_c + C_s - T_s = 2,478.6 + 420.3 - 254.4 = 2,644.5\,\text{kN}$

⑤ $\phi P_n = 0.65 \times 2,644.5 = 1,718.9\,\text{kN}$

(2) ϕM_n 산정

① $\phi = 0.65\,(\because\ \varepsilon_s < \varepsilon_y$이므로 압축지배단면)

② $M_n = \left[C_c\left(\frac{h}{2} - \frac{a}{2}\right) + C_s\left(\frac{h}{2} - d'\right) + T_s\left(d - \frac{h}{2}\right) \right]$

$$= \left[2,478.6 \times \left(\frac{450}{2} - \frac{0.80 \times 300}{2}\right) + 420.3 \times \left(\frac{450}{2} - 60\right) \right.$$

$$\left. + 254.4 \times \left(390 - \frac{450}{2}\right) \right] \times 10^{-3}$$

$$= 371.6\,\text{kN·m}$$

$$\therefore\ \phi M_n = 0.65 \times 371.6 = 241.5\,\text{kN·m}$$

문제8 아래 그림과 같은 단면의 균형 변형률 상태에서의 축강도 P_b와 편심 e_b를 구하시오.

단, $f_{ck} = 24\,\text{MPa}$, $f_y = 400\,\text{MPa}$, D19 : $\text{A}_s = 287\,\text{mm}^2/\text{ea}$,

D25 : $\text{A}_s = 507\,\text{mm}^2/\text{ea}$

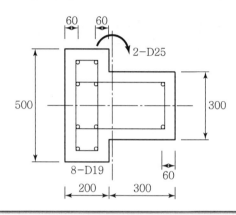

풀이 균형변형률 상태에서의 P_b와 e_b 산정

1) 소성중심 산정($f_{ck} \leq 40\,\text{MPa}$, $\eta = 1.0$)

    (1) $C_{c1} = 1.0 \times (0.85 \times 24) \times (500 \times 200) \times 10^{-3} = 2{,}040\,\text{kN}$

    (2) $C_{c2} = 1.0 \times (0.85 \times 24) \times (300 \times 300) \times 10^{-3} = 1{,}836\,\text{kN}$

    (3) $C_{s1} = C_{s2} = 4 \times 287 \times (400 - 0.85 \times 24) \times 10^{-3} = 435.8\,\text{kN}$

    (4) $C_{s3} = 2 \times 507 \times (400 - 0.85 \times 24) \times 10^{-3} = 384.9\,\text{kN}$

$$\therefore \overline{x} = \frac{2{,}040 \times 100 + 1{,}836 \times 350 + 435.8 \times (60 + 140) + 384.9 \times 440}{2{,}040 + 1{,}836 + 435.8 \times 2 + 384.9}$$

$$= 214.9\,\text{mm}(\text{콘크리트 인장연단에서의 거리})$$

2) c_b 값 산정($f_{ck} \leq 40\,\text{MPa}$, $\varepsilon_{cu} = 0.0033$, $\beta_1 = 0.8$)

$$c_b = \frac{0.0033}{0.0033 + 0.002} \times 440 = 274.0\,\text{mm}$$

$$a = c \cdot \beta_1 = 274 \times 0.80 = 219.2\,\text{mm}$$

3) C_c, C_s, T_s 산정

  (1) $C_c = \eta(0.85\,f_{ck})\,a\,b = 1.0 \times (0.85 \times 24) \times 219.2 \times 300 \times 10^{-3} = 1{,}341.5\,\text{kN}$

  (2) C_s 산정

    ① 항복 여부 판단

$$\varepsilon_s{}' = \left(\frac{c-d'}{c}\right)\cdot\varepsilon_{cu} = \left(\frac{274.0-60}{274.0}\right)\times 0.0033$$

$$= 0.00258 > \varepsilon_y = 0.002 \;\cdots\cdots\cdots\cdots\cdots\cdots\cdots\cdots\cdots\cdots\cdots\cdots \text{항복}$$

    ② $C_s = A_s{}' \cdot [f_y - \eta(0.85 \cdot f_{ck})]$

$$= 1{,}014 \times [400 - 1.0 \times (0.85 \times 24)] \times 10^{-3} = 384.9\,\text{kN}$$

  (3) T_s 산정

    ① T_{s1} 산정

$$T_{s1} = A_{s1} \cdot f_y = (4 \times 287) \times 400 \times 10^{-3} = 459.2\,\text{kN}$$

    ② T_{s2} 산정

$$\varepsilon_{s2} = \frac{360-c}{d-c} \times 0.002 = \frac{360-274}{440-274} \times 0.002 = 0.00104$$

$$T_{s2} = A_{s2} \times \varepsilon_{s2} \times E_s = 4 \times 287 \times 0.00104 \times 2 \times 10^5 \times 10^{-3} = 238.8\,\text{kN}$$

4) 균형변형률 상태에서 축하중 P_b와 편심 e_b 산정

  (1) $P_b = C_c + C_s - T_{s_1} - T_{s2} = 1{,}341.5 + 384.9 - (459.2 + 238.8) = 1{,}028.4\,\text{kN}$

  (2) e_b 산정

    소성중심에 대한 모멘트 평형방정식을 세우면

$$P_b \cdot e_b = \left[C_c\left(500 - \overline{x} - \frac{a}{2}\right) + C_s\left(500 - \overline{x} - d'\right) + T_{s1}\left(\overline{x} - 60\right) + T_{s2}\left(\overline{x} - 140\right) \right]$$

$$= \left[1{,}341.5 \times \left(500 - 214.9 - \frac{219.2}{2}\right) + 384.9 \times \left(500 - 214.9 - 60\right) + \right.$$

$$\left. 459.2 \times (214.9 - 60) + 238.8 \times (214.9 - 140) \right] \times 10^{-3} = 411.1\,\text{kN·m}$$

$$\therefore\; e_b = \frac{P_b \cdot e_b}{P_b} = \frac{411.1 \times 10^3}{1{,}028.4} = 399.7\,\text{mm}$$

3. P−M 상관도

> **문제9** RC P−M 곡선을 도시하고 설명하시오. [60회 1교시]

풀이 ▶ **P−M 상관도**

기둥의 단면치수 b, h와 재료상수 E_s, f_{ck}, f_y 및 철근에 관한 값 A_{si}, d_i가 주어진 상태에서 P_n과 M_n은 ε_{s1}의 함수로 되어 있다. ε_{s1}는 편심 e와 직접적인 관련을 가지며, e값의 변화에 따른 P_n과 M_n의 상관관계를 표현하면 P−M 상관도가 된다.

1) P−M 상관도

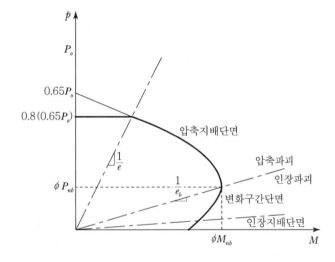

2) 강도감소계수의 산정

$$\phi = \phi_c + \frac{\phi_t - \phi_c}{[2.5\varepsilon_y, 0.005]_{\max} - \varepsilon_y}(\varepsilon_t - \varepsilon_c) \leqq \phi_t$$

(1) 띠철근 기둥의 강도감소계수 일반식

$$\phi = 0.65 + \frac{0.85 - 0.65}{[2.5\varepsilon_y, 0.005]_{\max} - \varepsilon_y}(\varepsilon_t - \varepsilon_y)$$

(2) 나선철근 기둥의 강도감소계수 일반식

$$\phi = 0.70 + \frac{0.85 - 0.70}{[2.5\varepsilon_y, 0.005]_{\max} - \varepsilon_y}(\varepsilon_t - \varepsilon_y)$$

(3) SD400 철근의 ϕ값 변화

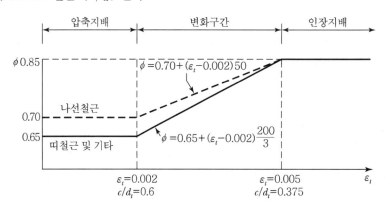

| | 압축지배 | 변화구간 | 인장지배 |

$\phi = 0.70 + (\varepsilon_t - 0.002)50$

나선철근

$\phi = 0.65 + (\varepsilon_t - 0.002)\dfrac{200}{3}$

띠철근 및 기타

$\varepsilon_t = 0.002$ $\varepsilon_t = 0.005$
$c/d_t = 0.6$ $c/d_t = 0.375$

‖ SD400 철근의 ϕ값 변화 ‖

3) 1축휨과 압축력을 받는 기둥의 하중과 모멘트 상관관계 계산

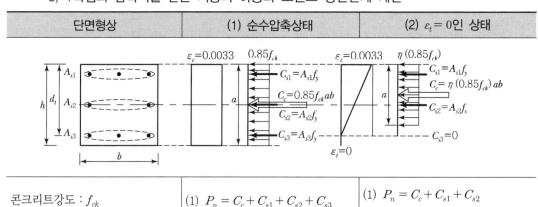

단면형상	(1) 순수압축상태	(2) $\varepsilon_t = 0$인 상태

$\varepsilon_c = 0.0033$ $0.85f_{ck}$ $C_{s1} = A_{s1}f_y$ $C_c = 0.85f_{ck}ab$ $C_{s2} = A_{s2}f_y$ $C_{s3} = A_{s3}f_y$

$\varepsilon_c = 0.0033$ $\eta(0.85f_{ck})$ $C_{s1} = A_{s1}f_y$ $C_c = \eta(0.85f_{ck})ab$ $C_{s2} = A_{s2}f_s$ $C_{s3} = 0$ $\varepsilon_t = 0$

콘크리트강도 : f_{ck}
철근 강도 : f_y
전체단면적 : A_g
철근전체면적 : A_{st}

(1) $P_n = C_c + C_{s1} + C_{s2} + C_{s3}$
$\quad = [0.85f_{ck}(A_g - A_{st}) + f_y A_{st}]$

(2) $M_n = 0$

(3) 압축지배단면 : $\phi = 0.65$

(1) $P_n = C_c + C_{s1} + C_{s2}$

(2) M_n
$= \left[C_c\left(\dfrac{h}{2} - \dfrac{a}{2}\right) + C_{s1}\left(\dfrac{h}{2} - d'\right) \right]$

(3) 압축지배단면 : $\phi = 0.65$

(3) $\varepsilon_t = \varepsilon_y$인 상태(균형변형률상태)	(4) $\varepsilon_t = 0.004$인 상태

$\varepsilon_c = 0.0033$ $\eta(0.85f_{ck})$ $C_{s1} = A_{s1}f_s$ $C_c = \eta(0.85f_{ck})ab$ $C_{s2} = A_{s2}f_s$ $\varepsilon_t = 0.002$ $T_{s3} = A_{s3}f_y$

$\varepsilon_c = 0.0033$ $\eta(0.85f_{ck})$ $C_{s1} = A_{s1}f_s$ $C_c = \eta(0.85f_{ck})ab$ $T_{s2} = A_{s2}f_s$ $\varepsilon_t = 0.004$ $T_{s3} = A_{s3}f_y$

(1) $P_n = C_c + C_{s1} + C_{s2} - T_{s3}$

(2) M_n

$$= \left[C_c \left(\frac{h}{2} - \frac{a}{2} \right) + C_{s1} \left(\frac{h}{2} - d' \right) + T_{s3} \left(d_t - \frac{h}{2} \right) \right]$$

(3) 압축지배단면 : $\phi = 0.65$

(1) $P_n = C_c + C_{s1} - T_{s2} - T_{s3}$

(2) M_n

$$= \left[C_c \left(\frac{h}{2} - \frac{a}{2} \right) + C_{s1} \left(\frac{h}{2} - d' \right) + T_{s3} \left(d_t - \frac{h}{2} \right) \right]$$

(3) 변화구간단면 $(\varepsilon_y < \varepsilon_t < 2.5\varepsilon_y)$

$$\phi = 0.65 + \frac{0.85 - 0.65}{0.005 - \varepsilon_y} (\varepsilon_t - \varepsilon_y)$$

(5) $\varepsilon_t = 0.005$인 상태	(6) $P_n = 0$(순수 휨) 상태

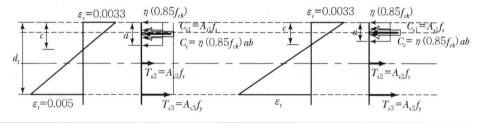

(1) $P_n = C_c + C_{s1} - T_{s2} - T_{s3}$

(2) M_n

$$= \left[C_c \left(\frac{h}{2} - \frac{a}{2} \right) + C_{s1} \left(\frac{h}{2} - d' \right) + T_{s3} \left(d_t - \frac{h}{2} \right) \right]$$

(3) 인장지배단면 : $\phi = 0.85$

(1) $P_n = C_c + C_{s1} - T_{s2} - T_{s3} = 0$

(2) M_n

$$= \left[C_c \left(\frac{h}{2} - \frac{a}{2} \right) + C_{s1} \left(\frac{h}{2} - d' \right) + T_{s3} \left(d_t - \frac{h}{2} \right) \right]$$

(3) 인장지배단면 : $\phi = 0.85$

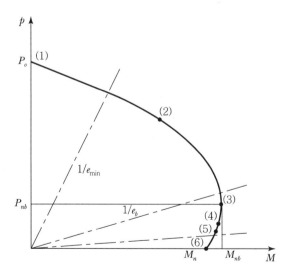

∥1축휨과 압축력을 받는 기둥의 P－M 상관도 작성－개략적인 작성시 (1), (3), (6)점 산정∥

문제 10 기둥의 $P_n - M_n$ 상관관계도에서 A, B점에서의 값을 구하시오.

[63회 3교시], [83회 3교시 유사], [90회 3교시 유사]

$f_{ck} = 20\,\text{MPa},\ f_y = 400\,\text{MPa},\ E_s = 2.0 \times 10^5\,\text{MPa},\ $ 철근 한 개의 단면적 $= 5.0\,\text{cm}^2$

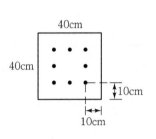

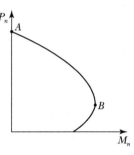

풀이 ▶ P−M 상관도

1) $P_{n(\text{max})}$ 산정

$$P_{n(\text{max})} = 0.85\,f_{ck}\,(A_g - A_{st}) + f_y\,A_{st}$$
$$= [0.85 \times 20 \times (400^2 - 4{,}000) + 400 \times 4{,}000] \times 10^{-3} = 4{,}252\,\text{kN}$$

2) 균형변형률 상태의 P_{nb} 산정

(1) 균형변형률 상태에서 중립축의 위치 산정

$$(f_{ck} \leq 40\,\text{MPa},\ \varepsilon_{cu} = 0.0033,\ \beta_1 = 0.8)$$

$$c_b = \frac{\varepsilon_{cu}}{\varepsilon_{cu} + \varepsilon_y} \cdot d = \frac{0.0033}{0.0033 + 0.002} \times 300 = 186.8\,\text{mm}$$

$$a = c \cdot \beta_1 = 186.8 \times 0.80 = 149.4\,\text{mm}$$

(2) $C_c,\ C_s,\ T_s$ 산정

① C_c 산정$(\eta = 1.0)$

$$C_c = \eta(0.85\,f_{ck})\,a\,b$$
$$= 1.0 \times (0.85 \times 20) \times 149.4 \times 400 \times 10^{-3} = 1{,}015.9\,\text{kN}$$

② C_s 산정

㉠ 항복 여부 판단

$$\varepsilon_s' = \left(\frac{c-d'}{c}\right)\cdot\varepsilon_{cu} = \left(\frac{186.8-100}{186.8}\right)\times 0.0033 = 0.00153 < \varepsilon_y$$

·········· 항복하지 않음

$$f_s' = \varepsilon_s'\cdot E_s = 0.00153\times 2.0\times 10^5 = 306\,\mathrm{MPa}$$

㉡ $C_s = A_s'\,[f_s' - \eta(0.85\,f_{ck})]$

$$= (3\times 500)\times [306 - 1.0\times(0.85\times 20)]\times 10^{-3} = 433.5\,\mathrm{kN}$$

(3) T_{s1} 산정

$$T_{s1} = A_s\cdot f_y = (3\times 500)\times 400\times 10^{-3} = 600\,\mathrm{kN}$$

(4) T_{s2} 산정

① $\varepsilon_{s2} = \dfrac{20}{180}\times 0.0033 = 0.00037$

② $f_s = \varepsilon_{s2}\cdot E_s = 0.00037\times 2.0\times 10^5 = 74\,\mathrm{MPa}$

∴ $T_{s2} = A_{s2}\cdot f_{s2} = (2\times 500)\times 74\times 10^{-3} = 74\,\mathrm{kN}$

3) 균형변형률 상태에서 축하중 P_{nb}와 균형모멘트 M_{nb} 및 편심 e_b 산정

(1) $P_{nb} = C_b + C_s - T_{s1} - T_{s2} = 1015.9 + 433.5 - 600 - 74 = 775.4\,\mathrm{kN}$

(2) M_{nb} 산정

$$M_{nb} = P_{nb}\cdot e_b = \left[C_c\left(\frac{h}{2}-\frac{a}{2}\right) + C_s\left(\frac{h}{2}-d'\right) + T_s\left(d-\frac{h}{2}\right)\right]$$

$$= [1,015.9\times(200-149.4/2) + 433.5\times(200-100)$$

$$+ 600\times(300-200)]\times 10^{-3}$$

$$= 230.6\,\mathrm{kN\cdot m}$$

(3) e_b 산정

$$e_b = \frac{230.6\times 10^3}{775.4} = 297.4\,\mathrm{mm}$$

4. 축하중과 1축 휨모멘트를 받는 기둥부재의 단면내력 검토

문제 11 아래 그림의 단면을 갖는 기둥의 단면내력을 검토하시오. [75회 2교시], [103회 4교시 유사]

$P_u = 2,500\,\text{kN}, \; M_u = 200\,\text{kN·m}$(모멘트 확대계수 포함)

단, $f_{ck} = 35\,\text{MPa}, \; f_y = 400\,\text{MPa}, \; E_s = 2.0 \times 10^5\,\text{MPa}$

$4-\text{D29}(A_s{}' = 2,568\,\text{mm}^2), \; 4-\text{D29}(A_s = 2,568\,\text{mm}^2)$

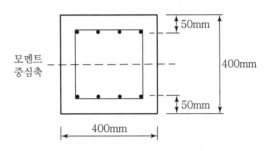

풀이 축하중과 1축 휨모멘트를 받는 기둥부재의 단면내력 검토

1) $\phi P_{n(\max)}$ 산정

$$\phi P_{n(\max)} = 0.80\,\phi\left[0.85\,f_{ck}\left(A_g - A_{st}\right) + f_y\,A_{st}\right]$$
$$= 0.80 \times 0.65 \times \left[0.85 \times 35 \times \left(400^2 - 5,136\right) + 400 \times 5,136\right] \times 10^{-3}$$
$$= 3,464\,\text{kN}$$

2) 균형변형률 상태의 ϕP_{nb} 산정

(1) 균형변형률 상태에서 중립축의 위치 산정

$$(f_{ck} \leq 40\,\text{MPa}, \; \varepsilon_{cu} = 0.0033, \; \beta_1 = 0.8)$$

$$c_b = \frac{\varepsilon_{cu}}{\varepsilon_{cu} + \varepsilon_y} \cdot d = \frac{0.0033}{0.0033 + 0.002} \times 350 = 218.0\,\text{mm}$$

$$a = c \cdot \beta_1 = 218.0 \times 0.80 = 174.4\,\text{mm}$$

(2) $C_c, \; C_s, \; T_s$ 산정($f_{ck} \leq 40\,\text{MPa}, \; \eta = 1.0$)

① C_c 산정

$$C_c = \eta(0.85\,f_{ck})\,a\,b$$
$$= 1.0 \times (0.85 \times 35) \times 174.4 \times 400 \times 10^{-3} = 2,075.4\,\text{kN}$$

② C_s 산정

㉠ 항복 여부 판단

$$\varepsilon_s' = \left(\frac{c-d'}{c}\right) \cdot 0.0033 = \left(\frac{218-50}{218}\right) \times 0.0033 = 0.00254 > \varepsilon_y \cdots 항복$$

㉡ $C_s = A_s' [f_y - \eta(0.85 f_{ck})]$

$$= 2,568 \times [400 - 1.0 \times (0.85 \times 35)] \times 10^{-3} = 950.8 \,\text{kN}$$

③ T_s 산정

$$T_s = A_s \cdot f_y = 2,568 \times 400 \times 10^{-3} = 1,027.2 \,\text{kN}$$

(3) 균형변형률 상태에서 축하중 ϕP_{nb}와 편심 e_b 산정

① $P_{nb} = C_c + C_s - T_s = 2,075.4 + 950.8 - 1,027.2 = 1,999.0 \,\text{kN}$

② e_b 산정

$$P_{nb} \cdot e_b = \left[C_c \left(\frac{h}{2} - \frac{a}{2}\right) + C_s \left(\frac{h}{2} - d'\right) + T_s \left(d - \frac{h}{2}\right) \right]$$

$$= [2,075.4 \times (200 - 174.4/2) + 950.8 \times (200 - 50)$$

$$+ 1,027.2 \times (350 - 200)] \times 10^{-3}$$

$$= 530.8 \,\text{kN·m}$$

$$e_b = \frac{530.8 \times 10^3}{1,999.0} = 265.5 \,\text{mm}$$

③ $\phi P_{nb} = 0.65 \times 1,999.0 = 1,299.4 \,\text{kN}$

3) $c = 310\text{mm}$일 때 ϕP_n, ϕM_n 산정

(1) C_c 산정

$$C_c = \eta(0.85 f_{ck}) \beta_1 c \, b$$

$$= 1.0 \times (0.85 \times 35) \times 0.80 \times 310 \times 400 \times 10^{-3} = 2,951.2 \,\text{kN}$$

(2) C_s 산정($c_b \leq c$므로 $\varepsilon_s' > \varepsilon_y$)

$$C_s = A_s' [f_y - \eta(0.85 f_{ck})]$$

$$= 2,568 \times [400 - 1.0 \times (0.85 \times 35)] \times 10^{-3} = 950.8 \,\text{kN}$$

(3) T_s 산정

$$T_s = A_s \cdot f_s$$

$$① \ f_s = \varepsilon_s \cdot E_s = \left[\left(\frac{40}{310} \right) \times 0.0033 \right] \times 2.0 \times 10^5 = 85.2 \, \text{MPa}$$

$$② \ T_s = 2{,}568 \times 85.2 \times 10^{-3} = 218.8 \, \text{kN}$$

$$(4) \ \phi P_n = \phi (C_c + C_s - T_s) = 0.65 \times (2{,}951.2 + 950.8 - 218.8)$$
$$= 2{,}394.1 \, \text{kN} < P_u = 2{,}500 \, \text{kN}$$

4) $c = 320$mm일 때 ϕP_n, ϕM_n 산정

  (1) C_c 산정

$$C_c = \eta (0.85 f_{ck}) \beta_1 c \, b$$
$$= 1.0 \times (0.85 \times 35) \times 0.80 \times 320 \times 400 \times 10^{-3} = 3{,}046.4 \, \text{kN}$$

  (2) C_s 산정

$$C_s = A_s{}' [f_y - \eta (0.85 f_{ck})]$$
$$= 2{,}568 \times [400 - 1.0 \times (0.85 \times 35)] \times 10^{-3} = 950.8 \, \text{kN}$$

  (3) T_s 산정

$$T_s = A_s \cdot f_s$$

$$① \ f_s = \varepsilon_s \cdot E_s = \left[\left(\frac{30}{320} \right) \times 0.0033 \right] \times 2.0 \times 10^5 = 61.9 \, \text{MPa}$$

$$② \ T_s = 2{,}568 \times 61.9 \times 10^{-3} = 159.0 \, \text{kN}$$

  (4) $\phi P_n = \phi (C_c + C_s - T_s) = 0.65 \times (3{,}046.4 + 950.8 - 159.0)$
$$= 2{,}494.8 \, \text{kN} \approx P_u = 2{,}500 \, \text{kN}$$

  (5) $\phi M_n = 0.65 \times \left[3{,}046.4 \times \left(200 - \dfrac{0.80 \times 320}{2} \right) + 950.8 \times (200 - 50) \right.$
$$\left. + 159.0 \times (350 - 200) \right] \times 10^{-3}$$
$$= 250.8 \, \text{kN·m} > M_u = 200 \, \text{kN·m}$$

5) 검토 결과

  $\phi P_n \approx P_u$, $\phi M_n > M_u$이므로 단면은 안전하다.

문제 12 다음과 같은 정육각형 단면 형상의 띠철근 기둥에 대하여 P – M 상관관계를 검토하고자 한다. 모멘트는 y축을 중심으로 회전하는 일축 모멘트만을 고려한다. 강도감소계수(ϕ)가 0.85보다 작은 값에서 0.85에 도달한 경우, 이 기둥이 받을 수 있는 축력의 크기(ϕP_n) 및 이때의 모멘트 크기(ϕM_n)를 구하시오. [89회 2교시]

단, $f_{ck} = 30$MPa이고 종방향 철근(D22) 및 띠철근(D13)의 항복강도는 $f_y = 400$MPa이다.

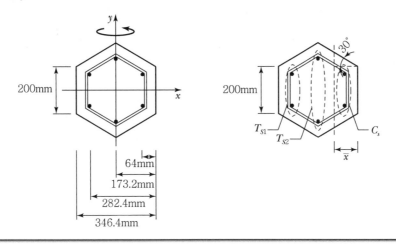

풀이 1) 중립축(c) 산정($f_{ck} \leq 40$MPa, $\varepsilon_{cu} = 0.0033$)

$\varepsilon_t = 0.005$(강도감소계수 0.85 도달)이므로

$$c = \frac{\varepsilon_{cu}}{(\varepsilon_{cu} + 0.005)} \times d = \frac{0.0033}{0.0033 + 0.005} \times 282.4 = 112.3\,\text{mm}$$

2) a값 산정($f_{ck} \leq 40\,\text{MPa}$, $\beta_1 = 0.8$)

$$a = \beta_1 \cdot c = 0.8 \times 112.3 = 89.8\,\text{mm}$$

3) C_c, C_s, T_s 산정($f_{ck} \leq 40\,\text{MPa}$, $\eta = 1.0$)

　(1) C_c 산정

$$C_c = \eta(0.85 f_{ck})\,a\,b$$
$$= 1.0 \times (0.85 \times 30) \times 89.8 \times (200 + 89.8 \times \tan 30°) \times 10^{-3} = 576.7\,\text{kN}$$

(2) C_s 산정

① 항복 여부 판단

$$\varepsilon_s' = \left(\frac{c - d'}{c}\right) \cdot \varepsilon_{cu} = \left(\frac{112.3 - 64}{112.3}\right) \times 0.0033 = 0.00142 < \varepsilon_y$$

.... 항복하지 않음

② C_s 산정

$$C_s = A_s' [E_s \varepsilon_s' - \eta(0.85 f_{ck})]$$
$$= (2 \times 387) \times [(2.0 \times 10^5 \times 0.00142) - 1.0 \times (0.85 \times 30)] \times 10^{-3}$$
$$= 200.1 \, \text{kN}$$

(3) T_{s1} 산정

$$T_{s1} = A_{s1} \cdot f_y = 2 \times 387 \times 400 \times 10^{-3} = 309.6 \, \text{kN}$$

(4) T_{s2} 산정

① 항복 여부 판단

$$\varepsilon_s = \left(\frac{h/2 - c}{d - c}\right) \times 0.005$$
$$= \left(\frac{173.2 - 112.3}{282.4 - 112.3}\right) \times 0.005 = 0.00179 < \varepsilon_y \quad \text{.................. 항복하지 않음}$$

② T_{s2} 산정

$$T_{s2} = A_{s2} \cdot E_s \cdot \varepsilon_s = 2 \times 387 \times 2 \times 10^5 \times 0.00179 \times 10^{-3} = 277.1 \, \text{kN}$$

4) ϕP_n 산정

$$\phi P_n = \phi (C_c + C_s - T_{s1} - T_{s2}) = 0.85 \times (576.7 + 200.1 - 309.6 - 277.1)$$
$$= 161.6 \, \text{kN}$$

5) ϕM_n 산정

  (1) 사다리꼴 도심 산정

$$\overline{x} = \frac{((200 \times 89.8 \times 89.8/2) + 2 \times ((89.8 \times \tan 30° \times 89.8 \times 1/2) \times 89.8 \times 2/3))}{(200 \times 89.8) + 2 \times (89.8 \times \tan 30° \times 89.8 \times 1/2)}$$

$$= 48.0\,\mathrm{mm}$$

  (2) ϕM_n 산정

$$\phi M_n = \phi \left[C_c \left(\frac{h}{2} - \overline{x} \right) + C_s \left(\frac{h}{2} - d' \right) + T_{s1} \left(d - \frac{h}{2} \right) \right]$$

$$= 0.85 \times [576.7 \times (173.2 - 48.0) + 200.1 \times (173.2 - 64)$$

$$+ 309.6 \times (282.4 - 173.2)] \times 10^{-3}$$

$$= 108.7\,\mathrm{kN \cdot m}$$

建築構造技術士 | **철근콘크리트**

문제13 $c = 1,100\,\mathrm{mm}$일 때 ϕP_n과 ϕM_n을 산정하고 내력을 검토하시오. [100회 3교시]

$P_u = 10,000\,\mathrm{kN}$, $M_u = 5,000\,\mathrm{kN \cdot m}$ (모멘트 확대계수 포함)

콘크리트의 설계기준 압축강도 : $f_{ck} = 30\,\mathrm{MPa}$

철근의 설계기준 항복강도 : $f_y = 400\,\mathrm{MPa}$

$E_s = 2.0 \times 10^5\,\mathrm{MPa}$, $d = 1,700\,\mathrm{mm}$, $d' = 100\,\mathrm{mm}$

철근 $5 - \mathrm{D}\,32\,(A_s = 3,970\,\mathrm{mm}^2)$, $5 - \mathrm{D}\,32\,(A_s{}' = 3,970\,\mathrm{mm}^2)$이다.

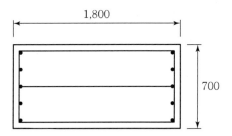

풀이 **기둥 단면내력 검토**

1) $c = 1,100\,\mathrm{mm}$일 때 ϕP_n과 ϕM_n을 산정

  (1) ϕP_n 산정 ($f_{ck} \le 40\,\mathrm{MPa}$, $\eta = 1.0$, $\beta_1 = 0.8$, $\varepsilon_{cu} = 0.0033$)

    ① C_c 산정

$$C_c = \eta(0.85\,f_{ck})\beta_1\,c\,b$$
$$= 1.0 \times (0.85 \times 30) \times 0.8 \times 1,100 \times 700$$
$$= 15,708,000\,\mathrm{N}$$

    ② C_s 산정

      ㉠ 항복 여부 판단

$$\varepsilon_s{}' = \left(\frac{c - d'}{c}\right) \cdot \varepsilon_{cu} = \left(\frac{1,100 - 100}{1,100}\right) \times 0.0033 = 0.003 \ge \varepsilon_y$$

      ㉡ C_s 산정

$$C_s = A_s{}'[f_y - \eta(0.85\,f_{ck})]$$
$$= 3,970 \times [400 - 1.0 \times (0.85 \times 30)]$$
$$= 1,486,765\,\mathrm{N}$$

③ T 산정

㉠ 항복 여부 판단

$$\varepsilon_s = \left(\frac{d-c}{c}\right) \cdot \varepsilon_{cu} = \left(\frac{1700-1100}{1100}\right) \times 0.0033 = 0.0018 < \varepsilon_y$$

·············· 항복하지 않음

㉡ T 산정

$$T = A_s \cdot f_s = A_s \cdot (E_s \cdot \varepsilon_s)$$

$$= 3,970 \times (2.0 \times 10^5 \times 0.0018)$$

$$= 1,429,200\,\text{N}$$

④ ϕP_n 산정

$$P_n = C_c + C_s - T$$

$$= 15,708,000 + 1,486,765 - 1,429,200$$

$$= 15,765.565\,\text{N}$$

$$\phi P_n = 0.65 \times P_n = 10,247.6\,\text{kN}$$

(2) ϕM_n 산정

① $\phi = 0.65$(압축지배단면)

② $M_n = C_c \cdot \left(\dfrac{h}{2} - \dfrac{a}{2}\right) + C_s \cdot \left(\dfrac{h}{2} - d'\right) + T_s \cdot \left(d - \dfrac{h}{2}\right)$

$$= \left[15,708,000 \times \left(900 - \frac{0.80 \times 1,100}{2}\right) + 1,486,765 \times (900 - 100)\right.$$

$$\left. + 1,429,200 \times (1,700 - 900)\right] \times 10^{-6}$$

$$= 9,558.5\,\text{kN·m}$$

$$\therefore \phi M_n = 0.65 \times 9,558.5 = 6,213.0\,\text{kN·m}$$

2) 내력 검토

$$\therefore \phi P_n = 10,247.6 \approx P_u = 10,000\,\text{kN일 때}$$

$$\phi M_n = 6,213.0\,\text{kN·m} \geq M_u = 5,000\,\text{kN·m}$$

·············· O.K

7.4 축하중 및 2축 휨모멘트 작용 시 근사해석법

1. 2축휨을 받는 기둥의 설계법

> **문제 14** 2축하중을 받는 철근콘크리트 기둥설계에서 상관곡선면을 그리고 등하중선법(Load Contour Method)과 상반하중법(Neciproccal Load Method)에 대하여 설명하시오. [67회 3교시]
>
> **문제 15** 2축 휨을 받는 철근콘크리트 압축부재 설계방법 중 브레슬러 상반 하중법(Bresler Reciprocat Method)에 대하여 설명하시오. [62회 3교시]

풀이 ▶ 2축휨을 받는 기둥의 설계법

브레슬러(B. Bresler)의 상반하중법 – $P_u > 0.10\,f_{ck}\,b\,h$의 조건에서 실험결과와 잘 일치

• 상반하중관계에 의한 공칭강도 P_{ni}

$$\frac{1}{P_{ni}} = \frac{1}{\psi P_{nx}} + \frac{1}{\psi P_{ny}} - \frac{1}{\psi P_{no}}$$

P_{ni} = 2축 편심상태$(e_x,\ e_y)$에서 공칭축하중강도

P_{nx} = x축에 따른 편심상태(e_x)에서 공칭축하중강도

P_{ny} = y축에 따른 편심상태(e_y)에서 공칭축하중강도

P_{no} = 편심 없는 상태$(e_x = e_y = 0)$에서 공칭축하중강도

$\quad\ = 0.85 f_{ck}(A_g - A_{st}) + f_y A_{st}$

$$\psi P_{ni} = \cfrac{1}{\cfrac{1}{\psi P_{nx}} + \cfrac{1}{\psi P_{ny}} - \cfrac{1}{\psi P_{no}}}$$

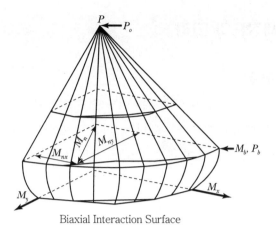

Biaxial Interaction Surface

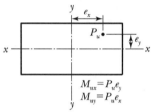

$$M_{ux} = P_u e_y$$
$$M_{uy} = P_u e_x$$

Reinforcing bars not shown
Notation for Biaxial Loading

Memo...

7.5 기둥의 세장효과 고려

1. 오일러의 좌굴(탄성좌굴)

순수 축방향 압축력을 받는 세장한 압축재는 어느 정도 이상의 압축력에 도달하면 축방향변
위뿐만 아니라 횡방향 변위도 발생하게 된다. 이와같은 현상을 좌굴(Buckling)이라 한다. 세
장하고 곧은 부재의 좌굴에 관한 이론은 1757년 오일러(Euler)에 의해 규명되었다.

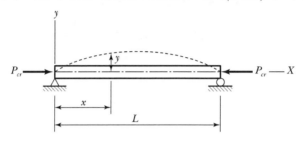

‖ 양단 단순지지된 부재의 좌굴 ‖

그림을 참조하여 좌굴이 발생된 순간의 모멘트와 곡률 간의 관계는 다음과 같다.

$$\frac{d^2 y}{dx^2} = -\frac{M}{EI}$$

또한, 좌굴이 발생하는 순간의 휨모멘트는 $P_{cr}\,y$와 같으므로 다음과 같은 미분방정식이 성립
한다.

$$y'' + \frac{P_{cr}}{EI}y = 0$$

- 위 식의 일반해는 다음과 같다.

$$y = A\cos(cx) + B\sin(cx), \quad c = \sqrt{\frac{P_{cr}}{EI}}$$

- A와 B는 상수이므로 다음의 경계조건에 의해 결정된다.

$$x = 0, \ y = 0 \ : \ 0 = A\cos(0) + B\sin(0) \qquad A = 0$$
$$x = L, \ y = 0 \ : \ 0 = B\sin(cL)$$
$$\sin(cL) = 0인 \ 경우$$
$$cL = 0, \ \pi, \ 2\pi, \ 3\pi, \ \dots = n\pi, \ n = 0, 1, 2, 3, \dots$$

$$c = \sqrt{\frac{P_{cr}}{EI}} \text{ 이므로}$$

$$cL = \left[\sqrt{\frac{P_{cr}}{EI}}\right]L = n\pi, \quad \frac{P_{cr}}{EI}L^2 = n^2\pi^2 \quad \text{and} \quad P_{cr} = \frac{n^2\pi^2 EI}{L^2}$$

※ 여기서 n은 좌굴모드를 말하며 $n = 1$이면 1차 모드, $n = 2$는 2차 모드이며 $n = 0$이며 하중이 가해지지 않은 상태이다. 이러한 좌굴모드는 아래 그림에 나타나 있다. 실질적인 경우 좌굴은 1차 모드에 의해 지배받게 된다.

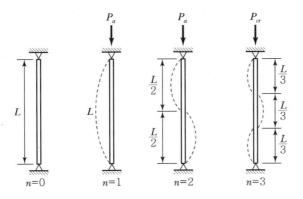

┃ 양단 단순지지된 부재의 좌굴모드 ┃

양단 단순지지된 일반 압축부재의 경우 $n = 1$이며 오일러 식은 다음과 같다.

$$P_{cr} = \frac{\pi^2 EI}{L^2}$$

$$P_{cr} = \frac{\pi^2 EI}{L^2} = \frac{\pi^2 EAr^2}{L^2} = \frac{\pi^2 E}{(L/r)^2}A$$

위 식에서 r은 좌굴축에 대한 단면반경이며 L/r은 세장비이다. 즉 세장비가 클수록 장주가된다. 임계하중을 단면적으로 나누면 임계좌굴응력을 구할 수 있으며, 다음과 같다.

$$\sigma_{cr} = \frac{P_{cr}}{A} = \frac{\pi^2 E}{(L/r)^2}$$

2. 유효길이계수 k

1) 이론적 유효길이계수 k

구분	Non Side Sway			Side Sway		
k	1.0	0.7	0.5	1.0	2.0	2.0
지점조건						

2) 보 – 기둥 골조에서의 유효길이계수 k 변화 [100회 1교시 유사], [102회 1교시 유사]

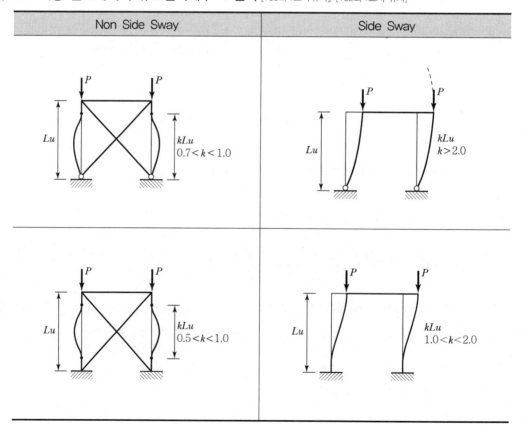

Non Side Sway	Side Sway
Lu kLu $0.7 < k < 1.0$	Lu kLu $k > 2.0$
Lu kLu $0.5 < k < 1.0$	Lu kLu $1.0 < k < 2.0$

3) 유효길이계수 k는 기둥과 보의 철근비 변화 및 균열 등을 고려한 근사적 방법

유효길이계수 k는 기둥과 보의 철근비 변화 및 균열 등을 고려한 압축부재 양단의 상대 강성도의 함수이며, 다음의 (1) 또는 (2)의 근사적 방법에 의하여 구할 수 있다.

(1) 잭슨과 모얼랜드 도표 이용하는 방법

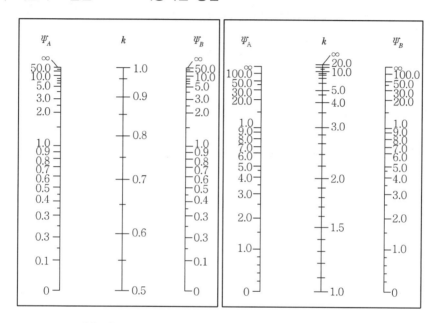

(a) 횡구속 골조   (b) 비횡구속 골조

$$\Psi = \text{압축부재 단부의 강성도비} = \frac{\Sigma\left(\dfrac{EI}{l}\right)_{\text{col.}}}{\Sigma\left(\dfrac{EI}{l}\right)_{\text{beam}}}$$

(2) 유효길이계수 k는 다음에 서술한 방법에 따라 구할 수 있다.

① 횡구속 골조 압축부재의 유효길이계수 k는 다음 중 작은 값을 취하여야 한다.

$$k = 0.7 + 0.05\,(\Psi_A + \Psi_B) \leq 1.0$$

$$k = 0.85 + 0.05\,\Psi_{\min} \leq 1.0$$

여기서, Ψ_A와 Ψ_B는 압축부재 양단의 Ψ 값이다. 그리고 $\Psi_{\min}$은 Ψ_A와 Ψ_B 중 작은 값을 나타낸다.

② 비횡구속 골조 압축부재에 대한 유효길이계수 k는 다음에 따라 구할 수 있다.

　㉠ 양단이 구속된 압축부재

$$\Psi_m < 2$$에 대해서 $$k = \frac{20 - \Psi_m}{20}\sqrt{1 + \Psi_m}$$

$$\Psi_m \geq 2$$에 대해서 $$k = 0.9\sqrt{1 + \Psi_m}$$

　　　여기서, Ψ_m은 Ψ_A와 Ψ_B의 평균값이다.

　㉡ 1단 구속 및 1단 힌지인 압축부재

$$k = 2.0 + 0.3\Psi$$

　　　여기서, Ψ는 구속단의 Ψ값이다.

3. 균열단면을 고려한 유효강성

> **문제 16** 철근콘크리트 라멘조 해석시 적용하는 균열강성에 대하여 설명하고, 부재설계시와 사용성 검토시 균열강성이 미치는 영향에 대하여 설명하시오. [70회 1교시], [75회 1교시]

풀이 ▶ **균열강성 [KDS 14 20 20]**

강도설계를 위해 사용되는 탄성해석에서 강성 EI는 파괴 직전 부재의 강성을 고려해야 한다. 따라서 현재 기준에서 기둥의 세장효과를 고려하기 위한 균열 강성을 적용하면 무리 없을 것으로 판단된다.

1) 균열강성
  (1) 탄성계수 E_c
  (2) 단면 2차 모멘트
      ① 보 $0.35I_g$
      ② 기둥 $0.70I_g$
      ③ 비균열벽체 $0.70I_g$
      ④ 균열벽체 $0.35I_g$
      ⑤ 플랫 플레이트 및 플랫 슬래브 $0.25I_g$
  (3) 단면적 $1.0A_g$

    다만, 횡방향 지속하중이 작용할 경우와 안정성을 검토할 경우에는 크리프를 고려하여 단면 2차 모멘트를 $(1+\beta_d)$로 나누어야 한다.

2) 라멘조에서 부재력 산정을 위한 보-기둥의 골조해석

   라멘조(보-기둥)의 해석에서는 부재력을 산정하기 위해 모델링할 때, 보-기둥의 상대 강성이 중요하며 보의 경우 T형 보는 일반보의 약 2배의 휨강성을 가지므로, 단면의 강성을 줄이지 않고 해석하더라도 해석 결과의 차이는 크지 않을 것으로 판단된다.

3) 사용성 검토(변위) [KDS 14 20 10]

   사용하중에 대한 철근콘크리트 구조 시스템의 횡변위를 산정할 때 강성은 상기에 의해 정의된 휨강성에 1.43배를 한 값을 사용하여 선형해석하거나 부재의 강성저하를 고려하여 해석하여야 한다.

4. 버팀지지된 골조와 버팀지지 되지 않은 골조의 정의

문제 17 횡구속골조와 비횡구속골조의 정의에 대하여 설명하시오.

[63회 1교시], [67회 1교시], [103회 1교시], [116회 2교시 유사], [119회 1교시 유사]

풀이 버팀지지된 골조와 버팀지지되지 않은 골조의 정의

1) 버팀지지된 조건 [KDS 14 20 20]

수평변위에 축력이 작용하여 생기는 $P \cdot \Delta$ 모멘트가 수평하중에 의한 1차모멘트 보다 매우 작은 값을 가질 때,

(1) 2계 해석에 의한 기둥 단부 휨모멘트의 증가량이 1계 탄성해석에 의한 단부 휨모멘트의 5 %를 초과하지 않는 경우에 이 구조물의 기둥은 횡구속 구조물로 가정할 수 있다.

(2) 다음의 층 안정성 지수가 0.05 이하일 경우 해당 구조물 층은 횡구속 구조물로 가정할 수 있다.

$$Q = \frac{\sum P_u \Delta_0}{V_u l_c} \leq 0.05 \Rightarrow \text{BRACED FRAME}$$

$$> 0.05 \Rightarrow \text{UNBRACED FRAME}$$

① $\sum P_u$ 와 V_u 는 각각 해당 층에서의 전체 수직하중과 층전단력

② Δ_o 는 V_u 로 인한 해당 층의 상단과 하단 사이의 1계 탄성해석에 의한 상대변위

③ l_c : 층 높이

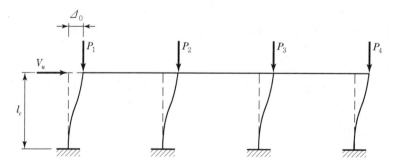

(3) 횡변위에 저항하는 구조요소 중 기둥을 제외한 구조요소의 전체 층강성이 해당 층에 있는 기둥 전체의 강성의 12배보다 큰 골조는 횡구속 골조로 간주할 수 있다.

5. 압축재의 세장효과 고려 – 세장효과 고려조건

문제 18 압축재의 세장효과 고려조건에 대하여 설명하시오. [63회 1교시], [102회 1교시]

풀이 세장효과 고려조건 [KDS 14 20 20]

1) 버팀지지골조

   (1) $\dfrac{k\, l_u}{\gamma} \leq 34 - 12\dfrac{M_{1ns}}{M_{2ns}}$ ⇒ 장주영향 무시

                 $34 - 12\dfrac{M_{1b}}{M_{2b}} \leq 40$

   (2) $34 - 12\dfrac{M_{1ns}}{M_{2ns}} < \dfrac{k\, l_u}{\gamma}$ ⇒ 장주영향 고려

2) 버팀지지되지 않은 골조

   (1) $\dfrac{k\, l_u}{\gamma} \leq 22$ ⇒ 장주영향 무시

   (2) $22 < \dfrac{k\, l_u}{\gamma}$ ⇒ 장주영향 고려

           여기서, $\gamma = \sqrt{\dfrac{I_g}{A_g}}$

               직사각형 단면 : $\gamma = 0.3h$, 원형 단면 : $\gamma = 0.25h$

               M_{1ns} : 연직하중에 의해 발생한 단부모멘트 중 작은 값

               M_{2ns} : 연직하중에 의해 발생한 단부모멘트 중 큰 값

6. 모멘트 증대계수

문제 19 모멘트 확대 계수법에 의한 장주의 설계방법을 설명하시오. [67회 2교시]

문제 20 횡구속되지 않은 철근콘크리트 압축부재의 모멘트 확대현상을 설명하고, 이에 대한 설계방법을 기술하시오. [65회 4교시]

풀이 **모멘트 증대계수 [KDS 14 20 20]**

장주설계 시 기둥길이에 대한 영향을 탄성해석에 의한 1차모멘트를 증대하여 설계모멘트로 한다. 이때 증대계수 δ를 모멘트 증대계수라 한다.

$$M_c = P_u \cdot (e + \Delta) = M_2 + P_u \cdot \Delta \Rightarrow \delta M_2$$

만약 $P - \Delta$ 효과를 고려할 수 있는 2차 골조해석 또는 $P - \Delta$ 해석을 수행하면 해석결과를 그대로 설계단면력으로 사용할 수 있다.

1) Braced Frame

$$M_c = \delta_{ns} \cdot M_{2ns}$$

수직하중에 의한 모멘트 증대계수

(1) $\delta_{ns} = \dfrac{C_m}{1 - P_u / 0.75 P_c} \geq 1.0$

① $C_m = 0.6 + 0.4 \dfrac{M_{1ns}}{M_{2ns}}$: 등가모멘트 보정계수

② $P_c = \pi^2 EI / (k l_u)^2$

$EI = \dfrac{0.2 E_c I_g + E_s I_s}{1 + \beta_d}$, $EI = \dfrac{0.4 E_c I_g}{1 + \beta_d}$ 중 큰 값

여기서, E_c : 콘크리트의 탄성계수

E_s : 철근의 탄성계수

I_g : 콘크리트 전단면적에 대한 단면 2차 모멘트

I_s : 도심에 대한 철근의 단면 2차 모멘트

$\beta_d = \dfrac{\text{최대계수 축방향고정하중}}{\text{전체 계수 축하중}} \Rightarrow$ 크리프의 영향을 나타내는 계수

(2) M_{2ns} : 중력하중 등 수평이동을 일으키지 않는 하중에 의해 생기는 계수하중 단부 모멘트 중 큰 값

2) Unbraced Frame

(1) 비횡구속 골조의 압축부재에 대한 유효길이계수 k는 균열단면을 고려한 I값을 사용하여 결정되며 이 값은 1.0보다 커야 한다.

(2) 압축부재의 양단 휨모멘트 M_1과 M_2는 다음과 같이 계산하여야 한다.

$$M_1 = M_{1ns} + \delta_s M_{1s}$$

$$M_2 = M_{2ns} + \delta_s M_{2s}$$

(3) $\delta_s M_s$의 산정방법

① 층안정성지수 Q를 사용하는 방법

$$\delta_s M_s = \frac{M_s}{1 - Q} \geq M_s$$

만일 이 방법으로 계산된 δ_s는 1.5 이하여야 하며 1.5를 초과하는 경우 (2), (3)의 방법으로 산정한다.

② 비횡구속인 경우의 확대휨모멘트 $\delta_s M_s$는 균열단면의 부재 강성을 이용하여 2계 탄성해석으로부터 계산한 압축부재의 단부 휨모멘트를 사용할 수 있다.

③ $\delta_s M_s = \dfrac{M_s}{1 - \dfrac{\sum P_u}{0.75 \sum P_c}} \geq M_s$

여기서, $\sum P_u$는 한 층의 모든 계수연직하중의 합

$\sum P_c$는 횡방향 변위에 저항하는 모든 기둥의 임계하중 P_c의 합

3) 최소모멘트에 대한 검토

$$M_{\min} = P_u (15 + 0.03h)(h : \text{mm 단위})$$

7. 보-기둥의 최대 설계모멘트 산정 Process

1) 세장효과 고려 여부 검토

(1) 압축재의 지점 간 거리 산정 : l_u

(2) 압축재의 유효길이계수 산정 : k

(3) 단면 2차반경 산정 : $r = 0.3h = 0.25d$

(4) 세장효과 고려 여부 평가

버팀지지된 골조 : $\dfrac{kl_u}{r} \leq 34 - 12\dfrac{M_{1ns}}{M_{2ns}} \leq 40 \Rightarrow$ 단주, 초과하면 세장효과 고려

버팀지지되지 않은 골조 : $\dfrac{kl_u}{r} \leq 22 \Rightarrow$ 단주, 초과하면 세장효과 고려

2) 증대계수 모멘트 산정

$$M_c = \delta_{ns} M_{2ns}$$

$$\delta_{ns} = \frac{C_m}{1 - P_u / 0.75P_c} \geq 1.0$$

(1) $C_m = 0.6 + 0.4\dfrac{M_{1ns}}{M_{2ns}}$: 등가모멘트 보정계수

(2) $P_c = \pi^2 EI / (klu)^2$

$$EI = \frac{0.2E_c I_g + E_s I_s}{1 + \beta_d}, \quad EI = \frac{0.4E_c I_g}{1 + \beta_d} \text{ 중 큰 값}$$

(3) $\delta_{ns} = \dfrac{C_m}{1 - P_u / 0.75P_c} \geq 1.0$

$$\leq 1.4$$

3) 최대설계모멘트 산정

(1) 최소모멘트 검토

$$M_{\min} = P_u \cdot e_{\min} = P_u (15 + 0.03h)$$

(2) 최대설계모멘트 산정

$$M_{\max} = \delta_{ns} M_{2ns}$$

문제 21 다음 그림과 같은 철근콘크리트 보 – 기둥에 대하여 극한강도설계법에 의한 최대 설계 **모멘트를 구하시오.** [53회 3교시], [75회 3교시 유사], [92회 3교시], [119회 3교시 유사]

$f_{ck} = 31\,\text{MPa}, \quad f_y = 400\,\text{MPa}, \quad \beta_d = 0.4, \quad P_u = 950\,\text{kN}, \quad w_u = 12\,\text{kN/m}$

축방향 철근 4 – HD22

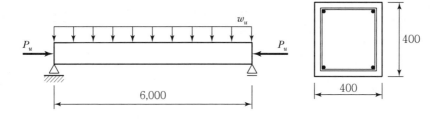

풀이 ▶ 보 – 기둥의 극한강도 설계법에 의한 최대 설계모멘트 산정

1) 세장효과 고려 여부 검토

   (1) 단면 2차반경 산정

$$r = 0.3h = 0.3 \times 400 = 120\,\text{mm}$$

   (2) 세장비 검토$(k = 1)$

$$\lambda = \frac{kl_u}{r} = \frac{6,000}{120} = 50 > 34 - 12\frac{M_{1b}}{M_{2b}} = 34$$

    ∴ 세장효과를 고려한 모멘트 확대계수를 적용

2) 모멘트 확대계수 산정

   (1) $C_m = 0.6 + 0.4\dfrac{M_1}{M_2}$

    $C_m = 1.0$(횡방향 하중 작용)

   (2) EI 산정

$$EI_1 = \frac{0.2E_cI_g + E_sI_s}{1 + \beta_d}, \quad EI_2 = \frac{0.4E_cI_g}{1 + \beta_d} \text{ 중 큰 값}$$

① $E_c = 8,500^3\sqrt{35} = 8,500 \times ^3\sqrt{35} = 27,804\,\text{N/mm}^2$

② $E_s = 2.0 \times 10^5\,\text{N/mm}^2$

③ $I_g = \dfrac{bh^3}{12} = \dfrac{400 \times 400^3}{12} = 2.13 \times 10^9\,\text{mm}^4$

④ $I_s = [(2 \times 387) \times (200 - 60)^2] \times 2 = 3.034 \times 10^7\,\text{mm}^4$

⑤ $EI_1 = \dfrac{0.2 E_c I_g + E_s I_s}{1 + \beta_d} = \dfrac{0.2 \times 27,804 \times 2.13 \times 10^9 + 2.0 \times 10^5 \times 3.034 \times 10^7}{1 + 0.4}$

$\qquad = 1.279 \times 10^{13}\,\text{N·mm}^2$

⑥ $EI_2 = \dfrac{0.4 E_c I_g}{1 + \beta_d} = \dfrac{0.4 \times 27,804 \times 2.13 \times 10^9}{1 + 0.4} = 1,692 \times 10^{13}\,\text{N·mm}^2$

$\qquad \therefore\ EI = 1,692 \times 10^{13}\,\text{N·mm}^2\ \text{적용}$

⑦ P_c 산정

$$P_c = \dfrac{\pi^2 EI}{(kl_u)^2} = \dfrac{\pi^2 \times 1,692 \times 10^{13}}{(1.0 \times 6,000)^2} \times 10^{-3} = 4,638.7\,\text{kN}$$

⑧ 모멘트 확대계수 산정

$$\delta_b = \dfrac{C_m}{1 - P_u / 0.75 P_c} \geq 1.0$$

$$\delta_b = \dfrac{1.0}{1 - 950 / (0.75 \times 4,638.7)} = 1.376 \leq 1.4$$

3) 최대설계모멘트 산정

   (1) 최소모멘트 검토

$$M_{\min} = P_u \cdot e_{\min} = P_u (15 + 0.03h)$$

$$= 950 \times (15 + 0.03 \times 400) \times 10^{-3} = 25.65\,\text{kN·m}$$

$$M = \dfrac{12 \times 6^2}{8} = 54\,\text{kN·m} \geq M_{\min}$$

   (2) 최대설계모멘트 산정

$$M_c' = \delta_b M = 1.376 \times \dfrac{12 \times 6^2}{8} = 74.3\,\text{kN·m}$$

문제 22 그림에 주어진 300mm×400mm 단면의 보-기둥에 그림과 같은 계수하중이 작용하고 있다. 만약에 이 단면 그림과 같이 4-D32 철근으로 보강되었다면 현행 기준에 따라 작용하는 하중을 지지하는 데 충분한지 판단하라. f_{ck} = 28MPa, f_y = 400MPa이고, 전체 계수축력에 대한 지속하중의 비, β_d = 0.5로 고려하라. 주어진 단면에 대한 상관 값은 kN과 kN·m의 단위로 아래와 같다.(D32 : A_s = 794mm²/ea)

철근	ρ_t	MAX Cap.		0%f_y		25%f_y		50%f_y		100%f_y		0.1$f_{ck}A_g$		
		ϕM_n	ϕP_n	ϕM_n	ϕP_n	ϕM_n	ϕP_n	ϕM_n	ϕP_n	ϕM_n	ϕP_n	ϕM_n	ϕP_n	ϕM_n
4-D32	2.65	65	1,745	110	1,385	133	1,140	150	930	177	575	149	252	155

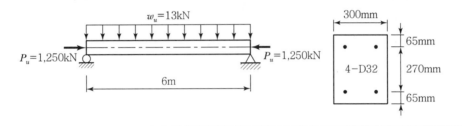

풀이 **세장효과**

1) 세장효과 고려 여부 검토

(1) $\gamma = 0.3 \times 400 = 120\,\text{mm}$

(2) $\lambda = \dfrac{kl_u}{\gamma} = \dfrac{6,000}{120} = 50 \geq \left[34 - 12\dfrac{M_1}{M_2},\ 40 \right]_{\min}$

∴ 모멘트 확대 효과 고려

2) δ 산정

(1) $C_m = 1.0$ (축의 횡방향 하중 적용)

(2) P_E 산정

① $EI = \left[\dfrac{0.2\,E_c\,I_c + E_s\,I_s}{1 + \beta_d},\ \dfrac{0.4\,E_c\,I_c}{1 + \beta_d} \right]_{\max}$

② $E_c = 8,500\ \sqrt[3]{f_{cu}} = 8,500\ \sqrt[3]{32} = 26,985.8\,\text{N/mm}^2$

③ $I_c = \dfrac{bh^3}{12} = \dfrac{300 \times 400^3}{12} = 1.6 \times 10^9\,\text{mm}^4$

④ $I_s = 4 \times 794 \times (200 - 65)^2 = 57,882,600 \, \text{mm}^4$

⑤ $EI = \dfrac{0.2 \, E_c I_c + E_s I_s}{1 + \beta_d}$

$= \dfrac{0.2 \times 26,985.8 \times 1.6 \times 10^9 + 2.0 \times 10^5 \times 57,882,600}{1 + 0.5}$

$\fallingdotseq 1.35 \times 10^{13} \, \text{N·mm}^2$

⑥ $EI = \dfrac{0.4 \, E_c I_c}{1 + \beta_d} = \dfrac{0.4 \times 26,985.8 \times 1.6 \times 10^9}{1 + 0.5} \fallingdotseq 1.15 \times 10^{13} \, \text{N·mm}^2$

$\therefore EI = 1.35 \times 10^{13} \, (\text{N·mm}^2)$

⑦ $P_E = \dfrac{\pi^2 \cdot E \cdot I}{(kl_u)^2} = \dfrac{\pi^2 \times 1.35 \times 10^{13}}{6,000^2} \times 10^{-3} = 3,701.1 \, \text{kN}$

(3) $\delta = \dfrac{C_m}{1 - \dfrac{P_u}{0.75 P_E}} = \dfrac{1}{1 - \dfrac{1,250}{0.75 \times 3,701.1}} = 1.82 > 1.4$

∴ 시스템 수정 또는 기둥단면 재설계 필요함. 그러나 안정성 확보 제한사항을 무시하고, 내력을 검토함

3) 소요 모멘트 강도 선정

(1) $M_{u\,\min} = P_u \, e_{\min} = P_u (15 + 0.03h)$

$= 1,250 \times (15 + 0.03 \times 400) \times 10^{-3} = 33.75 \, \text{kN·m}$

(2) $M_{u\,\max} = \delta \, M_o = 1.82 \times \dfrac{13 \times 6^2}{8} = 106.47 \, \text{kN·m}$

4) 보·기둥의 내력 검토

(1) 부재력 P_u, M_u는 균형상태 상부에 있다.

(2) $P_u = 1,250 \, \text{kN} \leq \phi P_n = 1,385 \, \text{kN}$,

$M_u = 106.47 \, \text{kN·m} \leq \phi M_n = 110 \, \text{kN·m}$ ⋯⋯⋯⋯⋯⋯⋯⋯⋯⋯⋯⋯ O.K

7.6 바닥판 구조를 통한 기둥하중의 전달

[83회 1교시], [92회 1교시], [110회 1교시], [124회 1교시 유사]

기둥 콘크리트의 설계기준강도가 바닥판 구조에 사용한 콘크리트 강도의 1.4배를 초과하는 경우, 바닥판 구조를 통한 하중의 전달은 아래 방법 중 한 가지에 의해 이루어져야 한다. 그러나 1.4배 이하인 경우는 특별한 조치를 취할 필요가 없다.

(1) 기둥 주변의 바닥판은 기둥과 동일한 강도를 가진 콘크리트로 시공하여야 한다. 기둥 콘크리트의 상면은 기둥면으로부터 슬래브 내로 600mm 정도 확대하고, 기둥콘크리트와 바닥판 콘크리트가 일체화되도록 기둥 콘크리트가 굳지 않은 상태에서 바닥판 콘크리트를 시공하여야 한다.

(2) 바닥판 구조를 통과하는 기둥의 강도는 소요 연직 연결철근과 나선철근을 가진 콘크리트 강도의 하한값을 기준으로 하여야 한다.

(3) 높이가 거의 같은 보나 슬래브로 네 면이 횡방향으로 구속된 기둥의 접합부 강도는 기둥 콘크리트 강도의 75%와 바닥판 콘크리트 강도의 35%를 합한 콘크리트의 강도로 가정해서 계산할 수 있다. 여기서, 기둥의 콘크리트 강도는 바닥판 콘크리트 강도의 2.5배를 초과할 수 없다.

Memo...

문제 23 아래 그림과 같이 슬래브와 기둥에 사용한 콘크리트의 설계기준강도가 상이한 접합부가 있다. 기둥은 슬래브로 4면이 횡구속되었으며, 기둥의 장주효과는 고려하지 않는다.

[81회 3교시], [96회 3교시 유사]

(1) Slab $f_{ck} = 43\,\mathrm{N/mm^2}$일 때 기둥의 $\phi P_{n(\max)}$를 구하시오.

(2) Slab $f_{ck} = 35\,\mathrm{N/mm^2}$일 때 1)번 문제에서의 $\phi P_{n(\max)}$이 감소되지 않도록 슬래브와 기둥 접합부(빗금친 부분)의 보강상세 및 설계과정을 설명하시오.

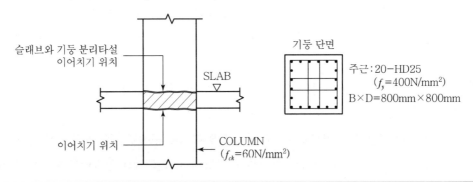

풀이 ▶ 기둥과 슬래브의 강도가 다를 때 강도 산정방법

1) Slab $f_{ck} = 43\,\mathrm{N/mm^2}$일 때 기둥의 $\phi P_{n(\max)}$ 산정

 (1) $1.4 \times (\mathrm{SLAB}\ f_{ck}) \geq \mathrm{COL}\ f_{ck}$일 경우에는 별도의 조치를 취할 필요 없다.

$$1.4 \times 43 = 60.2\,\mathrm{N/mm^2} \geq 60\,\mathrm{N/mm^2}$$

 (2) $\phi P_{n(\max)}$

$$\begin{aligned}
\phi P_{n(\max)} &= 0.80\,\phi\left[0.85\,f_{ck}\,(A_g - A_{st}) + f_y A_{st}\right] \\
&= 0.80 \times 0.65 \times \left[0.85 \times 60 \times (800^2 - 20 \times 507) + 400 \times 20 \times 507\right] \times 10^{-3} \\
&= 18,813\,\mathrm{kN}
\end{aligned}$$

2) Slab $f_{ck} = 35\,\text{N/mm}^2$일 경우

  (1) 보강 여부 검토

$$1.4 \times 35 = 49\,\text{N/mm}^2 < 60\,\text{N/mm}^2$$

이므로 기준에 의한 특별한 조치가 필요하다.

  (2) 보강 및 검토방법 선정

높이가 거의 같은 보나 슬래브로 네 면이 횡방향으로 구속된 기둥의 접합부 강도는 기둥 콘크리트 강도의 75%와 바닥판 콘크리트 강도의 35%를 합한 콘크리트의 강도로 가정해서 계산할 수 있다.

  (3) 다우얼바(Dowel Bar) 산정

    ① $f_{ck} = 0.75\,f_{ck-c} + 0.35\,f_{ck-s} = 0.75 \times 60 + 0.35 \times 35 = 57.25\,\text{N/mm}^2$

    ② 내력 부족분

$$P_{0-60} - P_{0-57.25} = 0.85 \times (60 - 57.25) \times (800^2 - 20 \times 507) \times 10^{-3}$$
$$= 1,472.3\,\text{kN}$$

    ③ 다우얼(Dowel) 철근량 산정(D25 사용)

$$n = \frac{1,472.3 \times 10^3}{507 \times (400 - 0.85 \times 57.25)} = 8.27$$

9 − D25를 슬래브 상하면에서 기둥으로 압축철근정착길이 이상 추가 배근한다.

    ④ $\phi\,P_{n(\max)}$ 산정

$$\phi\,P_{n(\max)} = 0.80 \times 0.65 \times [0.85 \times 57.25 \times (800^2 - 29 \times 507)$$
$$+ 400 \times 29 \times 507] \times 10^{-3} = 18,881.1\,\text{kN} \geq 18,813\,\text{kN}$$

제8장 전단 및 비틀림 설계

[KDS 14 20 22]

→ Professional Engineer Architectural Structures

8.1 보의 전단설계

1. 전단스팬

> **문제1** 전단경간비의 영향선을 포함한 철근콘크리트 전단 저항기구에 대하여 설명하라. [73회 1교시]
>
> **문제2** 철근콘크리트조의 보에서 발생하는 사인장 응력과 그 균열의 특징에 대해 설명하시오.
> [68회 1교시]
>
> **문제3** 전단길이(Shear Span) [60회 1교시]
>
> **문제4** 단순철근 콘크리트보의 전단경간에 대한 유효깊이비의 변화에 따른 파괴양상을 설명하시오. [88회 1교시]

풀이 ▶ 전단스팬

1) 전단스팬과 전단스팬비의 정의

 (1) 전단스팬(Shear Span)
  부재 내에 발생하는 최대 휨모멘트와 최대 전단력의 비 [60회 1교시]

  즉, $a = \dfrac{M_{\max}}{V_{\max}} = \dfrac{M_u}{V_u}$

 (2) 전단스팬비(Shear Span Ratio)
  전단스팬을 보의 유효춤으로 나눈 값

  즉, $\dfrac{a}{d} = \dfrac{M_{\max}}{V_{\max}d} = \dfrac{M_u}{V_u d}$

2) 전단스팬비에 따른 파괴형태

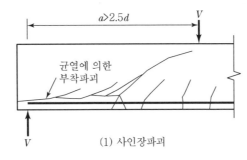

(1) 사인장파괴

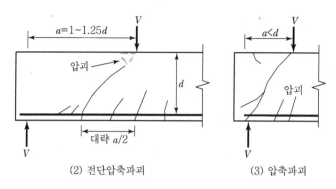

(2) 전단압축파괴   (3) 압축파괴

∥ 전단스팬비에 따른 보의 전단파괴 형태 ∥

(1) $a/d = 3 \sim 4$: 사인장 파괴(Diagonal Tension Failure)
    ① 사인장 파괴 : 균열이 발생하여 파급될 수 있는 충분한 공간이 있음
    ② 일반적으로 단부 가까이의 휨균열에서 시작(휨전단균열 : Flexural – shear Crack)
    ③ 보의 중간부에서 수평방향의 45° 가까운 경사
    ④ 압축역에 들어서면서는 압축응력의 저항을 받아 거의 평탄한 진행을 보이다가 정지

(2) $a/d = 1 \sim 2.5$: 전단압축파괴(Shear – compression Failure)
    ① 보의 전단력 지지능력이 증가
      ∵ 하중이나 반력 자체가 사인장 균열의 진행을 억제하는 방향으로 영향을 끼치
        기 때문
    ② 하중점 부근에서 집중하중에 의한 압축파괴가 동반 ← 전단압축 파괴

(3) $a/d \le 1$: 쪼갬파괴 or 압축파괴
    ① 사인장 균열발생의 가능성이 배제 ← 전단강도 크게 상승
      ∵ 하중점과 지지점 사이에 형성되는 압축대에 의하여 직접 전달
    ② 파괴형태
      ㉠ 쪼갬파괴(Splitting Failure) : 단부콘크리트의 마찰저항이 작은 경우
      ㉡ 압축파괴 : 지지부에서의 압축파괴

2. 철근콘크리트 보의 전단강도에 대한 기본 이해

1) 콘크리트보의 전단강도(V_c)

(1) 전단력과 휨모멘트가 작용하는 부재

① 전단보강되지 않은 보에 휨전단 균열이 발생하였을 때 보에 작용하는 전단력 V

전단보강되지 않은 보의 전단강도 $= V_c + V_{ay} + V_d$

㉠ 균열이 생기지 않은 압축측 콘크리트가 저항하는 전단력 V_c

㉡ 균열이 생긴 부위에서 골재의 맞물림 작용(Interlock Action) V_{ay}

㉢ 인장 주철근의 장부작용(Dowel Action) V_d

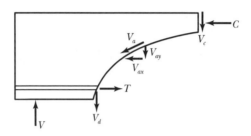

‖ 전단보가 되지 않은 보의 균열 후 내력 ‖

② 인장철근비 $\rho_\omega = A_s / b_w d$에 의한 실험결과 전단강도에 미치는 인장철근의 영향

⇒ 인장철근비가 높을수록 전단강도가 증가 – 인장철근의 Dowel Action 작용

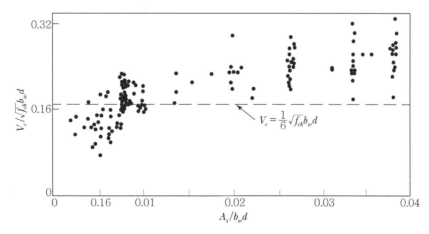

‖ 전단보강되지 않은 보의 전단강도 V_c에 대한 철근비의 영향 ‖

③ 콘크리트의 전단강도 V_c

일반식 : $V_c = \dfrac{1}{6} \lambda \sqrt{f_{ck}} b_w d$

상세식 : $V_c = \left(0.16 \lambda \sqrt{f_{ck}} + 17.6 \rho_w \dfrac{V_u d}{M_u}\right) b_w d \leq 0.29 \lambda \sqrt{f_{ck}} b_w d$

여기서, λ : 경량콘크리트 계수

M_u는 전단을 고려하는 단면에서 V_u 와 동시에 발생하는 계수휨모멘트

$V_u d / M_u \leq 1.0$

(2) 전단력 + 축력이 작용하는 부재

① 축력의 영향

㉠ 압축력 : 휨인장 균열이 억제되어, 균열의 확대를 저지

㉡ 인장력 : 휨인장 균열을 증대시키고, 균열의 확대를 증폭

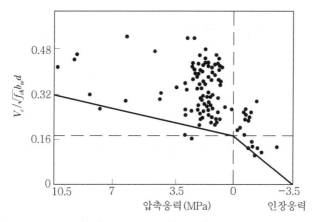

| 전단강도에 대한 축응력의 영향 |

② 축방향 압축력을 받는 부재

$$V_c = \dfrac{1}{6}\left(1 + \dfrac{N_u}{14 A_g}\right) \lambda \sqrt{f_{ck}} b_w d$$

$N_u / A_g : \mathrm{N/mm^2}$

③ 현저히 큰 축방향 인장력을 받는 부재의 경우

$$V_c = \dfrac{1}{6}\left(1 + \dfrac{N_u}{3.5 A_g}\right) \lambda \sqrt{f_{ck}} b_w d$$

㉠ N_u : 인장력(-)

㉡ N_u / A_g의 단위 : N/mm²

2) 전단보강된 보의 전단강도

(1) 전단 보강근의 역할

① 균열의 확대를 억제

② 골재의 맞물림 작용효율 증대

③ 인장 주근을 수직으로 지지하여 장부작용에 의한 전단 저항성능을 증대

(2) 보의 전단력

$$V = V_c + V_{ay} + V_d + V_s$$

① V_c : 균열이 생기지 않은 압축측 콘크리트가 저항하는 전단력

② V_{ay} : 균열이 생긴 부위에서 골재의 맞물림작용(Interlock Action)

③ V_d : 인장 주철근의 장부작용(Dowel Action)

④ $V_s = nA_v f_v$: 전단 보강근에 생기는 수직력

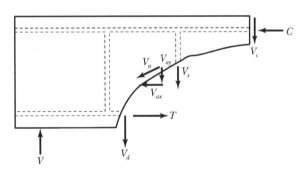

‖ **전단보강된 보의 균열 후 내력** ‖

(3) 전단보강된 보의 전단내력분포 [99회 1교시]

① 휨균열 전

콘크리트의 전단내력(V_c)으로 저항한다.

② 휨균열 발생 후~사인장균열 전

㉠ 휨균열이 발생하게 되면 V_c 외에도 V_{ay}와 V_d가 내력을 발휘하기 시작한다.

ⓛ 사인장 균열 전까지는 V_s는 전단력 지지에 아무런 기여를 하지 않는다.

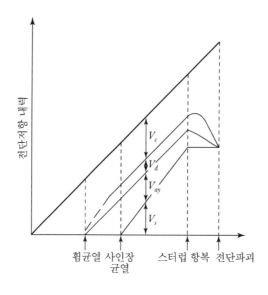

③ 사인장균열 발생 후~스터럽 항복 전

　ㄱ 사인장 균열이 발생하게 되면 스터럽이 내력을 발휘하기 시작한다.

　ㄴ 이 구간에서는 V_c, V_{ay}, V_d의 내력은 일정하거나 조금 감소하는 반면, V_s는 외부 전단력에 대해 선형으로 대응하여 저항한다.

④ 스터럽 항복 후

스터럽이 항복하게 되면 V_{ay}와 V_d는 급격히 저하하게 되며, V_c의 부담이 늘어나 파괴하는 양상을 보인다.

(4) 전단 보강근의 전단강도

　① 전단보강근에 의한 전단강도 $V_u > \phi V_c$일 때 전단 보강근의 보강이 필요

$$\phi V_n = \phi(V_s + V_c) \geq V_u$$

$$V_s = \frac{V_u}{\phi} - V_c$$

　② 전단 보강근에 의한 전단강도식 유도

　　ㄱ 전단 보강근 1개가 발휘하는 힘 = $A_v \cdot f_y$

　　ㄴ n개 보강근에 의한 전단력의 수직 성분

$$V_s = nA_v f_y \sin\alpha$$

ⓒ 좌측 그림 (b)에서

$$\sin\beta = \frac{d}{a}$$

$$d = a \cdot \sin\beta$$

$$n \cdot s = a\sin\beta(\cot\alpha + \cot\beta)$$

$$\qquad = d(\cot\alpha + \cot\beta)$$

$$\therefore \ V_s = \frac{d(\cot\alpha + \cot\beta)}{s} \cdot A_v \cdot f_y \cdot \sin\alpha$$

$$\qquad = \frac{A_v \cdot f_y \cdot d}{s} \sin\alpha\,(\cot\alpha + \cot\beta)$$

ⓓ $\beta = 45°$, $\alpha = 90°$일 경우

$$V_s = \frac{A_v \cdot f_y \cdot d}{s}$$

ⓔ $\beta = 45°$, $\alpha \neq 90°$일 경우

$$V_s = \frac{A_v \cdot f_y \cdot d}{S}(\sin\alpha + \cos\alpha)$$

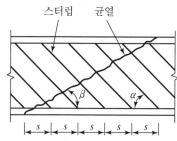
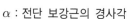

α : 전단 보강근의 경사각
β : 균열의 경사각
n : 균열에 걸쳐 있는 보강근의 수
s : 보강근 간격

(a)

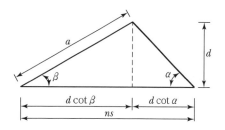

(b)

(5) 최소 전단보강근 및 제한사항

① 최소 전단 보강근 [107회 1교시], [115회 1교시]

㉠ 전단 보강되지 않은 보는 취성 파괴를 발생시킨다.

㉡ 전단강도 산정식은 불확실성을 많이 내포하고 있다.

㉢ 최소전단보강근 - 규준

$$0.5\phi V_c < V_u \leq \phi V_c : \text{전단 보강근 배근}$$

최소전단보강근 $A_{v,\min} = 0.0625\sqrt{f_{ck}}\dfrac{b_w s}{f_{yt}} \geq \dfrac{0.35 \cdot b_w \cdot s}{f_{yt}}(\text{SI 단위})$

㉣ 전단철근의 설계기준항복강도 $f_y \leq 500\text{MPa}$: 경사균열폭 제한 [85회 1교시]

벽체의 전단철근 또는 용접이형철망 $f_y \leq 600\text{MPa}$ [KDS 14 20 22 ; 2020]

㉤ 예외 구조물

• 슬래브와 기초판

• 콘크리트 장선구조

• 전체 깊이가 250mm 이하이거나 I형 보, T형 보에서 그 깊이가 플랜지 두께 의 2.5배 또는 복부폭의 1/2 중 큰 값 이하인 보

• 교대 벽체 및 날개벽, 옹벽의 벽체, 암거 등과 같이 휨이 주거동인 판부재

• 순 단면의 깊이가 315mm를 초과하지 않는 속빈 부재에 작용하는 계수전단 력 이 $0.5\phi V_{cw}$를 초과하지 않는 경우

• 보의 깊이가 600mm를 초과하지 않고 설계기준압축강도가 40MPa을 초과하 지 않는 강섬유콘크리트 보에 작용하는 계수전단력이 $\phi(\sqrt{f_{ck}}/6)b_w d$를 초 과 하지 않는 경우

② 전단보강근에 의해서 저항되는 최대전단력 제한

$$V_s = \frac{V_u - \phi V_c}{\phi} \leq 0.2(1 - f_{ck}/250)f_{ck}\, b_w\, d$$

③ 전단보강근 배근 간격제한

㉠ $V_s \leq \dfrac{1}{3}\lambda\sqrt{f_{ck}}\, b_w d$일 경우

45° 균열에 적어도 1개의 스터럽이 지나가도록 : $d/2$, 600mm 이하

$$\text{ⓛ} \quad \frac{1}{3}\,\lambda\,\sqrt{f_{ck}}\,b_w d < V_s \leq 0.2(1-f_{ck}/250)f_{ck}\,b_w d$$

경사균열의 폭을 줄이고, 철근의 정착력을 높이기 위해 : $d/4$, 300mm 이하

(6) 보의 최대 전단강도 제한값 개정 [KDS 14 20 20]

① 변경내용

$$\text{KCI-12} : V_{s\,\max} = \frac{2}{3}\,\sqrt{f_{ck}}\,b_w d$$

$$\text{KDS 14 20 ; 2021} : V_{s\,\max} = 0.2(1-f_{ck}/250)f_{ck}\,b_w d$$

② $V_{s\,\max} = 0.2(1-f_{ck}/250)f_{ck}\,b_w d$ 제한 목적 [KDS 14 20 22 ; 2021]

㉠ 사인장균열각도의 변화 반영

㉡ 사인균열폭을 억제하기 위해

㉢ 보의 중간 깊이에서 전단에 의해서 생기는 경사압축응력을 콘크리트의 압축강도보다 작게 하여 복부의 압축파괴를 방지하고 전단인장파괴를 유도하기 위해

③ 개정 배경

㉠ KCI 12에서 전단철근의 강도가 증가(400MPa → 500MPa)하였지만, 전단철근에 의한 최대전단강도 한계값에 대한 규정이 동일함에 따라 효율성이 떨어짐

㉡ 실험결과 기존 제한값보다 더 많은 전단철근을 배치하여도 전단인장파괴를 실험을 통해 확인하였고, 사용성에 문제 없음을 확인함

④ 콘크리트 전단강도($V_c = 1/6\sqrt{f_{ck}}\,b_w d$)와 전단철근에 의한 최대전단강도($V_{s\,\max} = 0.2(1-f_{ck}/250)f_{ck}\,b_w d$)의 비교

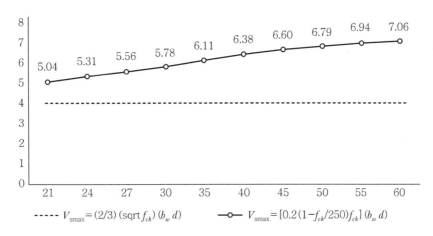

⑤ 보의 최대 전단강도 제한값 개정에 대한 고찰

㉠ 종전기준에 비해 전단철근에 의한 최대전단강도 한계값이 증가함에 따라 보단면 증가를 억제하는 효과가 있을 것으로 기대됨

㉡ 전단철근의 증가로 인해 시공 시 시공관리가 안 될 경우 콘크리트 밀실성의 감소가 우려됨

3) 보의 전단설계 시 최대 전단력 발생 위치(전단 위험 단면) [92회 2교시]

(1) 보의 최대 전단력은 지지면에서 작용하나 $a/d \leq 1$인 경우 사인장 균열발생의 가능성 배제되어 전단강도는 크게 상승하는 효과가 있다.

(2) 지지면으로부터 d 이내에 작용하는 하중은 하중점과 지지점 사이에 형성되는 압축대에 의하여 직접 전달되는 것으로 가정하고 최대 설계전단력은 지지면으로부터 d 만큼 떨어진 부재단면 작용하는 것으로 가정한다.

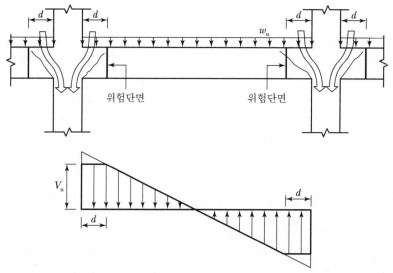

(3) 보의 전단 위험 단면

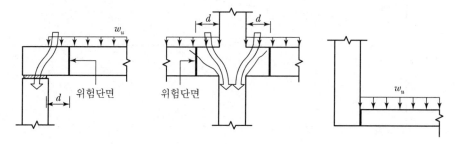

3. 보의 전단설계 원칙

> **문제5** 철근콘크리트 보의 전단 설계에 대하여 다음에 답하시오. [68회 2교시], [101회 1교시]
>
> (1) 최소전단보강근을 배근하여야 하는 경우와 전단보강근을 배근할 필요가 없는 경우는?
> (2) 최소전단보강근의 양은?
> (3) 전단보강근의 배근 간격 제한은?
> (4) 최대전단보강근의 양은?

풀이 ▶ 보의 전단설계 원칙

$$\phi\,V_n = \phi V_c + \phi V_s (\phi = 0.75)$$

1) 콘크리트에 의한 전단강도

$$\phi V_c = \phi \frac{1}{6} \lambda \sqrt{f_{ck}}\, b_w d$$

2) 전단보강근에 의한 전단강도

$$\phi V_s = V_u - \phi V_c = \frac{\phi A_v f_y d}{s} \leq \phi 0.2(1 - f_{ck}/250) f_{ck}\, b_w\, d$$

3) 전단보강근 배근방법

(1) $V_u \leq 0.5\,\phi\,V_c$: 전단보강근 불필요

(2) $0.5\phi V_c < V_u \leq \phi\,V_c$: 전단보강근의 최소단면적 필요

$$\text{최소전단보강근 } A_{v\,\min} = 0.0625 \sqrt{f_{ck}}\, \frac{b_w s}{f_{yt}} \geq \frac{0.35 \cdot b_w \cdot s}{f_{yt}}$$

$$A_v = \frac{0.35 \cdot b_w \cdot s}{f_y} \quad \rightarrow \quad s \leq \frac{A_v \cdot f_y}{0.35 \cdot b_w}$$

$$s_{\max} \leq \left[\frac{d}{2},\, 600,\, \frac{A_v \cdot f_y}{0.35 \cdot b_w} \right]_{\min}$$

(3) $\phi V_c < V_u$ 전단보강근 배근

전단강도 $\phi V_s = V_u - \phi V_c = \dfrac{\phi A_v f_y d}{s} \le \phi 0.2(1 - f_{ck}/250)f_{ck}\,b_w\,d$

A_v는 s 거리 내의 전단철근의 총단면적

① $\phi V_s \le \phi \dfrac{1}{3}\lambda \sqrt{f_{ck}}\,b_w\,d$ 경우

$$s_{\max} \le \left[\dfrac{A_v f_y d}{V_s},\ \dfrac{d}{2},\ 600,\ \dfrac{A_v \cdot f_y}{0.35 \cdot b_w} \right]_{\min}$$

② $\phi \dfrac{1}{3}\lambda \sqrt{f_{ck}}\,b_w\,d < \phi V_s \le \phi 0.2(1 - f_{ck}/250)f_{ck}\,b_w\,d$ 경우

$$s_{\max} \le \left[\dfrac{A_v f_y d}{V_s},\ \dfrac{d}{4},\ 300 \right]_{\min}$$

Memo...

4) 보의 전단보강근 배근 규정 도해

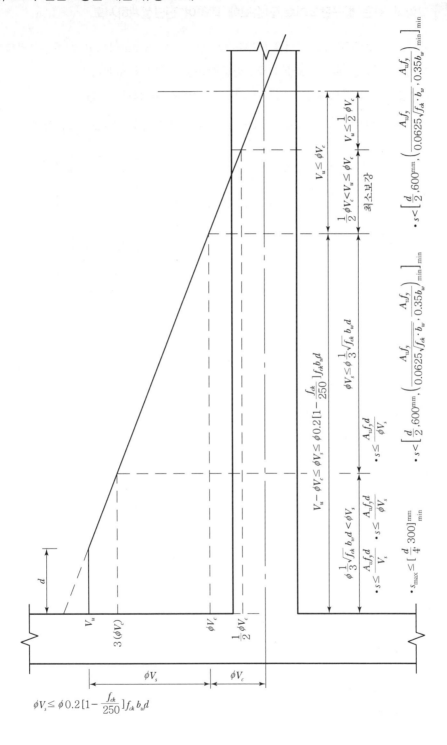

$$\phi V_s \leq \phi\, 0.2\,[1-\frac{f_{ck}}{250}]f_{ck}\,b_w d$$

문제6 그림과 같은 철근콘크리트 단순보에 대하여 전단설계하시오. [118회 4교시]

단, f_{ck} = 24MPa, 스터럽은 SD300 D10(a_1 = 71.3 mm²)이고, 보통콘크리트를 사용하며, 고정하중 w_D = 35 kN/m, 활하중 w_L = 25 kN/m이다.)

(1) 스터럽이 필요 없는 구간 및 최소 스터럽을 배치하는 구간

(2) 전단 위험단면 구간 및 $\dfrac{L}{4}$ (= 1.5 m) 구간에서의 스터럽 간격 설계

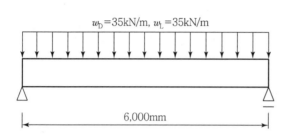

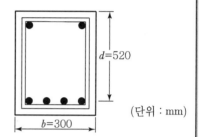

풀이 ▶ 보 전단배근

1) 위치별 전단력 산정

(1) 자중 산정 : w_{self} = 24 × 0.3 × 0.6 = 4.32 kN/m(보춤 : 600 mm 가정)

(2) 계수하중 : w_u = 1.2 × (35 + 4.32) + 1.6 × 25 = 87.18 kN/m

(3) 전단력 산정

① 기둥면 : $V_u = w_u \times 6 \times \dfrac{1}{2}$ = 261.55 kN

② 위험단면 : $V_{u\,cr}$ = 261.55 − 87.18 × 0.52 = 216.22 kN

③ $L/4$ 위치 : $V_{u\,(L/4)}$ = 261.55 − 87.18 × 1.5 = 130.78 kN

2) 스터럽이 필요 없는 구간 및 최소 스터럽을 배치하는 구간

(1) 스터럽이 필요 없는 구간 : $V_u \leq 0.5\,\phi\,V_c$

$$\phi V_c = \phi \frac{1}{6}\lambda \sqrt{f_{ck}}\,b_w d = 0.75 \times \frac{1}{6} \times 1.0 \times \sqrt{24} \times 300 \times 520 \times 10^{-3} = 95.53\,\text{kN}$$

$261.55 - 87.18 \times x = 0.5 \times 95.53$ $\therefore\ x_1 = 2.45\,\text{m}$

(2) 최소 스터럽이 필요한 구간 : $0.5\,\phi\,V_c < V_u \leq \phi\,V_c$

① $261.55 - 87.18 \times x = 95.53$ $\therefore\ x_2 = 1.90\,\text{m}$

② 최소 스터럽배근이 지배하는 구간

- 최소 전단보강근 $A_{v\,min} = 0.0625\sqrt{f_{ck}}\,\dfrac{b_w s}{f_{yt}} \geq \dfrac{0.35 \cdot b_w \cdot s}{f_{yt}}$

$2 \times 71.3 = 0.0625 \times \sqrt{24} \times \dfrac{300 \times s}{300}$ $\qquad\qquad s_{min1} = 465.7\,mm$

$2 \times 71.3 = \dfrac{0.35 \times 300 \times s}{300}$ $\qquad\qquad s_{min2} = 407.4\,mm$

$s_{max} \leq \left[\dfrac{d}{2} = \dfrac{520}{2} = 260\,mm,\ 600\,mm,\ s_{min} = 407.4 \right]_{min} = 260\,mm$

- 스터럽 D10@260 배근할 경우

$\phi V_s = \dfrac{\phi A_v f_y d}{s} = \dfrac{0.75 \times 2 \times 71.3 \times 300 \times 520}{260} \times 10^{-3} = 64.17\,kN$

$\phi V_n = \phi V_c + \phi V_s = 95.53 + 64.17 = 159.7\,kN$

$261.55 - 87.18 \times x = 159.7$ $\qquad\qquad\qquad \therefore\ x_3 = 1.168\,m$

3) 전단 위험단면 구간 및 $\dfrac{L}{4}\ (= 1.5\,m)$ 구간에서의 스터럽 간격 설계

(1) 전단위험단면에서 스터럽 간격 설계

$\phi V_s = V_u - \phi V_c = 216.22 - 95.53 = 120.69\,kN$

$\qquad \leq \phi 0.2(1 - f_{ck}/250)f_{ck} b_w d = 507.7\,kN$ ···································· O.K

$\phi V_s = \dfrac{\phi A_v f_y d}{s}$

$120.69 = \dfrac{0.75 \times 2 \times 71.3 \times 300 \times 520 \times 10^{-3}}{s}$

$s_{req} = 137.7\,mm$

$\phi V_s = 120.69\,kN \leq \phi\dfrac{1}{3}\lambda\sqrt{f_{ck}}\,b_w d = 191.06\,kN$ 이므로

$\left[s_{req} = 137.7,\ \dfrac{d}{2} = 260,\ 600,\ s_{min} = 407.4 \right]_{min} = 137.7\,mm$

$\therefore$ D10@130 배근

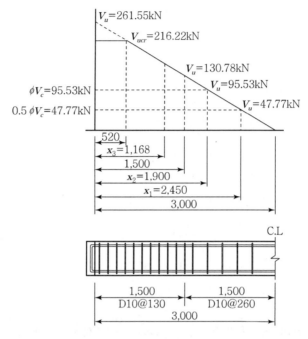

(2) $\dfrac{L}{4}$ ($=1.5\,\mathrm{m}$) 구간에서의 스터럽 간격 설계

$\phi V_s = V_u - \phi V_c = 130.78 - 95.53 = 35.25\,\mathrm{kN}$

$\leq \phi V_s = 64.17\,\mathrm{kN}$(최소 배근 : 스터럽 D10@260)이므로

$\therefore$ D10@260 배근

Memo...

4. 보 전단 보강근 설계 문제

문제7 다음 조건에 대하여 직사각형 단순지지보의 전단보강 설계를 하시오. [88회 3교시 유사]

〈조건〉

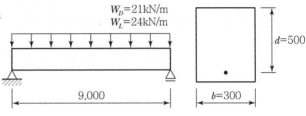

- 지점 간 거리 $l = 9,000\,\text{mm}$
- 보폭 $b_w = 300\,\text{mm}$
- 유효깊이 $d = 500\,\text{mm}$
- $f_{ck} = 21\,\text{MPa}$
- $f_y = 300\,\text{MPa}$

풀이 보의 전단보강근 검토

1) 소요전단강도 산정

   (1) $W_u = 1.2\,W_D + 1.6\,W_L = 1.2 \times 21 + 1.6 \times 24 = 63.6\,\text{kN}$

   (2) $V_u = W_u \cdot l/2 - W_u \cdot x = 63.6 \times (9/2) - 63.6\,x = 286.2 - 63.6\,x\,(\text{kN})$

   (3) 지지점 $V_u = 286.2\,\text{kN}$

   (4) 위험단면 $V_u = 286.2 - 63.6 \times 0.5 = 254.4\,\text{kN}$

2) $\phi\,V_c$ 산정

   (1) $\phi = 0.75$

   (2) $\phi\,V_c = \phi\,\dfrac{1}{6}\,\lambda\,\sqrt{f_{ck}}\,b_w d$

   $= 0.75 \times 1/6 \times 1.0 \times \sqrt{21} \times 300 \times 500 \times 10^{-3} = 85.9\,\text{kN} \leq V_u$

3) $\phi\,V_s$ 산정 및 단면 적정성 검토

   $\phi\,V_s = V_u - \phi\,V_c = 254.4 - 85.9 = 168.5\,\text{kN}$

   $\leq \phi\,0.2(1 - f_{ck}/250)f_{ck}\,b_w d = 432.8\,\text{kN}$ .... O.K

4) 전단철근 산정 및 배근

   (1) $V_u > \phi\,V_c$ 구간

   $\phi\,V_s = 168.5\,\text{kN} \leq \phi\,\dfrac{1}{3}\,\lambda\,\sqrt{f_{ck}}\,b_w d = 171.8\,\text{kN}$

$$\therefore S_{\max} = \left[\frac{d}{2}, 600\,\text{mm}, \frac{A_v f_y}{0.35\,b_w}, \frac{A_v f_y d}{V_s} \right]_{\min}$$

D13@160 $\Rightarrow$ D13@150 배근

(2) $d/2$ 배근 가능 구간

$d/2 = 500/2 = 250 \Rightarrow$ D13@250 배근

① $\phi V_s = \dfrac{\phi A_v f_y d}{s} = \dfrac{0.75 \times (2 \times 127) \times 300 \times 500 \times 10^{-3}}{250} = 114.3\,\text{kN}$

② $V_u - \phi V_c = \phi V_s$

$(286.2 - 63.6\,x) - 85.9 = 114.3\,\text{kN}$

$x = 1.352\,\text{m}$

5) 배근도 작성

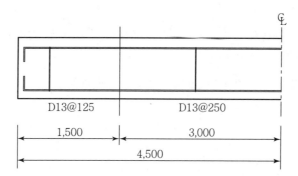

D13@125   D13@250

1,500   3,000

4,500

문제8 단순 지지된 직사각형 보에 등분포 고정하중 $w_D = 60\text{kN/m}$, 등분포 활하중 $w_L = 20\text{kN/m}$와 보의 순경간은 $l_n = 8\text{m}$일 경우에 다음에 답하시오.

(1) 전단위험단면에서의 콘크리트의 설계전단강도(ϕV_c) – 상세식과 일반식

(2) 축방향 압축력 $N_u = 100\text{kN}$이 작용하는 경우의 콘크리트의 설계전단강도(ϕV_c)

(3) 축방향 인장력 $N_u = 100\text{kN}$이 작용하는 경우의 콘크리트의 설계전단강도(ϕV_c)

단, 보단면 $B \times H = 300 \times 700$, $d = 620\text{mm}$, 인장철근 $6-D25(A_s = 3,042\text{mm}^2)$, $f_{ck} = 24\text{MPa}$, $f_y = 400\text{MPa}$

풀이 1. 단면력 산정

(1) $w_u = 1.2D + 1.6L = 1.2 \times 60 + 1.6 \times 20 = 104\text{kN/m}$

(2) $V_u = 104 \times (4 - 0.62) = 351.5\text{kN}$

(3) $M_u = (104 \times 4) \times 0.62 - 104 \times 0.62^2/2 = 237.9\text{kN·m}$

2) ϕV_c 산정

(1) 일반식에 의한 ϕV_c

$$\phi V_c = \phi \frac{1}{6} \lambda \sqrt{f_{ck}}\, b_w d = 0.75 \times \frac{1}{6} \times 1.0 \times \sqrt{24} \times 300 \times 620 \times 10^{-3}$$

$$= 113.9\text{kN}$$

(2) 상세식에 의한 ϕV_c

$$\phi V_c = \phi \left(0.16 \lambda \sqrt{f_{ck}} + 17.6 \rho_w \frac{V_u d}{M_u} \right) b_w d$$

① $\rho_w = \dfrac{A_s}{b_w d} = \dfrac{3,042}{300 \times 620} = 0.01635$

② $\phi V_c = 0.75 \times \left(0.16 \times 1.0 \times \sqrt{24} + 17.6 \times 0.01635 \times \dfrac{351.5 \times 0.62}{237.9} \right)$

$$\times 300 \times 620 \times 10^{-3}$$

$$= 146.1\text{kN}$$

3) 압축력 $N_u = 100\,\mathrm{kN}$ 작용 시(간략식)

$$\phi\,V_c = \phi\frac{1}{6}\left(1 + \frac{N_u}{14A_g}\right)\lambda\,\sqrt{f_{ck}}\,b_w\,d$$

$$= 0.75 \times \frac{1}{6} \times \left(1 + \frac{100 \times 10^3}{14 \times 300 \times 700}\right) \times 1.0 \times \sqrt{24} \times 300 \times 620 \times 10^{-3}$$

$$= 117.8\,\mathrm{kN}$$

4) 인장력 $N_u = 100\mathrm{kN}$ 작용 시

$$\phi\,V_c = \phi\frac{1}{6}\left(1 + \frac{N_u}{3.5A_g}\right)\lambda\,\sqrt{f_{ck}}\,b_w\,d$$

$$= 0.75 \times \frac{1}{6} \times \left(1 - \frac{100 \times 10^3}{3.5 \times 300 \times 700}\right) \times 1.0 \times \sqrt{24} \times 300 \times 620 \times 10^{-3}$$

$$= 98.4\,\mathrm{kN}$$

Memo...

문제9 축방향 인장을 받는 보의 부재 축에 대하여 전단철근의 간격을 결정하라.

$f_{ck} = 24\,\text{MPa}(\text{모래경량콘크리트})$

$f_{yt} = 500\,\text{MPa}$

$M_l = 43.4\,\text{kN·m}$

$M_d = 58.9\,\text{kN·m}$

$V_d = 56.9\,\text{kN}$

$V_l = 40.0\,\text{kN}$

$N_l = -67.6\,\text{kN}\,(\text{인장})$

$N_d = -8.9\,\text{kN}\,(\text{인장})$

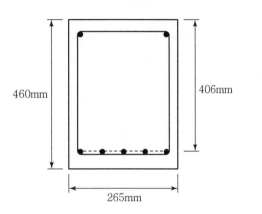

풀이 축력이 작용하는 경우 전단보강

1) 계수하중 결정

$M_u = 1.2(58.9) + 1.6(43.0) = 140.1\,\text{kN·m}$

$V_u = 1.2(56.9) + 1.6(40.0) = 132.3\,\text{kN}$

$N_u = 1.2(-8.9) + 1.6(-67.6) = -118.9\,\text{kN}\,(\text{인장})$

2) $\phi\,V_c$ 산정

$$\phi V_c = \phi\frac{1}{6}\left[1 + \frac{N_u}{3.5A_g}\right]\lambda\sqrt{f_{ck}}\,b_w d$$

$\phi = 0.75$

$A_g = 460 \times 265 = 12.2 \times 10^4\,\text{mm}^2$

$\lambda = 0.85$: 경량골재 콘크리트 계수

$$\phi V_c = 0.75 \times \frac{1}{6}\left[1 + \frac{(-118,800)}{3.5(122,000)}\right] \times 0.85 \times \sqrt{24} \times 265 \times 406 \times 10^{-3} = 40.4\,\text{kN}$$

$$\leq\ V_u = 132.3\,\text{kN} \,\cdots\cdots\cdots\, \text{전단보강}$$

3) 단면의 적정성 검토

$$V_u - \phi V_c = 132.3 - 40.4 = 91.9 \, \text{kN}$$

$$\phi V_s = 91.9 \, \text{kN} \leq \phi \frac{2}{3} \lambda \sqrt{f_{ck}} \, b_w d$$

$$\leq \phi \, 0.2 (1 - f_{ck}/250) f_{ck} b_w d$$

$$= 0.75 \times 0.2 \times (1 - 24/250) \times 24 \times 265 \times 406 \times 10^{-3} = 350.1 \, \text{kN} \, \cdots\cdots\cdots \text{O.K}$$

4) 전단철근 간격 결정
   (1) 전단철근 배근

   D10 가정($A_u = 142.7 \, \text{mm}^2$)

   $$s_{req} = \frac{\phi A_v f_{yt} d}{\phi V_s} = \frac{0.75 \times 142.7 \times 500 \times 406}{91.9 \times 10^3} = 236 \, \text{mm} \qquad \therefore \, \text{D10@200 배근}$$

   (2) 전단철근 배근간격 검토

   $$\phi \frac{1}{3} \lambda \sqrt{f_{ck}} \, b_w d = 0.75 \times \frac{1}{3} \times 0.85 \times \sqrt{24} \times 265 \times 406 \times 10^{-3} = 112 \, \text{kN}$$

   $$> \phi V_s = 91.9 \, \text{kN}$$

   $$\therefore \, s_{\max} \leq \left[\frac{A_v f_{yt} d}{V_s}, \ \frac{d}{2}, \ 600, \left(\frac{A_v \cdot f_{yt}}{0.0625 \sqrt{f_{ck}} \cdot b_w}, \ \frac{A_v \cdot f_{yt}}{0.35 \cdot b_w} \right)_{\max} \right]_{\min}$$

   - $s_{\max} \leq \dfrac{d}{2} = 203 \, \text{mm} \approx 200 \, \text{mm}$ 또는 $\leq 600 \, \text{mm}$

   - $s_{\max} = \dfrac{A_v f_{yt}}{0.0625 \sqrt{f_{ck}} \, b_w} = \dfrac{142.7 \times 500}{0.0625 \times \sqrt{24} \times 265} = 879.4 \, \text{mm}$

   - $s_{\max} = \dfrac{A v f_{yt}}{0.35 b_w} = \dfrac{142.7 \times 500}{0.35 \times 265} = 769.3 \, \text{mm}$

   $\therefore \, s = 200 \leq s_{\max} = 203 \, \text{mm} \, \cdots\cdots\cdots\cdots\cdots\cdots\cdots\cdots\cdots \text{O.K}$

8.2 전단마찰설계

1. 전단마찰설계 개념 및 설계방법

문제 10 전단마찰설계의 개념에 대해 설명하시오. [69회 1교시], [60회 1교시]

풀이 전단마찰설계

1) 전단마찰설계 개념

전단력이 균열면을 따라 작용할 때, 이면을 따라 미끄러지면서 분리하게 되는데, 이것을 균열면을 가로지르는 전단보강철근에 의해 저항하도록 하는 것

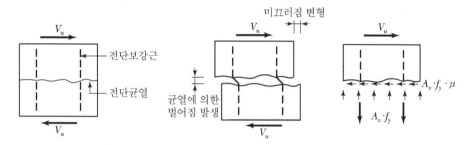

2) 전단마찰 설계방법

(1) $V_u \leq \phi V_n (\phi = 0.75)$

(2) V_n [KDS 14 20 22]

$$V_n = A_{vf} f_y \mu \leq \frac{[0.2 f_{ck} A_c, (3.3 + 0.08 f_{ck}) A_c, 11 A_c]_{\min}}{[0.2 f_{ck} A_c, 5.5 A_c]_{\min}}$$

: 일체로 친 콘크리트,
이음면 거칠게 친 콘크리트

: 그 밖의 경우

$f_y \leq 500 \, \mathrm{MPa}$

여기서, A_c : 전단전달을 저항하는 콘크리트 단면의 면적

μ : 마찰계수

① 일체로 친 콘크리트 1.4λ

② 일부러 표면을 거칠게 만든 굳은 콘크리트에 새로 친 콘크리트 1.0λ

- 레이턴스 등의 이물질을 깨끗이 처리
- 요철의 크기가 대략 6mm 정도 되게 거칠게 처리

③ 일부러 거칠게 하지 않은 굳은 콘크리트에 새로 친 콘크리트 0.6λ

④ 스터드에 의하거나 철근에 의해 구조강에 정착된 콘크리트 0.7λ

  λ : 경량콘크리트 계수

(3) 전단마찰철근 A_{vf} 산정

  ① 전단마찰철근이 전단면과 직각

$$A_{vf} = \frac{V_u}{\phi f_y \cdot \mu}$$

  ② 전단마찰근이 전단면과 α각을 가질 때

$$A_{vf} = \frac{V_u}{\phi f_y (\mu \sin\alpha + \cos\alpha)}$$

(4) 전단균열면과 직각으로 인장력 N_u 작용 시

$$A_s = A_{vf} + A_n$$

$$(A_n = \frac{N_u}{\phi f_y})$$

문제 11 벽기둥 상단에서 보를 지지할 때 작용하중에 대한 보강철근을 산정하여 배근을 스케치하고, 균열면의 힘의 전달을 도시하시오. [80회 4교시], [92회 3교시], [109회 2교시]

수직하중 고정하중 $P_D = 110\,\text{kN}$

활하중 $P_L = 160\,\text{kN}$

수평하중 $T = 100\,\text{kN}$

(온도변화나 건조수축에 따른 인장력)

균열면의 각도는 수직면에 대하여 20° 경사

$f_{ck} = 24\,\text{MPa}$

$f_y = 400\,\text{MPa}$

보강철근 D10 사용

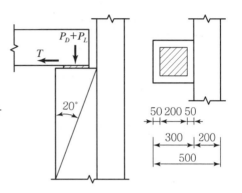

풀이 전단마찰설계

1) 계수하중 산정

$$P_u = 1.2\,P_D + 1.6\,P_L = 1.2 \times 110 + 1.6 \times 160 = 388\,\text{kN}$$

$$T_u = 1.6\,T = 1.6 \times 100 = 160\,\text{kN} \geq 0.2\,P_u = 0.2 \times 388 = 77.6\,\text{kN} \cdots\cdots\cdots \text{O.K}$$

2) 전단균열면을 통한 힘의 전달

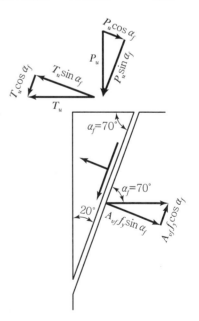

$$\alpha_f = 90° - 20° = 70°$$

$$V_u = P_u \cdot \sin\alpha_f + T_{uc} \cdot \cos\alpha_f$$

$$\quad = 388 \times \sin70° + 160 \times \cos70° = 419.32\,\text{kN}$$

$$N_u = T_u \cdot \sin\alpha_f - P_u \cdot \cos\alpha_f$$

$$\quad = 160 \times \sin70° - 388 \times \cos70° = 17.65\,\text{kN}$$

3) 전단마찰철근 산정

$$A_{vf} = \frac{V_u}{\phi f_y (\mu \sin\alpha_f + \cos\alpha_f)}$$

$$\mu = 1.4\lambda = 1.4(일반콘크리트 \ \lambda = 1)$$

$$= \frac{419.32 \times 10^3}{0.75 \times 400 \times (1.4 \times \sin 70° + \cos 70°)} = 843.2\,\text{mm}^2$$

4) 인장력에 대한 보강철근 산정

$$A_n = \frac{N_u}{\phi \, f_y \sin\alpha_f} = \frac{17.65 \times 10^3}{0.75 \times 400 \times \sin 70°} = 62.6\,\text{mm}^2$$

5) 균열면에 대한 전단철근 산정

$$A_s = A_{vf} + A_n = 843.2 + 62.6 = 905.8\,\text{mm}^2$$

D10 사용 $n = \dfrac{905.8}{(2 \times 71)} = 6.38\text{ea} \Rightarrow 7 - \text{D10 사용}$

6) 폐쇄띠철근 배근간격 결정

(1) 균열 수직깊이 $= 250 \times \tan 70° = 686.87\,\text{mm}$

(2) $s = \dfrac{686.87}{(7-1)} = 114.5\,\text{mm} \Rightarrow 100\,\text{mm 간격 배근}$

∴ $7 - \text{D10@100 배근}$

7) 배근도 작성

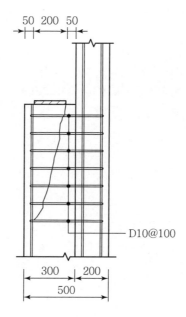

2. 브래킷 일반사항

> 문제 12 **콘크리트 브래킷의 전단보강방법** [67회 1교시]
>
> 문제 13 **브래킷과 깊은보의 전단설계방법과 배근에 대하여 기술하라.** [61회 3교시]
>
> 문제 14 **내민받침(코벨)구조의 주요파괴양상을 설명하고, 설계방법과 철근배치를 제시하시오.**
>
> [85회 3교시]

풀이 **브래킷 설계방법**

1) 정의

브래킷 – 기둥에서 돌출된 보, 코벨 – 벽에서 돌출된 보

2) 적용

(1) 전단경간에 대한 깊이의 비 a/d가 1.0 이하

① 사인장균열의 발생가능성을 배제

② 수직방향 균열에 대하여 수평스터럽 효율 향상

③ 현재 규정된 설계법이 $a/d \leq 1$의 경우만 실험으로 확인

(2) V_u보다 크지 않은 수평인장력 N_{uc}를 받는 브래킷과 내민받침의 설계

3) 코벨(브래킷) 설계시 파괴조건

(1) 코벨의 지지부재와의 경계면에 대한 직접전단

(2) 직접 인장력과 휨모멘트에 의한 인장보강철근의 항복

(3) 브래킷 내부 콘크리트 압축 지주의 압괴 또는 전단파괴

(4) 재하 지압판 하부의 국부적인 지압 또는 전단파괴

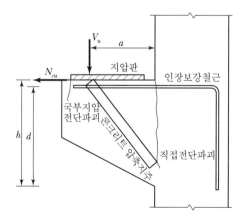

4) 브래킷의 주인장철근의 정착방법 및 이유 [81회 1교시]

(1) 브래킷에서 정착의 문제점

경사진 콘크리트 압축대의 수평분력은 연직하중의 작용위치에서 주인장철근에 전달되기 때문에 철근 A_s는 필연적으로 연직하중점으로부터 내민받침과 기둥의 경계면까지 균일한 응력을 받게 된다.

(2) 브래킷 주인장철근의 정착방법

① 주인장철근을 구부려 수평루프를 형성

② 주인장철근과 동일한 굵기의 철근에 용접하여 정착시켜야 하며, 용접은 주인장철근의 항복강도를 발휘할 수 있도록 설계되어야 한다.

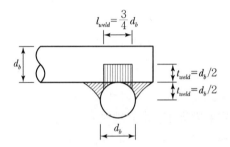

③ L형강을 주인장철근의 단부에 가로로 용접하여 정착시켜야 하며, 용접은 주인장철근의 항복강도를 발휘할 수 있도록 설계되어야 한다.

Memo...

3. 브래킷 설계 Process [103회 1교시]

1) 지압판의 크기 결정

(1) V_u 산정

(2) $V_u \leq \phi P_{nb} = \phi(0.85 f_{ck} A) \ (\phi = 0.65)$

(3) 지압판 크기 결정

2) 전단경간 a_v 결정

3) 브래킷 깊이 h 결정

(1) $V_n = A_{vf} f_y \mu$

$$\leq \frac{[0.2 f_{ck} b_w d, \ (3.3 + 0.08 f_{ck}) b_w d, \ 11 b_w d]_{\min}}{[(0.2 - 0.07 a_v/d) f_{ck} b_w d, \ (5.6 - 2.0 a_v/d) f_{ck} b_w d]_{\min}} \quad \begin{array}{l} \text{: 보통중량 콘크리트} \\ \text{: 전경량, 모래경량 콘크리트} \end{array}$$

: KDS 2021

(2) $V_u \leq \phi V_{n\max} (\phi = 0.75)$

(3) $d \Rightarrow h$ 산정

(4) $a_v / d \leq 1.0$ 검토

4) A_{vf} 산정

$$A_{vf} = \frac{V_u}{\phi f_y \mu} (\phi = 0.75)$$

5) A_f 산정

$$N_{uc} \geq 0.2 V_u$$

인장력 N_{uc}는 인장력이 비록 크리프, 건조수축 또는 온도변화에 기인한 경우라도 활하중으로 간주

$$M_u = V_u a + N_{uc}(h - d)$$

$$A_f = \frac{M_u}{\phi f_y jd} = \frac{M_u}{\phi f_y (0.9d)} \ (\phi = 0.75)$$

6) A_n 산정

$$A_n = \frac{N_{uc}}{\phi f_y}(\phi = 0.75)$$

7) A_s 산정

(1) $A_s = [A_f + A_n, \ \ 2/3 A_{vf} + A_n]_{\max}$

(2) 배근

(3) 주인장철근의 최소 철근비 검토

$$\rho = A_s/bd \geq 0.04(f_{ck}/f_y)$$

8) A_h 산정

$$A_h \geq 0.5(A_s - A_n)$$

(폐쇄스터럽이나 띠철근을 A_s에 인접한 유효깊이의 2/3 내에 균등하게 배치)

9) 자유단 깊이 $\geq 0.5d$

10) 배근도 작성

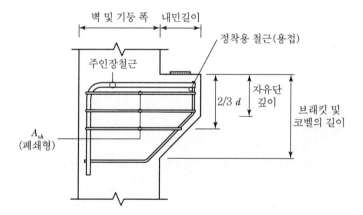

4. 브래킷 설계 문제

> 문제 15 수직하중 P_D = 100kN(고정하중), P_L = 150kN(활하중), 수평하중 T = 80kN(인장하중)이 작용하는 브래킷을 설계하라. [69회 2교시], [65회 2교시 유사], [101회 2교시 유사], [116회 4교시 유사]
>
> 단, f_{ck} = 21 MPa, f_y = 400 MPa(극한강도설계법 사용), 기둥의 크기 : 400×400

풀이 ▶ 브래킷 설계

1) 지압판의 크기 결정

  (1) $V_u = 1.2 \times 100 + 1.6 \times 150 = 360\,\text{kN}$ 산정

  (2) $V_u \leq \phi P_{nb} = 0.65\,(0.85 f_{ck} A_1)$

$$360 \times 10^3 \leq 0.65 \times (0.85 \times 21 \times A_1)$$

$$\therefore\ A_1 \geq 31,027.8\,\text{mm}^2$$

  (3) 지압판 크기 : 300×150($A = 45,000$) 사용

2) 전단경간 a 결정

  (1) 지지면에서 50mm에 지압판 설치 가정

  (2) V_u의 작용점은 지압판 외측 1/3점 가정

  (3) $a = 50 + 150 \times 2/3 = 150\,\text{mm}$

3) 브래킷 깊이 h 결정

  (1) $V_n \leq \left[\, 0.2 f_{ck} b_w d,\ (3.3 + 0.08 f_{ck}) b_w d,\ 11 b_w d \,\right]_{\min}$

$$b_w = 400\ \text{가정}$$

$$d \geq \frac{V_u}{\phi\, 0.2\, f_{ck}\, b_w} = \frac{360 \times 10^3}{0.75 \times 0.2 \times 21 \times 400} = 285.8\,\text{mm}$$

$$h = d + \text{주근}/2 + \text{피복두께}$$

$$= 285.8 + 22/2 + 30 = 326.8\,\text{mm} \Rightarrow h = 400\,\text{mm}\ \text{적용}$$

  (2) $a/d \leq 1.0$ 검토

$$d = 400 - 30 - 22/2 = 359\,\text{mm}$$

$$a/d = 150/359 = 0.418 \leq 1 \quad\cdots\cdots\cdots\cdots\cdots\cdots\cdots\cdots\cdots\text{O.K}$$

4) A_{vf} 산정

$$A_{vf} = \frac{V_u}{\phi f_y \mu} = \frac{360 \times 10^3}{0.75 \times 400 \times 1.4} = 857.1\,\text{mm}^2$$

5) A_f 산정

(1) $N_{uc} \geq 0.2\,V_u$

$$N_{uc} = 1.6 \times 80 = 128\,\text{kN} \geq 0.2 \times 360 = 72\,\text{kN}$$

(2) $M_u = V_u\,a + N_{uc}\,(h - d) = 360 \times 150 + 128 \times (400 - 359) = 59,248\,\text{kN·mm}$

(3) $A_f = \dfrac{M_u}{\phi f_y\,jd} = \dfrac{M_u}{0.75 f_y\,(0.9d)} = \dfrac{59,248 \times 10^3}{0.75 \times 400 \times (0.9 \times 359)} = 611.2\,\text{mm}^2$

6) A_n 산정

$$A_n = \frac{N_{uc}}{\phi f_y} = \frac{128 \times 10^3}{0.75 \times 400} = 426.7\,\text{mm}^2$$

7) A_s 산정

(1) $A_s = [A_f + A_n,\ 2/3\,A_{vf} + A_n]_{\max}$

$$A_f + A_n = 611.2 + 426.7 = 1,037.9\,\text{mm}^2$$

$$2/3\,A_{vf} + A_n = 2/3 \times 857.1 + 426.7 = 998.1\,\text{mm}^2$$

$$\therefore A_s = 1,037.9\,\text{mm}^2 \Rightarrow 3 - \text{D22}(A_s = 1,161\,\text{mm}^2)\ \text{사용}$$

(2) 주인장철근의 최소철근비 검토

$$\rho_{\min} = 0.04\,\frac{f_{ck}}{f_y} = 0.04 \times \frac{21}{400} = 0.0021$$

$$A_{s\min} = \rho_{\min} \cdot (b_w \cdot d) = 0.0021 \times 400 \times 359 = 301.56\,\text{mm}^2 \leq A_s \cdots\cdots \text{O.K}$$

8) A_h 산정

$$A_h \geq 0.5\,(A_s - A_n) = 0.5 \times (1{,}161 - 426.7) = 367.2\,\text{mm}^2$$

$$\therefore 3 - \text{D}10(A_h = 3 \times 2 \times 71 = 426\,\text{mm}^2)$$

(폐쇄스터럽이나 띠철근을 A_s에 인접한 유효깊이의 2/3 내에 균등하게 배치)

9) 브래킷 내민길이 및 자유단 깊이 결정

   (1) 내민길이 $= 50 + 150 + 50 = 250\,\text{mm}$

   (2) 자유단 깊이 $\geq 0.5d = 0.5 \times 359 = 179.5\,\text{mm} \Rightarrow 200\,\text{mm}$ 적용

10) 배근도 작성

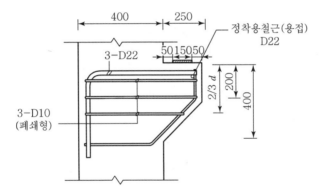

> **문제 16** 수직하중 $P_D = 160$kN(고정하중), $P_L = 230$kN(활하중), 수평하중 $T = 100$kN(인장하중)
> 이 작용하는 브래킷을 설계하라.
>
> 단, $f_{ck} = 24\,\mathrm{MPa}$, $f_y = 400\,\mathrm{MPa}$(극한강도설계법 사용), 기둥의 크기 : 400×400

풀이 **브래킷 설계**

1) 지압판의 크기 결정

(1) $V_u = 1.2 \times 160 + 1.6 \times 230 = 560\,\mathrm{kN}$

(2) $V_u \leq \phi P_{nb} = 0.65\,(0.85 f_{ck} A_1)$

$560 \times 10^3 \leq 0.65 \times (0.85 \times 24 \times A_1)$

$\therefore A_1 \geq 42{,}232.3\,\mathrm{mm}^2$

(3) 지압판 크기 : $300 \times 150(A = 45{,}000)$ 사용

2) 전단경간 a 결정

(1) 지지면에서 50mm에 지압판 설치 가정

(2) V_u의 작용점은 지압판 외측 1/3점 가정

(3) $a = 50 + 150 \times 2/3 = 150\,\mathrm{mm}$

3) 브래킷 깊이 h 결정

(1) $V_n \leq [\,0.2 f_{ck} b_w d,\ (3.3 + 0.08 f_{ck}) b_w d,\ 11 b_w d\,]_{\min}$

$b_w = 400$ 가정

$d \geq \dfrac{V_u}{\phi\,0.2 f_{ck} b_w} = \dfrac{560 \times 10^3}{0.75 \times 0.2 \times 24 \times 400} = 388.9\,\mathrm{mm}$

$h = d +$ 주근$/2 +$ 피복두께

$\quad = 388.9 + 22/2 + 30 = 429.9\,\mathrm{mm} \Rightarrow h = 500\,\mathrm{mm}$ 적용

(2) $a/d \leq 1.0$ 검토

$d = 500 - 30 - 22/2 = 459\,\mathrm{mm}$

$a/d = 150/459 = 0.327 \leq 1$ ·· O.K

4) A_{vf} 산정

$$A_{vf} = \frac{V_u}{\phi f_y \mu} = \frac{560 \times 10^3}{0.75 \times 400 \times 1.4} = 1,333.3 \, \text{mm}^2$$

5) A_f 산정

(1) $N_{uc} \geq 0.2 V_u$

$$N_{uc} = 1.6 \times 100 = 160 \, \text{kN} \geq 0.2 \times 560 = 112 \, \text{kN}$$

(2) $M_u = V_u \, a + N_{uc} \, (h - d) = 560 \times 150 + 160 \times (500 - 459) = 90,560 \, \text{kN·mm}$

(3) $A_f = \dfrac{M_u}{\phi f_y \, jd} = \dfrac{M_u}{0.75 f_y \, (0.9d)} = \dfrac{90,560 \times 10^3}{0.75 \times 400 \times (0.9 \times 459)} = 730.7 \, \text{mm}^2$

6) A_n 산정

$$A_n = \frac{N_{uc}}{\phi f_y} = \frac{160 \times 10^3}{0.75 \times 400} = 533.3 \, \text{mm}^2$$

7) A_s 산정

(1) $A_s = [A_f + A_n, \; 2/3 \, A_{vf} + A_n]_{\max}$

$$A_f + A_n = 730.7 + 533.3 = 1,264 \, \text{mm}^2$$

$$2/3 \, A_{vf} + A_n = 2/3 \times 1,333.3 + 533.3 = 1,422.2 \, \text{mm}^2$$

$$\therefore A_s = 1,422.2 \, \text{mm}^2 \Rightarrow 4 - \text{D}22(A_s = 1,548 \, \text{mm}^2) \; \text{사용}$$

(2) 주인장철근의 최소철근비 검토

$$\rho_{\min} = 0.04 \frac{f_{ck}}{f_y} = 0.04 \times \frac{24}{400} = 0.0024$$

$$A_{s\min} = \rho_{\min} \cdot (b_w \cdot d) = 0.0024 \times 400 \times 459 = 440.6 \, \text{mm}^2 \leq A_s \; \cdots\cdots \text{O.K}$$

8) A_h 산정

$$A_h \geq 0.5\,(A_s - A_n) = 0.5 \times (1{,}548 - 533.3) = 507.4\,\mathrm{mm}^2$$

$$\therefore\ 4 - D10(A_h = 4 \times 2 \times 71 = 568\,\mathrm{mm}^2)$$

(폐쇄스터럽이나 띠철근을 A_s에 인접한 유효깊이의 2/3 내에 균등하게 배치)

9) 브래킷 내민길이 및 자유단 깊이 결정

(1) 내민길이 $= 50 + 150 + 50 = 250\,\mathrm{mm}$

(2) 자유단 깊이 $\geq 0.5d = 0.5 \times 459 = 229.5\,\mathrm{mm} \Rightarrow 250\,\mathrm{mm}$ 적용

10) 배근도 작성

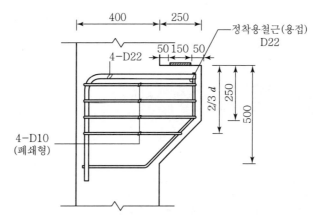

Memo...

8.3 Deep Beam 설계

1. Deep Beam 설계 Process

1) 설계 일반

(1) l_n이 부재 깊이의 4배 이하이거나 하중이 받침부로부터 부재 깊이의 2배 거리 이내에 작용하고 하중의 작용점과 받침부가 서로 반대면에 있어서 하중 작용점과 받침부 사이에 압축대가 형성될 수 있는 부재에 적용한다.

(2) 스트럿 타이해석법 적용 가능

(3) 깊은보의 V_n은 $\dfrac{5}{6}\lambda\sqrt{f_{ck}}\,b_w d$ 이하이어야 한다.

(4) 최소 철근량 검토 및 배근

① $A_v \geq 0.0025\,b_w s,\qquad s \leq \left[\dfrac{d}{5},\,300\,\mathrm{mm}\right]_{\min}$

② $A_{vh} \geq 0.0015\,b_w s,\qquad s \leq \left[\dfrac{d}{5},\,300\,\mathrm{mm}\right]_{\min}$

2) 깊은보의 전단설계 Process

(1) Deep Beam 설계 여부 검토

$$l_n / d \leq 4 \Rightarrow \text{DEEP BEAM}$$

(2) 보단면의 적정성 검토 – 전단강도 상한치 검토

$$V_n \leq \frac{5}{6}\lambda\sqrt{f_{ck}}\,b_w d$$

(3) 위험단면에서 V_u, M_u 산정

① 위험단면

ㄱ 등분포하중 : $[0.15l_n,\ d]_{\min}$

ㄴ 집중하중 : $[0.5a,\ d]_{\min}$

② V_u 산정

③ M_u 산정

(4) 콘크리트에 의한 전단강도 V_c

① $V_c = \dfrac{1}{6}\lambda\sqrt{f_{ck}}\,b_w\,d$

② $V_c = \left(3.5 - 2.5\dfrac{M_u}{V_u d}\right)\left(0.16\sqrt{f_{ck}} + 17.6\rho_w\dfrac{V_u d}{M_u}\right)b_w\,d$

  ㉠ $\left(3.5 - 2.5\dfrac{M_u}{V_u d}\right) \leq 2.5$

  ㉡ $V_c \leq 0.5\sqrt{f_{ck}}\,b_w\,d$ 검토 중

(5) 전단철근 산정

① $\phi V_s \leq V_u - \phi V_c$

$$V_s = \left[\dfrac{A_v}{s}\left(\dfrac{1 + \dfrac{l_n}{d}}{12}\right) + \dfrac{A_{vh}}{s_h}\left(\dfrac{11 - \dfrac{l_n}{d}}{12}\right)\right]f_y\,d$$

② 최소 철근량 검토 및 배근

  ㉠ $A_v \geq 0.0025\,b_w s, \quad s \leq \left[\dfrac{d}{5},\,300\,\text{mm}\right]_{\min}$

  ㉡ $A_{vh} \geq 0.0015\,b_w s, \quad s \leq \left[\dfrac{d}{5},\,300\,\text{mm}\right]_{\min}$

 Memo...

8.4 비틀림 설계

1. 정정비틀림과 부정정비틀림

> **문제17** 철근콘크리트보의 비틀림 설계에서 정정비틀림과 부정정비틀림의 차이를 설명하고, 어떻게 설계에 반영하는지를 기술하시오. [75회 1교시]
>
> **문제18** 철근콘크리트보에서 비틀림모멘트가 작용할 때 이를 평형비틀림과 적합비틀림으로 분류하는데, 이것을 예를 들어 설명하시오. [79회 1교시]

풀이 1) 평형 비틀림, 1차비틀림, 정정비틀림

　(1) 비틀림 모멘트가 내부력의 재분재에 의해 감소될 수 없는 경우

　　① 보에 작용하는 하중의 편심효과나 비틀림모멘트에 의한 것

　　② 캔틸레버 슬래브를 지지하는 보나 나선형 계단 등에 의한 비틀림

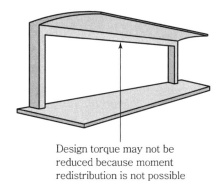

Design torque may not be
reduced because moment
redistribution is not possible

2) 적합 비틀림, 2차비틀림, 부정정비틀림 [98회 1교시]

비틀림모멘트가 균열발생 후 내부력의 재분배에 의해 감소될 수 있는 경우

　(1) 편심하중이나 비틀림 모멘트가 따로 작용하지 않더라도 인접한 부재 사이의 변형의 연속성에 의하여 비틀림이 생기는 경우

　(2) 플랫 슬래브구조에서 외곽보는 슬래브의 처짐변형과 처짐각에 의한 비틀림

　(3) 보의 강성이 크고 보-슬래브 접합의 보강이 잘 되어 있는 경우에는 보가 비틀림 강성으로 슬래브의 단부를 구속하고 보에 생기는 비틀림 모멘트는 기둥이 지지한다. 그러나 보의 강성이 크지 않고 보-슬래브 접합보강이 잘 되어 있지 않으면, 보

－슬래브에 균열이 발생하여 보와 슬래브의 처짐각 변형의 연속성이 없어지며, 보에는 비틀림효과가 줄어들고 슬래브 단부는 핀과 같은 상태가 되면서 모멘트 재분배가 생긴다. 따라서 슬래브가 이러한 현상을 고려하여 설계되었을 때에는 파괴되지 않는다. 부정정 비틀림은 보의 강성과 부재 간 적합조건을 고려해야 하며, 힘의 평형조건만으로는 해석할 수 없다.

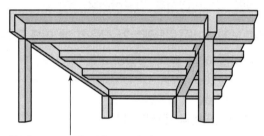

Design torque for this spandrel
beam may be reduced because
moment redistribution is possible

Memo...

2. 박벽관 및 입체트러스 이론

1) 박벽관 이론 근거

비틀림을 지지하는 보를 아래 그림과 같이 내부 콘크리트 일부분을 무시한 박벽관으로 이상화하여 해석한다.

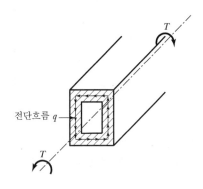

전단흐름 q

2) 입체트러스 이론 [88회 1교시]

콘크리트보에 비틀림이 작용할 때, 보의 둘레에는 대각선균열이 발생하며, 균열된 튜브의 응력상황은 아래 그림과 같이 입체트러스로 이상화할 수 있다. 트러스의 사방향부재는 θ의 경사각을 가지며 모든 튜브벽에서 이러한 사방향 부재의 기울기는 동일한 것으로 간주한 다. 또한 여기서 대각선방향부재의 경사각은 반드시 45°일 필요는 없으며, 각 튜브벽에 작용하는 전단흐름의 합력은 트러스에 부재력을 유발한다. 트러스모델은 인장타이 역할을 하는 철근 및 압축스트럿 역할을 하는 콘크리트재로 구성된다. 트러스모델의 부재력은 힘의 평형조건에 의하여 결정되며, 이러한 부재력은 철근 배치 및 상세설계에 사용된다.

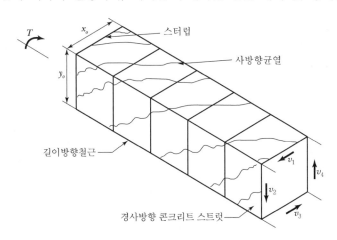

스터럽

x_o

y_o

사방향균열

길이방향철근

경사방향 콘크리트 스트럿

v_1

v_2

v_3

v_4

3. 비틀림의 기본식 전개

1) 비틀림에 의한 전단응력

$$T = \int (\tau t) r \, ds$$
$$= \tau t \int r \, ds$$
$$= \tau t (2A_o)$$

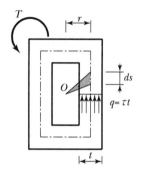

전단응력 $\tau = \dfrac{T}{2A_o t}$

T : 보의 양 단부에 비틀림모멘트
τ : 입체 트러스 단면에 생기는 전단응력
t : 단면의 두께
q : 전단흐름 $q = \tau t$(일정)
r : 원점에서 미소둘레 ds까지 수직거리
rds : ds와 원점이 이루는 삼각형면적의 두 배
A_o : 입체트러스를 이루는 단면의 가상두께의
　　중심선에 둘러싸인 면적
A_{cp} : 보 단면에서 외부로 둘러싸인 면적
P_{cp} : 외부둘레

2) 전단응력과 비틀림모멘트의 관계

(1) 박벽의 가상두께 : $t = \dfrac{3}{4}\dfrac{A_{cp}}{p_{cp}}$

(Canadian 시방서에서 균열이 일어나기 전에
벽의 두께 t를 실험에 근거한 값)

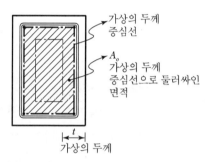

(2) $A_o = \dfrac{2}{3}A_{cp}$

이 값들을 $\tau = \dfrac{T}{2A_o t}$에 대입

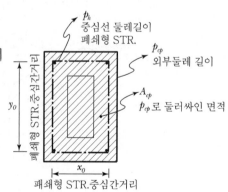

(3) $T = 2A_o \tau t = 2\left(\dfrac{2}{3}A_{cp}\right)\tau\left(\dfrac{3}{4}\dfrac{A_{cp}}{p_{cp}}\right) = \dfrac{A_{cp}^{\,2}}{p_{cp}}\tau$

3) 균열비틀림모멘트

순수전단상태에서 전단응력에 의한 주응력은 같은 크기의 인장응력과 압축응력이 되기 때문에 2축응력상태가 되어 휨인장상태보다 낮은 응력에서 균열이 발생한다. 휨인장 상태에서는 $0.63\sqrt{f_{ck}}$에 다다르면 균열이 발생하나, 비틀림상태에서는 이보다 낮은 $1/3\sqrt{f_{ck}}$ 크기의 전단응력에서 균열이 발생한다.

$$T = \frac{A_{cp}^{\,2}}{p_{cp}}\,\tau \text{에 } \tau \rightarrow \frac{1}{3}\sqrt{f_{ck}} \text{ 대입}$$

$$T_{cr} = \frac{1}{3}\sqrt{f_{ck}}\,\frac{A_{cp}^{\,2}}{p_{cp}}$$

4) 공칭비틀림강도 T_n 및 비틀림전단보강철근 A_t

$$V_2 = qy_o = \frac{T}{2A_o}\,y_o$$

$$V_2 = \frac{A_t f_{yt} y_o \cot\theta}{s}$$

$$T = \frac{2A_o A_t f_{yt}}{s}\cot\theta$$

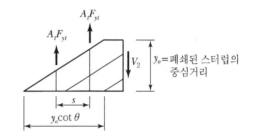

y_o=폐쇄된 스터럽의 중심거리

비틀림 전단보강철근량 : $\dfrac{A_t}{s} = \dfrac{T_u}{\phi\, 2\, A_o\, f_{yt}\cot\theta}$

5) 축방향 인장철근량

$$N_i = V_i \cot\theta$$

$$A_l f_y = \sum N_i = \sum V_i \cot\theta$$

$$= \sum q y_i \cot\theta = \frac{T}{2A_o}\cot\theta \sum y_i$$

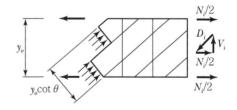

$A_l f_y$: 비틀림을 지지하기 위한 길이방향 철근의 항복인장력

$$T = \frac{2A_o \, A_l \, f_y}{2(x_o + y_o)\cot\theta} \quad (p_h \doteqdot 2(x_o + y_o) \text{ 대입})$$

$$T = \frac{2A_o \, A_t \, f_{yt}}{s}\cot\theta \text{를 위 식과 연립하면}$$

비틀림 축방향 인장철근량 : $A_l = \dfrac{A_t}{s} \, p_h \left(\dfrac{f_{yt}}{f_y} \right)\cot^2\theta$

6) 균열단면을 고려한 A_o

$$A_o = 0.85 A_{oh}$$

공칭비틀림 강도 T_n은 균열발생 후 및 심각한 비틀림 회전변형이 발생한 후에 도달할 수 있는 값이다. 이러한 심각한 변형하에서 콘크리트의 피복부분은 떨어져 나가며, 이러한 이유로 T_n을 위한 면적 A_o를 산정할 때는 콘크리트의 피복두께 부위는 무시한다.

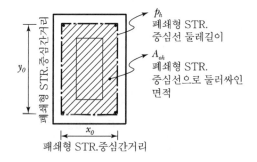

7) 전단과 비틀림을 동시에 받는 보에서 최대전단응력

(1) 전단력에 의한 전단응력

$$\tau_1 = \frac{V}{b_w d}$$

(2) 비틀림 모멘트에 의한 전단응력

$$\tau_2 = \frac{T}{2A_o t} = \frac{T p_h}{1.7 A_{oh}{}^2} \quad (A_o = 0.85 \, A_{oh}, \; t = \frac{A_{oh}}{p_h})$$

(3) 최대전단응력

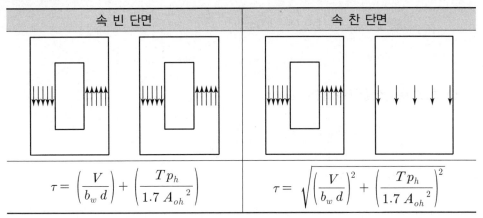

속 빈 단면	속 찬 단면
$\tau = \left(\dfrac{V}{b_w\,d}\right) + \left(\dfrac{T\,p_h}{1.7\,A_{oh}{}^2}\right)$	$\tau = \sqrt{\left(\dfrac{V}{b_w\,d}\right)^2 + \left(\dfrac{T\,p_h}{1.7\,A_{oh}{}^2}\right)^2}$

속빈 단면의 경우 벽의 두께가 A_{oh}/p_h 보다 작다면, 비틀림응력항은 $\left(\dfrac{T_u}{1.7A_{oh}t}\right)$ 이어야 한다. 여기서, t는 응력이 계산되는 위치에서 속빈 단면의 벽 두께이다.

4. 기준적용 검토사항

1) 비틀림효과 고려 여부 검토

$$T_u < \frac{1}{4}\left(\phi\,T_{cr}\right) = \frac{1}{4}\,\phi\,\lambda\,\frac{\sqrt{f_{ck}}}{3}\,\frac{A_{cp}{}^2}{p_{cp}} = \phi\,\lambda\,\frac{\sqrt{f_{ck}}}{12}\,\frac{A_{cp}{}^2}{p_{cp}}$$

.... 비틀림 고려할 필요 없음

여기서, P_{cp} : 단면의 바깥둘레길이

A_{cp} : 콘크리트 단면의 바깥 둘레로 둘러싸인 단면적

2) 단면치수의 적합성 검토

$$\sqrt{\left(\frac{V_u}{b_w d}\right)^2 + \left(\frac{T_u p_h}{1.7A_{oh}^2}\right)^2} \leq \phi\left(\frac{V_c}{b_w d} + \frac{2}{3}\lambda\sqrt{f_{ck}}\right)$$

3) 최소면적 검토 [84회 1교시]

$$A_v + 2A_t \geq \left[\,0.0625\,\sqrt{f_{ck}}\,\frac{b_w s}{f_{yt}},\ \frac{0.35 b_w s}{f_{yt}}\,\right]_{\max}$$

4) 스터럽 최대간격 검토

$$\text{비틀림} : s_{\max} = [p_h/8,\ 300\text{mm}]_{\min}$$

5) 최소 축방향철근량 검토 [84회 1교시]

$$A_{l\,\min} = \frac{0.42\sqrt{f_{ck}}\,A_{cp}}{f_{yl}} - \left(\frac{A_t}{s}\right)p_h\frac{f_{yv}}{f_{yl}}$$

$$A_t/s \geq 0.175\,b_w/f_{yv}$$

『Hsu가 수행한 순수 비틀림을 받는 직사각형 철근콘크리트 부재의 실험에 의하면 비틀림철근의 체적비가 0.9~1.0% 이상을 배치하면 균열비틀림하중을 지지할 수 있다는 것을 보여주었다. 따라서 최소체적비를 1%로 정하면

$$\frac{A_{l\,\min}\,s}{A_{cp}\,s} + \frac{A_t\,p_h}{A_{cp}\,s} \geq 0.01$$

$$A_{l\,\min} = 0.01A_{cp} - \frac{A_t\,p_h}{s}$$

(0.01 대신 $0.63\sqrt{f_{ck}}/f_y$의 2/3 사용, 우측 두 번째 항에 철근항복강도비(f_{yt}/f_y) 포함)

$$A_{l\,\min} = \frac{0.42\sqrt{f_{ck}}\,A_{cp}}{f_{yl}} - \left(\frac{A_t}{s}\right)p_h\frac{f_{yv}}{f_{yl}}$$

5. 비틀림 설계 Process

1) 설계전단력 및 비틀림 모멘트 산정

  (1) 설계전단력 산정(위험단면)

  (2) 설계비틀림모멘트 산정(위험단면)

2) 비틀림효과 고려 여부 검토

$$T_u < \frac{1}{4}\,(\phi\,T_{cr}) = \frac{1}{4}\phi\lambda\frac{\sqrt{f_{ck}}}{3}\frac{A_{cp}{}^2}{p_{cp}} = \phi\lambda\frac{\sqrt{f_{ck}}}{12}\frac{A_{cp}{}^2}{p_{cp}}$$

여기서, $\phi = 0.75$

　　P_{cp} : 단면의 바깥둘레길이

　　A_{cp} : 콘크리트 단면의 바깥둘레로 둘러싸인 단면적

(1) $A_{cp} = b_w \times H$

(2) $p_{cp} = 2 \times (b_w + H)$

(3) $T_u < \phi\lambda\dfrac{\sqrt{f_{ck}}}{12}\dfrac{A_{cp}^{\,2}}{p_{cp}}$ － 비틀림 검토할 필요 없음

　　$T_u \geqq \phi\lambda\dfrac{\sqrt{f_{ck}}}{12}\dfrac{A_{cp}^{\,2}}{p_{cp}}$ － 비틀림 검토

3) 비틀림모멘트 감소 여부 검토 [92회 1교시]

균열에 의하여 내력의 재분배가 발생하여 비틀림모멘트가 감소할 수 있는 부정정 구조물의 경우, 최대 계수비틀림모멘트 T_u는 다음 값으로 감소시킬 수 있다.

$$T_u = \phi\lambda\dfrac{\sqrt{f_{ck}}}{3}\dfrac{A_{cp}^{\,2}}{p_{cp}}$$

4) 단면치수의 적합성 검토

$$\sqrt{\left(\dfrac{V_u}{b_w d}\right)^2 + \left(\dfrac{T_u p_h}{1.7 A_{oh}^2}\right)^2} \leq \phi\left(\dfrac{V_c}{b_w d} + \dfrac{2\sqrt{f_{ck}}}{3}\right)$$

　　p_h : 바깥쪽에 있는 스터럽의 중심선 둘레 길이

　　A_{oh} : 폐쇄형 스터럽으로 둘러싸인 단면적

(1) $A_{oh} = x_0 \times y_o$

(2) $p_h = 2 \times (x_o + y_o)$

(3) $\sqrt{\left(\dfrac{V_u}{b_w d}\right)^2 + \left(\dfrac{T_u p_h}{1.7 A_{oh}^2}\right)^2} \leq \phi\left(\dfrac{V_c}{b_w d} + \dfrac{2\sqrt{f_{ck}}}{3}\right) = \phi\dfrac{5}{6}\sqrt{f_{ck}}$

5) 전단 및 비틀림에 대한 스터럽 산정 및 배근

(1) 비틀림에 대한 스터럽량 산정

$$\frac{A_t}{s} = \frac{T_u}{\phi\, 2\, A_o\, f_{yt}\, \cot\theta}$$

A_o : 비틀림에 의하여 균열이 생긴 단면($A_o = 0.85\, A_{oh}$)

(2) 전단에 대한 스터럽량 산정

① $\phi V_c = 0.75 \times \dfrac{1}{6}\, \lambda\, \sqrt{f_{ck}}\; b_w\, d$

② $\dfrac{A_v}{s} = \dfrac{V_u - \phi V_c}{\phi\, f_{yv}\, d}$

(3) 전단 및 비틀림에 대한 전체 폐쇄형 스터럽량 및 배근

$$\frac{A_t}{s} + \frac{A_v}{2s}\,(\mathrm{mm^2/mm/leg})$$

폐쇄형 스터럽 배근

6) 스터럽 단면적 및 배근간격 검토

(1) 최소면적 검토

$$A_v + 2A_t \geq \left[\, 0.0625\, \sqrt{f_{ck}}\, \frac{b_w s}{f_{yt}},\; \frac{0.35 b_w s}{f_{yt}}\, \right]_{\max}$$

(2) 스터럽 최대간격 검토

비틀림 : $s_{\max} = [\,p_h/8,\; 300\mathrm{mm}\,]_{\min}$

전단 : $s_{\max} = [\,d/2,\; 600\mathrm{mm}\,]_{\min}$ (보배근의 경우 보의 전단배근 기준 적용)

7) 축방향 철근 산정

(1) 비틀림모멘트를 저항하기 위한 추가 축방향철근 산정

$$A_l = \frac{A_t}{s}\, p_h \left(\frac{f_{yt}}{f_{yl}}\right) \cot^2\theta \quad (\cot\theta = 1\ \text{가정})$$

(2) 최소 축방향철근량 검토

① $A_{l\,min} = \dfrac{0.42\sqrt{f_{ck}}\,A_{cp}}{f_{yl}} - \left(\dfrac{A_t}{s}\right)p_h\dfrac{f_{yt}}{f_{yl}}$

② $A_t/s \geq 0.175\,b_w/f_{yv}$

③ 축방향철근의 최대간격 $\leq 300\,\mathrm{mm}$, $d_b = [\,s/24,\ \mathrm{D10}\,]_{max}$

Memo...

6. 비틀림 설계 문제

문제 19 b_w(400mm)×h(700mm)인 직사각형 단면에 계수비틀림모멘트 T_u = 68.6kN · m, 계수전단력 V_u = 196kN이 작용할 때, 단면의 적정성을 검토하고 전단과 비틀림이 조합된 보강 스터럽 철근을 설계하시오. [87회 2교시]

단, f_{ck} = 24 MPa, f_y = 400 MPa
  횡방향 스터럽 : D13, 압축경사각 θ = 45°, d = 600 mm
  종방향 보강철근 산정은 제외

풀이 전단력과 비틀림모멘트 작용시 STIRRUP 설계

1) 비틀림 고려 여부 검토

  (1) $A_{cp} = 400 \times 700 = 2.8 \times 10^5 \, \text{mm}^2$

  (2) $p_{cp} = 2 \times (400 + 700) = 2.2 \times 10^3 \, \text{mm}$

  (3) $\phi \lambda \dfrac{\sqrt{f_{ck}}}{12} \dfrac{A_{cp}^{\,2}}{p_{cp}} = 0.75 \times 1.0 \times \dfrac{\sqrt{24}}{12} \times \dfrac{(2.8 \times 10^5)^2}{2.2 \times 10^3} \times 10^{-6} = 10.9 \, \text{kN·m}$

$$< T_u = 68.6 \, \text{kN·m}$$

  ∴ 비틀림 고려

2) 단면치수의 적합성 검토(x_o = 307 mm, y_o = 607 mm 가정)

$$\sqrt{\left(\dfrac{V_u}{b_w d}\right)^2 + \left(\dfrac{T_u p_h}{1.7 A_{oh}^{\,2}}\right)^2} \leq \phi \left(\dfrac{V_c}{b_w d} + \dfrac{2}{3} \lambda \sqrt{f_{ck}}\right)$$

  (1) $A_{oh} = 307 \times 607 = 1.86 \times 10^5 \, \text{mm}^2$

  (2) $p_h = 2 \times (307 + 607) = 1.83 \times 10^3 \, \text{mm}$

  (3) $\sqrt{\left(\dfrac{V_u}{b_w d}\right)^2 + \left(\dfrac{T_u p_h}{1.7 A_{oh}^2}\right)^2} = \sqrt{\left(\dfrac{196 \times 10^3}{400 \times 600}\right)^2 + \left(\dfrac{(68.6 \times 10^6) \times (1.83 \times 10^3)}{1.7 \times (1.86 \times 10^5)^2}\right)^2}$

$$= 2.29 \, \text{MPa} \leq 0.75 \times \dfrac{5}{6} \times \sqrt{24} = 3.06 \, \text{MPa} \, \cdots \, \text{적정}$$

3) 전단 및 비틀림에 대한 스터럽 산정

  (1) 비틀림에 대한 스터럽량 산정

$$\frac{A_t}{s} = \frac{T_u}{\phi\, 2\, A_o\, f_{yt}\, \cot\theta} = \frac{68.6 \times 10^6}{0.75 \times 2 \times (0.85 \times 1.86 \times 10^5) \times 400}$$

$$= 0.72\,\mathrm{mm^2/mm/leg}$$

  (2) 전단에 대한 스터럽량 산정

    ① $\phi V_c = \phi \dfrac{1}{6} \lambda \sqrt{f_{ck}}\, b_w d = 0.75 \times \dfrac{1}{6} \times 1.0 \times \sqrt{24} \times 400 \times 600 \times 10^{-3} = 147\,\mathrm{kN}$

    ② $\dfrac{A_v}{s} = \dfrac{V_u - \phi V_c}{\phi f_{yv} d} = \dfrac{(196 - 147) \times 10^3}{0.75 \times 400 \times 600} = 0.27\,\mathrm{mm^2/mm}$

  (3) 전단 및 비틀림에 대한 전체 폐쇄형 스터럽량

$$\frac{A_t}{s} + \frac{A_v}{2s} = 0.72 + \frac{0.27}{2} = 0.855\,\mathrm{mm^2/mm/leg}$$

$$\mathrm{HD13}(A_b = 127\,\mathrm{mm^2})\ \text{사용} : s = \frac{127}{0.855} = 148.5\,\mathrm{mm}$$

4) 스터럽 배근

  스터럽 : HD13@125 배근

  (1) 최소면적 검토

$$A_v + 2A_t \geq \left[0.0625\sqrt{f_{ck}}\,\frac{b_w s}{f_y},\ \frac{0.35 b_w s}{f_{yt}}\right]_{\max} = 43.75\,\mathrm{mm^2} \cdots\cdots\cdots\cdots\cdot \mathrm{O.K}$$

  (2) 스터럽 최대간격 검토

    비틀림 : $s_{\max} = [p_h/8,\ 300\,\mathrm{mm}]_{\min} = [1{,}828/8 = 228.5\,\mathrm{mm},\ 300\,\mathrm{mm}]_{\min}$

    $= 228.5\,\mathrm{mm} \cdots\cdots\cdots\cdots\cdots\cdots\cdots\cdots\cdots\cdots\cdots\cdots\cdots\cdots\cdots\cdot \mathrm{O.K}$

    전단 : $s_{\max} = [d/2,\ 600\,\mathrm{mm}]_{\min} = [626/2 = 318\,\mathrm{mm},\ 600\,\mathrm{mm}]_{\min}$

    $= 318\,\mathrm{mm} \cdots\cdots\cdots\cdots\cdots\cdots\cdots\cdots\cdots\cdots\cdots\cdots\cdots\cdots\cdots\cdots\cdot \mathrm{O.K}$

문제20 G5의 비틀림 설계 여부를 검토하고, 스터럽을 설계하시오. [97회 2교시 유사]

단, $f_{ck} = 24\,\mathrm{MPa}$, $f_y = 400\,\mathrm{MPa}$

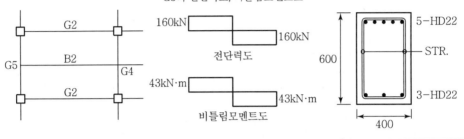

G5의 전단력도, 비틀림모멘트도

풀이 전단력과 비틀림모멘트 작용시 STIRRUP 설계

1) 비틀림 고려 여부 검토

(1) $A_{cp} = 400 \times 600 = 2.4 \times 10^5\,\mathrm{mm}^2$

(2) $p_{cp} = 2 \times (400 + 600) = 2.0 \times 10^3\,\mathrm{mm}$

(3) $\phi\lambda\dfrac{\sqrt{f_{ck}}}{12}\dfrac{A_{cp}^2}{p_{cp}} = 0.75 \times 1.0 \times \dfrac{\sqrt{24}}{12} \times \dfrac{(2.4\times10^5)^2}{2.0\times10^3} \times 10^{-6} = 8.82\,\mathrm{kN\cdot m}$

$$< T_u = 43\,\mathrm{kN\cdot m}$$

∴ 비틀림 고려

2) 비틀림모멘트 감소 여부 검토

$$\phi T_{cr} = \phi\lambda\dfrac{\sqrt{f_{ck}}}{3}\dfrac{A_{cp}^2}{p_{cp}}$$

$$= 0.75 \times 1.0 \times \dfrac{\sqrt{24}}{3} \times \dfrac{(2.4\times10^5)^2}{2.0\times10^3} \times 10^{-6} = 35.3\,\mathrm{kN\cdot m} < T_u = 43\,\mathrm{kN\cdot m}$$

∴ $T_u = 35.3\,\mathrm{kN\cdot m}$ 적용

3) 단면치수의 적합성 검토($x_o = 310\,\mathrm{mm}$, $y_o = 510\,\mathrm{mm}$ 가정)

$$\sqrt{\left(\dfrac{V_u}{b_w d}\right)^2 + \left(\dfrac{T_u p_h}{1.7 A_{oh}^2}\right)^2} \le \phi\left(\dfrac{5\sqrt{f_{ck}}}{6}\right)$$

(1) $A_{oh} = 310 \times 510 = 1.581 \times 10^5 \, \text{mm}^2$

(2) $p_h = 2 \times (310 + 510) = 1,640 \, \text{mm}$

(3) $\sqrt{\left(\dfrac{V_u}{b_w d}\right)^2 + \left(\dfrac{T_u p_h}{1.7 {A_{oh}}^2}\right)^2} = \sqrt{\left(\dfrac{160 \times 10^3}{400 \times 515.5}\right)^2 + \left(\dfrac{(35.3 \times 10^6) \times (1,640)}{1.7 \times (1.581 \times 10^5)^2}\right)^2}$

$$= 1.57 \, \text{MPa}$$

$$\leq \ 0.75 \times \frac{5}{6} \times \sqrt{24} = 3.06 \, \text{MPa} \, \cdots\cdots\cdots 적정$$

4) 전단 및 비틀림에 대한 스터럽 산정

  (1) 전단에 대한 스터럽량 산정

$$\phi V_c = \phi \frac{1}{6} \lambda \sqrt{f_{ck}} \, b_w d = 0.75 \times \frac{1}{6} \times 1.0 \times \sqrt{24} \times 400 \times 515.5 \times 10^{-3} = 126.3 \text{kN}$$

$$\frac{A_v}{s} = \frac{V_u - \phi V_c}{\phi f_{yv} d} = \frac{(160 - 126.3) \times 10^3}{0.75 \times 400 \times 515.5} = 0.218 \, \text{mm}^2/\text{mm}$$

  (2) 비틀림에 대한 스터럽량 산정

$$\frac{A_t}{s} = \frac{T_u}{\phi \, 2 A_o f_{yt}} = \frac{35.3 \times 10^6}{0.75 \times 2 \times (0.85 \times 1.581 \times 10^5) \times 400}$$

$$= 0.438 \, \text{mm}^2/\text{mm}/\text{leg}$$

  (3) 전단 및 비틀림에 대한 전체 폐쇄형 스터럽량

$$\frac{A_t}{s} + \frac{A_v}{2s} = 0.438 + \frac{0.218}{2} = 0.547 \, \text{mm}^2/\text{mm}/\text{leg}$$

$$\text{HD10}(A_b = 71 \, \text{mm}^2) \, 사용 : s = \frac{71}{0.547} = 129.8 \, \text{mm}$$

5) 스터럽 배근 – 스터럽 : HD10@125 배근

  (1) 최소면적 검토

$$A_v + 2 A_t \geq \left[0.0625 \sqrt{f_{ck}} \, \frac{b_w s}{f_{yt}} \, , \, \frac{0.35 b_w s}{f_{yt}} \right]_{\max} = 43.75 \, \text{mm}^2 \, \cdots\cdots\cdots \text{O.K}$$

  (2) 스터럽 최대간격 검토

$$비틀림 : s_{\max} = [p_h/8, \, 300\text{mm}]_{\min} = [1,640/8 = 205\text{mm}, \, 300\text{mm}]_{\min}$$

$$= 205 \, \text{mm} \, \cdots\cdots\cdots\cdots\cdots\cdots\cdots\cdots\cdots\cdots \text{O.K}$$

$$전단 : s_{max} = [d/2, \; 600mm]_{min} = [515.5/2 = 257.8mm, \; 600mm]_{min}$$

$$= 257.8mm \cdots\cdots\cdots\cdots\cdots\cdots\cdots\cdots\cdots\cdots\cdots O.K$$

Memo...

문제21 아래 그림과 같이 외벽을 지지하는 400mm×600mm 보의 순경간이 7.6m일 때 전단과 비틀림에 대하여 보강설계를 하라. 외벽(조적)의 무게는 지지하는 슬래브를 포함하여 30kN/m이며, 설계강도는 f_{ck} = 24MPa, f_y = 400MPa이다. [119회 4교시 유사]

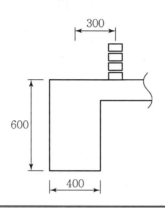

풀이 ▶ **비틀림 설계**

1) 설계전단력 및 비틀림 모멘트 산정

   (1) 설계전단력 산정

   ① $w_u = 1.4 \times 30 + 1.4 \times 24 \times 0.4 \times 0.6 = 50.1\,\text{kN/m}$

   ② $V_{u\,\text{max}} = 50.1 \times 7.6/2 = 190.4\,\text{kN}$

   ③ $V_u = 190.4 - 0.52 \times 50.1 = 164.3\,\text{kN}$

   (2) 설계비틀림모멘트 산정

   ① $T_u/m = 1.4 \times 30 \times 0.3 = 12.6\,\text{kN·m/m}$

   ② $T_{u\,\text{max}} = 12.6 \times 7.6/2 = 47.9\,\text{kN·m}$

   ③ $T_u = 47.9 - 12.6 \times 0.52 = 41.3\,\text{kN·m}$

2) 비틀림효과 고려 여부 검토($x_o = 310\,\text{mm}$, $y_o = 510\,\text{mm}$ 가정)

$$T_u < \phi\lambda \frac{\sqrt{f_{ck}}}{12} \frac{A_{cp}^{\,2}}{p_{cp}}$$

(1) $A_{cp} = 400 \times 600 = 2.4 \times 10^5 \, \text{mm}^2$

(2) $p_{cp} = 2 \times (400 + 600) = 2.0 \times 10^3 \, \text{mm}$

(3) $\phi \lambda \dfrac{\sqrt{f_{ck}}}{12} \dfrac{A_{cp}^{\ 2}}{p_{cp}} = 0.75 \times 1.0 \times \dfrac{\sqrt{24}}{12} \times \dfrac{(2.4 \times 10^5)^2}{2.0 \times 10^3} \times 10^{-6} = 8.82 \, \text{kN·m}$

$$< \ T_u = 41.3 \, \text{kN·m} \qquad\qquad \therefore \text{비틀림효과 고려}$$

3) 단면치수의 적합성 검토($x_o = 310 \, \text{mm}$, $y_o = 510 \, \text{mm}$ 가정)

$$\sqrt{\left(\dfrac{V_u}{b_w d}\right)^2 + \left(\dfrac{T_u p_h}{1.7 A_{oh}^{\ 2}}\right)^2} \ \leq \ \phi\left(\dfrac{V_c}{b_w d} + \dfrac{2\sqrt{f_{ck}}}{3}\right)$$

(1) $A_{oh} = 310 \times 510 = 1.58 \times 10^5 \, \text{mm}^2$

(2) $p_h = 2 \times (310 + 510) = 1.64 \times 10^3 \, \text{mm}$

(3) $\sqrt{\left(\dfrac{V_u}{b_w d}\right)^2 + \left(\dfrac{T_u p_h}{1.7 A_{oh}^{\ 2}}\right)^2} = \sqrt{\left(\dfrac{164.3 \times 10^3}{400 \times 520}\right)^2 + \left(\dfrac{(41.3 \times 10^6) \times (1.64 \times 10^3)}{1.7 \times (1.58 \times 10^5)^2}\right)^2}$

$$= 1.78 \, \text{MPa}$$

$$\leq \ 0.75 \times \dfrac{5}{6} \times \sqrt{24} = 3.06 \, \text{MPa} \cdots\cdots\cdots\cdots \text{적정}$$

4) 전단 및 비틀림에 대한 스터럽 산정

   (1) 비틀림에 대한 스터럽량 산정

$$\dfrac{A_t}{s} = \dfrac{T_u}{\phi \, 2 \, A_o \, f_{yt} \cot\theta} = \dfrac{41.3 \times 10^6}{0.75 \times 2 \times 0.85 \times 1.58 \times 10^5 \times 400}$$

$$= 0.51 \, \text{mm}^2/\text{mm}/\text{leg}$$

   (2) 전단에 대한 스터럽량 산정

$$\phi V_s = \ V_u - \phi V_c$$

① $\phi V_c = \phi \dfrac{1}{6} \lambda \sqrt{f_{ck}} \, b_w d = 0.75 \times \dfrac{1}{6} \times 1.0 \times \sqrt{24} \times 400 \times 520 \times 10^{-3}$

$$= 127.4 \, \text{kN}$$

② $\dfrac{A_v}{s} = \dfrac{V_u - \phi V_c}{\phi \, f_{yv} \, d} = \dfrac{(164.5 - 127.4) \times 10^3}{0.75 \times 400 \times 520} = 0.238 \, \text{mm}^2/\text{mm}$

(3) 전단 및 비틀림에 대한 전체 폐쇄형 스터럽량

$$\frac{A_t}{s} + \frac{A_v}{2s} = 0.51 + \frac{0.238}{2} = 0.629 \, \text{mm}^2/\text{mm}/\text{leg}$$

$$HD13(A_b = 127 \, \text{mm}^2) \ \text{사용} : s = \frac{127}{0.629} = 202 \, \text{mm}$$

5) 스터럽 배근

스터럽 : HD13@200 배근

(1) 최소면적 검토

$$A_v + 2A_t \geq \left[0.0625 \sqrt{f_{ck}} \frac{b_w s}{f_{yt}} , \ \frac{0.35 b_w s}{f_{yt}} \right]_{\max} = 70 \, \text{mm}^2 \ \cdots\cdots\cdots\cdots \text{O.K}$$

(2) 스터럽 최대간격 검토

$$\text{비틀림} : s_{\max} = [p_h/8, \ 300\text{mm}]_{\min} = [1{,}640/8 = 205\text{mm}, \ 300\text{mm}]_{\min}$$

$$= 205 \, \text{mm} \ \cdots\cdots\cdots\cdots\cdots\cdots\cdots\cdots\cdots\cdots\cdots\cdots\cdots\cdots\cdots\cdots\cdots \text{O.K}$$

$$\text{전단} : s_{\max} = [d/2, \ 600\text{mm}]_{\min} = [520/2 = 260\text{mm}, \ 600\text{mm}]_{\min}$$

$$= 260 \, \text{mm} \ \cdots\cdots\cdots\cdots\cdots\cdots\cdots\cdots\cdots\cdots\cdots\cdots\cdots\cdots\cdots\cdots \text{O.K}$$

6) 축방향 철근 산정

(1) 비틀림모멘트를 저항하기 위한 추가 축방향철근 산정

$$A_l = \frac{A_t}{s} p_h \left(\frac{f_{yv}}{f_{yl}} \right) \cot^2\theta \quad (\cot\theta = 1 \ \text{가정})$$

$$A_l = \frac{A_t}{s} p_h \left(\frac{f_{yv}}{f_{yl}} \right) = 0.51 \times 1{,}640 \times \left(\frac{400}{400} \right) = 836.4 \, \text{mm}^2$$

(2) 최소 축방향철근량 검토

$$A_{l\min} = \frac{0.42 \sqrt{f_{ck}} \ A_{cp}}{f_{yl}} - \left(\frac{A_t}{s} \right) p_h \frac{f_{yv}}{f_{yl}}$$

$$= \frac{0.42 \sqrt{24} \times 2.4 \times 10^5}{400} - 836.4 = 398.2 \, \text{mm}^2$$

$$A_t/s = 0.51 \geq 0.175\, b_w/f_{yv} = 0.175 \quad \cdots\cdots\cdots\cdots\cdots\cdots\cdots\cdots\cdots\cdots\cdots \text{O.K}$$

∴ 축방향 철근은 $A_l = 836.4\,\text{mm}^2$ 이상을 단면둘레에 걸쳐 균등하게 배치하여야
한다.

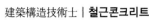

문제22 아래 그림의 캔틸레버 보를 D10 폐쇄스터럽을 이용하여 설계하라. 단면의 중심축으로부터 250mm 떨어져서 계수등분포하중이 작용하고 있다.

단, $f_{ck} = 27\,\mathrm{MPa}$, $f_y = 400\,\mathrm{MPa}$, $l = 3.5\,\mathrm{m}$, $w_u = 25\,\mathrm{kN/m}$이고,

휨 철근량 $A_s = 1,350\,\mathrm{mm}^2$이다.

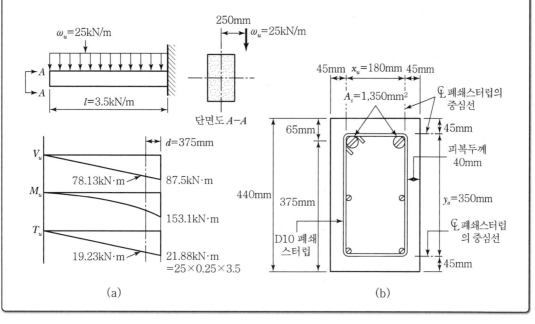

(a)   (b)

풀이 비틀림 설계

1) 비틀림 고려 여부 검토

$$\frac{A_{cp}^{\,2}}{P_{cp}} = \frac{(270 \times 440)^2}{(270 + 440) \times 2} = \frac{118,800^2}{1,420} = 9,939,042.3\,\mathrm{mm}^3$$

$$\phi\left(\frac{\lambda\sqrt{f_{ck}}}{12}\right)\frac{A_{cp}^{\,2}}{P_{cp}} = 0.75 \times \left(\frac{1.0 \times \sqrt{27}}{12}\right) \times 9,939,042.3 \times 10^{-6}$$

$$= 3.23\,\mathrm{kN\cdot m} \leq T_u = 19.53\,\mathrm{kN\cdot m} \Rightarrow 비틀림 고려$$

2) 비틀림모멘트 감소 여부 검토

비틀림모멘트가 평형을 이루기 위해서 필요하므로 평형비틀림 상태이다.

$$\therefore T_u = 19.53\,\mathrm{kN\cdot m} 적용$$

3) 단면치수의 적합성 검토($x_o = 180\,\mathrm{mm}$, $y_o = 350\,\mathrm{mm}$)

$$\sqrt{\left(\frac{\sqrt{V_u}}{b_w d}\right)^2 + \left(\frac{T_u p_h}{1.7 A_{oh}^{\ 2}}\right)^2} \leq \phi\left(\frac{V_c}{b_w d} + \frac{2\sqrt{f_{ck}}}{3}\right)$$

$$p_h = 2 \times (180 + 350) = 1{,}060\,\mathrm{mm}$$

$$A_{oh} = 180 \times 350 = 63{,}000\,\mathrm{mm}^2$$

$$\sqrt{\left[\frac{78.13 \times 10^3}{270 \times 375}\right]^2 + \left[\frac{19.53 \times 1{,}060 \times 10^6}{1.7 \times (63{,}000)^2}\right]^2} = 3.16\,\mathrm{N/mm}^2$$

$$\leq 0.75 \times \left[\frac{1}{6} \times 1.0 \times \sqrt{27} + \frac{2}{3}\sqrt{27}\right] = 3.25\,\mathrm{N/mm}^2 \cdots\cdots\cdots \mathrm{O.K}$$

4) 전단 및 비틀림에 대한 스터럽 산정

  (1) 전단에 대한 스터럽량 산정

$$V_c = \frac{1}{6}\lambda\sqrt{f_{ck}}\,b_w d = \left(\frac{1}{6} \times 1.0 \times \sqrt{27}\right) \times 270 \times 375 \times 10^{-3} = 87.7\,\mathrm{kN}$$

$$\frac{A_v}{s} = \frac{V_u - \phi V_c}{\phi f_{yv} d} = \frac{(78.13 - 0.75 \times 87.7) \times 10^3}{0.75 \times 400 \times 375} = 0.1098\,\mathrm{mm}^2/\mathrm{mm}$$

  (2) 비틀림에 대한 스터럽량 산정

$$\frac{A_t}{s} = \frac{T_u}{\phi\,2A_0 f_{yv}} = \frac{19.53 \times 10^6}{0.75 \times 2 \times [0.85(180 \times 350)] \times 400}$$

$$= 0.6078\,\mathrm{mm}^2/\mathrm{mm/leg}$$

  (3) 전단 및 비틀림에 대한 전체 폐쇄형 스터럽량

$$\frac{A_t}{s} + \frac{A_v}{2s} = 0.6078 + \frac{0.1098}{2} = 0.6627\,\mathrm{mm}^2/\mathrm{mm/leg}$$

$$\mathrm{HD10}(A_b = 71\,\mathrm{mm}^2)\ \text{사용} : s = \frac{71}{0.6627} = 107.1\,\mathrm{mm}$$

$$\therefore\ \mathrm{D10@100}\ \text{배근(폐쇄형 스터럽 배근)}$$

5) 스터럽 배근－스터럽 : HD10@125 배근

  (1) 최소면적 검토

$$A_v + 2A_t \geq \left[0.0625\sqrt{f_{ck}}\,\frac{b_w s}{f_{yt}},\ \frac{0.35 b_w s}{f_{yt}}\right]_{\max} = 23.6\,\mathrm{mm}^2 \cdots\cdots\cdots \mathrm{O.K}$$

(2) 스터럽 최대간격 검토

비틀림 : $s_{\max} = [p_h/8,\ 300\text{mm}]_{\min}$

$\qquad = [1{,}060/8 = 132.5\text{mm},\ 300\text{mm}]_{\min} = 138\,\text{mm}$ ············· O.K

전단 : $s_{\max} = [d/2,\ 600\text{mm}]_{\min}$

$\qquad = [375/2 = 187.5\text{mm},\ 600\text{mm}]_{\min} = 187.5\,\text{mm}$ ··············· O.K

(3) 스터럽 배근 구간

계산상 비틀림 철근이 필요 없는 위치(자유단에서 거리 x)

$x = 3.23/(25 \times 0.25) \times 10^3 = 517\,\text{mm}\ <\ b_t + d = 270 + 375 = 645\,\text{mm}$

∴ 전 구간 폐쇄스터럽 배치

6) 종방향 철근 산정

(1) A_l 산정

$p_h = (x_0 + y_o) = 2(180 + 350) = 1{,}060\,\text{mm}$

$A_l = \left(\dfrac{A_t}{s}\right)p_h = 0.6078(1{,}060) = 644.3\,\text{mm}^2$

(2) 배근

$A_{s\,req} = \dfrac{A_l}{6} = \dfrac{644.3}{6} = 107.4\,\text{mm}^2/\text{ea}$

∴ 하단과 중앙에 D13($A_s = 127\text{mm}^2$) 배치

$d_{b\min} = [s/24,\ \text{D10}]_{\max} = [100/24 = 4.17,\ 10]_{\max} = 10\,\text{mm}\ <\ \text{D13}$

상단 : $A_{sreq} = 1{,}350/2 + 107.4 = 782.4\,\text{mm}^2 \rightarrow \text{D32}(A_s = 794\,\text{mm}^2)$

(3) $A_{l\min}$ 검토

$A_{l\min} = \dfrac{0.42\sqrt{f_{ck}}}{f_{yl}}A_{cp} - \left(\dfrac{A_t}{s}\right)p_h\dfrac{f_{yt}}{f_{yl}}$

$\qquad = \dfrac{0.42\sqrt{27}}{400}(270 \times 400) - (0.6078)(1{,}060)(1) = 3.90\,\text{mm}^2$

$\qquad\quad <\ A_{l(배치)} = 253 \times 2 + (1{,}588 - 1{,}350) = 744\,\text{mm}^2$ ·········· O.K

$\qquad (\dfrac{A_t}{s} = 0.6078 \geq \dfrac{0.175 b_w}{f_{yt}} = \dfrac{0.175(270)}{400} = 0.118$ ········· O.K$)$

> **문제 23** 아래 그림과 같이 속 빈 단면에 계수전단력 V_u = 200kN과 계수비틀림모멘트
>
> T_u = 50kN · m가 작용할 때 보의 안전성을 검토하시오. [117회 2교시]
>
> [설계조건]
> - $f_{ck} = 24\,\mathrm{MPa}$
> - $f_y = 400\,\mathrm{MPa}$
> - 보의 유효깊이 $d = 730\,\mathrm{mm}$
> - 압축경사각 $\theta = 45°$
> - 보 외측에서 스터럽 중심까지의
>   거리 : 50mm
> - 단위 : mm

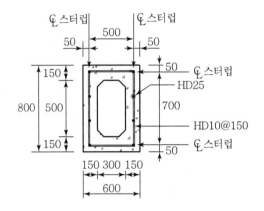

풀 이 1) 비틀림 고려 여부 검토

$$\frac{A_{cp}^{\,2}}{P_{cp}} = \frac{(600 \times 800)^2}{(600 + 800) \times 2} = \frac{2.304 \times 10^{11}}{2,800} = 8.22857 \times 10^7\,\mathrm{mm}^3$$

$$\phi\left(\frac{\lambda\sqrt{f_{ck}}}{12}\right)\frac{A_{cp}^{\,2}}{P_{cp}} = 0.75 \times \left(\frac{1.0 \times \sqrt{24}}{12}\right) \times 8.22857 \times 10^7 \times 10^{-6}$$

$$= 25.2\,\mathrm{kN \cdot m} \ \leq \ T_u = 50\,\mathrm{kN \cdot m} \Rightarrow \text{비틀림 고려}$$

$$\left(\frac{A_g}{A_{cp}} < 0.95\text{일 경우 } A_g\text{를 적용할 수 있으나, } A_{cp}\text{를 적용함}\right)$$

2) 비틀림모멘트 감소 여부 검토

비틀림모멘트가 평형을 이루기 위해서 필요하므로 평형비틀림 상태이다.

∴ $T_u = 50\,\mathrm{kN \cdot m}$ 적용

3) 단면치수의 적합성 검토($x_o = 500\,\mathrm{mm}$, $y_o = 700\,\mathrm{mm}$)

(1) 최대응력 검토

$$A_{oh} = x_o \times y_o = 500 \times 700 = 350,000\,\mathrm{mm}^2$$

$$p_h = 2(x_o + y_o) = 2 \times (500 + 700) = 2,400\,\mathrm{mm}$$

$$\frac{A_{oh}}{p_h} = \frac{350,000}{2,400} = 145.8\,\text{mm} \leq 150\,\text{mm}$$

$$\left(\frac{V_u}{b_w d}\right) + \left(\frac{T_u p_h}{1.7 A_{oh}^2}\right) \leq \phi\left(\frac{V_c}{b_w d} + \frac{2}{3}\sqrt{f_{ck}}\right)$$

$$\left[\frac{200 \times 10^3}{300 \times 730}\right] + \left[\frac{50 \times 2,400 \times 10^6}{1.7 \times (350,000)^2}\right] = 1.49\,\text{N/mm}^2$$

$$\leq 0.75 \times \left(\frac{5}{6} \times \sqrt{24}\right) = 3.06\,\text{N/mm}^2 \quad \cdots\cdots\cdots\cdots\cdots\cdots \text{O.K}$$

(2) 폐쇄스터럽 중심선에서 내부 벽면까지의 피복두께 검토

$$\frac{0.5 A_{oh}}{p_h} = \frac{145.8}{2} = 72.9\,\text{mm} \leq 100\,\text{mm} \quad \cdots\cdots\cdots\cdots\cdots\cdots\cdots\cdots \text{O.K}$$

4) 전단 및 비틀림에 대한 스터럽 산정

(1) 전단에 대한 스터럽량 산정

$$V_c = \frac{1}{6}\lambda\sqrt{f_{ck}}\,b_w d = \left(\frac{1}{6} \times 1.0 \times \sqrt{24}\right) \times 300 \times 730 \times 10^{-3} = 178.8\,\text{kN}$$

$$\frac{A_v}{s} = \frac{V_u - \phi V_c}{\phi f_{yv} d} = \frac{(200 - 0.75 \times 178.8) \times 10^3}{0.75 \times 400 \times 730} = 0.3009\,\text{mm}^2/\text{mm}$$

(2) 비틀림에 대한 스터럽량 산정

$$\frac{A_t}{s} = \frac{T_u}{\phi\,2\,A_o f_{yt}} = \frac{50 \times 10^6}{0.75 \times 2 \times (0.85 \times 350,000) \times 400}$$

$$= 0.2801\,\text{mm}^2/\text{mm/leg}$$

(3) 전단 및 비틀림에 대한 전체 폐쇄형 스터럽량

$$\frac{A_t}{s} + \frac{A_v}{2s} = 0.2801 + \frac{0.3009}{2} = 0.4306\,\text{mm}^2/\text{mm/leg}$$

$$\text{HD10}(A_b = 71\,\text{mm}^2)\ \text{사용}: s = \frac{71}{0.4306} = 165\,\text{mm}$$

$$\therefore\ \text{D10@150} \quad \cdots\cdots\cdots\cdots\cdots \text{O.K}$$

5) 스터럽 배근 – 스터럽 : HD10@150 배근

  (1) 최소 면적 검토

$$A_v + 2A_t = 141\,\text{mm}^2 \geq \left[0.0625\,\sqrt{f_{ck}}\,\frac{b_w s}{f_{yt}}\,,\ \frac{0.35 b_w s}{f_{yt}}\right]_{\max} = 39.4\,\text{mm}^2 \cdots \text{O.K}$$

  (2) 스터럽 최대 간격 검토

전단 : $\phi V_s = 65.9\,\text{kN} \leq \phi\,\dfrac{1}{3}\,\lambda\,\sqrt{f_{ck}}\,b_w d = 268.2\,\text{kN}$ 이므로

$$s_{\max} = [d/2,\ 600\text{mm}]_{\min} = [730/2 = 365\text{mm},\ 600\text{mm}]_{\min}$$

$$= 365\,\text{mm} \cdots\cdots\cdots\cdots\cdots\cdots\cdots\cdots\cdots\cdots\cdots \text{O.K}$$

비틀림 : $s_{\max} = [p_h/8,\ 300\text{mm}]_{\min} = [2,400/8 = 300\text{mm},\ 300\text{mm}]_{\min}$

$$= 300\,\text{mm} \cdots\cdots\cdots\cdots\cdots\cdots\cdots\cdots\cdots\cdots\cdots \text{O.K}$$

6) 종방향 철근 산정

  (1) A_l 산정

$$A_{l\,req} = \left(\frac{A_t}{s}\right)p_h = 0.2801 \times (2,400) = 672.24\,\text{mm}^2$$

  (2) $A_{l\,\min}$ 검토

$$A_{l\,\min} = \frac{0.42\,\sqrt{f_{ck}}}{f_{yl}}A_{cp} - \left(\frac{A_t}{s}\right)p_h\frac{f_{yv}}{f_{yl}}$$

$$= \frac{0.42\,\sqrt{24}}{400}(600 \times 800) - (0.2801)(2,400)(1) = 1798.9\,\text{mm}^2$$

$$d_{b\,\min} = [s/24,\ \text{D10}]_{\max} = [150/24 = 6.25,\ 10]_{\max}$$

$$= 10\,\text{mm} < \text{D25} \cdots\cdots\cdots\cdots\cdots\cdots\cdots\cdots\cdots\cdots\cdots \text{O.K}$$

$$4 - \text{D25}(A_t = 2,028\,\text{mm}^2)$$

∴ 상기 문제에서 상하부 휨철근을 제외하고 요구되는 축방향 비틀림철근이 300mm 이내 간격으로 배치되었다면 비틀림에 대한 안정성을 확보하는 것으로 판단된다.

제**9**장 정착과 이음

[KDS 14 20 52]

→ Professional Engineer Architectural Structures

9.1　정착 일반

1. 정착 기본개념 및 영향요소

> **문제1** 철근콘크리트구조에서 기본 정착길이와 보정계수에 대하여 설명하시오. [77회 1교시]
>
> **문제2** 철근 부착력에 미치는 영향 요소를 설명하시오. [76회 1교시]
>
> **문제3** 인장철근의 정착길이를 결정하는 요인들을 설명하시오. [73회 1교시]
>
> **문제4** 철근부착력의 영향 요소들 [60회 1교시]

[풀이]　정착의 기본개념

철근콘크리트 부재 각 단면의 철근에 작용하는 인장력 또는 압축력이 단면의 양측에서 발휘될 수 있도록 묻힘길이, 갈고리, 기계적 정착 또는 이들의 조합에 의해 철근을 정착하여야 한다.

1) 부착응력

  철근과 주위 콘크리트의 경계면에 생기는 전단응력(강도설계법 : 부착파괴가 발생하기 전에 철근이 항복되는 것을 전제로 함)

2) 정착길이

  콘크리트에 묻혀 있는 철근이 힘을 받을 때 뽑히거나 미끄러짐 변형이 생기는 일이 없이 항복강도에 이르기까지 응력을 발휘할 수 있게 하는 최소한의 묻힘길이

$$\pi \, d_b \, u_a \, l_d = \frac{\pi \, d_b{}^2}{4} f_y \qquad l_d = \frac{d_b \, f_y}{4 \, u_a} \qquad l_d = \frac{\mu \, d_b \, f_y}{\sqrt{f_{ck}}}$$

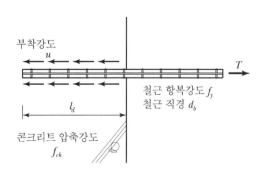

3) 기본정착길이(l_{db})

철근의 크기와 강도, 콘크리트의 압축강도 등 모든 철근콘크리트 부재가 공통으로 가지고 있는 요소들에 의하여 정하여지는 정착길이

4) 부착강도의 영향인자

   (1) 화학적접착력 : 미소(1.4~2.1MPa)

   (2) 마찰

   (3) 콘크리트에 대한 철근변형의 지압력 등

   (4) 철근직경

   (5) 철근의 강도

   (6) 콘크리트 강도

   (7) 철근의 위치

   (8) 에폭시 도막 여부

   (9) 철근의 크기

   (10) 경량콘크리트 등 콘크리트의 종류

   (11) 피복두께

   (12) 철근의 간격

   (13) 횡보강철근 여부

Memo...

2. 부착파괴형태

> **문제 5** 철근콘크리트 구조의 뽑힘 부착 파괴와 쪼갬 부착 파괴에 대하여 설명하시오.
>
> [65회 1교시], [117회 1교시]

풀이 **부착에 의한 힘의 전달과 부착파괴**

1) 힘의 전달
   (1) 콘크리트의 화학적 접착력과 마찰에 의해 미끄러짐 변형에 저항
       ⇒ 큰 저항성능 없고, 곧 상실됨
   (2) 이형철근의 경우 리브와 마디에 의한 콘크리트 지압응력 발생

2) 부착파괴
   (1) 뽑힘부착 파괴
       이형철근의 마디 사이의 콘크리트가 지압파괴되어 철근이 뽑히는 형태의 부착파괴
       ① 콘크리트 두께가 두꺼울 경우
       ② 철근 사이의 간격이 넓을 경우
       ③ 나선철근이나 띠철근에 의해 횡방향으로 구속되는 경우
       ④ 이형철근의 리브와 마디가 필요이상 깊을 경우
   (2) 쪼갬부착 파괴
       콘크리트에 발생되는 지압응력에 의한 방사선 방향의 변형이 구속되지 않을 경우
       철근의 리브와 마디에 접촉된 콘크리트에 균열이 발생하며, 철근에 작용하는 인장
       력의 증가와 함께 철근의 마디와 리브가 이 균열에 쐐기작용을 하여 균열이 표면까
       지 빠른 속도로 파급되는 쪼갬부착파괴가 발생한다.
       ① 피복두께가 얇을 경우
       ② 철근의 간격이 좁을 경우
       ③ 일반적으로 보 상·하부의 부착파괴는 쪼갬파괴의 형태

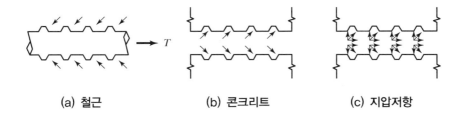

(a) 철근   (b) 콘크리트   (c) 지압저항

9.2 인장이형철근 정착

1. 인장이형철근 정착기준

1) 일반식 [73회 1교시], [86회 3교시]

$$l_d = \frac{0.90\, d_b f_y}{\lambda\, \sqrt{f_{ck}}}\; \frac{\alpha\,\beta\,\gamma}{\left(\dfrac{c+K_{tr}}{d_b}\right)} \geq 300\,\text{mm}$$

l_d : 정착길이, mm

d_b : 철근, 철선 또는 프리스트레싱 강연선의 공칭지름, mm

f_y : 철근의 설계기준항복강도, N/mm²

f_{ck} : 콘크리트의 설계기준강도, N/mm²

λ : 경량콘크리트 계수

2) 보정계수

(1) α = 철근배근 위치계수

① 상부철근

정착길이 또는 이음부 아래 300mm를 초과되게 굳지 않은 콘크리트를 친 수평철근

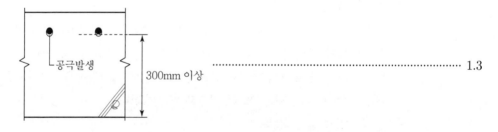

공극발생   300mm 이상 ·· 1.3

② 기타 철근 ·· 1.0

(2) β = 철근도막계수

① 피복두께가 $3d_b$ 미만 또는 순간격이 $6d_b$ 미만인 에폭시 도막철근 또는 철선 ····· 1.5

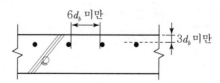

② 기타 에폭시 도막철근 또는 철선 ···································· 1.2

③ 아연도금 또는 도막되지 않은 철근 ······························· 1.0

※ 에폭시 도막철근이 상부 철근인 경우에 상부 철근의 보정계수 α와 철근도막계수 β의 곱 $\alpha\beta$가 1.7보다 클 필요는 없다.

(3) γ = 철근 또는 철선의 크기 계수

① D19 이하의 철근과 이형철선 ·································· 0.8

② D22 이상의 철근 ·· 1.0

(4) $\dfrac{c + K_{tr}}{d_b} \leq 2.5$

① c = 철근간격 또는 피복두께에 관련된 치수

㉠ 철근 또는 철선의 중심으로부터 콘크리트 표면까지의 최단거리

㉡ 정착되는 철근 또는 철선의 중심 간 거리의 1/2 중 작은 값(단위 : mm)

② K_{tr} = 횡방향 철근지수

$$= \dfrac{40 A_{tr}}{s\,n}$$

㉠ A_{tr} : 잠재 쪼갬균열 예상면을 가로지르는 횡방향철근 전체 단면적

㉡ f_{yt} : 횡방향철근의 설계기준강도

㉢ s : l_d 구간 내에 있는 횡방향철근의 최대 중심간격

㉣ n : 쪼갬면을 따라 정착되거나 이어지는 철근 또는 철선 수

횡방향 철근이 배근되어 있더라도 설계를 간편하게 하기 위해 K_{tr} =0으로 사용할 수 있다.

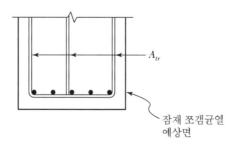

(5) $\left(\dfrac{소요 A_s}{배근 A_s}\right)$: 초과철근계수

보정계수 (5)의 적용 예외

① 구조적 일체성을 확보하기 위한 요구조건

② 인장이음에 대한 정착길이 l_d의 계산

③ 2방향 슬래브에서 보가 없는 슬래브의 철근 상세

④ 정철근의 정착

⑤ 온도철근

※ f_y가 550MPa을 초과하는 철근에 대한 추가 제한사항

설계기준항복강도가 550MPa을 초과하는 철근에 대해서는 다음을 만족하여야 한다.

① 횡방향 철근을 배치하지 않는 경우에는 c/d_b이 2.5 이상이어야 한다.

② 횡방향 철근을 배치하는 경우에는 $K_{tr}/d_b \geq 0.25$와 $(c+K_{tr})/d_b \geq 2.25$을 만족하여야 한다.

2) 약산식

$$l_d = \frac{0.6\ d_b f_y}{\lambda\ \sqrt{f_{ck}}} \times 보정계수 \geq 300\,\mathrm{mm}$$

l_{db} : 기본정착길이, mm

d_b : 철근, 철선 또는 프리스트레싱 강연선의 공칭지름, mm

f_y : 철근의 설계기준항복강도, N/mm²

f_{ck} : 콘크리트의 설계기준강도, N/mm²

λ : 경량콘크리트 계수

약산식은 정산식을 간편화한 식이다.

$$l_d = \frac{0.90\,d_b f_y}{\lambda\,\sqrt{f_{ck}}}\frac{\alpha\,\beta\,\gamma}{\left(\dfrac{c+K_{tr}}{d_b}\right)}$$

(1) $\alpha\,\beta\,\gamma$ 보정계수

(2) $\left(\dfrac{c+K_{tr}}{d_b}\right) = 1.5$

보정계수

조건 ＼ 철근지름	D19 이하의 철근과 이형철선	D22 이상의 철근
정착되거나 이어지는 철근의 순간격이 d_b 이상이고 피복두께도 d_b 이상이면서 l_d 전 구간에 설계기준에서 규정된 최소철근량 이상의 스터럽 또는 띠철근을 배근한 경우 정착되거나 이어지는 철근의 순간격이 $2d_b$ 이상이고 피복두께가 d_b 이상인 경우	$0.8\,\alpha\,\beta$	$1.0\,\alpha\,\beta$
기타	$1.2\,\alpha\,\beta$	$1.5\,\alpha\,\beta$

※ 1) 1999년 통합설계기준 제정당시 : 일반식과 간편식 중 큰 값 사용

　2) 2003년 개정 : 일반식과 간편식 중 한 가지 방법

Memo...

2. 인장이형철근 정착길이 산정

문제6 그림과 같이 4 – D25 인장철근의 정착길이를 계산하시오. [65회 4교시], [124회 2교시 유사]

단, $f_{ck} = 24\,\text{MPa}$, $f_y = 400\,\text{MPa}$

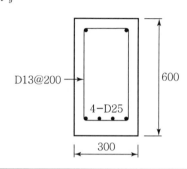

풀이 인장 이형철근정착(정산식에 의한 방법)

$$정착길이 \ l_d = \frac{0.90\,d_b f_y}{\lambda\,\sqrt{f_{ck}}} \ \frac{\alpha\,\beta\,\gamma}{\left(\dfrac{c + K_{tr}}{d_b}\right)} \ \geq \ 300\,\text{mm}$$

1) 기본정착길이 산정

$$l_{db} = \frac{0.90 d_b f_y}{\lambda\,\sqrt{f_{ck}}} = \frac{0.90 \times 25 \times 400}{1.0 \times \sqrt{24}} = 1,837.1\,\text{mm}$$

2) 보정계수 산정

   (1) 철근배치 위치계수 : $\alpha = 1.0$(하부철근)

   (2) 철근 도막계수 : $\beta = 1.0$

   (3) 철근의 크기계수 : $\gamma = 1.0(d_b \geq \text{D22})$

   (4) $\dfrac{c + K_{tr}}{d_b}$ 산정

   ① c 산정(철근간격 또는 피복두께에 관련된 치수)

   ㉠ 철근중심에서 표면까지 거리

   $40 + 13 + 25/2 = 65.5\text{mm}$

ⓛ 이어지는 철근의 중심간 거리/2

$[(300 - 40 \times 2 - 13 \times 2 - 25)/3]/2 = 28.2\,\mathrm{mm}$

$\therefore\ c = 28.2\,\mathrm{mm}$

② $K_{tr} = \dfrac{40\,A_{tr}}{s\,n} = \dfrac{40 \times 2 \times 127}{200 \times 4} = 12.7$

③ $\dfrac{c + K_{tr}}{d_b} = \dfrac{28.2 + 12.7}{25} = 1.64 < 2.5$

3) 정착길이(l_d) 산정

$$l_d = \frac{0.90\,d_b\,f_y}{\lambda\,\sqrt{f_{ck}}}\,\frac{\alpha\,\beta\,\gamma}{\left(\dfrac{c + K_{tr}}{d_b}\right)} = 1{,}837.1 \times \frac{1}{1.64} = 1{,}120.2\,\mathrm{mm}$$

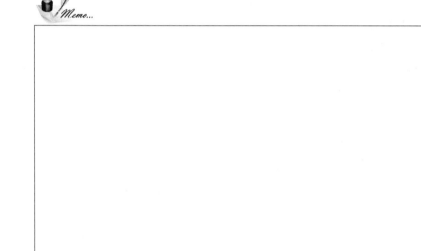

Memo...

문제7 $b = 300\text{mm}$, $h = 600\text{mm}$ 보의 상단 부모멘트 소요철근량 1,250mm²에 대하여 4 – D22철근이 사용되고 D10@200스터럽으로 횡보강되었을 때 인장 정착길이를 계산하시오.

[61회 3교시], [91회 4교시 유사], [107회 2교시 유사]

$f_{ck} = 27\,\text{MPa}$, $f_y = 400\,\text{MPa}$

풀이 인장 정착길이

1) 약산식에 의한 방법

(1) 기본정착길이

$$l_{db} = \frac{0.6\ d_b f_y}{\lambda\ \sqrt{f_{ck}}} = \frac{0.6 \times 22 \times 400}{1.0 \times \sqrt{27}} = 1,016.14\,\text{mm}$$

(2) 정착길이 산정

① 철근의 순간격 및 피복두께 검토

㉠ 이음 되는 철근의 순간격

$= [300 - 2 \times (피복) - 2 \times (스터럽직경) - 4 \times (철근직경)]/3$

$= [300 - 2 \times 40 - 2 \times 10 - 4 \times 22]/3 = 37.33\,\text{mm} > d_b = 22\,\text{mm}$

㉡ 피복두께$= 40 + 10 = 50\,\text{mm} > d_b = 22\,\text{mm}$

(3) 보정계수를 고려한 정착길이 산정

D22 이상의 철근이며, 순간격$> d_b$, 피복두께$> d_b$를 만족하므로 보정계수는 $\alpha \times \beta$를 적용한다.

① 철근배치 위치계수 : $\alpha = 1.3$(상부철근)

② 철근 도막계수 : $\beta = 1.0$

$\therefore l_d = l_{db} \times (1.3 \times 1.0) = 1,016.14 \times 1.3 = 1,321\,\text{mm}$

2) 정산식에 의한 방법

정착길이 $l_d = \dfrac{0.90\,d_b f_y}{\lambda\ \sqrt{f_{ck}}}\ \dfrac{\alpha\beta\gamma}{\left(\dfrac{c + K_{tr}}{d_b}\right)}$에서

(1) 기본정착길이

$$l_d = \frac{0.90 d_b f_y}{\lambda \sqrt{f_{ck}}} = \frac{0.9 \times 22 \times 400}{1.0 \times \sqrt{27}} = 1,524.2 \, \text{mm}$$

(2) 보정계수

① 철근배치 위치계수 : $\alpha = 1.3$(상부철근)

② 철근 도막계수 : $\beta = 1.0$

③ 철근의 크기계수 : $\gamma = 1.0$

∴ $l_d = l_{db} \times (1.3 \times 1.0 \times 1.0) = 1,016.14 \times 1.3 = 1,321 \, \text{mm}$

④ $\dfrac{c + K_{tr}}{d_b}$ 산정

㉠ c 산정(철근간격 또는 피복두께에 관련된 치수)

- 철근중심에서 표면까지 거리 : $40 + 10 + 22/2 = 61 \, \text{mm}$
- 철근의 중심간 거리/2 : $(37.33 + 22)/2 = 29.67 \, \text{mm} \leq 61 \, \text{mm}$

∴ $c = 29.67 \, \text{mm}$

㉡ $K_{tr} = \dfrac{40 A_{tr}}{s\,n} = \dfrac{40 \times 2 \times 71}{200 \times 4} = 7.1$

㉢ $\dfrac{c + K_{tr}}{d_b} = \dfrac{29.67 + 7.1}{22} = 1.67 < 2.5$

⑤ $\dfrac{\text{소요철근량}}{\text{배근철근량}} = \dfrac{1,250}{357 \times 4} = 0.81$

(3) 정착길이(l_d) 산정

$$l_d = \frac{0.90 d_b f_y}{\lambda \sqrt{f_{ck}}} \frac{\alpha\,\beta\,\gamma}{\left(\dfrac{c + K_{tr}}{d_b}\right)} = 1,524.2 \times \frac{1.3}{1.67} \times 0.81 = 961.1 \, \text{mm}$$

문제8 슬래브 두께가 200mm이고, 상단 철근이 HD13@200으로 배근된 경우 철근의 정착길이를 기본식과 정밀식에 따라 계산하고 비교하시오. [103회 3교시]

$$f_{ck} = 27\,\mathrm{MPa}, \ f_y = 400\,\mathrm{MPa}$$

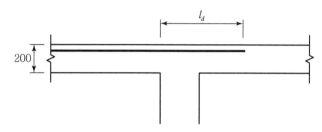

풀이 **인장철근 정착길이**

1) 기본식

$$f_d = \frac{0.6 d_b f_y}{\lambda \sqrt{f_{ck}}} \times 보정계수 \geq 300\,\mathrm{mm}$$

(1) 기본정착길이

$$l_d = \frac{0.6 d_b f_y}{\lambda \sqrt{f_{ck}}} = \frac{0.6 \times 13 \times 400}{1.0 \times \sqrt{27}} = 600.4\,\mathrm{mm}$$

(2) 보정계수

철근 순간격 $= 200 - 13 = 187\,\mathrm{mm} > 2d_b = 2 \times 13 = 26\,\mathrm{mm}$

피복 두께 $= 20\,\mathrm{mm} > d_b = 13$

D19 이하 철근

$\therefore$ 보정계수 $= 0.8\alpha\beta$

$\quad \alpha = 1.0$(철근 위치계수)

$\quad \beta = 1.0$(철근 도막계수)

(3) 정착길이

$$l_b = \frac{0.6 d_b f_y}{\lambda \sqrt{f_{ck}}} \times (0.8 \times \alpha \times \beta)$$

$$= 600.4 \times 0.8 \times 1.0 \times 1.0 = 480.3 \, \text{mm} \, (\fallingdotseq 37 d_b)$$

2) 정밀식

$$l_d = \frac{0.9 d_b f_y}{\lambda \sqrt{f_{ck}}} \cdot \frac{\alpha \cdot \beta \cdot \gamma}{\dfrac{c + k_{tr}}{d_b}} \leq 300 \text{mm}$$

(1) 기본정착길이

$$l_d = \frac{0.9 d_b f_y}{\lambda \sqrt{f_{dc}}} = 900.7 \, \text{mm}$$

(2) 보정계수

$\alpha = 1.0$(철근 위치계수)

$\beta = 1.0$(철근 도막계수)

$\gamma = 0.8$(D19 이하 철근)

$c = [$철근중심에서 연단까지 거리, 철근간격$/2]_{\min}$

$\quad = [25 + 13/2 = 31.5 \text{mm}, \ 200/2 = 100 \text{m}]_{\min} = 31.5 \, \text{mm}$

$k_{tr} = \dfrac{40 A_{tr}}{sn} = 0$

$\dfrac{c + k_{tr}}{d_b} = \dfrac{31.5}{13} = 2.42 \leq 2.5$

(3) 정착길이

$$l_d = \frac{0.9 d_b f_y}{\lambda \sqrt{f_{ck}}} \cdot \frac{\alpha \cdot \beta \cdot \gamma}{\dfrac{c + k_{tr}}{d_b}} = 900.7 \times \frac{0.8 \times 1.0 \times 1.0}{2.42} = 297.8 \, \text{m} \leq 300 \, \text{mm}$$

$\quad \therefore \ l_d = 300 \, \text{mm} \, (\fallingdotseq 23 d_b)$

3) 기본식과 정밀식의 비교

기본식	정밀식	비교
$480.3\text{mm} \fallingdotseq 37d_b$	$300\text{mm} \fallingdotseq 23d_b$	정밀식으로 계산할 경우 인장철근정착길이는 기본식의 약 62%로 산정되기 때문에 38% 정도의 절감효과가 있다.

Memo...

9.3 압축이형철근 정착

1. 압축이형철근의 정착기준

1) 정착길이 일반식

$$l_d = \left[\frac{0.25\,d_b f_y}{\lambda\,\sqrt{f_{ck}}} \geq 0.043\,d_b\,f_y \right] \times 보정계수 \geq 200\,\mathrm{mm}$$

2) 보정계수

(1) 해석결과 요구되는 철근량을 초과하여 배근한 경우 ⋯⋯⋯⋯⋯ $\left(\dfrac{소요\,A_s}{배근\,A_s} \right)$

(2) 다음과 같은 나선철근 압축재 ⋯⋯⋯⋯⋯ 0.75

    ① 지름이 6mm 이상

    ② 나선간격이 100mm 이하

(3) 다음과 같은 띠철근 압축재 ⋯⋯⋯⋯⋯ 0.75

    ① 중심간격 100mm 이하로 띠철근 배근

    ② D13 띠철근으로 둘러싸인 압축이형철근(띠철근 배근의 세부기준 만족)

9.4 다발철근 정착

1. 다발철근의 정착기준

인장 또는 압축을 받는 하나의 다발철근 내에 있는 개개 철근의 정착길이는 다음과 같이 결정해야 한다.

(1) 각 철근의 정착길이에 3개의 철근으로 구성된 다발철근에 대해서 20%, 4개의 철근으로 구성된 다발철근에 대해서 33%를 증가시켜야 한다.

(2) 다발철근의 정착길이 계산시 보정계수를 적절하게 선택하기 위해 한 다발 내에 있는 전체 철근단면적을 등가단면으로 환산하여 산정된 지름으로 된 하나의 철근으로 취급하여야 한다.

9.5 표준갈고리를 갖는 인장이형철근 정착

1. 표준갈고리를 갖는 인장이형철근 정착 [105회 1교시]

1) 정착길이 일반식

$$l_{dh} = l_{hb} \times 보정계수 = \frac{0.24\,\beta\,d_b f_y}{\lambda\,\sqrt{f_{ck}}} \times 보정계수 \geq [8d_b,\,150\text{mm}]_{\max}$$

2) 보정계수

(1) 콘크리트 피복두께 ·· 0.7
  ① D35 이하 철근에서 갈고리 평면에 수직방향인 측면 피복두께가 70mm 이상
  ② 90° 갈고리에 대해서는 갈고리를 넘어선 부분의 철근 피복두께가 50mm 이상

(2) 띠철근 또는 스터럽 1 ·· 0.8
  D35 이하 90° 갈고리 철근에서 정착길이 l_{dh}구간을 $3d_b$ 이하 간격으로 띠철근 또는
  스터럽이 정착되는 철근을 수직으로 둘러싼 경우 또는 갈고리 끝 연장부와 구부림부의
  전 구간을 $3d_b$ 이하 간격으로 띠철근 또는 스터럽이 정착되는 철근을 평행하게 둘러싼
  경우

(3) 띠철근 또는 스터럽 2 ·· 0.8
  D35 이하 180° 갈고리 철근에서 정착길이 l_{dh}구간을 $3d_b$ 이하 간격으로 띠철근 또는
  스터럽이 정착되는 철근을 수직으로 둘러싼 경우

다만, (2), (3)에서 첫 번째 띠철근 또는 스터럽은 갈고리의 구부러진 부분 면부터
$2d_b$ 이내에서 갈고리의 구부러진 부분을 둘러싸야 한다.

부재의 불연속단에서 갈고리 철근의 양 측면과 상부 또는 하부의 피복 두께가 70mm
미만으로 표준갈고리에 의해 정착되는 경우에 전 정착길이 l_{dh}구간에 $3d_b$ 이하 간격
으로 띠철근이나 스터럽으로 갈고리 철근을 둘러싸야 한다. 이때 첫 번째 띠철근 또
는 스터럽은 갈고리의 구부러진 부분 바깥 면부터 $2d_b$ 이내에서 갈고리의 구부러진
부분을 둘러싸야 한다. 이때 (2), (3)의 보정계수 0.8을 적용할 수 없다.

설계기준항복강도가 550MPa을 초과하는 철근을 사용하는 경우에는 (2), (3)의 보정
계수 0.8을 적용할 수 없다.

(4) 소요A_s/배근A_s

전체 f_y를 발휘하도록 정착을 특별히 요구하지 않는 단면에서 휨철근이 소요철근량
이상 배치된 경우

(5) 갈고리는 압축을 받는 경우 철근정착에 유효하지 않은 것으로 보아야 한다.

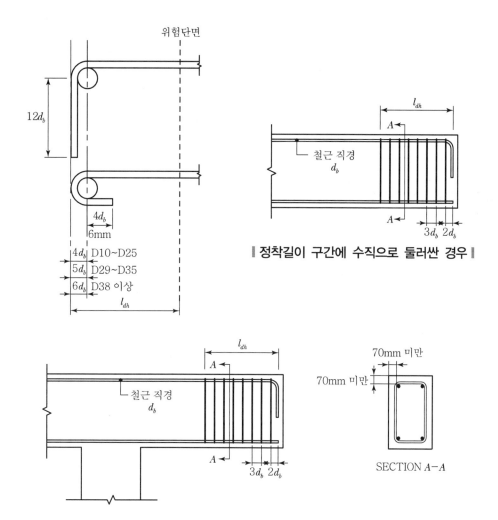

∥ 정착길이 구간에 수직으로 둘러싼 경우 ∥

∥ 불연속단 피복두께에 따른 띠철근 및 스터럽 상세 ∥

2. 표준갈고리를 갖는 인장이형철근 정착길이 산정

> **문제9** 다음 그림과 같이 D10 또는 D13 철근이 90° 표준갈고리로 벽체나 보에 인장정착될 경우 ① 인장정착길이, ② 요구되는 최소 벽두께 또는 보폭을 구하시오.
>
> [83회 2교시], [109회 2교시 유사]
>
> 단, $f_{ck} = 27\,\mathrm{MPa}$, $f_y = 400\,\mathrm{MPa}$, 피복두께 20mm 또는 50mm

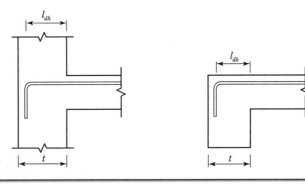

풀이 표준갈고리 인장철근 정착길이 산정

1) 기본 정착길이

$$l_{dh} = l_{hb} \times 보정계수 = \frac{0.24\,\beta\,d_b\,f_y}{\lambda\,\sqrt{f_{ck}}} \times 보정계수 \geq [8d_b,\ 150\mathrm{mm}]_{\max}$$

$\beta = 1.0$: 도막되지 않은 철근
$\lambda = 1.0$: 일반콘크리트

$$\therefore\ l_{hb} = \frac{0.24\,\beta\,d_b\,f_y}{\lambda\,\sqrt{f_{ck}}} = \frac{0.24 \times 1.0 \times 400}{1.0 \times \sqrt{27}} = 18.5d_b$$

2) 정착길이

  (1) D10 철근

    ① 피복두께 20mm

$$l_{dh} = 1.0\,l_{hb} = 1.0 \times (18.5 \times 10) = 185\,\mathrm{mm}$$
$$\geq l_{dh-\min} = [8d_b = 80\mathrm{mm},\ 150\mathrm{mm}]_{\max} = 150\,\mathrm{mm}$$
$$\therefore\ 최소\ 벽두께\ 및\ 보폭\ t = 185 + 20 = 205\,\mathrm{mm}$$

② 피복두께 50mm

$$l_{dh} = 0.7\,l_{hb} = 0.7 \times (18.5 \times 10) = 129.5\,\mathrm{mm}$$
$$< l_{dh-\min} = [8d_b = 80\mathrm{mm},\ 150\mathrm{mm}]_{\max} = 150\,\mathrm{mm}$$

$$l_{dh} = 150\,\mathrm{mm}$$

∴ 최소 벽두께 및 보폭 $t = 150 + 50 = 200\,\mathrm{mm}$

(2) D13 철근

① 피복두께 20mm

$$l_{dh} = 1.0\,l_{hb} = 1.0 \times (18.5 \times 13) = 240.5\,\mathrm{mm}$$
$$\geq l_{dh-\min} = [8d_b = 104\mathrm{mm},\ 150\mathrm{mm}]_{\max} = 150\,\mathrm{mm}$$

∴ 최소 벽두께 및 보폭 $t = 240.5 + 20 = 260.5\,\mathrm{mm}$

② 피복두께 50mm

$$l_{dh} = 0.7\,l_{hb} = 0.7 \times (18.5 \times 13) = 168.4\,\mathrm{mm}$$
$$\geq l_{dh-\min} = [8d_b = 104\mathrm{mm},\ 150\mathrm{mm}]_{\max} = 150\,\mathrm{mm}$$

∴ 최소 벽두께 및 보폭 $t = 168.4 + 50 = 218.4\,\mathrm{mm}$

> **문제10** 아파트 외측벽의 정착상의 문제점에 대하여 기술하고 해결방안에 대하여 기술하시오.
>
> 단, $f_{ck} = 27\,\text{MPa}$, $f_y = 400\,\text{MPa}$, 벽두께는 200mm이다.

풀이 **외측벽의 두께가 200mm일 경우 D10철근과 D13철근의 정착길이**

1) D10 철근

   (1) 기본정착길이

$$l_{dh} = l_{hb} \times 보정계수 = \frac{0.24\,\beta\,d_b f_y}{\lambda\,\sqrt{f_{ck}}} \times 보정계수 \geq [8d_b, 150\text{mm}]_{\max}$$

        $\beta = 1.0$: 도막되지 않은 철근
        $\lambda = 1.0$: 일반콘크리트

$$\therefore\ l_{hb} = \frac{0.24\,\beta\,d_b f_y}{\lambda\,\sqrt{f_{ck}}} = \frac{0.24 \times 1.0 \times 400}{1.0 \times \sqrt{27}} = 18.5 d_b$$

   ① 피복두께 20mm

$$l_{dh} = 1.0\,l_{hb} = 1.0 \times (18.5 \times 10) = 185\,\text{mm}$$
$$\geq l_{dh-\min} = [8d_b = 80\text{mm}, 150\text{mm}]_{\max} = 150\,\text{mm}$$

     $\therefore$ 최소 벽두께 및 보폭 $t = 185 + 20 = 205\,\text{mm}$

   ② 피복두께 50mm

$$l_{dh} = 0.7\,l_{hb} = 0.7 \times (18.5 \times 10) = 129.5\,\text{mm}$$
$$< l_{dh-\min} = [8d_b = 80\text{mm}, 150\text{mm}]_{\max} = 150\,\text{mm}$$

     $l_{dh} = 150\,\text{mm}$

     $\therefore$ 최소 벽두께 및 보폭 $t = 150 + 50 = 200\,\text{mm}$

2) D13 철근

 (1) 피복두께 20mm

$$l_{dh} = 1.0 \, l_{hb} = 1.0 \times (18.5 \times 13) = 240.5 \, \text{mm}$$

$$\geq l_{dh-\min} = [8d_b = 104\text{mm}, 150\text{mm}]_{\max} = 150 \, \text{mm}$$

  ∴ 최소 벽두께 및 보폭 $t = 240.5 + 20 = 260.5 \, \text{mm}$

 (2) 피복두께 50mm

$$l_{dh} = 0.7 \, l_{hb} = 0.7 \times (18.5 \times 13) = 168.4 \, \text{mm}$$

$$\geq l_{dh-\min} = [8d_b = 104\text{mm}, 150\text{mm}]_{\max} = 150 \, \text{mm}$$

  ∴ 최소 벽두께 및 보폭 $t = 168.4 + 50 = 218.4 \, \text{mm}$

3) 외측벽의 두께를 200mm로 할 경우 정착상의 문제점 및 대처방안

 (1) 상기 계산과 같이 외측벽의 두께를 200mm로 할 경우 D13철근을 사용하면 정착길이가 부족하게 되므로, 가능한 D10철근을 사용하여 구조적 안정성을 확보하도록 한다.

 (2) 부득이 D13철근을 사용할 경우 기준에 따른 구조적 안정성을 확보하기 위해서는 (배근철근량/소요철근량)을 218.4/200＝1.092만큼 증가시켜 배근하여야 한다.

Memo...

9.6 확대머리 이형철근의 정착길이

1. 파괴양상

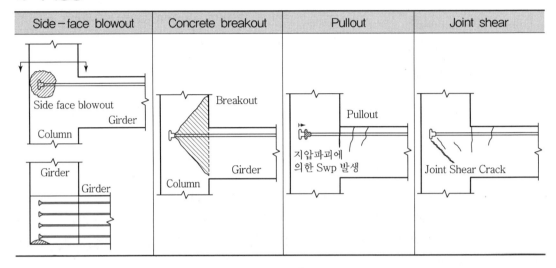

Side-face blowout	Concrete breakout	Pullout	Joint shear

2. 인장을 받는 확대머리 이형철근의 정착길이(l_{dt})

인장을 받는 확대머리 이형철근의 정착길이 l_{dt} 는 정착 부위에 따라 다음을 만족하여야 한다.

① 확대머리의 순지압면적(A_{brg})은 $4A_b$ 이상이어야 한다.

② 확대머리 이형철근은 보통중량콘크리트에만 사용한다.

1) 최상층을 제외한 부재 접합부에 정착된 경우

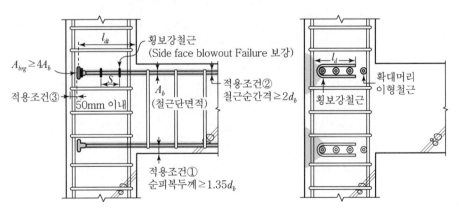

$$l_{dt} = \frac{0.22\beta d_b f_y}{\psi \sqrt{f_{ck}}} \geqq [8d_b, \ 150\text{mm}]_{\max}$$

$$\psi = 0.6 + 0.3\frac{c_{so}}{d_b} + 0.38\frac{K_{tr}}{d_b} \leq 1.375$$

여기서, β : 철근도막계수
- 에폭시 도막 혹은 아연-에폭시 이중 도막 철근의 경우 : 1.2
- 아연도금 또는 도막되지 않은 철근의 경우 : 1.0

ψ : 측면피복과 횡보강철근에 의한 영향계수

c_{so} : 철근표면에서의 측면피복두께

K_{tr} : 확대머리 이형철근을 횡구속한 경우

$$K_{tr} = (40A_{tr})/(s \cdot n) \leqq 1.0d_b$$

※ 적용조건

① 철근 순피복두께 : $1.35d_b$ 이상

② 철근 순간격 : $2d_b$ 이상

③ 확대머리의 뒷면 위치 : 횡보강철근 바깥 면부터 50mm 이내

④ 확대머리 이형철근이 정착된 접합부는 지진력저항시스템별로 요구되는 전단강도를 가져야 함

⑤ $d/l_{dt} > 1.5$인 경우 : 콘크리트 앵커설계기준[KDS 14 20 54(4.3.2)]에 따라 설계

여기서, d : 확대머리 이형철근이 주철근으로 사용된 부재의 유효높이

2) 최상층부재 접합부

$$l_{dt} = \frac{0.24\beta d_b f_y}{\sqrt{f_{ck}}} \geqq [8d_b, \ 150\text{mm}]_{\max}$$

※ 적용조건

① $K_{tr} = (40A_{tr})/(s \cdot n) \geqq 1.2d_b$

② 순피복두께 : $2d_b$ 이상

③ 철근 순간격 : $4d_b$ 이상

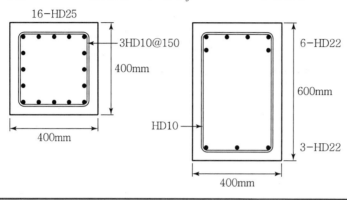

문제11 외부 - 기둥 접합부에서 보 주철근을 외부기둥에 정착시킬 때 상하단 철근의 정착길이를 설계하라. 모멘트골조는 중력하중 저항시스템으로만 사용되며, 보의 상단 주철근에 대해서는 표준갈고리와 확대머리철근으로 각각 설계하라. [99회 3교시 유사]

$f_{ck} = 30\,\text{MPa}$(일반콘크리트), $f_y = 400\,\text{MPa}$, 중간층

16-HD25

3HD10@150

400mm

400mm

6-HD22

600mm

HD10

3-HD22

400mm

풀이 정착길이

1) 상단 주철근의 표준갈고리 정착

   (1) 기본정착길이

$$l_{hb} = \frac{0.24\,\beta\,d_b\,f_y}{\lambda\,\sqrt{f_{ck}}} = \frac{0.24 \times 1.0 \times 22 \times 400}{1.0 \times \sqrt{30}} = 386\,\text{mm}$$

여기서, $\beta = 1.0$: 도막되지 않은 철근, $\lambda = 1.0$: 일반콘크리트

   (2) 보정계수 산정 : 0.7

     D35 이하이면서 갈고리의 측면피복 70mm, 후면피복 50mm

   (3) 표준갈고리 정착길이 산정

$l_{dh} = l_{hb} \times 0.7 = 270\,\text{mm} \geq 150\,\text{mm}$, $8d_b = 176\,\text{mm}$

2) 상단 주철근의 확대머리철근 정착

   (1) 정착길이 산정

$$l_{dt} = \frac{0.22\beta d_b f_y}{\psi\,\sqrt{f_{ck}}} \geq [8d_b,\ 150\text{mm}]_{\max}$$

① $\beta = 1.0$

② ψ(측면피복과 횡보강철근에 의한 영향계수)

$$\psi = 0.6 + 0.3\frac{c_{so}}{d_b} + 0.38\frac{K_{tr}}{d_b} \leq 1.375 = 0.6 + 0.3\frac{50}{22} = 1.28 \leq 1.375$$

$\therefore \; \psi = 1.28 \; (K_{tr} \; 무시)$

$$l_{dt} = \frac{0.22\beta d_b f_y}{\psi \sqrt{f_{ck}}} \geq [8d_b, \; 150\text{mm}]_{\max}$$

$$= \frac{0.22 \times 1.0 \times 22 \times 400}{1.28 \times \sqrt{30}} = 251\text{mm} \geq [8d_b, \; 150\text{mm}]_{\max} = 176\text{mm}$$

$\therefore \; l_{dt} = 350\text{mm} \; 적용$

(2) 적용조건 검토

① 철근 순피복두께 : $50\,\text{mm} \geq 1.35d_b = 29.7\,\text{mm}$ ································ 적합

② 철근 순간격 : $2d_b$ 이상

$(400 - 2 \times (10 + 40) - 4 \times 22)/3 = 70.7\,\text{mm} \geq 2 \times 22 = 44\,\text{mm}$ ······ 적합

③ 확대머리의 뒷면 위치 : 횡보강철근 바깥 면부터 50mm 이내

$400 - 50 = 350\,\text{mm} \geq 251\,\text{mm}$ ································ 적합

④ 확대머리 이형철근이 정착된 접합부는 지진력저항시스템별로 요구되는 전단강
도를 가지는 것으로 가정

⑤ d/l_{dt} 검토(철근 수직방향 순간격은 30mm로 가정함)

$d/l_{dt} = [600 - 40 - 10 - 11 - (22 + 30) \times 2/6]/350 = 1.49 \leq 1.5$ ······ 적합

3) 하단 주철근의 정착

골조가 중력하중 저항시스템으로만 사용되므로 하단 주철근은 기둥에 150mm 연장하여
정착

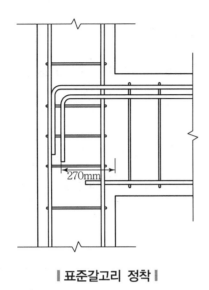

▌표준갈고리 정착▐

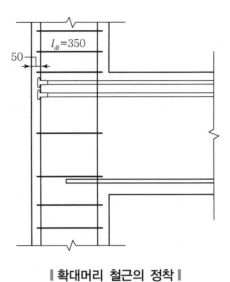

▌확대머리 철근의 정착▐

 Memo...

9.7 휨철근 정착

1. 휨철근 정착 일반 및 기준

1) 일반사항

(1) 휨부재에서 최대 응력점과 경간 내에서 인장철근이 끝나거나 굽혀진 위험단면에서 철근의 정착에 대한 안전을 검토하여야 한다.

(2) 휨철근은 휨을 저항하는데 더 이상 철근을 요구하지 않는 점에서 부재의 유효깊이 d 또는 $12\,d_b$ 중 큰 값 이상 더 연장되어야 한다. 다만, 단순경간의 받침부와 캔틸레버의 자유단에서 이 규정은 적용되지 않는다.

(3) 연속철근은 구부려지거나 절단된 인장철근이 휨을 저항하는데, 더 이상 필요하지 않은 점에서 정착길이 l_d 이상의 묻힘길이를 확보하여야 한다.

(4) 인장철근은 구부려서 복부를 지나 정착하거나 부재의 반대 측에 있는 철근 쪽으로 연속하여 정착한다.

(5) 철근응력이 직접적으로 휨모멘트에 비례하지 않는 휨부재의 인장철근은 적절한 정착이 마련되어야 한다. 이와 같은 부재는 경사형, 계단형 또는 변단면 기초판, 브래킷, 깊은 휨부재 또는 인장철근이 압축면에 평행하지 않는 부재들이다.

2) 철근의 절단위치 [75회 4교시]

(1) 고려사항

① 전단력이 큰 구간에서 철근이 절단되는 경우 응력집중에 의해 사인장 균열이 발생할 수 있다. 따라서 여장길이를 확보하여 응력집중현상을 완화해야 한다.

② 절단되는 철근은 최대 휨모멘트 발생점에서 충분한 정착길이를 확보해야 한다. 따라서철근의 실제 절단점은 이론적인 절단점에 전단, 정착 및 시공성을 고려하여 결정

(2) 철근 절단위치에 관한 기준

① 정착길이 : 인장철근의 정착길이 l_d 이상 확보

② 여장길이 : 보의 유효춤 d 또는 철근직경의 12배 이상

③ 동일 단면에서 절단되는 철근량은 전체 철근량의 50% 이하

④ 휨철근의 아래 세 조항 중 하나 이상 만족되어야만 절단이 가능하다.

ⓐ 절단점의 전단력이 전단철근에 의해 보강된 전단강도를 포함한 전체 전단강도의 2/3를 초과하지 않는 경우

ⓑ 절단점에서 부재 유효깊이의 3/4까지 구간 이상으로 절단된 철근 또는 철선을 따라 전단과 비틀림에 대해 필요한 양을 초과하는 스터럽이 배근되어 있는 경우 이때 초과되는 스터럽의 단면적 A_v는 $0.42 b_w s / f_y$ 이상이어야 하고, 간격 s는 $d/(8\beta_b)$ 이내이어야 한다. 여기서 β_b는 그 단면에서 전체 인장철근량에 대한 절단철근량의 비이다.

ⓒ D35 이하의 철근에서 연속철근이 절단점에서 휨에 필요한 철근량의 2배 이상 배근되어 있고 전단력이 전단강도의 3/4 이하인 경우

3) **정철근의 정착** [71회 3교시]

(1) 단순부재에서 정철근의 1/3 이상, 연속부재에서 정철근의 1/4 이상을 부재의 같은 면을 따라 받침부까지 연장하여야 한다. 보의 경우는 이러한 철근을 받침부 내로 150mm 이상 연장하여야 한다.

(2) 휨부재가 횡하중을 지지하는 주구조물의 일부일 때, 받침부 내로 연장되어야 할 정철근은 받침부의 전면에서 설계기준항복강도 f_y를 발휘할 수 있도록 정착되어야 한다.

(3) 단순받침부와 반곡점의 정철근은 다음의 식을 만족하도록 철근지름을 제한하여야 한다.

$$l_d \leq \frac{M_n}{V_u}$$

여기서, M_n / V_u의 값은 철근의 끝부분이 압축 반력으로 구속을 받는 경우 30% 증가시킬 수 있다.

• **KBC 2016, KCI 2012 이후 변경 내용**

단순받침부의 중심선을 지나 절단되는 철근에서 표준갈고리 또는 적어도 표준갈고리와 동등한 성능을 갖는 기계적 정착에 의해 정착되는 경우 상기 식을 만족하지 않아도 되며, 직선철근으로 정착하는 경우 다음 식을 만족하여야 한다.

$$\frac{V_u - 0.5 \phi V_s}{M_n} \leq \frac{l_a}{l_d \, jd}$$

• 단순받침부와 반곡점의 정철근에 대한 제한의 이유와 목적

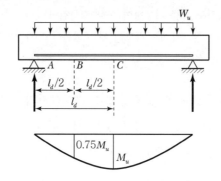

① C점(중앙점)의 철근이 f_y에 도달하고, 단부까지의 거리가 철근의 정착길이 l_d라면

   ⊙ 중앙부 철근은 정착길이를 확보한 상태이다.

   ⓒ B점 철근의 응력은 $0.75f_y$에 비하여 정착길이는 $l_d/2$이므로 정착길이가 부족하다.(문제점 인식)

② 단순지점 및 변곡점에서의 정철근의 크기 제한

   ⊙ 단순지점 및 변곡점에서의 $f_s = 0$

   ⓒ 철근의 응력이 V_u에 비례하여 증가한다고 가정하면

$$M_n = \triangle x \cdot V_u$$

따라서 $l_d \leq \triangle x = \dfrac{M_n}{V_u}$이면 정착을 확보하는 것으로 한다.

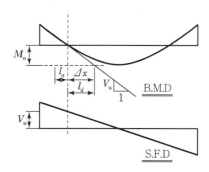

③ 휨보강철근이 받침부나 변곡점을 지나 l_a만큼 묻히는 경우

$$l_d \leq \dfrac{M_n}{V_u}$$

이 식의 목적은 유효한 정착을 위해 정철근의 크기를 제한하는 데 있다.

l_d : 철근의 항복강도 f_y를 사용하여 구한 정착길이

M_n : 단면의 모든 철근이 항복강도 f_y에 도달한다고 가정하여 구한 공칭 휨모멘트 강도

V_u : 단면의 계수 전단력

④ C점(중앙점)의 철근이 f_y에 도달하고, 단부까지의 거리가 철근의 정착길이 l_d라면

　　㉠ 중앙부 철근은 정착길이를 확보한 상태이다.

　　㉡ B점 철근의 응력은 $0.75f_y$에 비하여 정착길이는 $l_d/2$이므로 정착길이가 부족하다.(문제점 인식)

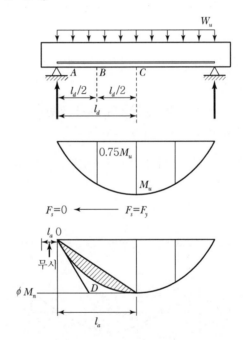

⑤ 단순지점 및 변곡점에서 정철근의 크기 제한

$$\frac{\phi M_n}{l_a} \geq \frac{dM_u}{dx} = V_u$$

$$l_d \leq \frac{\phi M_n}{V_u} \;\rightarrow\; l_d \leq \frac{M_n}{V_u}$$

　　l_d : 정착길이　　　M_n : 0점의 공칭 휨모멘트 강도　　　V_u : 0점의 계수 전단력

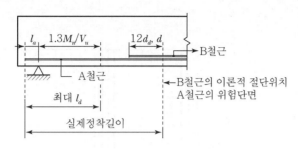

‖ 단순지점에서 정철근의 정착 ‖

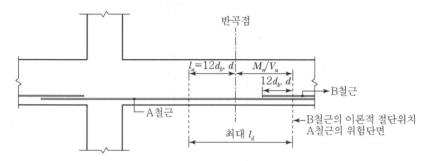

‖ 반곡점에서 정철근의 정착 ‖

4) 부철근의 정착

(1) 연속되거나 구속된 부재, 캔틸레버 부재 또는 강결된 골조의 어느 부재에서나 부철 근은 묻힘길이, 갈고리 또는 기계적 정착에 의하여 받침부 내에 정착되거나 받침부 를 지나서 정착되어야 한다.

(2) 부철근은 소요 묻힘길이가 경간 내에 확보되어야 한다.

(3) 받침부에서 부휨모멘트에 대해 배치된 전체 인장철근량의 1/3 이상 반곡점을 지나
⇒ 부재의 유효깊이(d), $12d_b$ 또는 순경간(l_n)의 1/16 중 제일 큰 값 이상의 묻힘길이 확보

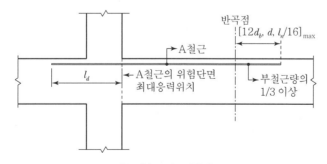

‖ 부철근의 정착 ‖

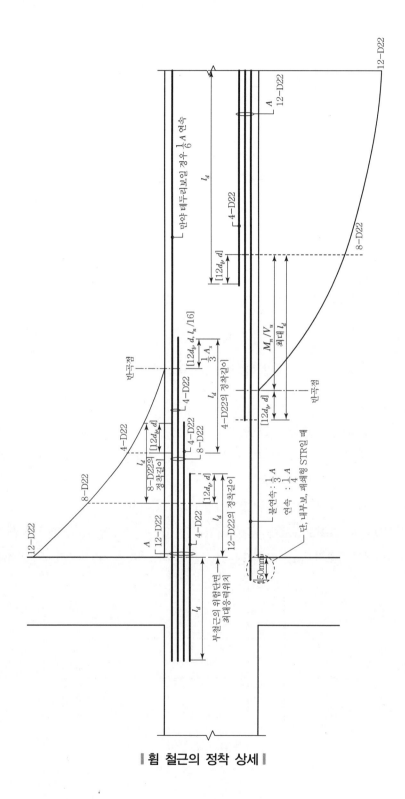

║ 휨 철근의 정착 상세 ║

2. 휨철근의 절단 시 고려사항 및 위치 산정

문제 12 휨 철근 절단 시 절단위치 및 절단 시 고려사항에 대하여 설명하시오. [75회 4교시]

풀이 휨 철근 절단위치 및 절단 시 고려사항

1) 고려사항

 (1) 전단력이 큰 구간에서 철근이 절단되는 경우 응력집중에 의해 사인장 균열이 발생할 수 있다.

  따라서 여장길이를 확보하여 응력집중현상을 완화해야 한다.

 (2) 절단되는 철근은 최대 휨모멘트 발생점에서 충분한 정착길이를 확보해야 한다. 따라서 철근의 실제 절단점은 이론적인 절단점에 전단, 정착 및 시공성을 고려하여 결정

2) 철근 절단위치에 관한 기준

 (1) 정착길이 : 인장철근의 정착길이 l_d 이상 확보

 (2) 여장길이 : 보의 유효춤 d 또는 철근직경의 12배 이상

 (3) 동일 단면에서 절단되는 철근량은 전체 철근량의 50% 이하

 (4) 휨철근의 절단이 허용되지 않는 경우

  ① 절단점의 전단력이 전단철근에 의해 보강된 전단강도를 포함한 전체 전단강도의 2/3를 초과하지 않는 경우

  ② 절단점에서 부재 유효깊이의 3/4까지 구간 이상으로 절단된 철근 또는 철선을 따라 전단과 비틀림에 대해 필요한 양을 초과하는 스터럽이 배근되어 있는 경우 이때 초과되는 스터럽의 단면적 A_v는 $0.42b_w s/f_y$ 이상이어야 하고, 간격 s는 $d/(8\beta_b)$ 이내이어야 한다. 여기서 β_b는 그 단면에서 전체 인장철근량에 대한 절단철근량의 비이다.

  ③ D35 이하의 철근에서 연속철근이 절단점에서 휨에 필요한 철근량의 2배 이상 배근되어 있고 전단력이 전단강도의 3/4 이하인 경우

> **문제 13** 순경간 3.0m이며 단면이 350mm(b)×500mm(h)인 캔틸레버 보에 50.0kN/m의 계수하중 (자중포함)이 작용하고 있다. 이 보에 상부철근 4 - D22가 1단으로 배근되어 있으며, 피복두께는 40mm이고 스터럽은 D10을 사용한다. 또한 f_{ck} = 24N/mm²며 f_y = 400N/mm²이다. 이 보의 상부철근 4 - D22 중 2 - D22를 보 중간에서 절단하여 배근하려 고 한다. 받침부면에서 절단위치까지의 최소거리를 산정하시오. [79회 2교시]

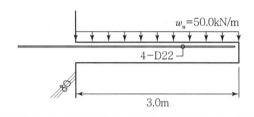

풀이 ▶ 부모멘트 휨인장철근의 정착길이 및 절단 위치 산정

$$\text{정착길이 } l_d = \frac{0.90 d_b f_y}{\lambda \sqrt{f_{ck}}} \frac{\alpha \beta \gamma}{\left(\dfrac{c + K_{tr}}{d_b} \right)}$$

1) 기본정착길이

$$l_d = \frac{0.90 d_b f_y}{\lambda \sqrt{f_{ck}}} = \frac{0.9 \times 22 \times 400}{1.0 \times \sqrt{24}} = 1{,}616.7 \, \text{mm}$$

경량콘크리트 계수 : $\lambda = 1.0$

2) 보정계수를 고려한 정착길이(l_d) 산정

   (1) 철근배치 위치계수 : $\alpha = 1.3$(상부철근 - 철근하부 콘크리트 높이 300mm 초과)

   (2) 에폭시 도막계수 : $\beta = 1.0$

   (3) 철근의 크기계수 : $\gamma = 1.0$

   (4) $\dfrac{c + K_{tr}}{d_b}$ 산정

      ① c 산정(철근간격 또는 피복두께에 관련된 치수)

         ㉠ 철근중심에서 표면까지 거리

           $40 + 10 + 22/2 = 61\text{mm}$

ⓛ 이어지는 철근의 중심간 거리/2

$$[(350 - 40 \times 2 - 10 \times 2 - 22)/3]/2 = 38\,\text{mm}$$

$$\therefore\ c = 38\,\text{mm}$$

② $K_{tr} = \dfrac{40A_{tr}}{s\,n} = 0$

③ $\dfrac{c + K_{tr}}{d_b} = \dfrac{38 + 0}{22} = 1.73\ <\ 2.5$

(5) $\dfrac{\text{소요}A_s}{\text{배근}A_s}$ 산정

① 소요A_s 산정

㉠ $M_u = (50 \times 3) \times 1.5 = 225\,\text{kN·m}$

㉡ $R_n = \dfrac{M_u}{\phi b d^2} = \dfrac{225 \times 10^6}{0.85 \times 350 \times 439^2} = 3.924\,\text{N/mm}^2$

㉢ $\rho_{req} = \dfrac{0.85 f_{ck}}{f_y}\left[1 - \sqrt{1 - \dfrac{2R_n}{0.85 f_{ck}}}\right]$

$$= \dfrac{0.85 \times 24}{400}\left[1 - \sqrt{1 - \dfrac{2 \times 3.924}{0.85 \times 24}}\right] = 0.011$$

㉣ $A_{s-req} = \rho_{req}bd = 0.011 \times 350 \times 439 = 1{,}690.2\,\text{mm}^2$

② 배근 $A_s = 4 \times 387 = 1{,}548\,\text{mm}^2\ <\ A_{s-req}$ ·· N.G

$$\dfrac{\text{소요}A_s}{\text{배근}A_s}\ \text{적용 불가}$$

(6) 정착길이(l_d) 산정

$$l_d = \dfrac{0.90\,d_b f_y}{\lambda\sqrt{f_{ck}}}\ \dfrac{\alpha\beta\gamma}{\left(\dfrac{c + K_{tr}}{d_b}\right)} = 1{,}616.7 \times \dfrac{1.3}{1.73} = 1{,}214.9\,\text{mm}$$

3) 절단위치 산정

(1) ϕM_n 산정

① a값 산정

$$a = \dfrac{A_s f_y}{0.85 f_{ck} b} = \dfrac{387 \times 2 \times 400}{0.85 \times 24 \times 350} = 43.36\,\text{mm}$$

② c값 산정

$$c = \frac{a}{\beta_1} = \frac{43.36}{0.85} = 51.01\,\text{mm}$$

③ ϕ값 산정

$$\varepsilon_t = 0.003\left(\frac{d_t}{c} - 1\right) = 0.003 \times (439/51.01 - 1) = 0.00228 > 0.005$$

$$\therefore \ \phi = 0.85$$

④ ϕM_n 산정

$$\phi M_n = \phi A_s f_y \left(d - \frac{a}{2}\right)$$

$$= 0.85 \times 387 \times 2 \times 400 \times (439 - 43.36/2) \times 10^{-6} = 109.8\,\text{kN·m}$$

(2) $M_u = \phi M_n$ 위치 산정(자유단에서 거리x)

$$x = \sqrt{\frac{(109.8 \times 2)}{50}} = 2.0957\,\text{m}$$

(3) 절단위치 산정

고정단에서 2 - D22로 저항할 수 있는 이론적 거리는 904.3(3,000 - 2,095.7)mm이며, 절단위치는 여장길이 $[12d_b, d]_{\max} = 439$mm를 고려하면 1,343.3mm($\geq l_d = 1,214.9$mm)에서 절단 가능하다.

3. 정철근의 적정성 검토

> **문제 14** 그림과 같이 단순 지지된 보에서 철근 3 – D29 철근의 최대 휨모멘트인 곳에서부터 연장되었을 때 정착을 검토하고, 만족하지 않을 경우 대책을 마련하시오.
>
> $b \times d = 300\text{mm} \times 600\text{mm}$ 스터럽 HD13@150
>
> $f_{ck} = 24\,\text{MPa}, \ f_y = 400\,\text{MPa}, \ V_u = 400\text{kN}$
>
>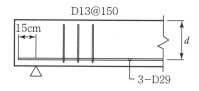

풀이 ▶ 정철근의 철근규격 적정성 검토

1) 인장철근의 정착길이 산정

$$l_d = \frac{0.9 d_b f_y}{\lambda \sqrt{f_{ck}}} \cdot \frac{\alpha \cdot \beta \cdot \gamma}{\dfrac{c + k_{tr}}{d_b}} \leq 300\,\text{mm}$$

- $d_b = 25$
- $f_y = 400\,\text{MPa}$
- $f_{ck} = 24\,\text{MPa}$
- $\lambda = 1.0$(일반 con'c)
- $\alpha = 1.0$(하부철근)
- $\beta = 1.0$
- $\gamma = 1.0$(D22 이상)
- $c = \left[\dfrac{(300 - (40 \times 2 + 13 \times 2) - 29)/2}{2}, \ 40 + 13 + 29/2 \right]_{\min} = 41.25\,\text{mm}$

- $k_{tr} = \dfrac{40 \cdot A_{tr}}{S \cdot n} = \dfrac{40 \times 2 \times 127}{150 \times 3} = 22.58\,\text{mm}$

- $\dfrac{c + k_{tr}}{d_b} = \dfrac{41.25 + 22.58}{29} = 2.2 \leq 2.5$

$$\therefore \ l_d = \frac{0.9 \times 29 \times 400}{1.0 \times \sqrt{24}} \times \frac{1.0 \times 1.0 \times 1.0}{2.2} = 968.7\,\text{mm}$$

2) M_n 산정

(1) $a = \dfrac{A_s f_y}{0.85 f_{ck} b_w} = \dfrac{3 \times 642 \times 400}{0.85 \times 24 \times 300} = 125.9\,\mathrm{mm}$

(2) $M_n = A_s f_y \left(d - \dfrac{a}{2} \right) = (3 \times 642) \times 400 \times \left(600 - \dfrac{125.9}{2} \right) \times 10^{-6} = 413.7\,\mathrm{kN \cdot m}$

3) 철근정착검토

$\dfrac{1.3 M_n}{V_u} = \dfrac{1.3 \times 413.7 \times 10^3}{400} = 1{,}344.5\,\mathrm{mm} \geq l_d = 968.7\,\mathrm{mm}$

4) l_a 적정성 검토[KCL 2012)8)5)2(4)]

- $\phi V_s = \dfrac{\phi A_v f_y d}{s} = \dfrac{0.75 \times (2 \times 127) \times 400 \times 600}{150} \times 10^{-3} = 304.8\,\mathrm{kN}$

- $\dfrac{V_u - 0.5 \phi V_s}{M_n} \leq \dfrac{l_a}{l_d \cdot jd}$

$\therefore\ l_{a\,\min} = \left(\dfrac{V_u - 0.5 \phi V_s}{M_n} \right) l_d \cdot jd$

$= \left(\dfrac{400 - 304.8 \times 0.5}{413.7 \times 10^3} \right) \times 968.7 \times 537.1 = 311.4\,\mathrm{mm} > l_a = 150\,\mathrm{mm}$

$\therefore$ N.G

※ 대책

(1) l_a 증가

(2) 표준갈고리 또는 표준갈고리와 동등 이상 성능의 기계적 정착

문제 15 **다음 물음에 답하시오.** [114회 2교시 유사]

단, $f_{ck} = 24\,\text{MPa}$이고 $f_y = 400\,\text{MPa}$이다.

1) 2−D22 철근을 절단할 수 있는 이론적인 절단점을 결정하라.

2) 중앙부철근 2−D22 철근의 경간 중심에서 연장해야 되는 최소길이를 계산하라.

3) 단부 철근 2−D22 철근이 알맞게 정착됐는지 확인하라.

4) 직선철근으로 정착할 경우 $l_a = 100\,\text{mm}$가 적절한지 검토하라.

스터럽 : D10@200

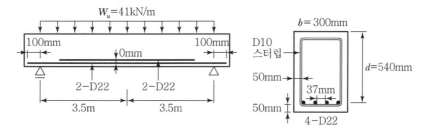

풀이 ▶ **정철근의 정착**

1) 2−D22 철근을 절단할 수 있는 이론적인 절단점 산정

  (1) 2−D22에 의한 ϕM_n 산정

    ① a값 산정

$$a = \frac{A_s f_y}{0.85\,f_{ck}\,b} = \frac{387 \times 2 \times 400}{0.85 \times 24 \times 300} = 50.6\,\text{mm}$$

    ② c값 산정

$$c = \frac{a}{\beta_1} = \frac{50.6}{0.85} = 59.5\,\text{mm}$$

    ③ ϕ값 산정

$$\varepsilon_t = 0.003\left(\frac{d_t}{c} - 1\right) = 0.003 \times (540/59.5 - 1) = 0.0242 \; > \; 0.005$$

$$\therefore \phi = 0.85$$

④ ϕM_n 산정

$$\phi M_n = \phi A_s f_y \left(d - \frac{a}{2} \right)$$

$$= 0.85 \times 387 \times 2 \times 400 \times (540 - 50.6/2) \times 10^{-6} = 135.4\,\text{kN·m}$$

(2) 이론적 절단점 결정

휨모멘트도에서 135.4 kN·m인 곳에서
절단점을 위치시키면

$$\frac{41 \times 7}{2} \times x - \frac{41 x^2}{2} = 135.4$$

$$x = 1.12\,\text{m}$$

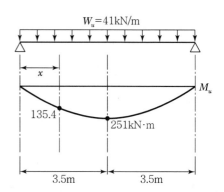

2) 경간 중심으로부터 최소 연장길이 l 산정

$$l = 3{,}500\,\text{mm} - 1{,}120\,\text{m} + [12d_b = 264,\ d = 540\,\text{mm}]_{\max}$$

$$= 2{,}920\,\text{mm} \geq l_{db} = \frac{0.6\ d_b f_y}{\lambda \sqrt{f_{ck}}} = \frac{0.6 \times 22 \times 400}{1.0 \times \sqrt{24}} = 1{,}077.8\,\text{mm}$$

따라서, 경간 중심으로부터 최소 2.92m 연장한다.

3) 단부 철근 정착의 적정성 검토

(1) l_d 산정

① 기본정착길이

$$l_{db} = \frac{0.6\ d_b f_y}{\lambda \sqrt{f_{ck}}}\ \alpha\ \beta$$

② 보정계수 산정

D22 이상의 철근이며, 순간격 $> d_b$, 피복두께 $> d_b$를 만족하므로 보정계수는
$\alpha \times \beta \times \lambda$를 적용한다.

㉠ 철근배치 위치계수 : $\alpha = 1.0$(하부철근)

㉡ 철근 도막계수 : $\beta = 1.0$

㉢ 경량콘크리트 계수 : $\lambda = 1.0$

③ 보정계수를 고려한 정착길이 산정

$$l_d = \frac{0.6\ d_b f_y}{\lambda\sqrt{f_{ck}}} = \frac{0.6 \times 22 \times 400}{1.0 \times \sqrt{24}} = 1,077.8\,\text{mm}$$

(2) M_n 산정

① $a = \dfrac{A_s f_y}{0.85 f_{ck} b} = \dfrac{2 \times 387 \times 400}{0.85 \times 24 \times 300} = \dfrac{309,600}{6,120} = 50.6\,\text{mm}$

② $M_n = T\left(d - \dfrac{a}{2}\right) = 309,600 \times \left(540 - \dfrac{50.6}{2}\right) \times 10^{-6} = 159.4\,\text{kN·m}$

(3) 적정성 검토

$$l_d \le \frac{1.3 M_n}{V_u}$$

$$\frac{1.3 M_n}{V_u} = \frac{1.3 \times 159.4 \times 10^3}{143.5} = 1,444\,\text{mm} \ge [\,l_d = 1,077.8\text{mm}\,] \cdots\cdots\cdots\text{O.K}$$

4) l_a의 적절성 검토

$$\phi V_s = \frac{\phi A_v f_y d}{s} = \frac{0.75 \times 2 \times 71 \times 400 \times 540}{100} \times 10^{-3} = 230\,\text{kN}$$

$$\frac{V_u - 0.5\phi\,V_s}{M_n} = \frac{143.5 - 0.5 \times 230}{159.4 \times 10^3} = 0.000179$$

$$\frac{V_u - 0.5\phi\,V_s}{M_n} \le \frac{l_a}{l_d jd}$$

$$\left(\frac{V_u - 0.5\phi\,V_s}{M_n}\right) l_d jd = 0.000179 \times 1,077.8 \times 514.7 = 99.3\,\text{mm} \le l_a = 100\,\text{mm}$$

$$\cdots\cdots\cdots\cdots\cdots\text{O.K}$$

9.8 웨브철근의 정착

1. 웨브철근의 정착기준

> 문제 16 Web 철근의 정착길이를 현행기준에 따라 설명하시오.

풀이 ▶ 1. 기본 개념

(1) 묻힘길이가 확보되지 않는 경우 보, 기둥 단면을 증가시켜야 한다.

(2) Web 철근은 피복두께 또는 철근 간격이 허용하는 한 인장면 및 압축면에 가까이 둔다. ⇒ 사인장 균열을 억제하기 위함

(3) U자형 Stirrup은 하단 인장 철근을 감싸는 형태를 이루어야 하고, 이때 Stirrup은 인장응력을 받으므로, 충분히 항복강도를 발휘하도록 정착길이가 확보되어야 한다.

2) 복부철근의 정착(규준)

(1) 복부철근은 피복두께 요구조건과 다른 철근과의 간격이 허용하는 한 부재의 압축면과 인장면 가까이까지 연장되어야 한다.

(2) 한 가닥 U형 또는 복U형 스터럽의 단부는 다음 중 한 가지 방법에 의해 정착되어야 한다.

① D16 이하 철근, 지름 16mm 이하 철선으로 종방향 철근을 둘러싸는 표준갈고리로 정착

② Stirrup : $f_y \geq 300\,\mathrm{N/mm^2}$인 D19, D22 및 D25 ⇒ 종방향 철근을 둘러싸는 표준갈고리 외에 추가로 부재의 중간 깊이에서 갈고리 단부의 바깥까지 $0.17\,d_b f_y / \sqrt{f_{ck}}$ 이상의 묻힘길이를 확보하여 정착

(3) U형 또는 복U형 스터럽의 양 정착단 사이의 연속구간 내의 굽혀진 부분은 종방향 철근을 둘러싸야 한다.

(4) 폐쇄형으로 배근된 한 쌍의 U형 스터럽 또는 띠철근은 겹침이음길이가 $1.3l_d$ 이상일 때 적절하게 이어진 것으로 볼 수 있다.

(5) 깊이가 450mm 이상인 부재에서 스터럽의 가닥들이 부재의 전 깊이까지 연장된다면 폐쇄스터럽의 이음이 적절한 것으로 볼 수 있다. 이때 한 가닥의 이음부에서 발휘할 수 있는 인장력, $A_b f_y$는 40kN 이하이어야 한다.

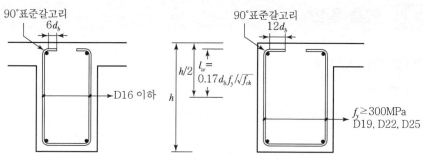

‖ U형 스터럽의 정착 ‖

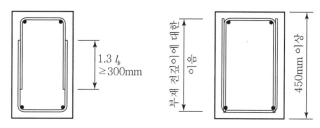

‖ U형 스터럽의 정착 ‖

Memo...

9.9 이음 일반

1. 이형철근의 이음기준 [90회 1교시]

1) 일반사항

(1) D35를 초과하는 철근은 겹침이음을 하지 않아야 한다.

예외 ① 서로 다른 크기의 철근을 압축부에서 겹침이음하는 경우 : D41과 D51 철근은 D35 이하 철근과의 겹침이음이 허용

② 기초에서 압축력만을 받는 D41과 D51인 주철근은 힘전달 철근으로서 다우얼 철근과 겹침이음을 할 수 있다.

(2) 다발철근의 겹침이음은 다발 내의 개개 철근에 대한 겹침이음길이를 기본으로 하여 결정하며, 다발 내에서 각 철근의 이음은 한 군데에서 중복하지 않아야 한다. 또한 두 다발철근을 개개 철근처럼 겹침이음하지 않아야 한다.

(3) 휨부재에서 서로 직접 접촉되지 않게 겹침이음된 철근은 횡방향으로 소요 겹침이음 길이의 1/5 또는 150mm 중 작은 값 이상 떨어지지 않아야 한다.

(4) 용접이음 : 철근의 설계기준항복강도 f_y의 125% 이상을 발휘할 수 있는 완전용접

(5) 기계적 이음 : 철근의 설계기준항복강도 f_y의 125% 이상을 발휘할 수 있는 완전 기계적 연결

2) 인장 이형철근 및 이형철선의 이음

인장력을 받는 이형철근 및 이형철선의 겹침이음 길이는 A급, B급으로 분류하며 다음 값 이상으로 하여야 한다. 그리고 최소 300mm 이상이어야 한다.

(1) A급 이음 : $1.0\, l_d$

(2) B급 이음 : $1.3\, l_d$

l_d : 인장 이형철근의 정착길이

$\left(\dfrac{\text{소요}A_s}{\text{배근}A_s}\right)$의 보정계수는 적용하지 않는다.

∵ 이음은 f_y를 발휘하는 것을 근거로 하여 이음등급과 위치를 규제하고 있기 때문

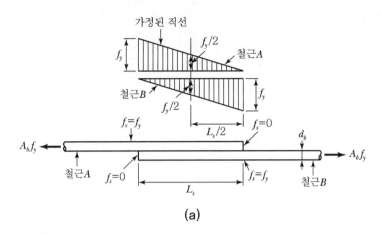

(a)

① A급 이음

배근된 철근량이 이음부 전체 구간에 대해

㉠ $\left(\dfrac{\text{소요} A_s}{\text{배근} A_s} \right) \leq \dfrac{1}{2}$

㉡ $\left(\dfrac{\text{이음길이 내의 이음철근수}}{\text{배근된 철근수}} \right) \leq \dfrac{1}{2}$

② B급 이음 : A급 이음에 해당되지 않는 경우

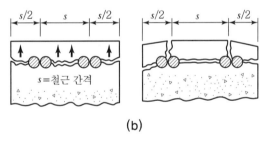

(b)

③ 철근의 이음 : (a) 겹침이음의 이상화시킨 응력분포
　　　　　　　　　(b) 이음의 쪼개짐파괴

3) 압축 이형철근의 이음

$$l_d = \left(\dfrac{1.4 f_y}{\lambda \sqrt{f_{ck}}} - 52 \right) d_b$$

(1) $f_y \leq 400\,\text{N/mm}^2$: $0.072\,f_y d_b$보다 클 필요 없음

(2) $f_y > 400\,\text{N/mm}^2$: $(0.13 f_y - 24) d_b$보다 클 필요 없음

(3) 300mm 이상

(4) 콘크리트의 설계기준강도가 21N/mm² 미만인 경우는 겹침이음길이를 1/3 증가

(5) 서로 다른 크기의 철근을 압축부에서 겹침이음하는 경우

① 이음길이는 크기가 큰 철근의 정착길이와 크기가 작은 철근의 겹침이음길이 중 큰 값 이상

② 이때 D41과 D51 철근은 D35 이하 철근과의 겹침이음이 허용된다.

Memo...

2. 테두리보의 인장겹침이음길이 산정

> **문제 17** 다음 그림과 같은 테두리보의 단면 및 배근도에서 구조적 일체성을 확보하기 위한 경간 중앙의 상단철근에 대한 겹침이음길이를 구하라.
>
> 〈조건〉
> - 일반 콘크리트 $f_{ck} = 24\,\mathrm{MPa}$
> - 철근 $f_y = 400\,\mathrm{MPa}$
> - 주근 HD25
> - 스터럽 HD10@150
> - 최소피복두께 40mm
>
>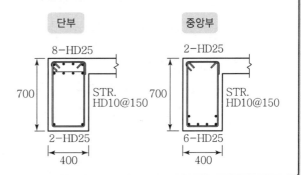

풀이 **테두리보의 구조적 일체성을 확보하기 위한 축방향철근의 이음**

1) 테두리보의 구조적 일체성을 확보하기 위한 요구조건 검토

   (1) 받침부에서 요구되는 부철근의 1/6 이상 테두리보 전체 경간에 연속

   (2) 경간 중앙부에서 요구되는 정철근의 1/4 이상이 테두리보 전체 경간에 연속

   (3) 이음이 필요할 때 상단 철근의 이음은 경간 중앙부, 하단 철근은 받침부 부근에서 B급 인장겹침이음으로 연속성을 확보하여야 한다.

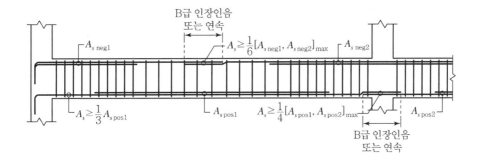

따라서, 부철근 8-HD25의 1/6(2-HD25)은 연속 또는 중앙부 상부에서 B급 인장이음 하여야 한다.

2) 약산식에 의한 이음길이 산정

  (1) 기본이음길이

$$l_{db} = \frac{0.6\ d_b f_y}{\lambda \sqrt{f_{ck}}} = \frac{0.6 \times 25 \times 400}{1.0 \times \sqrt{24}} = 1,225\,mm$$

     $\lambda = 1.0$: 일반콘크리트

  (2) 이음길이 산정

    ① 철근의 순간격 및 피복두께 검토

      ㉠ 이음되는 철근의 순간격

        $= 400 - 2x\,(피복) - 2x\,(스터럽직경) - 2x\,(주철근직경)$

        $= [400 - 2 \times 40 - 2 \times 10 - 4 \times 25] = 250\,mm > d_b = 25\,mm$

      ㉡ 피복두께 $= 40 + 10 = 50\,mm > d_b = 25\,mm$

  (3) 보정계수를 고려한 이음길이 산정

    D22 이상의 철근, 순간격 $> d_b$, 피복두께 $> d_b$를 만족하므로 보정계수는 $\alpha \times \beta$ 적용

    ① 철근배치 위치계수 : $\alpha = 1.3$(상부철근)

    ② 철근 도막계수 : $\beta = 1.0$

    ∴ $1.3 \times l_d = 1.3 \times l_{db} \times (1.3 \times 1.0) = 1.3 \times 1,225 \times 1.3$

            $= 2,070.25\,mm \geq 300\,mm$

3) 정산식에 의한 이음길이 산정

  (1) 기본이음길이

$$l_d = \frac{0.90 d_b f_y}{\lambda \sqrt{f_{ck}}} = \frac{0.9 \times 25 \times 400}{1.0 \times \sqrt{24}} = 1837\,mm$$

     $\lambda = 1.0$: 보통콘크리트

  (2) 보정계수

    ① 철근배치 위치계수 : $\alpha = 1.3$(상부철근)

    ② 철근 도막계수 : $\beta = 1.0$

    ③ 철근의 크기계수 : $\gamma = 1.0$

④ $\dfrac{c + K_{tr}}{d_b}$ 산정

㉠ c 산정(철근간격 또는 피복두께에 관련된 치수)

- 철근중심에서 표면까지 거리 : $40 + 10 + 25/2 = 62.5\text{mm}$
- 철근의 중심간 거리/2 : $(250 + 25)/2 = 137.5 > 62.5\text{mm}$

∴ $c = 62.5\text{mm}$

㉡ $K_{tr} = 0$ 가정

㉢ $\dfrac{c + K_{tr}}{d_b} = \dfrac{62.5}{25} = 2.5 \leq 2.5$

(3) 이음길이(l_d) 산정

$$1.3 \times l_d = 1.3 \times \dfrac{0.90\, d_b f_y}{\lambda \sqrt{f_{ck}}} \dfrac{\alpha\,\beta\,\gamma}{\left(\dfrac{c + K_{tr}}{d_b} \right)}$$

$$= 1.3 \times 1{,}837 \times \dfrac{1.3}{2.5} = 1{,}242\,\text{mm} \geq 300\,\text{mm}$$

4) 고찰

(1) 약산식에 의한 B급 인장이음 : $l_d = 2{,}070.3\text{mm} \approx 82.8\,d_b$

(2) 정산식에 의한 B급 인장이음 : $l_d = 1{,}242\text{mm} \approx 49.7\,d_b$

문제와 같은 조건에서는 정산식에 의한 방법이 약산식에 의한 방법의 약 60%이므로, 이음길이 기준으로 약 40% 경제적이다.

9.10 기둥철근이음에 관한 특별규정

1. 기둥철근이음에 관한 특별규정기준

> **문제 18** 기둥철근 이음에 관한 특별규정에 대하여 설명하시오.

풀이 기둥철근 이음에 관한 특별규정

1) 모든 철근이 압축을 받는 경우

   (1) 압축철근의 겹침이음길이 [124회 2교시 계산]

$$l_d = \left(\frac{1.4 f_y}{\lambda \sqrt{f_{ck}}} - 52 \right) d_b$$

     ① $f_y \leq 400\text{N}/\text{mm}^2$: $0.072 f_y d_b$보다 클 필요 없음

     ② $f_y > 400\text{N}/\text{mm}^2$: $(0.13 f_y - 24) d_b$보다 클 필요 없음

     ③ 300mm 이상

     ④ 콘크리트의 설계기준강도가 $21\text{N}/\text{mm}^2$ 미만인 경우는 겹침이음길이를 1/3 증가

     ⑤ 서로 다른 크기의 철근을 압축부에서 겹침이음하는 경우

        ㉠ 이음길이는 크기가 큰 철근의 정착길이와 크기가 작은 철근의 겹침이음길이 중 큰 값 이상

        ㉡ 이때 D41과 D51 철근은 D35 이하 철근과의 겹침이음이 허용된다.

   (2) 계수하중에 의해 철근이 압축응력을 받는 경우 보정계수

     ① 띠철근 압축부재

        ㉠ 겹침이음길이 전체에 걸쳐서 띠철근의 유효단면적 $0.0015hs$ 이상인 경우 : 0.83

        ㉡ 보정계수를 적용한 후의 이음길이는 300mm 이상

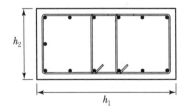

양쪽 방향으로 모두 아래의 기준을 만족할 때 보정계수 0.83 적용이 가능함
- h_1의 수직방향 : $4 \times A_v \geq 0.0015 h_1 s$
- h_2의 수직방향 : $2 \times A_v \geq 0.0015 h_2 s$

② 나선철근 압축부재

㉠ 0.75

㉡ 보정계수를 적용한 후의 이음길이는 300mm 이상

2) 철근의 발생응력이 $0 \leq f_s \leq 0.5 f_y$인 경우

(1) A급 인장이음

① 동일 단면에서 전체 철근의 1/2 이하 이음

② 교대로 l_d 이상 서로 엇갈려 이음

(2) B급 인장이음 : 동일 단면에서 전체 철근의 1/2을 초과하는 경우

3) 철근의 발생응력이 $f_s > 0.5 f_y$인 경우

B급 인장이음

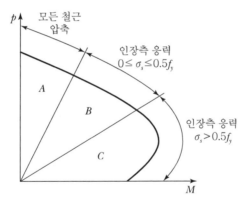

‖ 기둥철근의 응력상태 ‖

2. 띠철근 간격 산정

문제 19 압축력을 받는 400mm×400mm 정방향 기둥에서 D22 철근의 이음길이를 550mm 이하로 하려면 띠철근을 어떻게 배근하는 것이 좋은가? [61회 3교시]

단, 철근의 보정계수는 1.0이고, $f_{ck} = 27\,\mathrm{MPa}$, $f_y = 400\,\mathrm{MPa}$으로 한다.

풀이 ▶ **압축이형철근의 이음**

1) 압축력을 받는 철근의 이음길이

$$f_y \leq 400\,\mathrm{N/mm^2}$$이므로 : $0.072\,f_y d_b = 0.072 \times 400 \times 22 = 633.6\,\mathrm{mm} > 550\,\mathrm{mm}$

2) 보정계수 0)83을 적용시킬 수 있는 조건

   (1) 띠철근을 D10 사용하는 경우

   $2 \times 71 \geq 0.0015 \times 400 \times s$에서 $s = 236.7\,\mathrm{mm}$

   (2) 띠철근을 D13 사용하는 경우

   $2 \times 127 \geq 0.0015 \times 400 \times s$에서 $s = 423.3\,\mathrm{mm}$

3) D10@236 또는 D13@423 이하로 띠철근을 배근하는 경우 보정계수 0.83을 적용할 수 있으며, 이때의 이음길이는 다음과 같다.

   $633.6 \times 0.83 = 538.6\,\mathrm{mm} < 550\,\mathrm{mm}$

제10장 슬래브

[KDS 14 20 70]

→ Professional Engineer Architectural Structures

10.1 SLAB 일반

1. SLAB 일반사항

1) SLAB의 개념

일정한 두께를 가지는 판상형 부재로서, 상부하중(고정하중, 적재하중)을 슬래브의 휨강
성으로 지지하여 보나 기둥으로 전달시키는 휨재

2) SLAB의 분류

(1) Beam-Slab System 중 1방향 슬래브

① 1방향 슬래브 - 상부하중을 1방향으로 지지하는 슬래브

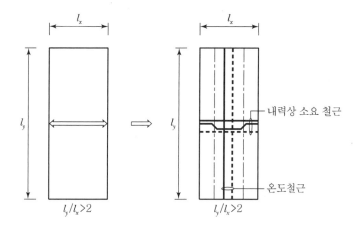

② 처짐을 계산하지 않는 경우의 보 또는 1방향 슬래브의 최소 두께

단, 처짐계산에 의하여 더 작은 두께를 사용하여도 유해하지 않다는 검토를 한 경
우 예외

처짐을 계산하지 않는 경우의 보 또는 1방향 슬래브의 최소두께

부재	최소두께, h			
	단순 지지	1단 연속	양단 연속	캔틸레버
	큰 처짐에 의해 손상되기 쉬운 칸막이벽이나 기타 구조물을 지지 또는 부착하지 않은 부재			
1방향 슬래브	$l/20$	$l/24$	$l/28$	$l/10$
• 보 • 리브가 있는 1방향 슬래브	$l/16$	$l/18.5$	$l/21$	$l/8$

이 표의 값은 보통콘크리트($w_c = 2,300 \text{kg/m}^3$)와 설계기준항복강도 400N/mm^2 철근을 사용한 부재에 대한 값이며 다른 조건에 대해서는 그 값을 다음과 같이 수정하여야 한다.

① 1,500~2,000kg/m³ 범위의 단위질량을 갖는 구조용 경량콘크리트에 대해서는 계산된 h 값에 $(1.65 - 0.00031 w_c)$를 곱해야 하지만 1.09보다 작지 않아야 한다.

② f_y가 400MPa 이외인 경우는 계산된 h 값에 $(0.43 + f_y/700)$를 곱하여야 한다.

③ 1방향 슬래브의 배근간격 제한

  ㉠ 슬래브 두께 $t_s \geq 100 \text{mm}$

  ㉡ 배근간격 S • 최대 휨모멘트 구간 : $2 \times t_s$, 300mm 이하

     • 그 외 구간 : $3 \times t_s$, 450mm 이하

④ 온도철근

슬래브는 체적에 비해 면적이 넓기 때문에 온도 및 건조수축의 영향을 다른 부재에 비해 많이 받는다.

∴ 균열을 일정하게 분포시키기 위해 온도철근 배근함

  ㉠ 설계기준항복강도가 400N/mm^2 이하인 이형철근을 사용한 슬래브

  $\rho_{\min} = 0.002$

  ㉡ 0.0035의 항복변형률에서 측정한 철근의 설계기준항복강도가 400N/mm^2를 초과한 슬래브

  $$\rho_{\min} = 0.0020 \times \frac{400}{f_y}$$

ⓒ 요구되는 수축·온도철근비에 전체 콘크리트 단면적을 곱하여 계산한 수축· 온도철근 단면적을 단위 m당 1,800mm²보다 크게 취할 필요 없다.

ⓔ 수축·온도철근의 간격 : $5 \times t_s$, 450mm 이하

ⓜ 수축·온도철근은 설계기준항복강도 f_y를 발휘할 수 있도록 정착되어야 한다.

(2) 2방향 슬래브 – Beam – Slab, Flat Plate Slab, Flat Slab, Waffle Slab

① 2방향 슬래브 – 상부하중을 2방향으로 지지하는 슬래브

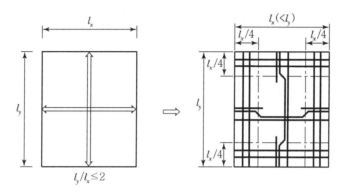

② 2방향 구조 처짐제한

경간의 비가 2를 초과하지 않는 슬래브 또는 기타 2방향 구조에 적용

㉠ 테두리보를 제외하고 슬래브 주변에 보가 없거나 보의 강성비 α_m이 0.2 이하일 경우

• 지판이 없는 슬래브의 경우 : 120mm

• 지판을 가진 슬래브의 경우 : 100mm

$\alpha_m \leq 0.2$, 또는 내부에 보가 없는 슬래브의 최소두께

설계기준 항복강도 f_y (MPa)	지판이 없는 경우			지판이 있는 경우		
	외부 슬래브		내부 슬래브	외부 슬래브		내부 슬래브
	테두리보가 없는 경우	테두리보가 있는 경우		테두리보가 없는 경우	테두리보가 있는 경우	
300	$l_n / 32$	$l_n / 35$	$l_n / 35$	$l_n / 35$	$l_n / 39$	$l_n / 39$
350	$l_n / 31$	$l_n / 34$	$l_n / 34$	$l_n / 34$	$l_n / 37.5$	$l_n / 37.5$
400	$l_n / 30$	$l_n / 33$	$l_n / 33$	$l_n / 33$	$l_n / 36$	$l_n / 36$
500	$l_n / 28$	$l_n / 31$	$l_n / 31$	$l_n / 31$	$l_n / 33$	$l_n / 33$
600	$l_n / 26$	$l_n / 29$	$l_n / 29$	$l_n / 29$	$l_n / 31$	$l_n / 31$

ⓛ $0.2 < \alpha_m < 2.0$인 경우 슬래브의 최소두께

$$h = \frac{l_n\left(800 + \dfrac{f_y}{1.4}\right)}{36,000 + 5,000\beta(\alpha_m - 0.2)} \quad \text{또는 } 120\text{mm 이상}$$

ⓒ $2.0 \le \alpha_m$인 경우 슬래브의 최소두께

$$h = \frac{l_n\left(800 + \dfrac{f_y}{1.4}\right)}{36,000 + 9,000\beta} \quad \text{또는 } 90\text{mm 이상}$$

※ 불연속단을 갖는 슬래브에 대해서는 강성비 α의 값이 0.8 이상을 갖는 테두리 보를 설치하거나, ②, ③ 식에서 구한 최소 소요두께를 적어도 10% 이상 증대 시켜야 한다.

l_n : 장방향 순스팬 β : $\dfrac{\text{장방향 순스팬}}{\text{단방향 순스팬}}$

α(보와 슬래브의 강성비) : $\dfrac{E_b\,I_b}{E_s\,I_s}$ α_m : α의 평균값

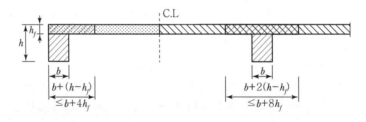

③ 2방향 슬래브의 배근간격 제한

S ㉠ 최대 휨모멘트 구간 : $2 \times t_s$, 300mm 이하

ㄴ 그 외 구간 : $3 \times t_s$, 450mm 이하

④ 2방향 슬래브(무량판 구조)

㉠ Flat Plate Slab(평판 슬래브) - 4.5~6.0m

ㄴ Flat Slab : 기둥 주위 Drop Panel, Capital - 6.0~9.0m

ㄷ Waffle Slab : 7.5~12.0m

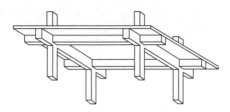

(a) Two-way Beam-supported Slab

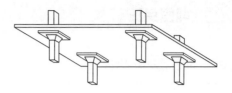

(b) Flat Slab

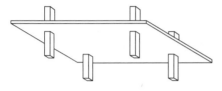

(c) Flat Plate Slab

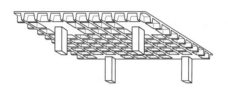

(d) Waffle Slab(Two-way Joist Slab)

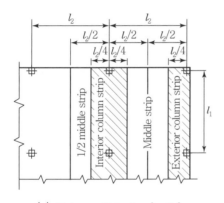

(e) Column Strip for $l_2 \leq l_1$

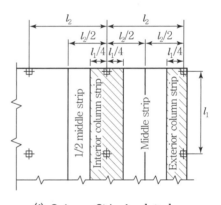

(f) Column Strip for $l_2 > l_1$

Memo...

10.2 패턴로드

1. 활하중 패턴로드의 영향

문제1 활하중의 부분재하(Pattern Loading)의 영향에 대해 설명하시오. [72회 1교시]

풀이 **활하중의 부분재하(Pattern Loading)의 영향**

적재하중 배치에 따른 가장 불리한 경우의 M_u값 산정이 목적

1) One – Way Slab(연속)

   (1) 최대 부모멘트

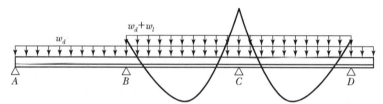

   (2) 최대 정모멘트

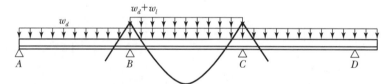

2) Two – Way Slab(등가골조법)

   (1) 재하상태를 알 경우 – 그 하중에 대한 골조 해석

   (2) 재하상태를 모를 경우

     ① 사용활하중 ≤ 3/4 × 사용고정하중

      – 최대 정, 부계수모멘트 : 모든 경간에 전 계수 활하중이 작용할 때

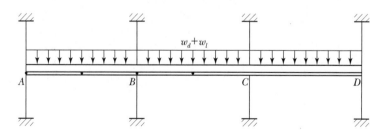

② 사용활하중 > 3/4 × 사용고정하중

   ㉠ 경간 중앙 최대 정계수모멘트 : 전계수활하중의 3/4이 그 경간과 한 경간 건너 경간에 작용

   ㉡ 받침부의 최대 부계수모멘트 : 전계수활하중의 3/4이 그 받침부에 인접한 2경간에 작용

단, 활하중 배치에 의한 계수모멘트는 전구간 전계수활하중을 작용할 때보다 작아서는 안 된다.

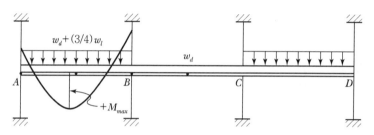

┃ 경간 AB의 최대 정모멘트 산정 ┃

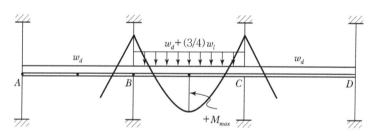

┃ 경간 BC의 최대 정모멘트 산정 ┃

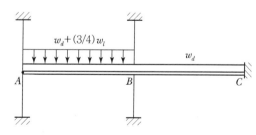

┃ 받침부 B의 최대 부모멘트 산정 ┃

10.3 1방향 슬래브

1. 실용해법 제한조건

> **문제2** 1방향 슬래브를 설계하는 데 있어서 실용해법 적용시 제한조건에 대하여 설명하시오.
>
> [76회 1교시], [87회 1교시], [101회 1교시], [113회 1교시], [114회 1교시]

풀이 제한조건

1. 2경간 이상일 때
2. 인접한 2경간의 차이가 짧은 경간의 20% 이상 차이가 나지 않는 경우
3. 등분포 하중이 작용할 때
4. 활하중이 고정하중의 3배를 초과하지 않는 경우
5. 부재의 단면 크기가 일정한 경우

> **문제3** 2방향 슬래브를 설계하는 데 있어서 실용해법 적용시 제한조건에 대하여 설명하시오.

풀이 제한조건

1. 각 방향으로 3경간 이상이 연속되어야 한다.
2. 슬래브 판들은 단변 경간에 대한 장변 경간의 비가 2 이하인 직사각형이어야 한다.
3. 각 방향으로 연속한 받침부 경간길이의 차이는 긴경간의 1/3 이하이어야 한다.
4. 연속한 기둥 중심선으로부터 기둥의 이탈은 이탈방향 경간의 최대 10%까지 허용된다.
5. 모든 하중은 연직하중으로서 슬래브 판 전체에 등분포되는 것으로 간주한다. 활하중은 고정하중의 3배 이하이어야 한다.(KCI 07 : 2배 이하로 수정)
6. 보가 모든 변에서 슬래브 판을 지지할 경우, 직교하는 두 방향에서의 보의 상대강성은 0.2 이상 5.0 이하로 한다.

$$\frac{\alpha_1 l_2^{\,2}}{\alpha_2 l_1^{\,2}}$$

7. 직접설계법으로 설계된 슬래브 시스템은 모멘트 재분배를 적용할 수 없다.

2. 실용해법에 의한 1방향 슬래브 설계법 [KDS 14 20 10]

1) 휨모멘트 산정(M_u) [81회 2교시 응용], [90회 2교시 응용], [109회 3교시], [121회 4교시]

다음 계수에 $W_u l_n{}^2$을 곱하여 산정한다.(W_u : 계수하중, l_n : 순경간)

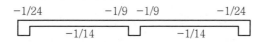

$-1/24$ $-1/9$ $-1/9$ $-1/24$

$-1/14$ $-1/14$

2경간 연속 슬래브(경간이 3m를 초과할 경우)

$-1/24$ $-1/12$ $-1/12$ $-1/24$

$-1/14$ $-1/14$

2경간 연속 슬래브(경간이 3m 이하일 경우)

$-1/24$ $-1/10$ $-1/11$ $-1/11$ $-1/10$ $-1/24$

$-1/14$ $-1/16$ $-1/14$

3경간 연속 슬래브(경간이 3m를 초과할 경우)

$-1/24$ $-1/12$ $-1/12$ $-1/12$ $-1/12$ $-1/24$

$-1/14$ $-1/16$ $-1/14$

3경간 연속 슬래브(경간이 3m 이하일 경우)

2) 전단력

(1) 지지면으로부터 d 떨어진 곳에서 검토하고 첫 번째 내부 받침부 외측면에서의 전단력 : $1.15 W_u l_n/2$

(2) 그 외의 단부 : $W_u l_n/2$

3) 설계 – 단위폭(1m)을 가진 보로 설계한다.

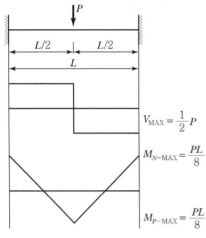

$$V_{MAX} = \frac{1}{2}P$$

$$M_{N-MAX} = \frac{PL}{8}$$

$$M_{P-MAX} = \frac{PL}{8}$$

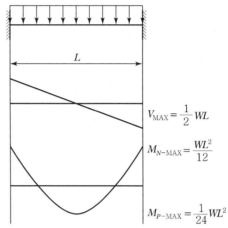

$$V_{MAX} = \frac{1}{2}WL$$

$$M_{N-MAX} = \frac{WL^2}{12}$$

$$M_{P-MAX} = \frac{1}{24}WL^2$$

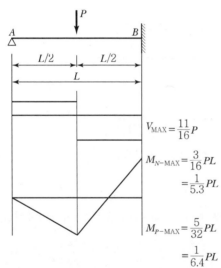

$$V_{MAX} = \frac{11}{16}P$$

$$M_{N-MAX} = \frac{3}{16}PL$$
$$= \frac{1}{5.3}PL$$

$$M_{P-MAX} = \frac{5}{32}PL$$
$$= \frac{1}{6.4}PL$$

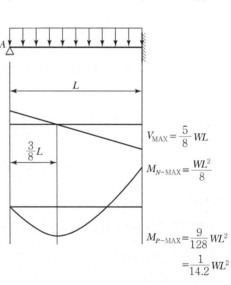

$$V_{MAX} = \frac{5}{8}WL$$

$$M_{N-MAX} = \frac{WL^2}{8}$$

$$M_{P-MAX} = \frac{9}{128}WL^2$$
$$= \frac{1}{14.2}WL^2$$

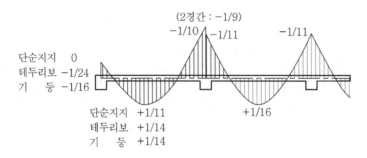

문제4 보 길이 $L = 10\text{m}$, 단면 $b \times h = 300\text{mm} \times 600\text{mm}$, 보의 중심 간격 3.5m, 슬래브 두께 $h = 150\text{mm}$인 슬래브에 고정하중 $w_D = 7\text{kN/m}^2$, 적재하중 $w_L = 5\text{kN/m}^2$이 작용하는 1방향 슬래브 중 외단부(S_1)를 설계하시오. [119회 2교시]

단, $f_{ck} = 24\text{MPa}$, $f_y = 400\text{MPa}$

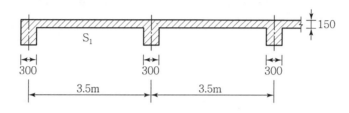

풀이 일방향 슬래브의 설계

1) 슬래브 두께 검토

$$h = \frac{l}{24} = \frac{3{,}500}{24} = 146\,\text{mm} \leq h = 150\,\text{mm} \quad \cdots\cdots\cdots\cdots\cdots\cdots \therefore \text{처짐검토 생략}$$

$$d = 150 - 20 - \frac{13}{2} = 123.5\,\text{mm}$$

2) 계수 휨모멘트 산정

(1) $w_u = 1.2 \times 5.0 + 1.6 \times 7.0 = 17.2\,\text{kN/m}^2$

(2) $w_u l_n^{\,2} = 17.2 \times (3.2)^2 = 176.1\,\text{kN·m/m}$

(3) 계수 휨모멘트(M_u) 산정

$$\text{외부경간 외단}: M_u = \frac{w_u l_n^{\,2}}{24} = \frac{176.1}{24} = 7.34\,\text{kN·m/m}$$

$$\text{중앙}: M_u = \frac{w_u l_n^{\,2}}{14} = \frac{176.1}{14} = 12.58\,\text{kN·m/m}$$

$$\text{내단}: M_u = \frac{w_u l_n^{\,2}}{10} = \frac{176.1}{10} = 17.61\,\text{kN·m/m}$$

3) 휨철근량 산정

(1) 단변방향 내단부 부모멘트 철근($f_{ck} \leq 40\,\text{MPa}$, $\eta = 1.0$)

① $R_n = \dfrac{M_u}{\phi b d^2} = \dfrac{17.61 \times 10^6}{0.85 \times 1{,}000 \times 123.5^2} = 1.3583\,\mathrm{N/mm^2}$

② $\rho_{req} = \dfrac{\eta(0.85 f_{ck})}{f_y}\left[1 - \sqrt{1 - \dfrac{2 R_n}{\eta(0.85 f_{ck})}}\right]$

$= \dfrac{1.0 \times (0.85 \times 24)}{400}\left[1 - \sqrt{1 - \dfrac{2 \times 1.3583}{1.0 \times (0.85 \times 24)}}\right] = 0.00352$

③ $A_{sreq} = \rho\, b\, d = 0.00352 \times 1{,}000 \times 123.5 = 434.72\,\mathrm{mm^2/m}$

$\therefore$ 배근 : $7 - \mathrm{D10}(A_s = 497\,\mathrm{mm^2})$

④ $A_{s\,\min} = 0.0020 \times (150 \times 1{,}000\,\mathrm{mm})[\mathrm{mm^2/m}] = 300\,\mathrm{mm^2}$

$\leq A_s = 497\,\mathrm{mm^2}$ ········ O.K

⑤ 철근간격 검토

$s_{\max 1} = 375\left(\dfrac{\kappa_{cr}}{f_s}\right) - 2.5\,c_c = 375 \times \left(\dfrac{210}{267}\right) - 2.5 \times 20 = 244.9\,\mathrm{mm}$

$\left(\because f_s = \dfrac{2}{3} f_{ck} = 266.7\,\mathrm{MPa}\right)$

$s_{\max 2} = 300\left(\dfrac{\kappa_{cr}}{f_s}\right) = 300 \times \left(\dfrac{210}{267}\right) = 236.2\,\mathrm{mm}$

$\therefore s_{\max} = 236.2\,\mathrm{mm}$

$s = 1{,}000/7 = 142.8\,\mathrm{mm} \leq s_{\max} = 244.9\,\mathrm{mm}$ ······························· O.K

(2) 장변방향 온도철근 배근

$5 - \mathrm{D10}(A_s = 355\mathrm{mm^2} \geq A_{s\,\min} = 300\mathrm{mm^2})$

4) 슬래브 철근량 정리

상기와 동일한 방법으로 철근량을 산정하여 정리하면 다음과 같다.

구분		M_u(kN·m/m)	ρ_{req}	A_{sreq}(mm²/m)	A_s(mm²/m)	D10(개/m)
단변	외단	7.34	0.00144 (0.002 적용)	300	355	5
	중앙	12.58	0.00249	307.5	355	5
	내단	17.61	0.00352	434.7	497	7
장변	온도철근 배근		0.002	300	355	5

3. 장선구조 [KDS 14 20 10]

1) 장선구조로서 역할을 하려면 다음 사항을 만족하여야 한다.

(1) 장선구조는 일정한 간격의 장선과 그 위의 슬래브가 일체로 되어 있는 구조형태로서, 장선은 1방향 또는 서로 직각을 이루는 2방향으로 구성될 수 있다.

(2) 장선은 폭이 100mm 이상이어야 하고, 깊이는 장선의 최소 폭의 3.5배 이하이어야 한다.

(3) 장선 사이의 순간격은 750mm를 초과하지 않아야 한다.

(4) (1)에서 (3)까지 제한 규정을 만족하지 않는 장선구조는 슬래브와 보로 설계하여야 한다.

2) 장선구조를 설계할 때 다음 사항을 고려하여야 한다.

(1) 장선에 사용되는 콘크리트의 압축강도 이상의 압축강도를 갖는 영구적인 소성점토 또는 콘크리트 타일로 이루어진 충전재가 사용되는 경우 다음 사항을 고려하여야 한다.

① 장선과 접합되어 있는 충전재의 수직부분은 전단과 부모멘트의 강도계산에 포함시킬 수 있다. 그러나 충전재의 다른 부분은 강도계산에 포함시킬 수 없다.

② 영구용 충전재 위의 슬래브 두께는 장선 간 순간격의 1/12 이상, 또한 40mm 이상으로 하여야 한다.

③ 1방향 장선구조를 설계할 때는 장선의 직각방향으로 수축·온도철근을 슬래브에 배치하여야 한다.

(2) 상기 (1)에 따르지 않은 제거용 거푸집 또는 충전재가 사용된 경우 다음 사항을 고려하여야 한다.

① 슬래브 두께는 장선 순간격의 1/12 이상, 또한 50mm 이상으로 하여야 한다.

② 하중의 집중을 고려하여야 할 경우 휨모멘트에 필요한 철근을 장선의 직각방향으로 슬래브에 배치하여야 하며, 이 철근은 온도철근량 이상으로 하여야 한다.

(3) 책임구조기술자에 의해 슬래브 내에 도관을 묻도록 허가된 경우 슬래브 두께가 어느 위치에서나 도관의 전체 높이보다 25mm 이상 크게 하여야 한다. 이때 도관이 장선구조의 강도를 현저하게 감소시키지 않아야 한다.

3) 장선구조에서 콘크리트에 의한 단면의 전단강도 V_c는 KDS 14 20 22에 규정된 전단강도보다 10%만큼 더 크게 취할 수 있다.

문제5 균등한 하중을 받는 아래에 장선구조 바닥판의 전단강도를 검토하라.

$f_{ck} = 27\,\text{MPa}$

$w_d = 3.7\,\text{kN/m}^2$

$w_l = 5.7\,\text{kN/m}^2$

장선의 중심 간 간격＝0.9m

장선 하부폭 : 130mm

휨철근

하부철근 : $2 - \text{D}16\,(A_s = 198.6\,\text{mm}^2)$

상부철근 : D 16 @ 250mm

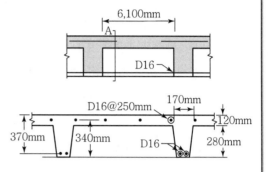

풀이 **장선바닥구조의 전단설계**

1) 설계전단력(V_u) 산정

$$w_u = [1.2(3.7) + 1.6(5.7)]0.9 = 12.2\,\text{kN/m}$$

$$V_u = 12.2\left(\frac{6.1}{2}\right) - 12.2(0.37) = 33.0\,\text{kN}$$

2) 일반식에 의한 콘크리트의 전단강도 산정

$$b_w = \frac{(170 + 130)}{2} = 150\,\text{mm}$$

$$\phi V_c = 1.1\phi\frac{1}{6}\lambda\sqrt{f_{ck}}\,b_w d$$

$$= 1.1 \times (0.75) \times \frac{1}{6} \times 1.0 \times \sqrt{27} \times 150 \times 370 \times 10^{-3} = 39.7\,\text{kN}$$

$$> V_u = 33.0\,\text{kN} \quad\cdots\cdots\cdots\cdots\text{O.K}$$

3) 상세식에 의한 콘크리트 전단강도 산정

$$V_c = \left(0.16\,\lambda\,\sqrt{f_{ck}} + 17.6\rho_w\frac{V_u d}{M_u}\right)b_w d \leq 0.29\,\lambda\,\sqrt{f_{ck}}\,b_w d$$

$$\lambda = 1.0$$

$$\rho_w = \frac{A_s}{b_w d} = \frac{(2 \times 198.6)}{150 \times 370} = 0.0072$$

$$M_u = \frac{w_u l_n^2}{11} + \left(\frac{w_u d}{2}\right) \cdot d - \left(\frac{w_u l_n}{2}\right) \cdot d$$

$$= 41.3 + \frac{12.2(0.37^2)}{2} - \frac{12.2(6.1)(0.37)}{2} = 28.4 \, \text{kN·m}$$

$$\frac{V_u d}{M_u} = \frac{33(0.37)}{28.4} = 0.43 < 1.0 \qquad\qquad \text{......................... O.K}$$

$$\phi V_c = \phi 1.1 \left(0.16\sqrt{f_{ck}} + 17.6 p_w \frac{V_u d}{M_u}\right) b_w d \leq \phi(1.1)0.29\sqrt{f_{ck}}\, b_w d$$

$$= 1.1 \times 0.75 \times [0.16 \times 1.0 \times \sqrt{27} + 17.6 \times 0.0072 \times 0.43] \times 150 \times 370 \times 10^{-3}$$

$$= 40.6 \, \text{kN} < 1.1 \times 0.75 \times 0.29 \times 1.0 \times \sqrt{27} \times 150 \times 370 \times 10^{-3} = 69.0 \, \text{kN}$$

$$\qquad\qquad\qquad\qquad\qquad\qquad\qquad\qquad\qquad\qquad\qquad \text{......................... O.K}$$

Memo...

10.4 2방향 슬래브

1. 기본개념

하중 2방향 전달 ⇒ SLAB에 가상의 설계대 도입

2. 설계법

1) 직접설계법

2) 등가골조법

3) ACI 계수법

3. 직접설계법 기본개념

1) 전체 정적계수모멘트 결정

$$M_o = \frac{(W_u \, l_2) \, l_n^{\ 2}}{8}$$

2) 정·부모멘트에 대한 전 정적계수모멘트의 분배

(1) 내부 스팬의 경우 : $M_u^{\ -} = 0.65 \, M_o$, $M_u^{\ +} = 0.35 \, M_o$

(2) 외부 스팬 : 고정도에 따라 분배

3) 정·부모멘트의 분배

(1) 주열대 중심으로 분배 – 나머지 중간대 분배

(2) $M_u^{\ -}$, $M_u^{\ +}$ 주열대와 중간대로 분배

ex) 보가 없는 경우 내부스팬의 주열대 모멘트 분배

주열대 부모멘트 : 부모멘트($M_u^{\ -} = 0.65 \, M_o$)의 75%

주열대 정모멘트 : 정모멘트($M_u^{\ +} = 0.35 \, M_o$)의 60%

(3) 영향요소

① 스팬길이(l_2/l_1)

② 보와 슬래브의 휨강성비(α)

③ 가장자리보의 구속능력(β_t)

문제6 플랫플레이트에서 주열대, 중간대의 분배율에 따른 모멘트를 구하시오.

(단, 면 내 축방향은 무시한다.) [90회 2교시], [102회 2교시 유사], [108회 4교시 유사]

- 층고 4.0m, 기둥 500mm×500mm
- 슬래브 두께 250mm(d=200mm)
- 마감하중 1.5kN/m^2, 사하중 5.5kN/m^2, 활하중 3.5kN/m^2
- $f_{ck} = 24\,\text{MPa}$, $f_y = 400\,\text{MPa}$
- 기둥 간격 6m×6m

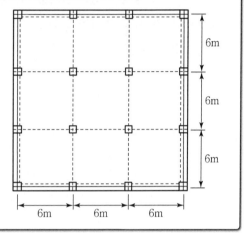

풀이 **2방향 슬래브 직접설계법**

1) 하중 및 M_o 산정

   (1) $w_u = 1.2w_D + 1.6w_L = 1.2\times(1.5+5.5)+1.6\times3.5 = 14\,\text{kN/m}^2$

   (2) M_o 산정

$$M_o = \frac{(w_u l_2)l_n^2}{8} = \frac{(14\times6)\times5.5^2}{8} = 317.6\,\text{kN·m}$$

2) 정·부모멘트에 대한 M_o 분배

정·부계수 휨모멘트의 분배율(%) 기준

구분	내부 받침부 사이에 보가 없는 슬래브 테두리 보가 있는 경우	완정 구속된 외부 받침부
내부 받침부의 부계수휨모멘트	0.7	0.65
정계수휨모멘트	0.5	0.35
외부 받침부의 부계수휨모멘트	0.3	0.65

(1) 외부 스팬

① 단부 부모멘트(M_1) : $M_1 = 0.3 \times 317.6 = 95.3\,\text{kN·m}$

② 중앙부 정모멘트(M_2) : $M_2 = 0.5 \times 317.6 = 158.8\,\text{kN·m}$

③ 내부 부모멘트(M_3) : $M_3 = 0.7 \times 317.6 = 222.3\,\text{kN·m}$

(2) 내부 스팬

① 단부 모멘트(M_4) : $M_4 = 0.65 \times 317.6 = 206.4\,\text{kN·m}$

② 중앙부 모멘트(M_5) : $M_5 = 0.35 \times 317.6 = 111.2\,\text{kN·m}$

3) 정·부모멘트의 주열대 중간대 분배

(1) 주열대 정계수 모멘트 분배율 : 60%

(2) 주열대 부계수 모멘트 분배율 : 75%

(3) 나머지 : 중간대 분배

구분	외부 스팬		내부 스팬	
	주열대 M	중간대 M	주열대 M	중간대 M
외단부	$95.3 \times 0.75 = 71.5$	23.8	$206.4 \times 0.75 = 154.8$	51.6
중앙부	$158.8 \times 0.6 = 95.3$	63.5	$111.2 \times 0.6 = 66.72$	44.48
내단부	$222.3 \times 0.75 = 166.8$	55.5		

Memo...

10.5 SLAB 전단설계

1. SLAB의 2면 전단강도 [KBC 09, KCI 07]

1) 적용 : 슬래브와 기초판에 대한 전단설계

2) 2방향 거동에 대한 전단강도

철근콘크리트 슬래브와 확대기초판에 대한 전단강도 V_c는 아래에서 구한 값 중 가장 작은 값

$$V_c = \frac{1}{6}\left(1 + \frac{2}{\beta_c}\right)\sqrt{f_{ck}}\, b_o\, d$$

$$V_c = \frac{1}{6}\left(\frac{\alpha_s d}{2b_o} + 1\right)\sqrt{f_{ck}}\, b_o\, d$$

$$V_c = \frac{1}{3}\sqrt{f_{ck}}\, b_o\, d$$

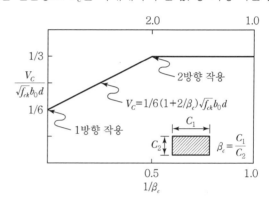

여기서, β_c : 집중하중이나 반력을 받는 면적의 짧은 변에 대한 긴 변의 비

b_o : 위험단면의 둘레길이

α_s는 내부기둥 : 40, 외부기둥(모서리기둥 제외) : 30, 모서리기둥 : 20

참고

$\frac{1}{6}\left(1 + \frac{2}{\beta_c}\right)$, $\frac{1}{6}\left(\frac{\alpha_s d}{2b_o} + 1\right)$, $\frac{1}{3}$의 비교

1) $\frac{1}{6}\left(1 + \frac{2}{\beta_c}\right)$, $\frac{1}{3}$의 비교

기둥의 장변/단변의 비가 2를 초과하지 않으면 1/3이 지배한다.

2) $\frac{1}{6}\left(\frac{\alpha_s d}{2b_o} + 1\right) < \frac{1}{3}$인 경우는

위 식을 정리하면 $\alpha_s d < 2b_o$이므로 예를 들어 내부기둥의 경우 기둥크기와 슬래브의 유효춤으로 나타내면

$20d < 2(C_1 + C_2) + 2d$

$d < \dfrac{(C_1 + C_2)}{9}$ 경우 지배

기둥 크기에 비해 슬래브의 두께가 얇을 때 지배함

3) Punching Shear에 대한 전단강도는 $V_c = \frac{1}{3}\sqrt{f_{ck}}\, b_o\, d$값 이하로 취해야 한다.

2. 슬래브와 기초판의 2면 전단에 대한 공칭전단강도(V_c) [KDS 14 20 22]

$$V_u \leq \phi V_n(\phi = 0.75, \ V_n = \ V_c + \ V_s)$$

1) V_u 산정

(1) 슬래브-기둥 접합부 : 기둥면에서 $0.5d$ 내에 재하되는 등분포하중의 영향 무시

(2) 기초-기둥 접합부 : 기둥면에서 $0.75d$ 내에 재하되는 등분포하중의 영향 무시

2) ϕV_c

$$\phi V_c = v_c \cdot b_o \cdot d \ \leq \ \phi \, 0.58 \, f_{ck} \, b_o \, c_u$$

여기서, v_c : 콘크리트 재료의 공칭전단응력강도

b_o : 위험단면의 둘레길이

c_u : 위험단면 압축대 깊이의 평균값

$$v_c = \lambda \cdot k_s \cdot k_{bo} \cdot f_{te} \cdot \cot\psi \cdot (c_u/d)$$

여기서 λ : 경량콘크리트계수

k_s : 슬래브의 두께계수

$$0.75 \leq k_s = (300/d)^{0.25} \leq 1.1$$

k_{bo} : 위험단면 둘레길이의 영향계수

$$k_{bo} = 4/\sqrt{\alpha_s(b_o/d)} \leq 1.25$$

α_s : ① 내부기둥 1.0

② 외부기둥(모서리 기둥 제외) 1.33

③ 모서리 기둥 2.0

f_{te} : 압축대 콘크리트의 인장강도

$$f_{te} = 0.2\sqrt{f_{ck}}$$

$$\cot\psi = \sqrt{f_{te}(f_{te} + f_{cc})}/f_{te}$$

ψ : 슬래브 휨 압축대의 균열각도

f_{cc} : 위험단면의 압축대에 작용하는 평균 압축응력

$$f_{cc} = (2/3)f_{ck}$$

c_u : 압축철근 영향을 무시하고 계산된 슬래브 위험단면 압축대 깊이의 평균값

$$c_u = d[25\sqrt{\rho/f_{ck}} - 300(\rho/f_{ck})]$$

ρ : 설계위험단면에서 양방향으로 각각 h만큼 떨어진 폭의 슬래브에 대

한 평균주인장철근비

① $0.005 \leqq \rho \leqq 0.03$

② 주인장철근은 설계위험단면에서 최소 $(h + l_d)$만큼 연장하여 슬래브에 정착

3) 위험단면의 둘레길이(b_o)

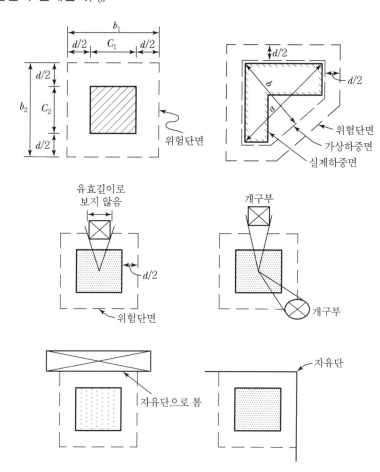

3. 슬래브 및 기초의 유효춤(d)과 k_s, k_{bo}의 관계 고찰

1) 슬래브 및 기초의 유효춤(d)과 슬래브–기둥 접합부 두께계수(k_s)의 관계

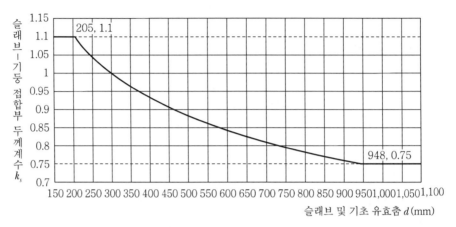

‖ d와 k_s의 상관관계 ‖

(1) 슬래브의 유효춤(d)이 205mm 이하인 경우 k_s값은 1.1의 값을 가진다.

(2) 기초에서 d값이 948mm 이하인 경우 $0.75 \leq k_s \leq 1.1$값은 1.1값을 가지고, 948mm 이상인 경우 $k_s = 0.75$값을 가진다.

2) 슬래브 및 기초의 유효춤(d)과 위험단면 둘레길이 영향계수(k_{bo})의 관계

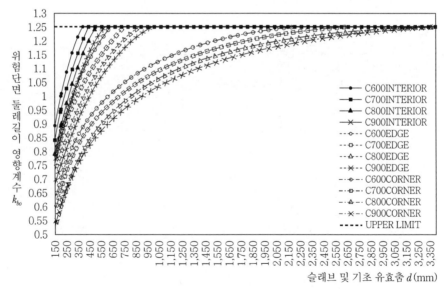

‖ d와 k_{bo}의 상관관계 ‖

(1) 슬래브에서 k_{bo}값은 1.25보다 작은 값을 가진다.

(2) 기초에서 기둥이 내부에 있을 경우 일반적으로 k_{bo}값은 1.25의 값을 가진다.

3) 기초두께 가정(예 : $f_{ck} = 24\mathrm{MPa}$)

$$q_u \left[A - (c_1 + 1.5d) \times (c_2 + 1.5d) \times 10^{-6} \right]$$
$$\leq 0.75 \times 1.521 \times (300/d)^{0.25} \times 2 \times (c_1 + c_2 + 2d) \times d \times 10^{-3}$$

f_{ck}	λ	k_{bo}	f_{te}	$\cot\Psi$	c_u / d	v_c
21	1.0	1.25	0.916515	4.03426	0.3143	$1.452k_s$
24	1.0	1.25	0.979796	4.162923	0.2983	$1.521k_s$
27	1.0	1.25	1.03923	4.280246	0.2847	$1.582k_s$
30	1.0	1.25	1.095445	4.2881	0.2727	$1.639k_s$

$\mathcal{M}$emo...

문제7 다음과 같이 두 개의 동일한 정사각형 개구부(200mm×200mm)를 갖는 플랫플레이트 (Flat Plate) 슬래브의 2방향 위험전단길이 b_o와 2방향 전단강도 V_c 값을 구하시오.(슬래브두께 h = 250mm, 유효두께 d = 200mm, 콘크리트 강도 24MPa, 내부기둥크기 500×500mm)

[79회 3교시]

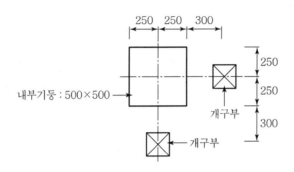

풀이 위험전단길이 b_o와 2방향 전단강도 V_c 산정

1) b_o 산정

    (1) $x = \dfrac{200 \times 350}{450} = 155.6\,\mathrm{mm}$

    (2) $b_o = (500 + 200) \times 4 - 155.6 \times 2 = 2,488.8\,\mathrm{mm}$

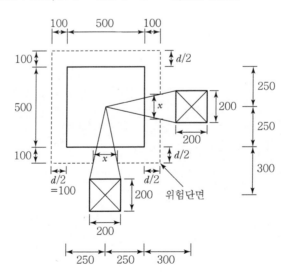

2) V_c 산정

$$V_c = v_c\, b_o\, d \leq 0.58\, f_{ck}\, b_o\, c_u$$

$$v_c = \lambda\, k_s\, k_{bo}\, f_{te}\, \cot\psi\, (c_u/d)$$

$$\lambda = 1.0(\text{보통콘크리트})$$

$$0.75 \leq k_s = (300/d)^{0.25} = (300/200)^{0.25} = 1.107 \leq 1.1$$

$$\therefore\ k_s = 1.1$$

$$k_{bo} = 4/\sqrt{\alpha_s\,(b_o/d)} \leq 1.25$$

$$= 4/\sqrt{1.0\times(2488.8/200)} = 1.134 \leq 1.25$$

$$\therefore\ k_{bo} = 1.134$$

$$f_{te} = 0.2\sqrt{f_{ck}} = 0.2\times\sqrt{24} = 0.98\,\text{N/mm}^2$$

$$f_{cc} = (2/3)f_{ck} = (2/3)\times 24 = 16\,\text{N/mm}^2$$

$$\cot\psi = \sqrt{f_{te}(f_{te}+f_{cc})}\,/f_{te}$$

$$= \sqrt{0.98\times(0.98+16)}\,/0.98 = 4.163$$

$$c_u = d[25\sqrt{\rho/f_{ck}} - 300(\rho/f_{ck})]\ \ (\rho = 0.005\ \ \text{적용})$$

$$= 200\times[25\times\sqrt{0.005/24} - 300(0.005/24)]$$

$$= 59.67\,\text{mm}$$

$$v_c = \lambda\, k_s\, k_{bo}\, f_{te}\, \cot\psi\, (c_u/d)$$

$$= 1.0\times 1.1\times 1.134\times 0.98\times 4.163\times(59.67/200)$$

$$= 1.518\,\text{N/mm}^2$$

$$\therefore\ V_c = v_c\, b_o\, d$$

$$= 1.518\times 2488.8\times 200\times 10^{-3} = 755.6\,\text{kN} \leq 0.58\, f_{ck}\, b_o\, c_u = 2{,}067.2\,\text{kN}$$

$$(0.58\, f_{ck}\, b_o\, c_u = 0.58\times 24\times 2{,}488.8\times 59.67\times 10^{-3} = 2{,}067.2\,\text{kN})$$

10.6 SLAB 전단보강

1. SLAB 전단보강법

> **문제8** 철근콘크리트 플랫 플레이트에서 기둥머리부분의 슬래브 전단보강방법의 개념과 그 보강방법을 나열하시오. [68회 1교시]
>
> 콘크리트 온통기초판이 설계 전단강도를 만족하지 못할 경우 기초판의 두께를 증가하지 않는 조건으로 보강방법, 종류를 스케치하고, 스터럽 보강설계순서를 설명하시오.
>
> [85회 2교시]

풀이 ▶ 전단보강

1. 슬래브 두께를 증가시키는 방법
2. 지판 또는 주두를 사용하는 방법
3. 스터럽 보강법
4. 확대머리 전단스터드 보강법
5. 전단머리(SHEAR HEAD) 보강법
6. SHEAR BEND 보강법

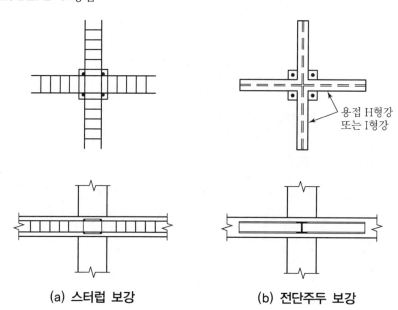

용접 H형강
또는 I형강

(a) 스터럽 보강   (b) 전단주두 보강

2. 스터럽 보강법 Process [KDS 14 20 22]

> **스터럽 보강법 기준 내용**
>
> (1) $d \geq [150, \ 16 d_{str}]_{\max}$
>
> (2) $V_n \leq 0.58 f_{ck} b_o c_u$
>
> (3) $V_s = 0.5 A_v f_{yt} d/s$
>
> (4) 기둥면과 기둥 주위를 감싸는 첫 번째 열 스터럽 사이의 간격은 $d/2$ 이하
>
> 첫 번째 열에서 기둥면의 평행방향의 스터럽 다리 사이의 간격은 $2d$ 이하
>
> 스터럽 열 사이의 간격은 기둥면에 직각방향으로 $d/2$ 이하
>
> (5) 슬래브 전단철근은 단면 상, 하에서 충분히 정착되어야 한다. 스터럽은 기준에서 제시
> 하는 정착조건을 만족시켜야 하며 길이방향 휨철근을 둘러싸야 한다.

1) SLAB THK 적정성 검토

(1) 테두리보를 제외하고 슬래브 주변에 보가 없거나 보의 강성비 α_m이 0.2 이하일 경우

① 지판이 없는 슬래브의 경우 : 120mm

② 지판을 가진 슬래브의 경우 : 100mm

$\alpha_m \leq 0.2$, 또는 내부에 보가 없는 슬래브의 최소 두께

설계기준 항복강도 f_y (MPa)	지판이 없는 경우			지판이 있는 경우		
	외부 슬래브		내부 슬래브	외부 슬래브		내부 슬래브
	테두리보가 없는 경우	테두리보가 있는 경우		테두리보가 없는 경우	테두리보가 있는 경우	
300	$l_n/32$	$l_n/35$	$l_n/35$	$l_n/35$	$l_n/39$	$l_n/39$
350	$l_n/31$	$l_n/34$	$l_n/34$	$l_n/34$	$l_n/37.5$	$l_n/37.5$
400	$l_n/30$	$l_n/33$	$l_n/33$	$l_n/33$	$l_n/36$	$l_n/36$
500	$l_n/28$	$l_n/31$	$l_n/31$	$l_n/31$	$l_n/33$	$l_n/33$
600	$l_n/26$	$l_n/29$	$l_n/29$	$l_n/29$	$l_n/31$	$l_n/31$

(2) $0.2 < \alpha_m < 2.0$인 경우 슬래브의 최소 두께

$$h = \frac{l_n\left(800 + \dfrac{f_y}{1.4}\right)}{36,000 + 5,000\beta(\alpha_m - 0.2)} \quad \text{또는 } 120\text{mm 이상}$$

(3) $2.0 \leq \alpha_m$인 경우 슬래브의 최소 두께

$$h = \frac{l_n\left(800 + \dfrac{f_y}{1.4}\right)}{36{,}000 + 9{,}000\beta} \quad \text{또는 90mm 이상}$$

2) Punching Shear 검토

(1) $\phi\, V_c$

$\phi = 0.75$

$V_c = v_c\, b_o\, d \leq 0.58\, f_{ck}\, b_o\, c_u$

$\quad v_c = \lambda\, k_s\, k_{bo}\, f_{te} \cot\psi\, (c_u/d)$

$\quad\quad \lambda$: 경량콘크리트 계수

$\quad\quad k_s$: 슬래브 두께 계수

$\quad\quad\quad 0.75 \leq k_s = (300/d)^{0.25} \leq 1.1$

$\quad\quad k_{bo}$: 위험단면 둘레길이 영향계수

$\quad\quad\quad k_{bo} = 4/\sqrt{\alpha_s\,(b_o/d)} \leq 1.25$

$\quad\quad \alpha_s$: 내부기둥 1.0, 외부기둥 1.33, 모서리기둥 2.0

$\quad\quad f_{te}$: 압축대 콘크리트의 인장강도

$\quad\quad\quad f_{te} = 0.2\sqrt{f_{ck}}$

$\quad\quad \psi$: 슬래브 휨압축대의 균열각도

$\quad\quad f_{cc}$: 위험단면의 압축대에 작용하는 평균압축응력

$\quad\quad \cot\psi = \sqrt{f_{te}(f_{te} + f_{cc})}\,/\,f_{te}$

$\quad\quad\quad f_{cc} = (2/3)f_{ck}$

$\quad\quad c_u$: 압축철근의 영향 무시하고 계산된 슬래브위험단면 압축대깊이의 평균값

$\quad\quad\quad c_u = d[25\sqrt{\rho/f_{ck}} - 300(\rho/f_{ck})]$

$\quad\quad\quad \rho \leq 0.03$(단 $\rho \leq 0.005$일 경우 0.005 적용가능)

(2) Check 및 전단보강법 결정

3) V_u 산정 및 단면의 적정성 검토

(1) $d \geq [150,\ 16d_{str}]_{\max}$

(2) $V_u \leq \phi\, 0.58\, f_{ck}\, b_o\, c_u$

4) 전단철근량 산정 및 배근

(1) $\phi \, V_s = \, V_u - \, \phi \, V_c$

(2) $s = \dfrac{\phi \, 0.5 \, A_v \, f_y \, d}{\phi \, V_s} \quad s_{\max} = \dfrac{d}{2}$

5) 보강범위 산정 배근도

$$V_u \leq \ V_c = v_c \, b_o{}' \, d$$

$$v_c = \lambda \, k_s \, k_{bo} \, f_{te} \cot \psi \, (c_u / d)$$

$$b_o{}' \geq \dfrac{V_u}{\phi \, v_c \, d}$$

6) 배근도 작성

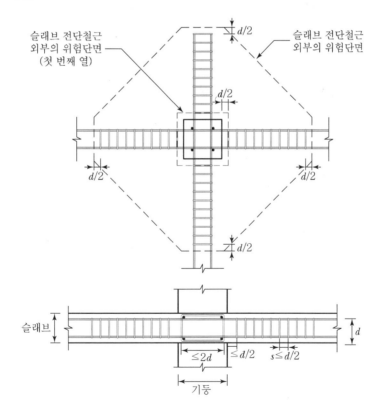

슬래브 전단철근
외부의 위험단면
(첫 번째 열)

슬래브 전단철근
외부의 위험단면

$d/2$

$d/2$

$d/2$

$d/2$

$d/2$

슬래브

d

$\leq 2d$ $\leq d/2$ $s \leq d/2$

기둥

3. 스터럽 보강설계

> **문제9** 가로 및 세로 스팬이 모두 7.5m인 사방연속무량판 구조에서 내부 기둥 주변의 2방향 전단에 대해 검토하시오.(KDS 14 20) [66회 2교시]
>
> 단, $w_u = 18\,\mathrm{kN/m^2}$, 슬래브 두께 $h = 250\,\mathrm{mm}$, 주열대 상단철근 D16@200, 기둥단면 500mm×500mm, $f_{ck} = 21\,\mathrm{MPa}$, $f_y = 400\,\mathrm{MPa}$이다.

풀이 ▶ **슬래브의 전단 검토**

1) SLAB THK 적정성 검토

   (1) 지판이 없는 슬래브의 최소 두께 : 120 mm

   (2) $l_n/30 = 7{,}000/30 = 233\,\mathrm{mm} < h = 250\,\mathrm{mm}$

2) Punching Shear 검토

   (1) V_u 산정

$$V_u = w_u\,[A - (C_1 + d)(C_2 + d)]$$
$$= 18 \times (7.5^2 - 0.72^2) = 1{,}003.2\,\mathrm{kN}$$

   (2) $\phi\,V_c$ 산정

$$\phi = 0.75$$
$$V_c = v_c\,b_o\,d \leq 0.58\,f_{ck}\,b_o\,c_u$$
$$v_c = \lambda\,k_s\,k_{bo}\,f_{te}\cot\psi\,(c_u/d)$$
$$\lambda = 1.0(\text{보통콘크리트})$$
$$0.75 \leq k_s = (300/d)^{0.25} = (300/220)^{0.25} = 1.08 \leq 1.1$$
$$\therefore\,k_s = 1.08$$
$$k_{bo} = 4/\sqrt{\alpha_s\,(b_o/d)} \leq 1.25$$
$$= 4/\sqrt{1.0 \times (2{,}880/220)} = 1.11 \leq 1.25$$
$$\therefore\,k_{bo} = 1.11$$
$$f_{te} = 0.2\,\sqrt{f_{ck}} = 0.2 \times \sqrt{21} = 0.917\,\mathrm{N/mm^2}$$
$$f_{cc} = (2/3)f_{ck} = (2/3) \times 21 = 14\,\mathrm{N/mm^2}$$

$$\cot\psi = \sqrt{f_{te}(f_{te} + f_{cc})}\,/f_{te}$$

$$= \sqrt{0.917 \times (0.917 + 14)}\,/0.917 = 4.033$$

$$c_u = d\left[25\sqrt{\rho/f_{ck}} - 300(\rho/f_{ck})\right]$$

$$= 220 \times \left[25 \times \sqrt{0.005/21} - 300(0.005/21)\right]$$

$$= 69.15\,\mathrm{mm}$$

$$(\rho = (5 \times 199)/(220 \times 1,000) = 0.0045 \leq 0.005, \;\; \therefore \rho = 0.005 \text{ 적용})$$

$$v_c = \lambda\,k_s\,k_{bo}\,f_{te}\,\cot\psi\,(c_u/d)$$

$$= 1.0 \times 1.08 \times 1.11 \times 0.917 \times 4.033 \times (69.15/220)$$

$$= 1.394\,\mathrm{N/mm}^2$$

$$V_c = v_c\,b_o\,d$$

$$= 1.394 \times 2,880 \times 220 \times 10^{-3} = 883.2\,\mathrm{kN} \;\leq\; 0.58 f_{ck}\,b_o\,c_u$$

$$(0.58\,f_{ck}\,b_o\,c_u = 0.34 \times 21 \times 2,880 \times 69.15 \times 10^{-3} = 2,425.7\,\mathrm{kN})$$

$$\phi\,V_c = 0.75 \times 883.2 = 662.4\,\mathrm{kN} \;\leq\; V_u = 1,003.2\,\mathrm{kN} \;\cdots\cdots\cdots\cdots\cdots\cdots \text{N.G}$$

$$\therefore \text{스터럽 보강}$$

3) V_u 산정 및 단면의 적정성 검토

$$V_u = 1,003.2\,\mathrm{kN} \;\leq\; \phi\,0.58\,f_{ck}\,b_o\,c_u = 0.75 \times 2,425.7 = 1,819.3\,\mathrm{kN} \;\cdots\cdots \text{O.K}$$

4) 전단철근량 산정 및 배근

   (1) $\phi\,V_s$ 산정

$$\phi\,V_s = V_u - \phi\,V_c = 1,003.2 - 662.4 = 340.8\,\mathrm{kN}$$

   (2) D13 적용시 배근간격 s 결정

$$① \;\; s = \frac{\phi\,0.5\,A_v\,f_y\,d}{\phi\,V_s} = \frac{0.75 \times 0.5 \times (4 \times 2 \times 127) \times 400 \times 220}{340.8 \times 10^3} = 98.4\,\mathrm{mm}$$

$$② \;\; s_{\max} = \frac{d}{2} = \frac{220}{2} = 110\,\mathrm{mm}$$

$$\therefore \text{D13@95 배근}$$

6) 보강범위 산정 배근도

(1) 보강범위 $b_o{}'$ 산정

$$b_o{}' \geq \frac{V_u}{\phi v_c d} = \frac{1,003.2 \times 10^3}{0.75 \times 1.407 \times 220} = 4,321.3\,\text{mm}$$

(2) $b_o = 4 \times a\sqrt{2} + (4 \times 500) = 4,321.3\,\text{mm}$

$a = 410.4\,\text{mm}$

7) 배근도 작성

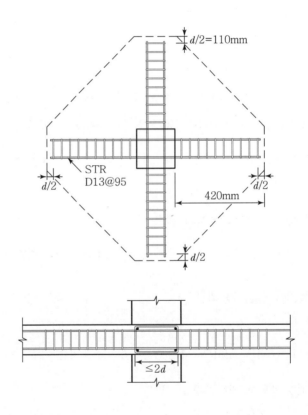

다음 조건을 이용하여 정사각형 단면 기둥(C1)에 지지되는 C1기둥 부위의 플랫슬래브 전단에 대하여 검토하고, 만약 설계기준을 만족하지 못하면 전단철근을 사용하여 보강 설계하시오. [114회 3교시]

$$w_d = 6\,\text{kN/m}^2$$

$$w_l = 4\,\text{kN/m}^2$$

주철근비 $\rho = 0.005$

C1기둥 크기 $500\text{mm} \times 500\text{mm}$

플랫 슬래브 크기 $l_1 = l_2 = 6.5\text{m}$

슬래브 두께 $h = 200\,\text{mm}$

$$(d = 160\,\text{mm})$$

$f_{ck} = 27\,\text{MPa}$(보통콘크리트)

스터럽은 D10

$$(A_v = 71.3\,\text{mm}^2,\ f_y = 400\,\text{MPa})$$

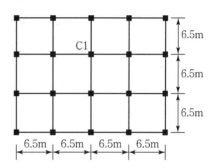

풀이 ▶ 슬래브 스터럽 보강

1) w_u 산정

$$w_u = 1.2w_D + 1.6w_L = 1.2 \times 6 + 1.6 \times 4 = 13.6\,\text{kN/m}^2$$

2) 전단 검토

(1) 1방향 전단 검토

$$V_u = 13.6 \times (2.84 \times 6.5) = 251.1\,\text{kN}$$

$$\phi\,V_c = \phi\,\frac{1}{6}\,\lambda\,\sqrt{f_{ck}}\,b_w\,d$$

$$= 0.75 \times \frac{1}{6} \times 1.0 \times \sqrt{27} \times 6{,}500 \times 160 \times 10^{-3} = 675.5\,\text{kN}$$

$$\geq V_u = 251.1\,\text{kN} \ \cdots\cdots\cdots \ \text{O.K}$$

(2) 2방향 전단 검토

$$V_u = 13.6 \times [6.5^2 - (0.5 + 0.16)^2] = 568.7 \, \text{kN}$$

$$\phi V_c = \phi \, v_c \times b_o \times d$$

$$v_c = \lambda \, k_s \, k_{bo} \, f_{te} \, \cot\psi \, (c_u/d)$$

$$\lambda = 1 (\text{일반콘크리트})$$

$$0.75 \leq k_s = (300/d)^{0.25} = (300/160)^{0.25} = 1.17 \geq 1.1$$

$$\therefore k_s = 1.1$$

$$k_{bo} = \frac{4}{\sqrt{1 \times (2,640/160)}} = 0.985 \leq 1.25 \qquad \therefore k_{bo} = 0.985$$

$$(\alpha_s = 1, \ b_o = 4 \times (500 + 160) = 2,640 \, \text{mm})$$

$$f_{te} = 0.2 \sqrt{f_{ck}} = 0.2 \sqrt{27} = 1.039 \, \text{MPa}$$

$$\cot\psi = \frac{\sqrt{f_{te}(f_{te} + f_{cc})}}{f_{te}} = \frac{\sqrt{1.039(1.039 + 18)}}{1.039} = 4.2807$$

$$(f_{cc} = \frac{2}{3} f_{ck} = \frac{2}{3} \times 27 = 18 \, \text{MPa})$$

$$c_u = d \left[25 \sqrt{\frac{\rho}{f_{ck}}} - 300 \left(\frac{\rho}{f_{ck}} \right) \right]$$

$$= 160 \left[25 \sqrt{\frac{0.005}{27}} - 300 \left(\frac{0.005}{27} \right) \right] = 45.54 \, \text{mm}$$

$$v_c = \lambda \, k_s \, k_{bo} \, f_{te} \, \cot\psi \, (c_u/d)$$

$$= 1 \times 1.1 \times 0.985 \times 1.039 \times 4.2807 \times (45.54/160) = 1.372 \, \text{MPa}$$

$$V_c = v_c \times b_o \times d = 1.372 \times 2,640 \times 160 \times 10^{-3} = 579.5 \, \text{kN}$$

$$\phi V_c = 0.75 \times 579.5 \, \text{kN} = 434.6 \, \text{kN} < V_u = 568.7 \, \text{kN} \ \cdots\cdots\cdots\cdots\cdots \ \text{N.G}$$

$$\therefore \ \text{전단철근 배근}$$

3) 전단철근 보강설계

(1) 단면 적정성 검토

① 유효깊이(d) 검토

$$d_{\min} = [16 t_s, \ 150\text{mm}]_{\max}$$

$$= [16 \times 10 = 160\text{mm}, \ 150\text{mm}]_{\max} = 160 \, \text{mm} \leq d = 160 \, \text{mm} \ \cdot\cdot \ \text{O.K}$$

② 최대 전단강도

$$\phi V_n = \phi \, 0.58 f_{ck} b_o c_u$$

$$= 0.75 \times 0.58 \times 27 \times 2,640 \times 45.54 \times 10^{-3}$$

$$= 1,412.1 \text{kN} \geq V_u = 568.7 \text{kN} \quad \cdots\cdots\cdots\cdots\cdots\cdots\cdots\cdots\cdots \text{O.K}$$

(2) 전단철근량 계산

ϕV_s 산정

$$\phi V_s = V_u - \phi V_c = 568.7 - 434.6 = 134.1 \text{kN}$$

D10 적용시 배근간격 s 결정

$$s = \frac{\phi 0.5 A_v f_y d}{\phi V_s} = \frac{0.75 \times 0.5 \times (4 \times 2 \times 127) \times 400 \times 160}{134.1 \times 10^3} = 181.8 \text{mm}$$

$$s_{\max} = \frac{d}{2} = \frac{160}{2} = 80 \text{mm}$$

∴ D10@80 배근(폐쇄형 스터럽 시공)

(3) 보강범위 $b_o{}'$ 산정

$$b_o{}' \geq \frac{V_u}{\phi v_c d} = \frac{568.7 \times 10^3}{0.75 \times 1.372 \times 160} = 3,454.2 \text{mm}$$

$$b_o{}' = 4 \times a \sqrt{2} + (4 \times 500) = 3,454.2 \text{mm} \qquad\qquad \therefore \ a = 257.1 \text{mm}$$

(4) 배근도 작성

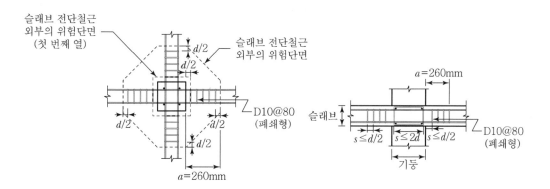

4. 확대머리 전단스터드 보강

(1) 부속철물을 포함하여 전단스터드의 총 높이는 부재 두께에서 상하콘크리트 피복 두께와
주철근의 직경의 절반을 뺀 값보다 작지 않아야 한다.

(2) 전단스터드의 첫 번째 열과 기둥면의 간격은 $d/2$ 이하이어야 한다. 전단스터드열 사이의
간격은 기둥의 각 면에서 직교방향으로 측정하며, 그 거리가 일정하여야 한다. 슬래브와
기초판에서는 스터드 간 간격이 $d/2$ 이하이어야 한다.

(3) 위험단면의 각 모서리의 양단에는 최소 1개씩의 전단스터드 요소를 배치하여야 하며 각
모서리에서 전단스터드 요소 사이의 간격은 $2d$를 초과할 수 없다.

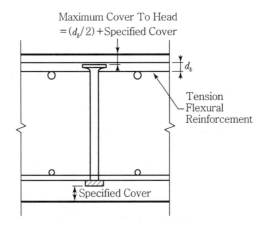

(a) Slab With Top and Bottom Bars

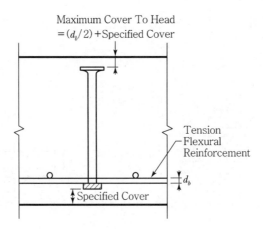

(b) Footing With Only Bottom Bars

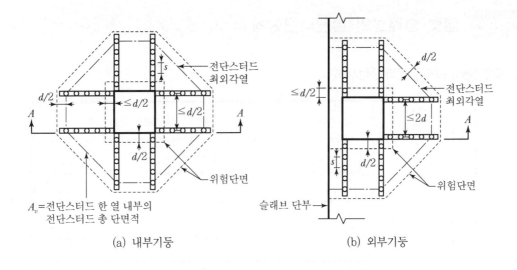

(a) 내부기둥   (b) 외부기둥

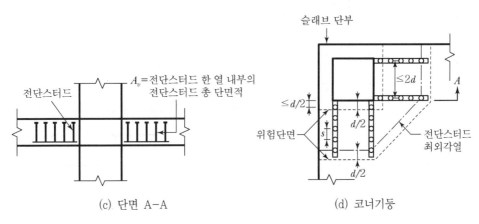

(c) 단면 A-A   (d) 코너기둥

┃ 확대머리 전단스터드의 배치 상세와 위험단면 ┃

Memo...

10.7 플랫 슬래브의 철근배근상세

1. 플랫 슬래브의 철근배근상세 [98회 2교시 유사]

설계대	위치	최소철근량 As(%)	지판이 없는 경우	지판이 있는 경우
주열대	상단	50% 나머지	0.30l_n / 0.20l_n / 0.30l_n / 0.20l_n	0.33l_n / 0.20l_n / 0.33l_n / 0.20l_n
주열대	하단	100%	150mm / 적어도 2개의 철근은 기둥 위를 지나 외부 받침부에 정착 / 이음가능구간 (A급이음)	150mm
중간대	상단	100%	0.22l_n / 0.22l_n	0.22l_n
중간대	하단	50% 나머지	150mm / 150mm / 최대0.15l_n / 최대0.15l_n / 150mm	150mm

C.L 외부 받침부 (슬래브 불연속) — l_n — C.L 내부 받침부 (슬래브 불연속) — l_n — C.L 외부 받침부 (슬래브 불연속)

(1) 보가 없는 슬래브의 철근은 2방향 슬래브의 기본 배근상세 외 상기상세에 표시된 것과 같은 최소길이 규정을 지켜야 한다.

(2) 인접경간의 길이가 다를 경우 긴경간을 기준으로 상기상세를 적용한다.

(3) 각 방향 주열대 내의 모든 하부 철근이나 철선이 연속이거나 상기상세의 이음 가능 구간에서 A급 겹침이음으로 하고, 적어도 2개의 주열대 하부 철근이나 철선이 기둥 위를 지나야 하며 외부 받침부에 정착하여야 한다.

(연속된 주열대의 하부철근은 한 개의 받침부가 손상을 입었을 경우, 슬래브가 주위 받침부들과 연결될 수 있는 여력을 제공한다. 한 개의 펀칭전단파괴에 따른 슬래브에 현수작용에 의한 여분의 지지능력을 갖도록 하기 위함이다.)

2. 플랫 슬래브 지판크기 기준

> **문제 11** 건축구조기준(KBC 2016)에 의한 철근콘크리트 구조의 플랫 슬래브 지판크기에 대한 규정을 설명하시오.

풀이 플랫 슬래브 지판크기에 대한 규정

1) 플랫 슬래브에서 기둥 상부의 부모멘트에 대한 철근을 줄이기 위하여 지판을 사용하는 경우 지판의 크기는 다음의 규정을 따라야 한다)

   (1) 지판은 받침부 중심선에서 각 방향 받침부 중심 간 경간의 1/6 이상 각 방향으로 연장시켜야 한다.

   (2) 지판의 슬래브 아래로 돌출한 두께는 돌출부를 제외한 슬래브 두께의 1/4 이상으로 하여야 한다.

   (3) 지판부위의 슬래브 철근량을 계산할 때 슬래브 아래로 돌출한 지판의 두께는 지판의 외단부에서 기둥이나 기둥머리면까지 거리의 1/4 이하로 취하여야 한다.

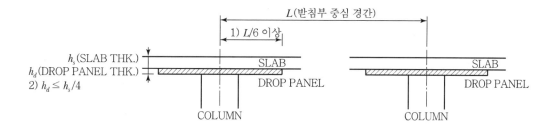

2) 슬래브 2면전단 부족으로 인해 지판을 설치할 경우

   (1) 기둥 주위 2면전단내력을 확보할 수 있도록 설계되어야 한다.

   (2) 지판 주위 2면전단내력을 확보할 수 있도록 설계되어야 한다.

10.8 SLAB 개구부

1. SLAB 개구부 제한 및 보강방법

문제 12 보가 없는 2방향 슬래브의 부분 Open 설치에 있어 특별한 구조해석 없이 처리할 수 있는 Open Size에 대하여 기술하시오. [74회 1교시], [108회 1교시 유사]

문제 13 철근콘크리트 슬래브의 개구부 보강에 대해 설명하시오. [72회 1교시]

문제 14 보가 없는 슬래브 개구부의 제한사항과 보강방법(국내기준)에 대하여 설명하시오.

[80회 1교시]

풀이 슬래브 개구부

1) 개구부 크기에 대한 제한사항

(1) 구조해석 결과 설계강도가 소요강도 이상이고, 처짐한계를 포함한 모든 사용성을 만족할 경우 어떤 크기의 개구부도 슬래브 시스템 내에 둘 수 있다.

(2) 특별한 해석을 하지 않고도 보가 없는 슬래브 시스템의 경우 다음 항에 따라 개구부를 둘 수 있다.

① 개구부가 없을 경우의 전체 철근량을 그대로 유지한다면 양 방향의 중간대가 겹치는 부분에 어떤 크기의 개구부도 둘 수 있다.

② 양 방향의 주열대가 겹치는 부분에서 어느 쪽의 경간에서나 주열대 폭의 1/8 이상 이 개구부에 의해 차단되지 않아야 한다.

③ 한 개의 주열대와 한 개의 중간대가 겹치는 부분에서 어느 설계대에서도 그 설계대의 1/4 이상의 철근이 개구부에 의해 절단되지 않아야 한다.

④ 전단에 대한 규정을 만족시켜야 한다.

2) 개구부 보강

(1) 개구부 크기가 슬래브 판 크기에 배해 작을 경우 개구부에 의해 절단되는 철근과 같은 단면적의 철근을 개구부 양쪽에 보강하여야 한다.

(2) 개구부가 슬래브판 크기에 비해 큰 경우 각 모서리에서 캔틸레버 슬래브로 가정하여 설계할 수 있으며, 인접슬래브의 설계시 개구부의 영향을 고려하여야 한다.

(3) 개구부가 크고 한쪽으로 치우쳐 위치한 경우 3모서리 연속이고 1모서리 자유인 슬래브로 취급할 수 있으며, 인접슬래브 설계시 개구부의 영향을 고려하여야 한다.

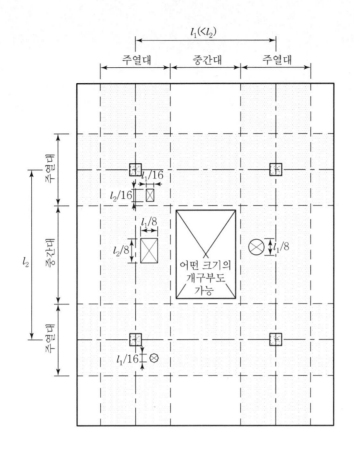

제11장 기초

[KDS 14 20 70]

Professional Engineer Architectural Structures

11.1 기초 일반사항

1. 기초의 정의 및 종류

1) 기초의 정의

(1) 기초의 개념

건물에 작용하는 전하중을 기둥이나 벽체를 통하여 지반으로 안전하게 전달하는 구조부재이다. 따라서 상부하중에 대한 구조적인 안정성의 확보와 과도한 침하 및 부동침하를 방지할 수 있게 설계되어야 한다.

(2) 기초의 설계

① 기초의 크기 : 기둥 및 벽체를 통하여 전달되는 단위면적당 하중(사용하중)을 지내력 이하가 되게 기초의 크기를 결정한다.

② 기초의 두께 : 기초의 두께는 상부하중(계수하중)에 의해 발생되는 전단력(1방향, 2방향)이 기초 부재의 설계전단력 이하가 되게 설계한다.

③ 기초 철근 : 휨의 위험단면에 발생하는 휨모멘트력에 저항할 수 있도록 철근 배근한다.

2) 기초의 종류

(1) 독립기초(Isolated Footing)

(2) 연속기초(Wall Footing)

(3) 복합기초(Combined Footing)

(4) 온통기초(Mat Foundation, Raft, Floating Foundation)

(5) 말뚝기초(Pile Foundation)

2. 기초의 해석 및 설계법

1) 하중 산정

(1) 사용하중 : 기초크기 산정

기초의 크기는 구조물의 안정성을 확보하기 위해 요구되는 지반에서의 지내력의 합이 상부하중보다 크게 설계되어야 한다는 기본개념으로 산정된다.

이때 고려되는 지내력은 허용지내력으로 이미 안전율이 고려된 값이기 때문에 상부하중은 하중계수를 고려하지 않은 사용하중으로 검토 및 설계된다.

(2) 계수하중 : 기초의 두께 및 철근배근, 지압검토

기초의 형태 및 크기가 결정되면 기초의 두께 및 철근배근, 지압검토 등의 기초구조
부재 설계가 수행되는데 현 설계법은 극한강도설계법에 기초하므로 계수하중을 적용
하여 설계하여야 한다.

2) 허용지내력 산정

(1) 허용지내력에 영향요인

기초의 형태와 깊이, 상부하중의 크기, 지하수의 위치, 토질의 종류

(2) 기초의 지압파괴 : 기초 하부의 지반이 이동하는 현상

(3) 극한지내력 q_u : 기초의 지압파괴시의 토압

(4) 허용지내력

$$q_a = \frac{q_u}{S.F} = \frac{극한토압(q_u)}{안전율(S.F : Safety\ Factor)}$$

S.F = 2.5 ~ 3.0 : 침하를 허용한계 이내로 유지하기 위한 계수

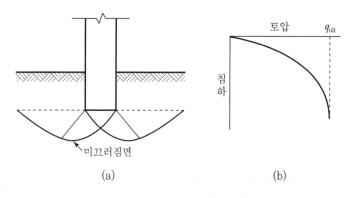

┃기초 하부 지반의 지내력과 침하┃

(5) 평판재하시험결과로 기초지지력 결정시 고려사항 [83회 1교시]

지반의 허용지내력은 지반조사서를 바탕으로 경험식을 통해 추정하는 방법과 재하시
험을 통하여 측정하는 방법이 있다. 평판재하시험결과로 기초지지력 결정시 고려사항
은 다음과 같다.

① 토질 주상도를 파악하여 평판재하시험 위치의 토질 종단을 파악하여야 한다.

평판재하시험 결과는 재하판 지름의 약 2배에 해당하는 깊이까지의 흙에 대한 자
료를 제공하므로, 그 이상 깊이에 연약지반이 분포할 경우 실제 지내력보다 큰 지

내력이 평가될 수 있다. 따라서 토질주상도를 먼저 파악하여 지반의 분포상태를 고찰하여야 한다.

② 허용지지력의 결정

재하시험 결과에 의해 극한하중이나 항복하중이 정해지면 허용지지력을 다음 중 최솟값으로 결정한다.

㉠ 항복하중 × 1/2

㉡ 극한(파괴)하중 × 1/3

㉢ 구조물의 허용침하량에 대응하는 하중

③ 상재하중항 고려

평판재하시험은 시험지표면 위의 유효상재압이 제외된 상태에서 지지력을 측정하는 것이므로 실제 기초가 근입되는 경우 지지력 산정시에 이를 고려하여야 한다.

④ Scale Effect 고려

재하판에 의해 얻어진 지지력은 실제 기초의 크기와 다른 작은 재하판에 의한 시험결과이므로 실제 기초의 지지력 산정시에는 이를 고려하여야 한다.

⑤ 지하수위의 변동 고려

건기시 평판재하시험을 실시했을 경우, 그 결과 값은 우기시 지하수위의 상승으로 인해 흙의 유효단위중량이 대략 50% 정도로 저하되므로 지반의 극한 지지력도 대략 반감한다.

3) 기초의 크기 산정

(1) 원칙

기초로부터 지반에 전달되는 하중의 면적당 크기가 허용지내력 이하로 유지

(2) 주의

철근콘크리트의 모든 설계에 하중계수와 강도감소계수가 적용되는 데 반하여, 지반에 대하여서는 하중계수를 적용하지 않는 사용하중 사용

(3) 이유

상부구조의 부재설계에서는 하중계수와 강도감소계수 등 안전에 관련된 계수들이 개별적으로 적용되는 데 반하여 지반의 지내력은 극한 지내력에 안전율 2.5~3.0을 적용한 허용지내력을 사용

(4) 유효허용지내력(q_e)의 개념도입

① 이유 : 기초의 자중(D_b), 기초 위에 채워지는 흙 및 흙 위의 상재하중(D_s)은 기초의 저면적을 산출하는데 지내력을 감소시키는 효과가 있으며, 부재설계시 전단력과 휨모멘트의 산정에는 영향을 주지 않는다. D_b, D_s에 의한 토압은 지내력의 일부와 평형으로 상쇄된다.

② 기초가 지지하는 하중

    ㉠ 고정하중 D

    ㉡ 활하중 L

    ㉢ 기초의 자중 D_b, 기초 위에 채워지는 흙 및 흙 위의 상재하중 D_s

$$\therefore \text{기초의 크기 } A \geq \frac{(D+D_b+D_s)+L}{q_a}$$

기둥 또는 벽체로부터 전달되는 상부하중에 의한 지내력을 유효허용지내력 q_e로 표시하면,

$$q_e = q_a - \frac{D_b+D_s}{A} \qquad \therefore \text{기초의 크기 } A \geq \frac{D+L}{q_e}$$

③ 직접독립기초에서 기초판의 크기를 결정할 때 고려사항

    ㉠ 사용하중으로 인한 최대 접지압이 기초를 지지하는 지반의 순허용지내력 이하

    ㉡ 사용하중으로 인한 최소 접지압이 인장력이 발생되지 않도록 하는 것이 좋다.

(5) 허용응력 설계법으로 구조물을 설계하는 경우 하중조합

$D+F$

$D+F+L+T$

$D+F+(L_r \text{ 또는 } S \text{ 또는 } R)$

$D+F+0.75(L+T)+(0.75(L_r \text{ 또는 } S \text{ 또는 } R)$

$D+F+(0.85W \text{ 또는 } 0.7E)$

$D+F+0.75(0.85W \text{ 또는 } 0.7E)+0.75L+0.75(L_r \text{ 또는 } S \text{ 또는 } R)$

$0.6D+0.85W$

$0.6D+0.7E$

※ 이 하중조합을 사용할 경우에는 허용응력을 증대하여 설계할 수 없다.

4) 부재설계용 지반반력 산정

지반반력이란 기초의 밑면 또는 말뚝 상단에서 저항되어야 할 축력, 휨모멘트력, 전단력을 의미한다.

기초설계용 지반반력 q_u → 기초판 계산용 외력

$$q_u = \frac{1.2D + 1.6L}{A}$$

또는 $q_u = \dfrac{U}{A}$

(1) $U = 1.2D + 1.6(L_r$ 또는 S 또는 $R) + (1.0L$ 또는 $0.65W)$

(2) $U = 1.2D + 1.3W + 1.0L + 0.5(L_r$ 또는 S 또는 $R)$

(3) $U = 1.2D + 1.0E + 1.0L + 0.2S$

(4) $U = 0.9D + 1.3W + 1.6H_h$

(5) $U = 0.9D + 1.0E + 1.6H_h$

기타 3장 설계하중편의 하중조합에 의해 발생하는 지반반력 중 가장 불리한 값을 적용하여야 한다.

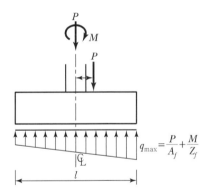

5) 기초의 두께 산정

기초의 두께는 1방향 및 2방향 전단에 대하여 안전하도록 설계되어야 한다.

기초판 윗면부터 하부철근까지 깊이는 직접기초의 경우 150mm 이상, 말뚝기초의 경우 300mm 이상으로 하여야 한다.

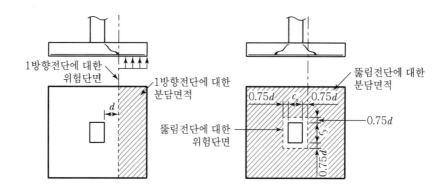

(1) 1방향전단 검토

① $\phi = 0.75$

② $V_{u1} \leq \phi V_c = \phi \dfrac{1}{6} \lambda \sqrt{f_{ck}} b_w d$

(2) 2방향전단 검토

$$V_{u2} \leq \phi V_c$$

① $\phi = 0.75$

② V_u 산정 : 기둥면에서 $0.75d$ 내에 재하되는 등분포하중의 영향 무시

③ 기초판에 대한 콘크리트의 2방향 전단강도 V_c

$$V_c = v_c b_o d \leq 0.58 f_{ck} b_o c_u$$

$$v_c = \lambda k_s k_{bo} f_{te} \cot \psi (c_u / d)$$

$\quad \lambda$: 경량콘크리트계수

$\quad k_s$: 슬래브 두께계수

$$0.75 \leq k_s = (300/d)^{0.25} \leq 1.1$$

$\quad k_{bo}$: 위험단면 둘레길이 영향계수

$$k_{bo} = 4/\sqrt{\alpha_s (b_o/d)} \leq 1.25$$

$\quad\quad \alpha_s$: 내부기둥 1.0

$\quad\quad\quad$ 외부기둥 1.33

$\quad\quad\quad$ 모서리기둥 2.0

$\quad f_{te}$: 압축대 콘크리트의 인장강도

$$f_{te} = 0.2 \sqrt{f_{ck}}$$

ψ : 슬래브 휨압축대의 균열각도

f_{cc} : 위험단면의 압축대에 작용하는 평균압축응력

$$\cot\psi = \sqrt{f_{te}(f_{te} + f_{cc})}\,/\,f_{te}$$

$$f_{cc} = (2/3)f_{ck}$$

c_u : 압축철근의 영향을 무시하고 계산된 슬래브 위험단면 압축대 깊이의 평균값

$$c_u = d\left[25\sqrt{\rho/f_{ck}} - 300(\rho/f_{ck})\right]$$

$$\rho \leq 0.03(단\ \rho \leq\ 0.005일\ 경우\ 0.005\ 적용\ 가능)$$

6) 휨철근 배근

(1) 위험단면에서 M_u 산정

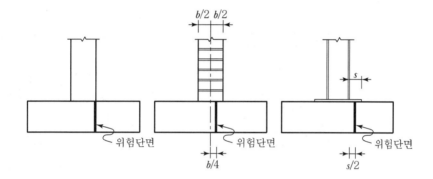

(2) $R_n = \dfrac{M_u}{\phi b\,d^2}$

여기에서 $\phi = 0.85$

(3) $\rho_{req} = \dfrac{\eta(0.85f_{ck})}{f_y}\left[1 - \sqrt{1 - \dfrac{2R_n}{\eta(0.85f_{ck})}}\right]$

$(f_{ck} \leq 40\,\mathrm{MPa},\ \eta = 1.0)$

(4) 배근

구분	정사각형 기초	직사각형 기초
1방향		
2방향		

(5) 최소허용변형률 및 최소철근량 검토($f_{ck} \leq 40\,\text{MPa}$, $\eta = 1.0$, $\beta_1 = 0.8$, $\varepsilon_{cu} = 0.0033$)

① 최소허용변형률($\varepsilon_{a\,\min}$)

㉠ $a = \dfrac{A_s f_y}{\eta(0.85 f_{ck})b}$

㉡ $c = a/\beta_1$

㉢ $\varepsilon_t = \dfrac{d_t - c}{c} \cdot \varepsilon_{cu} \geq \varepsilon_{a\,\min} = [\,0.004,\ 2.0\varepsilon_y\,]_{\max}$

② 최소철근량 검토

• 검토 1 : $\rho_{\min} = 0.002 \times 400/f_y$

$A_{s\,\min}$은 $1,800\,\text{mm}^2/\text{m}$를 초과할 필요 없다.

• 검토 2 : $\phi M_n \geq 1.2 M_{cr}$

단, 해석상 필요한 철근량의 4/3 이상 배근 시에는 검토 2 무시 가능

$$\phi M_n \geq \frac{4}{3} M_u$$

(6) 정착길이 검토

$$l_d = \frac{0.6 \ d_b f_y}{\lambda \sqrt{f_{ck}}} \times 보정계수 \geq 300 \,\text{mm}$$

보정계수 : D19 이하 : $0.8 \ \alpha \ \beta$

　　　　　　 D22 이상 : $1.0 \ \alpha \ \beta$

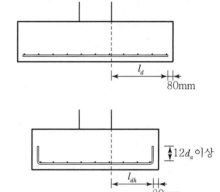

정착길이가 확보되지 않을 때

① 표준갈고리 정착

② 휨철근의 직경을 감소시킴

③ 콘크리트의 강도를 증가시킴

④ 기초의 크기를 증가시킴

7) 배근도 작성

Memo...

11.2 축력을 받는 독립기초의 설계

1. 축력을 받는 독립기초의 설계 Process [64회 4교시]

1) 기초판의 저면적 결정

  (1) P_s 산정(사용하중)

  (2) 순허용지내력 산정

    q_e = 허용지내력 − (흙과 콘크리트의 평균중량 + 상재하중)

  (3) 기초판의 저면적 산정

$$A_{f(req)} \geq \frac{P}{q_e}$$

2) 설계용하중과 지반반력 산정

  (1) P_u 산정(계수하중)

  (2) $q_u = \dfrac{P_u}{A_f}$

3) 기초판의 깊이 설계 [$\phi = 0.75$]

  ※ 기초판의 깊이 가정

  (1) 1방향 전단에 대한 소요깊이

  (2) 2방향 전단에 대한 소요깊이

4) 휨철근의 산정($f_{ck} \leq 40\,\mathrm{MPa}$, $\eta = 1.0$, $\beta_1 = 0.8$, $\varepsilon_{cu} = 0.0033$)

  (1) M_u 산정

  (2) $R_n = \dfrac{M_u}{\phi b\, d^2}$

  (3) $\rho_{req} = \dfrac{\eta(0.85 f_{ck})}{f_y}\left[1 - \sqrt{1 - \dfrac{2R_n}{\eta(0.85 f_{ck})}}\right]$

  (4) 배근

  (5) 최소허용변형률 $\varepsilon_t \geq [2.0\,\varepsilon_y, 0.004]_{\max}$

  (6) 최소철근량 검토

    ① $\underline{A_{s\min}} = (0.002 \times 400/f_y) \times bh$ $(A_{s\min} \leq 1{,}800\,\mathrm{mm}^2/\mathrm{m})$

② $\phi M_n \geq 1.2 M_{cr}$ (단 $\phi M_n \geq (4/3)M_u$일 경우 무시 가능)

5) 철근의 정착길이 검토

$$l_d = \frac{0.6 \; d_b f_y}{\lambda \sqrt{f_{ck}}} \times 보정계수 \geq 300\,\text{mm}$$

6) 배근도 작성

Memo...

2. 축력을 받는 독립기초의 설계

> **문제 1** 정방향 내부 기둥(650mm×650mm)에 고정하중 2,500kN과 활하중 1,400kN이 작용한다. 이 기둥에 대한 정방형 독립확대기초를 설계하시오. 다만, 기초 두께를 800mm로 가정하고, 기초저면의 허용지내력 q_a = 500kN/m²이다. 기초 자중과 이 기초 위에 작용하는 흙의 무게는 이 기둥에 작용하는 전체 하중의 10%로 가정한다. 콘크리트 압축강도 f_{ck} = 27MPa, 철근의 항복강도 f_y = 400MPa이다. [64회 4교시], [88회 2교시 유사]

풀이 축력을 받는 독립기초 설계

1) 기초판의 저면적 결정

   (1) $P_s = (2,500 + 1,400) \times 1.1 = 4,290\,\text{kN}$

   (2) 기초판의 저면적 산정

$$A_{f(req)} \geq \frac{P}{q_a} = \frac{4,290}{500} = 8.58\,\text{m}^2$$

   ∴ 기초판의 크기는 $3.0 \times 3.0 (\text{m}^2)$ 사용$(A = 9.0\,\text{m}^2)$

2) 설계용하중과 지반반력 산정

   (1) $P_u = 1.2 \times 2,500 + 1.6 \times 1,400 = 5,240\,\text{kN}$

   (2) $q_u = \dfrac{5,240}{9.0} = 582.2\,\text{kN/m}^2$

3) 기초판 깊이에 대한 전단 검토($h = 800\,\text{mm}, \ d = 700\,\text{mm}$로 가정)

   (1) 1방향 전단에 대한 소요깊이

$$V_u = 582.2 \times (3.0/2 - 1.025) \times 3.0 = 829.6\,\text{kN}$$

$$\phi V_n = \phi 1/6\,\lambda\,\sqrt{f_{ck}}\,b_w d$$

$$\phi V_n = 0.75 \times 1/6 \times 1.0 \times \sqrt{27} \times 3,000 \times 700 \times 10^{-3}$$

$$= 1,364\,\text{kN} \geq V_u \quad\text{.. O.K}$$

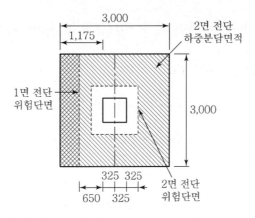

(2) 2방향 전단에 대한 소요깊이

① $V_u = 582.2 \times [3.0^2 - (0.65 + 1.5 \times 0.7)^2] = 3{,}557.2\,\text{kN}$

② V_c 산정

$$V_c = v_c\,b_o\,d \leq 0.58\,f_{ck}\,b_o\,c_u$$

$$v_c = \lambda\,k_s\,k_{bo}\,f_{te}\cot\psi\,(c_u/d)$$

$\quad\lambda = 1.0(\text{보통콘크리트})$

$\quad 0.75 \leq k_s = (300/d)^{0.25} = (300/700)^{0.25} = 0.809 \leq 1.1 \quad \therefore k_s = 0.809$

$\quad k_{bo} = 4/\sqrt{\alpha_s\,(b_o/d)}$

$\qquad = 4/\sqrt{1.0 \times (5{,}400/700)}\ 1.440 \leq 1.25$

$\quad \therefore k_{bo} = 1.25$

$\quad f_{te} = 0.2\sqrt{f_{ck}} = 0.2 \times \sqrt{27} = 1.039\,\text{N/mm}^2$

$\quad f_{cc} = (2/3)f_{ck} = (2/3) \times 27 = 18\,\text{N/mm}^2$

$\quad \cot\psi = \sqrt{f_{te}(f_{te} + f_{cc})}\,/f_{te}$

$\qquad = \sqrt{1.039 \times (1.039 + 18)}\,/1.039 = 4.281$

$\quad c_u = d[25\sqrt{\rho/f_{ck}} - 300(\rho/f_{ck})]\ (\rho = 0.005\ \text{가정})$

$\qquad = 700 \times [25 \times \sqrt{0.005/27} - 300 \times (0.005/27)]$

$\qquad = 199.3\,\text{mm}$

$\quad v_c = \lambda\,k_s\,k_{bo}\,f_{te}\cot\psi\,(c_u/d)$

$\qquad = 1.0 \times 0.809 \times 1.25 \times 1.039 \times 4.281 \times (199.3/700)$

$\qquad = 1.281\,\text{N/mm}^2$

$V_c = v_c\,b_o\,d = 1.281 \times 5{,}400 \times 700 \times 10^{-3} = 4{,}842.2\,\text{kN}$

$\quad \leq 0.58\,f_{ck}\,b_o\,c_u = 0.58 \times 27 \times 5{,}400 \times 199.3 \times 10^{-3} = 16{,}853.6\,\text{kN}$

$$\phi\, V_c = 0.75 \times 4{,}842.2 = 3{,}631.7\,\text{kN} \geq V_u = 3{,}557.2\,\text{kN} \quad\text{............... O.K}$$

4) 휨철근의 산정($f_{ck} \leq 40\,\text{MPa}$, $\eta = 1.0$)

(1) $M_u = (582.2 \times 3.0) \times \dfrac{1.175^2}{2} = 1{,}205.7\,\text{kN·m}$

(2) $R_n = \dfrac{M_u}{\phi b\, d^2} = \dfrac{1{,}205.7 \times 10^6}{(0.85 \times 3{,}000 \times 700^2)} = 0.965\,\text{N/mm}^2$

(3) $\rho_{req} = \dfrac{\eta(0.85 f_{ck})}{f_y}\left[1 - \sqrt{1 - \dfrac{2R_n}{\eta(0.85 f_{ck})}}\right]$

$\quad = \dfrac{1.0 \times (0.85 \times 27)}{400}\left[1 - \sqrt{1 - \dfrac{2 \times 0.965}{1.0 \times (0.85 \times 27)}}\right]$

$\quad = 0.00247$

(4) 배근

$\quad A_{s(req)} = \rho\, b\, d = 0.00247 \times 3{,}000 \times 700 = 5{,}187\,\text{mm}^2$

$\quad$ D19(A $= 287\,\text{mm}^2$) 사용

$\quad \therefore\ 19 - \text{D19}(A_s = 5{,}453\,\text{mm}^2)$

(5) 최소철근량($A_{s\,\min}$) 및 최소허용변형률($\varepsilon_{a\,\min}$) 검토

① 최소허용변형률($\varepsilon_{a\,\min}$) 검토($f_{ck} \leq 40\,\text{MPa}$, $\eta = 1.0$, $\beta_1 = 0.8$, $\varepsilon_{cu} = 0.0033$)

$\quad a = \dfrac{A_s f_y}{\eta(0.85 f_{ck})b} = \dfrac{5{,}453 \times 400}{1.0 \times (0.85 \times 27) \times 3{,}000} = 31.6\,\text{mm}$

$\quad c = \dfrac{a}{\beta_1} = \dfrac{31.6}{0.8} = 39.5\,\text{mm}$

$\quad \varepsilon_t = \left(\dfrac{d_t - c}{c}\right) \cdot \varepsilon_{cu} = \left(\dfrac{700 - 39.5}{39.5}\right) \times 0.0033$

$\qquad\qquad = 0.05518 > 0.004 \quad\text{.................................... O.K}$

② 최소철근량($A_{s\,\min}$) 검토

㉠ $A_{s(\min)} = \rho_{\min}\, b\, h = 0.002 \times 3{,}000 \times 800$

$\qquad\qquad = 4{,}800\,\text{mm}^2 \leq A_s = 5{,}453\,\text{mm}^2 \quad\text{................. O.K}$

ⓛ $\phi M_n \geq 1.2 M_{cr}$ 검토

$$\phi M_n = \phi A_s f_y (d - a/2)$$
$$= 0.85 \times 5,453 \times 400 \times (700 - 31.6/2) \times 10^{-6} = 1,268.5\,\mathrm{kN \cdot m}$$

$$M_{cr} = f_r \cdot S = (0.63 \lambda \sqrt{f_{ck}}) \cdot (bh^2/6)$$
$$= (0.63 \times 1.0 \times \sqrt{24}) \times ((3,000 \times 800^2)/6) \times 10^{-6}$$
$$= 987.6\,\mathrm{kN \cdot m}$$

$$\therefore \ \phi M_n = 1,268.5\,\mathrm{kN \cdot m} \geqq 1.2 M_{cr} = 1,185.2\,\mathrm{kN \cdot m} \ \cdots\cdots\cdots\cdots\cdots \ \mathrm{O.K}$$

5) 철근의 정착길이 검토

$$l_d = \frac{0.6\ d_b f_y}{\lambda \sqrt{f_{ck}}} \times 보정계수 \geq 300\,\mathrm{mm}$$

(1) $l_{db} = \dfrac{0.6\ d_b f_y}{\lambda \sqrt{f_{ck}}} = \dfrac{0.6 \times 19 \times 400}{1.0 \times \sqrt{24}} = 930.8\,\mathrm{mm}$

(2) D19 이하 $- 0.8\ \alpha\ \beta = 0.8$

(3) $\dfrac{소요 A_s}{배근 A_s} = \dfrac{5,187}{5,453} = 0.95$

(4) $l_d = 930.8 \times 0.8 \times 0.95 = 708\,\mathrm{mm} \leq 1,175 - 80 = 1,095\,\mathrm{mm}$

6) 배근도 작성

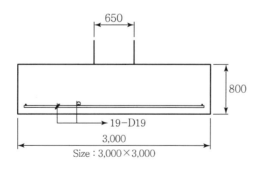

650

800

19-D19

3,000

Size : 3,000×3,000

3. 축력과 휨모멘트를 받는 독립기초의 설계 Process [71회 3교시]

1) 기초판의 저면적 결정

  (1) P_s 산정, M_s 산정

  (2) 순 허용지내력 산정

     q_e=허용지내력－(흙과 콘크리트의 평균중량＋상재하중)

  (3) 기초판의 저면적 산정

    Case 1 기초저면 전구간 압축($L/6 \leq e = M/P$)

    ① 기초판의 크기 가정

      전구간 압축이 작용하도록 가정($L/6 \leq e = M/P$)

    ② 지내력 검토

$$q = \frac{P_s}{A_f} + \frac{M_s}{Z_f} \leq q_e$$

    Case 2 기초저면 일부구간 인장($L/6 > e = M/P$)

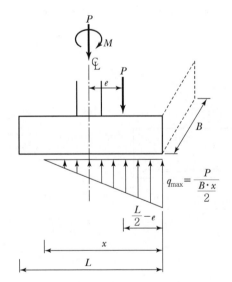

$$q_{\max} = \frac{P_s}{\dfrac{B \cdot x}{2}}$$

$$x = 3 \cdot \left[\frac{L}{2} - e\right]$$

P_s : 사용연직하중

M_s : 사용모멘트

e : 하중의 편심량 ($e = \dfrac{M_s}{P_s}$)

x : 지반반력 작용길이

L : 모멘트축과 직각방향 기초길이

B : 모멘트축과 평형방향 기초길이

│ 지내력 검토 │

2) 설계용하중과 지반반력 산정

(1) P_u 산정

(2) M_u 산정

Case 1 기초저면 전구간 압축($L/6 \leq e = M_u/P_u$)

(3) $q_x = \dfrac{P_u}{A_f} \pm \dfrac{M_u}{I_f} x$

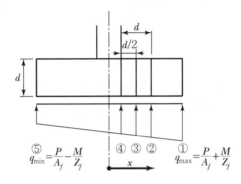

Case 2 기초저면 일부구간 인장($L/6 > e = M_u/P_u$)

(4) $q_{\max} = \dfrac{P_u}{\dfrac{B \cdot x}{2}}, \quad x = 3 \cdot \left[\dfrac{L}{2} - e \right]$

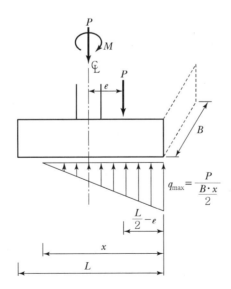

3) 기초판의 깊이 설계[$\phi = 0.75$] – ※ 기초판의 깊이 가정

(1) 1방향 전단 검토

(2) 2방향 전단 검토

(3) 기초판의 깊이 설계

4) 휨철근의 산정[$\phi = 0.85$]

($f_{ck} \leq 40\,\mathrm{MPa}$, $\eta = 1.0$, $\beta_1 = 0.8$, $\varepsilon_{cu} = 0.0033$)

(1) 장변방향(모멘트 작용방향) 휨철근 산정

① M_u 산정

② $R_n = \dfrac{M_u}{\phi b\, d^2}$

③ $\rho = \dfrac{\eta(0.85 f_{ck})}{f_y}\left[1 - \sqrt{1 - \dfrac{2R_n}{\eta(0.85 f_{ck})}}\,\right]$

④ 배근

⑤ 최소허용변형률 $\varepsilon_t \geqq [2.0\,\varepsilon_y,\, 0.004]_{\max}$

⑥ 최소철근량 검토

$$\underline{A_{s\,\min} = (0.002 \times 400/f_y) \times bh} \quad (A_{s\,\min} \leq 1{,}800\,\mathrm{mm}^2/\mathrm{m})$$
$$\phi M_n \geq 1.2 M_{cr} \ (\text{단} \ \phi M_n \geq (4/3)M_u\text{일 경우 무시 가능})$$

(2) 단변방향 휨철근 산정

① M_u 산정

② $R_n = \dfrac{M_u}{\phi b\, d^2}$

③ $\rho_{req} = \dfrac{\eta(0.85 f_{ck})}{f_y}\left[1 - \sqrt{1 - \dfrac{2R_n}{\eta(0.85 f_{ck})}}\,\right] (f_{ck} \leq 40\,\mathrm{MPa},\ \eta = 1.0)$

④ 배근

⑤ 최소허용변형률 $\varepsilon_t \geq [2.0\,\varepsilon_y,\ 0.004]_{\max}$

⑥ 최소철근량 검토

$$\underline{A_{s\,\min} = (0.002 \times 400/f_y) \times bh} \quad (A_{s\,\min} \leq 1{,}800\,\mathrm{mm}^2/\mathrm{m})$$
$$\phi M_n \geq 1.2 M_{cr} \ (\text{단} \ \phi M_n \geq (4/3)M_u\text{일 경우 무시 가능})$$

5) 철근의 정착길이 검토

$$l_d = \frac{0.6 \ d_b f_y}{\lambda \ \sqrt{f_{ck}}} \times 보정계수 \geq 300\,\text{mm}$$

6) 배근도 작성

Memo...

> **문제2** 그림과 같은 조건의 기초판에서 전단보강재를 배치하지 않는 상태로 작용전단력을
> 지지할 수 있는 기초판의 두께를 결정하시오.

〈조건〉
- 기둥크기 : 400mm × 700mm
- 사용 고정하중 : 1,600 kN
- 사용 활하중 : 1,300 kN
- $f_{ck} = 24\,\mathrm{MPa}$
- $\lambda = 1$(일반 콘크리트)
- 내부기둥
- $\rho = 0.005$

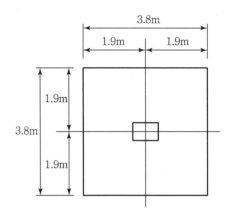

> **풀이** **기초판의 두께 결정**

1) 지반반력 산정

   (1) $P_u = 1.2P_D + 1.6P_L = 1.2 \times 1,600 + 1.6 \times 1,300 = 4,000\,\mathrm{kN}$

   (2) $q_u = P_u\,/\,A = 4,000\,/\,(3.8 \times 3.8) = 277.0\,\mathrm{kN/m^2}$

2) 기초두께 결정($h = 850\,\mathrm{mm}$, $d = 750\,\mathrm{mm}$ 가정)

   (1) 1방향 전단 검토

      ① $V_u = q_u \times A_1 = 277 \times (3.8 \times (1.9 - 0.2 - 0.75)) = 999.97\,\mathrm{kN}$

      ② $\phi V_c = \phi\,\dfrac{1}{6}\,\lambda\,\sqrt{f_{ck}}\,b_w\,d = 0.75 \times \dfrac{1}{6} \times 1.0 \times \sqrt{24} \times 3,800 \times 750 \times 10^{-3}$

         $= 1,745.3\,\mathrm{kN} \geq V_u = 999.97\,\mathrm{kN}$ ··· O.K

   (2) 2방향 전단 검토

      ① $V_u = 277.0 \times [3.8^2 - (400 + 1.5 \times 750) \times (700 + 1.5 \times 750) \times 10^{-6}]$

         $= 3,228.95\,\mathrm{kN}$

      ② ϕV_c 산정

         $V_c = v_c\,b_o\,d \leq 0.58\,f_{ck}\,b_o\,c_u$

         $v_c = \lambda\,k_s\,k_{bo}\,f_{te}\,\cot\psi\,(c_u/d)$

$\lambda = 1.0$(보통콘크리트)

$0.75 \leq k_s = (300/d)^{0.25} = (300/750)^{0.25} = 0.795 \leq 1.1 \quad \therefore \ k_s = 0.975$

$k_{bo} = 4/\sqrt{\alpha_s (b_o/d)}$

$\quad = 4/\sqrt{1.0 \times (5,200/750)} = 1.519 \leq 1.25$

$\therefore \ k_{bo} = 1.25$

$f_{te} = 0.2 \sqrt{f_{ck}} = 0.2 \times \sqrt{24} = 0.98\,\text{N/mm}^2$

$f_{cc} = (2/3)f_{ck} = (2/3) \times 24 = 16\,\text{N/mm}^2$

$\cot\psi = \sqrt{f_{te}(f_{te}+f_{cc})}/f_{te} = \sqrt{0.98 \times (0.98+16)}/0.98 = 4.1625$

$c_u = d[25\sqrt{\rho/f_{ck}} - 300(\rho/f_{ck})] \quad (\rho = 0.005 \ \text{가정})$

$\quad = 750 \times [25 \times \sqrt{0.005/24} - 300 \times (0.005/24)] = 223.8\,\text{mm}$

$v_c = \lambda\, k_s\, k_{bo}\, f_{te}\, \cot\psi\,(c_u/d)$

$\quad = 1.0 \times 0.795 \times 1.25 \times 0.98 \times 4.1625 \times (223.8/750) = 1.20964\,\text{N/mm}^2$

$V_c = v_c\, b_o\, d = 1.20964 \times 5,200 \times 750 \times 10^{-3} = 4,717.6\,\text{kN}$

$\quad \leq 0.58\, f_{ck}\, b_o\, c_u = 0.58 \times 24 \times 5,200 \times 223.8 \times 10^{-3} = 16,199.5\,\text{kN}$

$\phi\, V_c = 0.75 \times 4,717.6 = 3,538.2\,\text{kN} \geq V_u = 3,228.95\,\text{kN} \ \cdots\cdots\cdots\cdots \text{O.K}$

$\therefore \ \underline{\text{기초판의 깊이}\ h = 850\,\text{mm}}$

※ 가정 방법

$q_u\left[A - (c_1 + 1.5d) \times (c_2 + 1.5d) \times 10^{-6}\right]$

$\quad \leq 0.75 \times 1.521 \times (300/d)^{0.25} \times 2 \times (c_1 + c_2 + 2d) \times d \times 10^{-3}$

$277.0 \times \left[3.8 \times 3.8 - (400 + 1.5 \times d) \times (700 + 1.5 \times d) \times 10^{-6}\right]$

$\quad \leq 0.75 \times 1.521 \times (300/d)^{0.25} \times 2 \times (400 + 700 + 2 \times d) \times d \times 10^{-3}$

$\therefore \ d = 709\,\text{mm}$

※ 기초설계 시 기초두께 가정에 사용되는 공식

f_{ck}	λ	k_{bo}	f_{te}	$\cot\Psi$	c_u/d	v_c
21	1.0	1.25	0.916515	4.03426	0.3143	$1.452k_s$
24	1.0	1.25	0.979796	4.162923	0.2983	$1.521k_s$
27	1.0	1.25	1.03923	4.280246	0.2847	$1.582k_s$
30	1.0	1.25	1.095445	4.2881	0.2727	$1.639k_s$

ex) $f_{ck} = 21\,\mathrm{MPa}$일 경우

$$\phi\,V_c = \phi\,v_c\,b_o\,d = 0.75 \times 1.452 \times (300/d)^{0.25} \times b_o \times d$$

Memo...

4. 축력과 휨모멘트를 받는 독립기초의 설계

문제3 다음과 같은 조건으로 일축 편심 하중을 받는 직사각형 독립기초를 설계하라.

[KDS 2020] [71회 3교시], [120회 3교시 유사], [124회 3교시 유사]

〈조건〉

- 고정하중 $P_D = 1,500\,\text{kN}$

  $\qquad M_D = 160\,\text{kN·m}$

- 활하중 $P_L = 900\,\text{kN}$

  $\qquad M_L = 140\,\text{kN·m}$

- 상재하중 $5\,\text{kN/m}^2$

- 흙의 중량 $18\,\text{kN/m}^3$

- 장기허용지내력 $q_a = 300\,\text{kN/m}^2$

- 기둥의 크기 $450\text{mm} \times 650\text{mm}$

- $f_{ck} = 24\,\text{MPa},\ f_y = 400\,\text{MPa}$

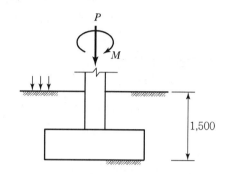

$1 - \text{D}22\,(A_s = 387\text{mm}^2)$

$1 - \text{D}25\,(A_s = 507\text{mm}^2)$

$1 - \text{D}29\,(A_s = 642\text{mm}^2)$

풀이 축력과 휨모멘트를 받는 독립기초 설계

1) 기초판의 저면적 결정

(1) P_s 산정, M_s 산정

① $P_s = P_D + P_L = 1,500 + 900 = 2,400\,\text{kN}$

② $M_s = M_D + M_L = 160 + 140 = 300\,\text{kN·m}$

(2) 순허용지내력 산정

$$q_e = 300 - (21 \times 1.5 + 5) = 263.5\,\text{kN/m}^2$$

(3) 기초판의 저면적 산정

① 기초판의 크기 가정($B = 3.0\,\text{m}$ 가정)

$$q = \frac{2,400}{3.0 \times L} + \frac{6 \times 300}{3.0 \times L^2} \leq 263.5\,\text{kN/m}^2$$

$$L \geq 3.66\,\text{m} \Rightarrow L = 3.7\,\text{m} \ \text{적용}$$

$$\frac{L}{6} = \frac{3.7}{6} = 0.62 \geq e = \frac{M}{P} = \frac{300}{2,400} = 0.125 \Rightarrow \text{전 구간 압축 작용}$$

② 지내력 검토

$$q = \frac{P_s}{A_f} + \frac{M_s}{Z_f} \leq q_e$$

$$q = \frac{2,400}{3.0 \times 3.7} + \frac{6 \times 300}{3.0 \times 3.7^2} = 260\,\mathrm{kN/m^2} \leq q_e = 263.5\,\mathrm{kN/m^2}$$

2) 지반반력 산정

(1) P_u, M_u 산정

① $P_u = 1.2\,P_D + 1.6\,P_L = 1.2 \times 1,500 + 1.6 \times 900 = 3,240\,\mathrm{kN}$

② $M_u = 1.2\,M_D + 1.6\,M_L = 1.2 \times 160 + 1.6 \times 140 = 416\,\mathrm{kN \cdot m}$

(2) $q_x = \dfrac{P_u}{A_f} \pm \dfrac{M_u}{I_f}\,x$

① $I_f = BL^3/12 = 12.66\,\mathrm{m^4}$

② $q_x = \dfrac{3,240}{11.1} \pm \dfrac{416}{12.66}\,x = 291.89 \pm 32.86\,x$

㉠ $q_① = 291.89 + 32.86 \times 1.85 = 352.8\,\mathrm{kN/m^2}$

㉡ $q_④ = 291.89 + 32.86 \times 0.65/2 = 302.7\,\mathrm{kN/m^2}$

㉢ $q_⑤ = 291.89 - 32.86 \times 1.85 = 231.2\,\mathrm{kN/m^2}$

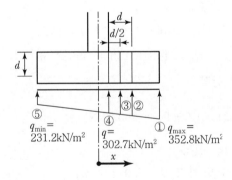

3) 기초판의 깊이 설계

기초판의 유효깊이 650mm, 깊이 750mm로 가정

(1) 1방향 전단 검토

① $q_② = 291.89 + 32.86 \times 0.975 = 324.0\,\mathrm{kN/m^2}$

② $V_u = \left(\dfrac{352.8 + 324.0}{2} \right) \times (0.875 \times 3.0) = 888.3 \, \text{kN}$

③ $\phi V_c = \phi \lambda \dfrac{1}{6} \sqrt{f_{ck}} \, b_w d = 0.75 \times \dfrac{1}{6} \times 1.0 \times \sqrt{24} \times 3,000 \times 650 \times 10^{-3}$

$$= 1,194.1 \, \text{kN} \geq V_u = 888.3 \, \text{kN}$$

(2) 2방향 전단 검토

① $V_u = 3,240 - 291.89 \times (0.65 + 1.5 \times 0.65) \times (0.45 + 1.5 \times 0.65)$

$$= 2,563.9 \, \text{kN}$$

② $V_c = v_c \, b_o \, d \leq 0.34 \, f_{ck} \, b_o \, c_u$

$\qquad v_c = \lambda \, k_s \, k_{bo} \, f_{te} \cot\psi \, (c_u/d)$

$\qquad\qquad \lambda = 1.0 (\text{보통콘크리트})$

$\qquad\qquad 0.75 \leq k_s = (300/d)^{0.25} = (300/650)^{0.25} = 0.824 \leq 1.1 \quad \therefore k_s = 0.824$

$\qquad\qquad k_{bo} = 4/\sqrt{\alpha_s \, (b_o/d)} = 4/\sqrt{1.0 \times (4,800/650)} = 1.472 \leq 1.25$

$\qquad\qquad \therefore k_{bo} = 1.25$

$\qquad\qquad f_{te} = 0.2\sqrt{f_{ck}} = 0.2 \times \sqrt{24} = 0.98 \, \text{N/mm}^2$

$\qquad\qquad f_{cc} = (2/3)f_{ck} = (2/3) \times 24 = 16 \, \text{N/mm}^2$

$\qquad\qquad \cot\psi = \sqrt{f_{te}(f_{te} + f_{cc})}\,/f_{te} = \sqrt{0.98 \times (0.98 + 16)}\,/0.98 = 4.163$

$\qquad\qquad c_u = d[25\sqrt{\rho/f_{ck}} - 300(\rho/f_{ck})] \quad (\rho = 0.005\text{가정})$

$\qquad\qquad\quad = 650 \times [25 \times \sqrt{0.005/24} - 300 \times (0.005/24)] = 193.9 \, \text{mm}$

$\qquad v_c = \lambda \, k_s \, k_{bo} \, f_{te} \cot\psi \, (c_u/d)$

$\qquad\quad = 1.0 \times 0.824 \times 1.25 \times 0.98 \times 4.163 \times (193.9/650)$

$\qquad\quad = 1.254 \, \text{N/mm}^2$

$\qquad V_c = v_c \, b_o \, d = 1.254 \times 4,800 \times 650 \times 10^{-3} = 3,912.5 \, \text{kN}$

$\qquad\quad \leq 0.58 \, f_{ck} \, b_o \, c_u = 0.58 \times 24 \times 4,800 \times 193.9 \times 10^{-3} = 12,955.6 \, \text{kN}$

$\qquad \phi V_c = 0.75 \times 3,912.5 = 2,934.4 \, \text{kN} \geq V_u = 2,563.9 \, \text{kN}$ ⋯⋯⋯⋯⋯⋯ O.K

4) 휨철근의 산정($f_{ck} \leq 40 \, \text{MPa}, \ \eta = 1.0, \ \beta_1 = 0.8, \ \varepsilon_{cu} = 0.0033$)

(1) 장변방향(모멘트 작용방향) 휨철근 산정

① M_u 산정

$\qquad M_u = [302.7 \times 1.525^2/2 + (352.8 - 302.7)1.525 \times 1/2 \times 1.525 \times 2/3] \times 3$

$\qquad\quad = 1,172.46 \, \text{kN·m}$

② $R_n = \dfrac{M_u}{\phi b\, d^2} = \dfrac{1{,}172.46 \times 10^6}{0.85 \times 3{,}000 \times 650^2} = 1.088\,\mathrm{N/mm^2}$

③ $\rho_{req} = \dfrac{\eta(0.85 f_{ck})}{f_y}\left[1 - \sqrt{1 - \dfrac{2R_n}{\eta(0.85 f_{ck})}}\right]$

$\qquad = \dfrac{1.0 \times (0.85 \times 24)}{400} \times \left[1 - \sqrt{1 - \dfrac{2 \times 1.088}{1.0 \times (0.85 \times 24)}}\right]$

$\qquad = 0.0028$

④ 배근

$\qquad A_{s\,req} = 0.0028 \times 3{,}000 \times 650 = 5{,}460\,\mathrm{mm^2}$

$\qquad$ 배근 : $15 - D22(A_s = 5{,}805\,\mathrm{mm^2}) \geq A_{s\,req}$ ································· O.K

⑤ 최소허용변형률($\varepsilon_{a\min}$) 검토

$\qquad$ ㉠ $a = \dfrac{A_s f_y}{\eta(0.85 f_{ck})b} = \dfrac{5{,}805 \times 400}{1.0 \times (0.85 \times 24) \times 3{,}000} = 37.9\,\mathrm{mm}$

$\qquad$ ㉡ $c = a/\beta_1 = 47.4\,\mathrm{mm}$

$\qquad$ ㉢ $\varepsilon_t = \left(\dfrac{d_t - c}{c}\right) \cdot \varepsilon_{cu} = \left(\dfrac{650 - 47.4}{47.4}\right) \times 0.0033$

$\qquad\qquad\qquad = 0.042 > 0.004$ ······························· O.K

⑥ 최소허철근량($A_{s\min}$) 검토

$\qquad$ ㉠ $A_{s\min} = 0.002 \cdot b \cdot h = 0.002 \times 3{,}000 \times 750 = 4{,}500\,\mathrm{mm^2}$

$\qquad$ ㉡ $\phi M_n \geq 1.2 M_{cr}$ 검토

$\qquad\quad \phi M_n = \phi A_s f_y (d - a/2)$

$\qquad\qquad = 0.85 \times 5{,}805 \times 400 \times (650 - 37.9/2) \times 10^{-6} = 1{,}245.5\,\mathrm{kN \cdot m}$

$\qquad\quad M_{cr} = f_r \cdot S = (0.63 \lambda \sqrt{f_{ck}}) \cdot (bh^2/6)$

$\qquad\qquad = (0.63 \times 1.0 \times \sqrt{24}) \times ((3{,}000 \times 750^2)/6) \times 10^{-6} = 868.0\,\mathrm{kN \cdot m}$

$\qquad\quad \therefore\ \phi M_n = 1{,}245.5\,\mathrm{kN \cdot m} \geqq 1.2 M_{cr} = 1041.6\,\mathrm{kN \cdot m}$ ···················· O.K

(2) 단변방향 휨철근 산정

① M_u 산정

$$M_u = (291.89 \times 1.275^2/2) \times 3.7 = 878.13\,\text{kN·m}$$

② $R_n = \dfrac{M_u}{\phi b\, d^2} = \dfrac{878.13 \times 10^6}{0.85 \times 3,700 \times 650^2} = 0.657\,\text{N/mm}^2$

③ $\rho_{req} = \dfrac{\eta(0.85 f_{ck})}{f_y}\left[1 - \sqrt{1 - \dfrac{2R_n}{\eta(0.85 f_{ck})}}\right]$

$$= \dfrac{1.0 \times (0.85 \times 24)}{400} \times \left[1 - \sqrt{1 - \dfrac{2 \times 0.657}{1.0 \times (0.85 \times 24)}}\right]$$

$$= 0.00167$$

④ 배근

$$A_{s\,req} = 0.00167 \times 3,700 \times 650 = 4,016.4\,\text{mm}^2$$

$$A_{s\,min} = 0.002 \cdot b \cdot h = 0.002 \times 3,700 \times 750 = 5,550\,\text{mm}^2 \ - \ \text{지배}$$

배근 : $15 - \text{D22}(A_s = 5,805\,\text{mm}^2)$

⑤ 최소허용변형률($\varepsilon_{a\,min}$) 검토

㉠ $a = \dfrac{A_s f_y}{\eta(0.85 f_{ck})b} = \dfrac{5,805 \times 400}{1.0 \times (0.85 \times 24) \times 3,700} = 30.8\,\text{mm}$

㉡ $c = a/\beta_1 = 38.5\,\text{mm}$

㉢ $\varepsilon_t = \left(\dfrac{d_t - c}{c}\right) \cdot \varepsilon_{cu} = \left(\dfrac{650 - 38.5}{38.5}\right) \times 0.0033$

$$= 0.0524 > 0.004 \ \cdots\cdots\cdots\cdots\cdots\cdots\cdots\cdots\cdots \ \text{O.K}$$

⑥ $\phi M_n \geq 1.2 M_{cr}$ 검토

$\phi M_n = \phi A_s f_y (d - a/2)$

$$= 0.85 \times 5,805 \times 400 \times (650 - 30.8/2) \times 10^{-6} = 1,252.5\,\text{kN·m}$$

$$\geq 4/3\,M_u = (4/3) \times 878.13 = 1170.8\,\text{kN·m} \ \cdots\cdots\cdots \ \text{O.K}$$

5) 철근의 정착길이 검토

$$l_d = \frac{0.6 \; d_b f_y}{\lambda \; \sqrt{f_{ck}}} \times 보정계수 \; \geq \; 300\,\mathrm{mm}$$

(1) $l_{db} = \dfrac{0.6 \; d_b f_y}{\lambda \; \sqrt{f_{ck}}} = \dfrac{0.6 \times 22 \times 400}{1.0 \times \sqrt{24}} = 1{,}077.8\,\mathrm{mm}$

(2) D22 이상 $- \; \alpha\,\beta = 1.0$

(3) $\dfrac{소요 A_s}{배근 A_s}$ (장변방향)

$$\dfrac{소요 A_s}{배근 A_s} = \dfrac{5{,}265}{5{,}418} = 0.97$$

(4) 정착길이

① 장변방향 : $l_d = 1{,}077.8 \times 0.97 = 1{,}045.5\,\mathrm{mm}$

$$\leq \; 1{,}850 - 650/2 - 80 = 1{,}445\,\mathrm{mm}$$

② 단변방향 : $l_d = 1{,}077.8 \leq \; 1{,}500 - 450/2 - 80 = 1{,}195\,\mathrm{mm}$

6) 배근도 작성

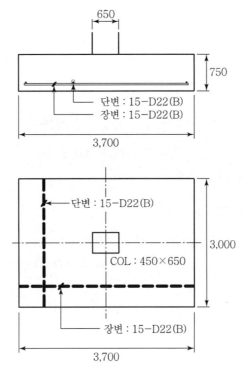

문제4 다음 조건의 독립기초를 설계하시오. [109회 4교시]

〈조건〉

- 고정하중 : $P_D = 400\,\text{kN}$, $M_D = 400\,\text{kN·m}$
- 활하중 : $P_L = 300\,\text{kN}$, $M_L = 300\,\text{kN·m}$
- 상재하중= $5\,\text{kN/m}^2$, 흙과 콘크리트의 평균 중량= $21\,\text{kN/m}^3$
- 장기 허용지내력 : $q_a = 350\,\text{kN/m}^2$

$$\text{기둥 크기}=500\text{mm} \times 500\text{mm}$$
$$f_y = 400\,\text{MPa}(\text{N/mm}^2)$$
$$F_{ck} = 21\,\text{MPa}(\text{N/mm}^2)$$

- 기초판의 크기가 3,000mm × 3,000mm일 때, 기초판의 춤은 700mm, 유효깊이는 600mm(단, 위험단면은 0.5d로 가정하고, 기초판의 휨보강철근은 D19를 사용한다.)

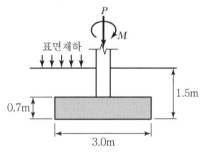

풀이 축력과 휨모멘트를 받는 독립기초 설계

1) 기초판의 적정성 검토

  (1) P_s 산정, M_s 산정

    ① $P_s = P_D + P_L = 400 + 300 = 700\,\text{kN}$

    ② $M_s = M_D + M_L = 400 + 300 = 700\,\text{kN·m}$

  (2) 순 허용지내력 산정

    q_e = 허용지내력 − (흙과 콘크리트의 평균중량 + 상재하중)

      = $350 - (21 \times 1.5 + 5) = 313.5\,\text{kN/m}^2$

(3) 기초판의 적정성 검토

기초판의 크기($B \times L = 3,000 \times 3,000$)

$L/6 = 3.0/6 = 0.5\,\mathrm{m} < e = M_s/P_s = 700/700 = 1\,\mathrm{m}\,(\because$ 기초하부 인장 발생$)$

$$x = 3 \times \left[\frac{L}{2} - e \right] = 3 \times \left[\frac{3.0}{2} - 1.0 \right] = 1.5\,\mathrm{m}$$

$$q_{\max} = \frac{P}{\dfrac{B \cdot x}{2}} = \frac{700}{\dfrac{3.0 \times 1.5}{2}} = 311.1\,\mathrm{kN/m^2} \leq 313.5\,\mathrm{kN/m^2} \cdots\cdots\cdots\cdots \text{O.K}$$

2) 지반반력 산정

(1) P_u, M_u 산정

① $P_u = 1.2\,P_D + 1.6\,P_L = 1.2 \times 400 + 1.6 \times 300 = 960\,\mathrm{kN}$

② $M_u = 1.2\,M_D + 1.6\,M_L = 1.2 \times 400 + 1.6 \times 300 = 960\,\mathrm{kN}$

(2) 지반반력 산정

① $q_{u\,\max} = \dfrac{P_u}{\dfrac{B \cdot x}{2}} = \dfrac{960}{\dfrac{3.0 \times 1.5}{2}} = 426.7\,\mathrm{kN/m^2}$

② $q_② = 426.7 \times \dfrac{250 + 600}{1,500} = 241.8\,\mathrm{kN/m^2}$

③ $q_③ = 426.7 \times \dfrac{250}{1,500} = 71.1\,\mathrm{kN/m^2}$

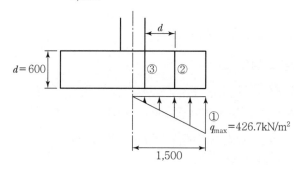

3) 기초판의 깊이 설계

기초판의 유효깊이 600mm 적용

(1) 1방향 전단 검토

① $V_u = \left(\dfrac{241.8 + 426.7}{2} \right) \times (0.65 \times 3.0) = 651.8\,\mathrm{kN}$

② $\phi V_c = \phi \lambda \dfrac{1}{6} \sqrt{f_{ck}} \, b_w d = 0.75 \times \dfrac{1}{6} \times 1.0 \times \sqrt{21} \times 3{,}000 \times 600 \times 10^{-3}$

$$= 1{,}031.1\,\mathrm{kN} \geq V_u = 651.8\,\mathrm{kN}$$

(2) 2방향 전단 검토

① V_u 산정

$$q_u = 960/(3 \times 3) = 106.7\,\mathrm{kN/m^2}$$

$$V_u = 106.7 \times [(3 \times 3) - (0.5 + 1.5 \times 0.60)^2] = 751.2\,\mathrm{kN}$$

② $V_c = v_c \, b_o \, d \leq 0.58 \, f_{ck} \, b_o \, c_u$

$\qquad v_c = \lambda \, k_s \, k_{bo} \, f_{te} \cot\psi \, (c_u/d)$

$\qquad\quad \lambda = 1.0$(보통콘크리트)

$\qquad\quad 0.75 \leq k_s = (300/d)^{0.25} = (300/600)^{0.25} = 0.841 \leq 1.1 \quad \therefore k_s = 0.841$

$\qquad\quad k_{bo} = 4/\sqrt{\alpha_s \, (b_o/d)} = 4/\sqrt{1.0 \times (4{,}400/600)} = 1.4771 \leq 1.25$

$\qquad\quad \therefore k_{bo} = 1.25$

$\qquad\quad f_{te} = 0.2 \sqrt{f_{ck}} = 0.2 \times \sqrt{21} = 0.916\,\mathrm{N/mm^2}$

$\qquad\quad f_{cc} = (2/3)f_{ck} = (2/3) \times 21 = 14\,\mathrm{N/mm^2}$

$\qquad\quad \cot\psi = \sqrt{f_{te}(f_{te} + f_{cc})} \, / f_{te}$

$\qquad\qquad = \sqrt{0.916 \times (0.916 + 14)} \, /0.916 = 4.035$

$\qquad\quad c_u = d[25\sqrt{\rho/f_{ck}} - 300(\rho/f_{ck})] \quad (\rho = 0.005 \text{ 가정})$

$\qquad\qquad = 600 \times [25 \times \sqrt{0.005/21} - 300 \times (0.005/21)] = 188.6\,\mathrm{mm}$

$\qquad v_c = \lambda \, k_s \, k_{bo} \, f_{te} \cot\psi \, (c_u/d)$

$\qquad\quad = 1.0 \times 0.841 \times 1.25 \times 0.916 \times 4.035 \times (188.6/600)$

$\qquad\quad = 1.221\,\mathrm{N/mm^2}$

$V_c = v_c \, b_o \, d = 1.221 \times 4{,}400 \times 600 \times 10^{-3} = 3{,}223.4\,\mathrm{kN}$

$\quad \leq 0.58 \, f_{ck} \, b_o \, c_u = 0.58 \times 21 \times 4{,}400 \times 188.6 \times 10^{-3} = 10{,}107.5\,\mathrm{kN}$

$\phi \, V_c = 0.75 \times 3{,}223.4 = 2{,}417.5\,\mathrm{kN} \geq V_u = 751.2\,\mathrm{kN} \quad \cdots\cdots\cdots\cdots\cdots$ O.K

4) 휨철근의 산정($f_{ck} \leq 40\,\mathrm{MPa}$, $\eta = 1.0$, $\beta_1 = 0.8$, $\varepsilon_{cu} = 0.0033$)

   (1) 장변방향(모멘트 작용방향) 휨철근 산정

      ① M_u 산정

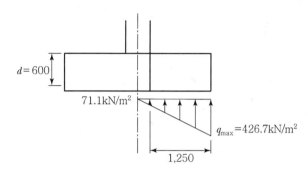

$$M_u = [71.1 \times 1.25^2/2 + (426.7 - 71.1) \times 1.25 \times 1/2 \times (1.25 \times 2/3)] \times 3$$
$$= 722.3\,\mathrm{kN \cdot m}$$

② $R_n = \dfrac{M_u}{\phi b\,d^2} = \dfrac{722.3 \times 10^6}{0.85 \times 3,000 \times 600^2} = 0.7868\,\mathrm{N/mm^2}$

③ $\rho_{req} = \dfrac{\eta(0.85f_{ck})}{f_y}\left[1 - \sqrt{1 - \dfrac{2R_n}{\eta(0.85f_{ck})}}\right]$

$$= \dfrac{1.0 \times (0.85 \times 21)}{400} \times \left[1 - \sqrt{1 - \dfrac{2 \times 0.7868}{1.0 \times (0.85 \times 21)}}\right] = 0.00201$$

④ 배근

    $A_{s\,req} = 0.00201 \times 3,000 \times 600 = 3,618\,\mathrm{mm^2}$

    $A_{s\,min} = 0.002 \cdot b \cdot h = 0.002 \times 3,000 \times 700 = 4,200\,\mathrm{mm^2}$

    배근 : $15 - \mathrm{D19}(A_s = 4,305\,\mathrm{mm^2} \geq A_{s\,min})$ ·· O.K

⑤ 최소허용변형률($\varepsilon_{a\,min}$) 검토

    ㉠ $a = \dfrac{A_s f_y}{\eta(0.85f_{ck})b} = \dfrac{4,305 \times 400}{1.0 \times (0.85 \times 21) \times 3,000} = 32.2\,\mathrm{mm}$

    ㉡ $c = a/\beta_1 = 32.2/0.8 = 40.3\,\mathrm{mm}$

    ㉢ $\varepsilon_t = \left(\dfrac{d_t - c}{c}\right) \cdot \varepsilon_{cu} = \left(\dfrac{600 - 32.2}{32.2}\right) \times 0.0033$

               $= 0.0582 > 0.004$ ··· O.K

⑥ $\phi M_n \geq 1.2 M_{cr}$ 검토

$$\phi M_n = \phi A_s f_y (d - a/2)$$

$$= 0.85 \times 4,305 \times 400 \times (600 - 32.2/2) \times 10^{-6} = 854.7 \, \text{kN·m}$$

$$M_{cr} = f_r \cdot S = (0.63 \lambda \sqrt{f_{ck}}) \cdot (bh^2/6)$$

$$= (0.63 \times 1.0 \times \sqrt{21}) \times ((3000 \times 700^2)/6) \times 10^{-6} = 707.3 \, \text{kN·m}$$

$$\therefore \quad \phi M_n = 854.7 \, \text{kN·m} \geq 1.2 M_{cr} = 848.8 \, \text{kN·m} \quad \cdots\cdots\cdots\cdots\cdots \text{O.K}$$

(2) 단변방향 휨철근 산정

① M_u 산정

$$M_u = (106.7 \times 1.25^2/2) \times 3.0 = 250.1 \text{kN·m} \leq \text{장변방향} \ M_u \ \therefore \ \text{최소배근}$$

② 배근

$$A_{s\,min} = 0.002 \cdot b \cdot h = 0.002 \times 3,000 \times 700 = 4,200 \, \text{mm}^2$$

$$\text{배근} : 15 - D19 (A_s = 4,305 \, \text{mm}^2 \geq A_{s\,min})$$

5) 철근의 정착길이 검토

$$l_d = \frac{0.6 \ d_b f_y}{\lambda \sqrt{f_{ck}}} \times \text{보정계수} \geq 300 \, \text{mm}$$

(1) $l_{db} = \dfrac{0.6 \ d_b f_y}{\lambda \sqrt{f_{ck}}} = \dfrac{0.6 \times 19 \times 400}{1.0 \times \sqrt{21}} = 995.1 \, \text{mm}$

(2) D19 이상 – $0.8 \ \alpha \ \beta = 0.8$

(3) 정착길이

$$l_d = 995.1 \times 0.8 = 796.1 \, \text{mm} \leq 1,500 - 500/2 - 80 = 1,170 \, \text{mm} \quad \cdots\cdots \text{O.K}$$

6) 배근도

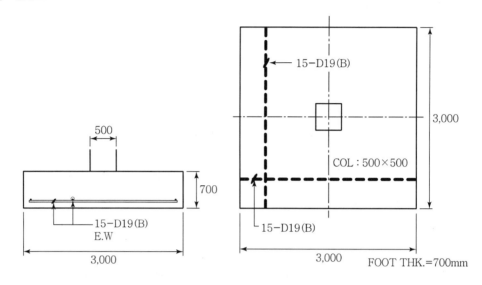

문제5 아래 구조물의 기초의 크기 및 두께를 산정하시오. **[KDS 2021]** [89회 3교시]

단, 1. 지반의 순 허용지내력 $q_e = 200 \, \text{kN/m}^2$으로 한다.

    2. 기초면적 산정 시 단기하중조합은 $0.75(D + L + W)$을 적용한다.

    3. $f_{ck} = 24 \, \text{MPa}$을 적용한다.

    4. 접지압이 인발이 발생하지 않게 한다.

    5. 페데스탈의 크기 : 350mm×350mm

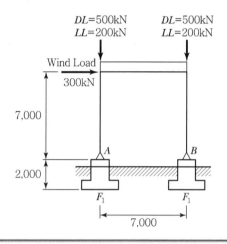

풀이 독립기초 설계

1) 사용하중 산정 및 기초크기 결정

  (1) 사용하중 산정

    ① P_s 산정

$$D + L = 500 + 200 = 700 \, \text{kN}$$

$$D + 0.75(L + 0.85\,W) = 500 + 0.75 \times (200 + 0.85 \times 300) = 841.25 \, \text{kN}$$

$$\therefore \ 841.25 \text{kN} \ \text{지배}$$

    ② M_s 산정(기초저면)

$$M_s = H_b \times 2 = (0.85 \times 300/2) \times 2 = 255 \, \text{kN·m}$$

(2) 기초크기 산정($B = 2,500\,\text{mm}$으로 가정)

① L 산정

$$\frac{P_s}{B \times L_{req}} + \frac{6\,M_s}{B \times L_{req}^2} = \frac{841.25}{2.5 \times L_{req}} + \frac{6 \times 255}{2.5 \times L_{req}^2} = 200$$

$$\therefore L_{req} = 2.78\,\text{m} \rightarrow 2.8\,\text{m 적용}$$

② 편심 검토

$$e = \frac{M_s}{P_s} = \frac{255}{841.25} = 0.3\,\text{m} \le \frac{L}{6} = 0.47\,\text{m}(\text{전구간 압축})$$

$$\therefore B \times L = 2.5\,\text{m} \times 2.83\,\text{m} = 7.0\,\text{m}^2$$

2) 지반반력 산정

(1) P_u 산정

① $1.2\,D + 1.6\,L = 1.2 \times 500 + 1.6 \times 200 = 920\,\text{kN}$

② $1.2\,D + 1.0\,L + 1.3\,W = 1.2 \times 500 + 1.0 \times 200 + 1.3 \times 300 = 1,190\,\text{kN}$

$$\therefore P_u = 1,190\,\text{kN}$$

(2) M_u 산정(기초저면)

$$1.3\,M_w = 1.3 \times 300\,\text{kN·m} = 390\,\text{kN·m}$$

(3) $q_u = \dfrac{P_u}{B \cdot L} \pm \dfrac{M_u}{I} \cdot x = \dfrac{1,190}{2.5 \times 2.8} \pm \dfrac{390}{\dfrac{2.5 \times 2.8^3}{12}} \times x = 170 \pm 85.28\,x$

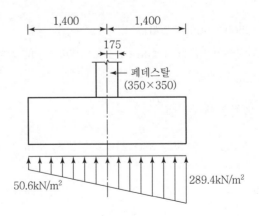

3) 기초판의 깊이 산정($d = 400\,\mathrm{mm}$, $H = 500\,\mathrm{mm}$ 가정)

(1) 1방향 전단 검토

① V_u 산정

㉠ d 위치의 지반반력

$$q_x = 170 \pm 85.28\,x = 170 + 85.28 \times (0.175 + 0.4) = 219.04\,\mathrm{kN/m^2}$$

㉡ $V_u = \left(\dfrac{219.0 + 289.4}{2}\right) \times [2.5 \times \{1.4 - (0.175 + 0.4)\}] = 524.3\,\mathrm{kN}$

② $\phi V_c = \phi \dfrac{1}{6} \lambda \sqrt{f_{ck}}\, b_w\, d = 0.75 \times \dfrac{1}{6} \times 1.0 \times \sqrt{24} \times 2,500 \times 400 \times 10^{-3}$

$$= 533.3\,\mathrm{kN} \geq V_u = 524.3\,\mathrm{kN} \cdots\cdots\cdots\cdots\cdots\cdots \mathrm{O.K}$$

(2) 2방향 전단 검토

① V_u 산정

$$V_u = 170.0 \times [2.8 \times 2.5 - (0.35 + 1.5 \times 0.4)^2] = 1,036.6\,\mathrm{kN}$$

② $V_c = v_c\, b_o\, d \leq 0.58\, f_{ck}\, b_o\, c_u$

$\quad v_c = \lambda\, k_s\, k_{bo}\, f_{te} \cot\psi\, (c_u/d)$

$\quad\quad \lambda = 1.0$(보통콘크리트)

$\quad\quad 0.75 \leq k_s = (300/d)^{0.25} = (300/400)^{0.25} = 0.931 \leq 1.1 \quad \therefore\ k_s = 0.931$

$\quad\quad k_{bo} = 4/\sqrt{\alpha_s\,(b_o/d)} = 4/\sqrt{1.0 \times (3,000/400)} = 1.46 \leq 1.25$

$\quad\quad \therefore\ k_{bo} = 1.25$

$\quad\quad f_{te} = 0.2\sqrt{f_{ck}} = 0.2 \times \sqrt{24} = 0.98\,\mathrm{N/mm^2}$

$\quad\quad f_{cc} = (2/3)f_{ck} = (2/3) \times 24 = 16\,\mathrm{N/mm^2}$

$\quad\quad \cot\psi = \sqrt{f_{te}\,(f_{te} + f_{cc})}\,/f_{te}$

$\quad\quad\quad = \sqrt{0.98 \times (0.98 + 16)}\,/0.98 = 4.1625$

$\quad\quad c_u = d[25\sqrt{\rho/f_{ck}} - 300(\rho/f_{ck})]\ (\rho = 0.005\ \text{가정})$

$\quad\quad\quad = 400 \times [25 \times \sqrt{0.005/24} - 300 \times (0.005/24)] = 119.3\,\mathrm{mm}$

$\quad v_c = \lambda\, k_s\, k_{bo}\, f_{te} \cot\psi\, (c_u/d)$

$\quad\quad = 1.0 \times 0.931 \times 1.25 \times 0.98 \times 4.1625 \times (119.3/400) = 1.416\,\mathrm{N/mm^2}$

$\quad V_c = v_c\, b_o\, d = 1.416 \times 3,000 \times 400 \times 10^{-3} = 1,699.2\,\mathrm{kN}$

$\quad\quad \leq 0.58 f_{ck} b_o c_u = 0.58 \times 24 \times 3,000 \times 119.3 \times 10^{-3} = 4,982\,\mathrm{kN}$

$$\phi\, V_c = 0.75 \times 1,699.2 = 1,274.4\,\text{kN} \geq V_u = 1,036.6\,\text{kN} \quad \cdots\cdots\cdots\cdots \text{O.K}$$

따라서, 기초판의 크기 : $B \times L = 2.5\,\text{m} \times 2.8\,\text{m}$

기초판의 깊이 : $H = 500\,\text{mm}$로 설계한다.

Memo...

11.3 복합기초의 기초판의 크기 결정

1. P_s 산정

(1) 외부기둥 P_{s1}

(2) 내부기둥 P_{s2}

2. 순 허용지내력 산정

$$q_e = 허용지내력 - (흙과 콘크리트의 평균중량 + 상재하중)$$

3. 기초판의 저면적 산정

1) 기둥하중의 중심 산정

기초의 도심과 하중 중심을 일치시켜 편심의 영향 최소화

2) 기초판의 저면적 산정

$$A_{f(req)} \geq \frac{P_1 + P_2}{q_e}$$

3) 기초판의 크기 결정 [88회 2교시]

$$L = 2x, \ B = \frac{A_{f(req)}}{L}$$

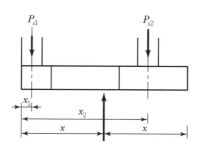

11.4 연결기초의 설계

1. 연결기초의 설계 Process

1) 기초판 저면적 산정

(1) P_s 산정

① 외부기둥 P_{s1}

② 내부기둥 P_{s2}

(2) 순허용지내력 q_e 산정

(3) 기초판의 저면적 산정

※ 외력의 합력 작용선과 반력의 합력작용선이 일치하도록 기초판을 계획한다.

① 기초하부 반력 산정

㉠ S 산정(외부기초길이 가정)

㉡ R_{s1}, R_{s2} 산정

② 기초면적 결정

㉠ 외부기초의 소요저면적 $A_{req} = R_{s1}/q_e \Rightarrow A_f$ 결정

㉡ 내부기초의 소요저면적 $A_{req} = R_{s2}/q_e \Rightarrow A_f$ 결정

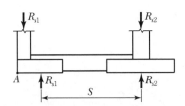

1. 수직력의 합은 0
2. A점에서의 모멘트 평형

2) 설계용 하중과 길이방향 부재력 산정

(1) 설계용 하중과 지반반력

① P_{u1}, P_{u2} 산정

② 지반반력(R_{u1}, R_{u2}) 산정

③ q_{u1}, q_{u2} 산정

④ W_{u1}, W_{u2} 산정

(2) 연결보 설계를 위한 길이방향 부재력 산정

① 전단력이 0인 점

② 최대부모멘트 M_u^- (전단력 0인 위치) 산정

③ 최대정모멘트 M_u^+ (내부기둥 외측)

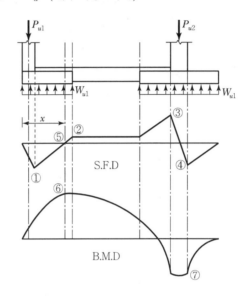

3) 기초판에 대한 전단 검토[$\phi = 0.75$]

외측 기초판의 1방향 전단 검토

(1) V_u 산정

(2) ϕV_c 산정

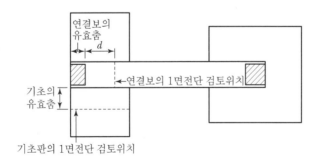

4) 외부기초판의 휨철근 산정 $[\phi = 0.85]$

(1) 연결보와 직각방향 $(f_{ck} \leq 40\,\mathrm{MPa},\ \eta = 1.0,\ \beta_1 = 0.8,\ \varepsilon_{cu} = 0.0033)$

① M_u 산정

② $R_n = \dfrac{M_u}{\phi b\, d^2}$

③ $\rho_{req} = \dfrac{\eta(0.85 f_{ck})}{f_y}\left[1 - \sqrt{1 - \dfrac{2R_n}{\eta(0.85 f_{ck})}}\,\right]$

④ 배근

⑤ 최소허용변형률 $\varepsilon_{a\,\min}$ 검토

㉠ $a = \dfrac{A_s f_y}{\eta(0.85 f_{ck})\, b}$

㉡ $c = a/\beta_1$

㉢ $\varepsilon_t = \dfrac{d_t - c}{c} \cdot \varepsilon_{cu} \geq \varepsilon_{a\,\min} = [\,0.004,\ 2.0\,\varepsilon_y\,]_{\max}$

⑥ 최소철근량 검토

㉠ 온도철근량 $A_{s\,\min} = 0.002 \times b_w \times H \leq 1,800\,\mathrm{mm}^2 \times b_w$

㉡ $\phi M_n \geq 1.2 M_{cr}$

단, $\phi M_n \geq (4/3)M_u$일 경우 무시 가능

(2) 연결보와 나란한 방향

온도철근량 $A_{s\,\min} = 0.002 \cdot b_w \cdot H \leq 1,800\,\mathrm{mm}^2 \cdot b_w$

5) 연결보의 설계

(1) 휨설계 – M_u 산정, 배근

(2) 전단설계 – V_u 산정[위험단면 d위치에서의 전단력 산정(상기 그림 참조)], 배근

6) 배근도 작성

2. 연결기초의 설계

문제6 다음과 같은 형상의 연결기초를 설계하라. **[KDS 2021]** [87회 4교시], [92회 3교시], [100회 2교시 유사]

외부기둥 : 600mm×500mm, $P_d = 800$kN, $P_l = 500$kN

내부기둥 : 600mm×600mm, $P_d = 1,200$kN, $P_l = 800$kN

상재하중 $= 5\,\text{kN/m}^2$, 흙과 콘크리트의 평균중량 $= 21\,\text{kN/m}^3$

허용지내력 $q_a = 300\,\text{kN/m}^2$

기초 저면적의 위치 : GL−1.5m

철근 $f_y = 400\,\text{MPa}(\text{N/mm}^2)$, 콘크리트 $f_{ck} = 24\,\text{MPa}(\text{N/mm}^2)$

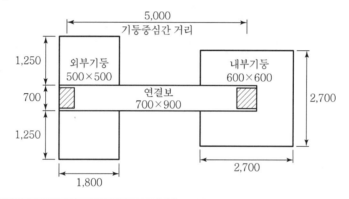

풀이 연결기초 설계

1) 기초판 저면적의 적정성 검토

　(1) P_s 산정

　　① 외부기둥 $P_{s1} = 800 + 500 = 1,300\,\text{kN}$

　　② 내부기둥 $P_{s2} = 1,200 + 800 = 2,000\,\text{kN}$

　(2) 순 허용지내력 산정

　　$q_e = 300 - (21 \times 1.5 + 5) = 263.5\,\text{kN/m}^2$

　(3) 기초판의 저면적 산정

　　① 기초하부 반력 산정(외부기초 폭 : 1.8m로 가정)

　　　㉠ $S = 5 + 0.25 - 0.9 = 4.35\,\text{m}$

　　　㉡ $R_{s1} = 1,300 \times 5 / 4.35 = 1,494.3\,\text{kN}$

ⓒ $R_{s2} = 1,300 + 2,000 - 1,494.3 = 1,805.7 \, \text{kN}$

② 기초면적 결정

　ⓐ 외부기초의 소요저면적 $= 1,494.3/263.5 = 5.67 \, \text{m}^2 \leq 1.8 \, \text{m} \times 3.2 \, \text{m}$

　　$(A_f = 5.76 \, \text{m}^2)$ ·································· O.K

　ⓑ 내부기초의 소요저면적 $= 1,805.7/263.5 = 6.85 \, \text{m}^2 \leq 2.7 \, \text{m} \times 2.7 \, \text{m}$

　　$(A_f = 7.29 \, \text{m}^2)$ ·································· O.K

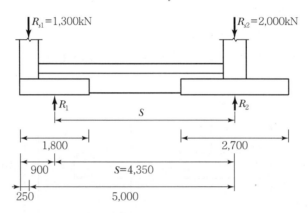

2) 설계용 하중과 길이방향 부재력 산정

　(1) 설계용 하중과 지반반력

　　① P_{u1}, P_{u2} 산정

　　　ⓐ 외부기둥 $P_{u1} = 1.2 \times 800 + 1.6 \times 500 = 1,760 \, \text{kN}$

　　　ⓑ 내부기둥 $P_{u2} = 1.2 \times 1,200 + 1.6 \times 800 = 2,720 \, \text{kN}$

　　② 지반반력(R_{u1}, R_{u2}) 산정

　　　ⓐ 외부기초 $R_1 = 1,760 \times 5/4.35 = 2,023 \, \text{kN}$

　　　ⓑ 내부기초 $R_2 = 1,760 + 2,720 - 2,023 = 2,457 \, \text{kN}$

　　③ q_{u1}, q_{u2} 산정

　　　ⓐ 외부기초 $q_{u1} = 2,023/(1.8 \times 3.2) = 351.2 \, \text{kN/m}^2$

　　　ⓑ 내부기초 $q_{u2} = 2,457/(2.7 \times 2.7) = 337 \, \text{kN/m}^2$

(2) 연결보 설계를 위한 길이방향 부재력 산정

   ① 전단력이 0인 점

$$x = 1,760/(351.2 \times 3.2) = 1.57\,\text{m}$$

   ② 최대부모멘트(전단력 0인 위치)

$$M_u = 1,760 \times (1.57 - 0.25) - 1/2 \times 1,123.9 \times 1.57^2 = 938\,\text{kN·m}$$

   ③ 최대정모멘트

   (내부기둥 외측)

$$M_u = 1/2 \times 910 \times 1.05^2 = 501.6\,\text{kN·m}$$

   (내부기둥 내측)

$$M_u = 910 \times 1.65^2/2 - 2,720 \times 0.3 = 422.7\,\text{kN·m}$$

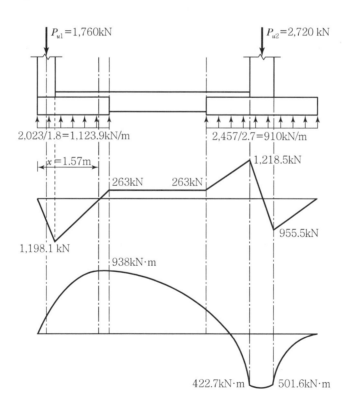

3) 외부 기초판에 대한 전단 검토

기초의 깊이를 700mm 유효깊이를 600mm로 가정

외측 기초판의 1방향 전단 검토

(1) $V_u = 351.2 \times 1.8 \times 0.65 = 410.9\,\text{kN}$

(2) $\phi V_c = 0.75 \times \left(\dfrac{1}{6} \times 1.0 \times \sqrt{24} \times 1,800 \times 600 \right) \times 10^{-3} = 661.4\,\text{kN} \geq V_u$

4) 외부 기초판의 휨철근 산정

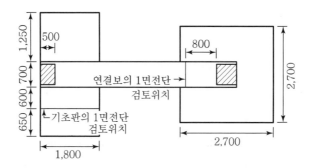

(1) 연결보와 직각방향($f_{ck} \leq 40\,\text{MPa}$, $\eta = 1.0$, $\beta_1 = 0.8$, $\varepsilon_{cu} = 0.0033$)

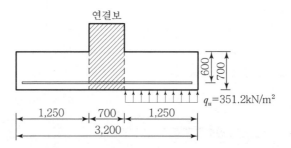

① $M_u = \dfrac{1}{2} \times 351.2 \times 1.25^2 \times 1.8 = 493.9\,\text{kN·m}$

② $R_n = \dfrac{493.9 \times 10^6}{0.85 \times 1,800 \times 600^2} = 0.8967\,\text{N/mm}^2$

③ $\rho_{req} = \dfrac{\eta(0.85 f_{ck})}{f_y} \left[1 - \sqrt{1 - \dfrac{2R_n}{\eta(0.85 f_{ck})}} \right]$

$= \dfrac{1.0 \times (0.85 \times 24)}{400} \times \left[1 - \sqrt{1 - \dfrac{2 \times 0.8967}{1.0 \times (0.85 \times 24)}} \right]$

$= 0.00229$

④ 배근

$$A_{s\,req} = \rho_{req} \cdot b \cdot d = 0.00229 \times 1{,}800 \times 600 = 2473.2$$

$$A_{s\,min} = 0.002 \times 1{,}800 \times 700 = 2{,}520\,\text{mm}^2$$

배근 : $7 - D22$ 철근$(A_s = 2{,}709\,\text{mm}^2)$

⑤ 최소허용변형률$(\varepsilon_{a\,min})$ 검토

㉠ $a = \dfrac{A_s f_y}{\eta(0.85 f_{ck})b} = \dfrac{2{,}709 \times 400}{1.0 \times (0.85 \times 24) \times 1{,}800} = 29.5\,\text{mm}$

㉡ $c = a/\beta_1 = 29.5/0.8 = 36.9\,\text{mm}$

㉢ $\varepsilon_t = \left(\dfrac{d_t - c}{c}\right) \cdot \varepsilon_{cu} = \left(\dfrac{600 - 36.9}{36.9}\right) \times 0.0033$

$\qquad\qquad = 0.0504 > 0.004$ ································· O.K

⑥ ϕM_n 산정 및 최소철근량$(A_{s\,min})$ 검토 $(\phi M_n \geq 1.2 M_{cr})$

㉠ $\phi M_n = \phi A_s f_y (d - a/2)$

$\qquad = 0.85 \times 2{,}709 \times 400 \times (600 - 29.5/2) \times 10^{-6} = 539.1\,\text{kN·m}$

㉡ $M_{cr} = f_r \cdot S = (0.63\lambda\sqrt{f_{ck}}) \cdot (bh^2/6)$

$\qquad = (0.63 \times 1.0 \times \sqrt{24}) \times ((1{,}800 \times 700^2)/6) \times 10^{-6} = 453.7\,\text{kN·m}$

∴ $\phi M_n = 539.1 \geq 1.2 M_{cr} = 544.4\,\text{kN·m}$ ································· N.G

㉢ ϕM_n 재산정$(d = 700 - 75 - 22/2 = 614\,\text{mm}$ 적용$)$

$\phi M_n = \phi A_s f_y (d - a/2)$

$\qquad = 0.85 \times 2{,}709 \times 400 \times (614 - 29.5/2) \times 10^{-6} = 551.9\,\text{kN·m}$

$\qquad\qquad \geq 1.2 M_{cr} = 544.4\,\text{kN·m}$ ················· O.K

(2) 연결보와 나란한 방향

$A_s = 0.002 \times 1{,}000 \times 700 = 1{,}400\,\text{mm}^2/\text{m}$

추가규정 $A_{s\,min} = 1{,}800\,\text{mm}^2/\text{m}$

배근 : D19@200\,mm$(A_s = 1{,}435\,\text{mm}^2/\text{m})$

5) 연결보의 설계

(1) 부재력 산정

① $M_u = 938\,\text{kN·m}$

② $V_u = 2,720 - 910 \times (1.05 + 0.6 + 0.8) = 490.5\,\text{kN}$

(2) 배근

① 단면 : $b_w = 700\,\text{mm},\ D = 900\,\text{mm}$

② 휨배근 : 상단 $7 - \text{D}25$

③ 전단배근 : $490.5\,\text{kN} > \phi V_c = 342.9\,\text{kN}$ 이므로 전단보강

6) 배근도

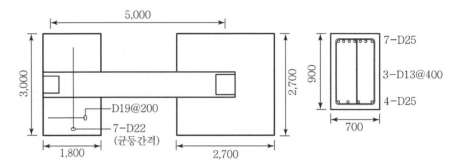

11.5 온통기초의 설계

1. 온통기초의 설계(직접설계법)

문제7 그림과 같은 지하구조물의 기초를 MAT 기초로 설계(내부기둥 부분)할 때 다음 사항을 계산 및 검토하시오. [85회 3교시]

단, 지하수위 GL−1.5M, $f_{ck} = 24\,\mathrm{MPa}$, $f_y = 400\,\mathrm{MPa}$, 내부기둥 단면은 500mm×500mm이며 1개 당 작용하는 고정하중 $P_D = 1,800\,\mathrm{kN}$, 활하중 $P_L = 1,100\,\mathrm{kN}$이며, 마감을 제외한 순수 고정하중 $P_D = 1,500\,\mathrm{kN}$

1) MAT기초로 설계시 소요지내력
2) 기초 DEPTH(D=800mm)의 적정성 검토
3) 지하수위에 의한 부상 검토
4) 직접설계법에 의한 내부경간 주열대 부분의 철근량 산정

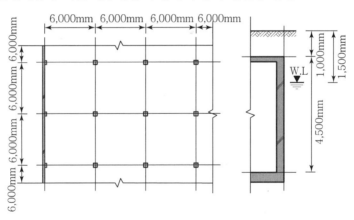

풀이 지하구조물 MAT기초설계

1) MAT기초로 설계시 소요지내력

(가정 : 내부기둥을 바탕으로 소요지내력을 산정하며, 기초는 강성기초로 가정한다.)

(1) $P_s = 1,800 + 1,100 = 2,900\,\mathrm{kN}$

(2) $q_{req} = \dfrac{P_s}{A} = \dfrac{2,900}{36} = 80.6\,\mathrm{kN/m^2}$

2) 기초 DEPTH(D = 800mm)의 적정성 검토

   (1) 설계지반반력(w_u) 산정

$$q_u = \frac{P_u}{A} = \frac{1.2 \times 1,800 + 1.6 \times 1,100}{36} = \frac{3,920}{36} = 108.9\,\mathrm{kN/m^2}$$

   (2) V_u 산정

$$V_u = 3,920 - 108.9 \times (0.5 + 1.5 \times 0.7)^2 = 3,658.4\,\mathrm{kN}$$

   (3) $\phi\,V_c$ 산정

$$V_c = v_c\,b_o\,d \leq 0.58\,f_{ck}\,b_o\,c_u$$

$$v_c = \lambda\,k_s\,k_{bo}\,f_{te}\,\cot\psi\,(c_u/d)$$

$$\lambda = 1.0\,(\text{보통콘크리트})$$

$$0.75 \leq k_s = (300/d)^{0.25} = (300/700)^{0.25} = 0.809 \leq 1.1$$

$$k_{bo} = 4/\sqrt{\alpha_s(b_o/d)} = 4/\sqrt{1.0 \times (4,800/700)} = 1.528 \leq 1.25$$

$$\therefore\ k_{bo} = 1.25$$

$$f_{te} = 0.2\sqrt{f_{ck}} = 0.2 \times \sqrt{24} = 0.98\,\mathrm{N/mm^2}$$

$$f_{cc} = (2/3)f_{ck} = (2/3) \times 24 = 16\,\mathrm{N/mm^2}$$

$$\cot\psi = \sqrt{f_{te}(f_{te} + f_{cc})}\,/\,f_{te}$$

$$= \sqrt{0.98 \times (0.98 + 16)}\,/0.98 = 4.1625$$

$$c_u = d[25\sqrt{\rho/f_{ck}} - 300(\rho/f_{ck})]\ (\rho = 0.005\ \text{가정})$$

$$= 700 \times [25 \times \sqrt{0.005/24} - 300 \times (0.005/24)]$$

$$= 208.8\,\mathrm{mm}$$

$$v_c = \lambda\,k_s\,k_{bo}\,f_{te}\,\cot\psi\,(c_u/d)$$

$$= 1.0 \times 0.809 \times 1.25 \times 0.98 \times 4.1625 \times (208.8/700)$$

$$= 1.230\,\mathrm{N/mm^2}$$

$$V_c = v_c\,b_o\,d = 1.230 \times 4,800 \times 700 \times 10^{-3} = 4,132.8\,\mathrm{kN}$$

$$\leq 0.58\,f_{ck}\,b_o\,c_u = 0.58 \times 24 \times 4,800 \times 208.8 \times 10^{-3} = 13,951.2\,\mathrm{kN}$$

$$\phi\,V_c = 0.75 \times 4,132.8 = 3,099.6\,\mathrm{kN} \geq V_u = 3,658.4\,\mathrm{kN}\ \cdots\cdots\cdots\cdots\ \mathrm{O.K}$$

3) 지하수위에 의한 부상 검토

　(1) 부력(양압력) 산정

　　① 수압(W_P) 산정

$$W_P = 10 \times (1.0 + 4.5 + 0.8 - 1.5) = 48\,\text{kN/m}^2$$

　　② 부력(P_W) 산정

$$P_W = W_P \times A = 48 \times 36 = 1,728\,\text{kN}$$

　(2) 저항력(P_R) 산정

$$P_R = P_D + 기초자중$$
$$= 1,500 + 24 \times (6 \times 6 \times 0.8) = 2,191.2\,\text{kN}$$

　(3) 검토

$$S.F = \frac{P_R}{P_W} \geq 1.2$$

$$\frac{P_R}{P_W} = \frac{2,191.2}{1,728} = 1.27 \geq 1.2 \quad \cdots\cdots\cdots\cdots\cdots\cdots\cdots\cdots\cdots\cdots\cdots\cdots\cdots\cdots \text{O.K}$$

4) 직접설계법에 의한 내부경간 주열대 부분의 철근량 산정

　(1) M_o 산정

$$M_o = \frac{w_u\, l_2\, l_n^{\,2}}{8} = \frac{108.9 \times 6 \times 5.5^2}{8} = 2,470.7\,\text{kN·m}$$

　(2) 정 및 부모멘트 분배(내부경간)

$$M_u^{\,-} = 0.65\, M_o = 0.65 \times 2,470.7 = 1,606\,\text{kN·m}$$

$$M_u^{\,+} = 0.35\, M_o = 0.35 \times 2,470.7 = 864.7\,\text{kN·m}$$

　(3) 주열대 계수모멘트 분배

$$M_u^{\,-} = 0.75 \times 1,606 = 1,204.5\,\text{kN·m}(주열대 분담률 75\%)$$

$$M_u^{\,+} = 0.6 \times 864.7 = 518.8\,\text{kN·m}(주열대 분담률 60\%)$$

(4) 철근 산정

– 주열대 부모멘트 휨철근 산정($f_{ck} \leq 40\,\mathrm{MPa}$, $\eta = 1.0$)

① $M_u = 1,204.5\,\mathrm{kN \cdot m}$

② $R_n = \dfrac{M_u}{\phi b\,d^2} = \dfrac{1,204.5 \times 10^6}{0.85 \times 3,000 \times 700^2} = 0.964\,\mathrm{N/mm^2}$

③ $\rho_{req} = \dfrac{\eta(0.85 f_{ck})}{f_y}\left[1 - \sqrt{1 - \dfrac{2R_n}{\eta(0.85 f_{ck})}}\right]$

$\quad = \dfrac{1.0 \times (0.85 \times 24)}{400} \times \left[1 - \sqrt{1 - \dfrac{2 \times 0.964}{1.0 \times (0.85 \times 24)}}\right]$

$\quad = 0.00247$

④ 배근

$\quad A_{s(req)} = 0.00247 \times 3,000 \times 700 = 5,187\,\mathrm{mm^2}$

$\quad A_{s(\min)} = 0.002 \times 3,000 \times 800 = 4,800\,\mathrm{mm^2}$

$\quad$ 배근 : $14 - \mathrm{D}22(A_s = 5,418\,\mathrm{mm^2})$

– 주열대 정모멘트 휨철근 산정

① $M_u = 518.8\,\mathrm{kN \cdot m}$

② $R_n = \dfrac{M_u}{\phi b\,d^2} = \dfrac{518.8 \times 10^6}{0.85 \times 3,000 \times 700^2} = 0.415\,\mathrm{N/mm^2}$

③ $\rho_{req} = \dfrac{\eta(0.85 f_{ck})}{f_y}\left[1 - \sqrt{1 - \dfrac{2R_n}{\eta(0.85 f_{ck})}}\right]$

$\quad = \dfrac{1.0 \times (0.85 \times 24)}{400} \times \left[1 - \sqrt{1 - \dfrac{2 \times 0.415}{1.0 \times (0.85 \times 24)}}\right]$

$\quad = 0.00105$

④ 배근

$\quad A_{s(\min)} = 0.002 \times 3,000 \times 800 = 4,800\,\mathrm{mm^2}$

$\quad$ 배근 : $17 - \mathrm{D}19(A_s = 4,879\,\mathrm{mm^2})$

말뚝기초의 설계

1. 축력과 휨모멘트를 받는 말뚝기초의 설계 Process [60회 4교시], [67회 3교시], [72회 2교시]

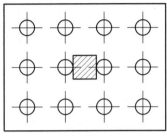

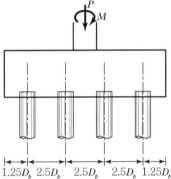

$$1.25D_p \quad 2.5D_p \quad 2.5D_p \quad 2.5D_p \quad 1.25D_p$$

1) 말뚝의 지지력 검토 [82회 4교시]

    (1) P_s 산정(주의 : 기초 및 상재하중 고려)

    (2) 말뚝의 개수 산정 및 배치

    (3) 말뚝의 지지력 검토(사용하중)

$$P_i = \frac{P}{N} \pm \frac{M_y X_i}{\sum X_i^2} \pm \frac{M_x Y_i}{\sum Y_i^2}$$

$$P_{\max} = \frac{P}{N} + \frac{M_y X}{\sum X_i^2} + \frac{M_x Y}{\sum Y_i^2}$$

$$P_{\max} < R_a(\text{말뚝본당 허용지지력})$$

2) 설계용 말뚝 반력 계산

  (1) P_u 산정

  (2) M_u 산정

  (3) 각 열에 대한 반력 산정

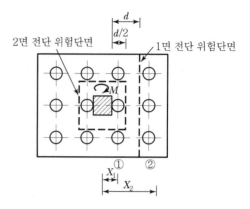

$$P_i = \frac{P_u}{N} \pm \frac{M_u X_i}{\sum X_i^{\;2}}$$

3) 기초판에 대한 전단 검토[$\phi = 0.75$]

  ※ 기초두께 가정(일반적으로 1방향 전단이 지배)

  (1) 1방향 전단 검토

  (2) 2방향 전단 검토

4) 휨철근의 산정[$\phi = 0.85$] ($f_{ck} \le 40\,\text{MPa}$, $\eta = 1.0$, $\beta_1 = 0.8$, $\varepsilon_{cu} = 0.0033$)

  (1) 장변방향(모멘트 작용방향) 휨철근 산정

    ① M_u 산정

    ② $R_n = \dfrac{M_u}{\phi b\, d^2}$

    ③ $\rho_{req} = \dfrac{\eta(0.85 f_{ck})}{f_y} \left[1 - \sqrt{1 - \dfrac{2 R_n}{\eta(0.85 f_{ck})}} \right]$

    ④ 배근

    ⑤ 최소허용변형률 $\varepsilon_t \ge [2.0\,\varepsilon_y,\, 0.004]_{\max}$

    ⑥ 최소철근량 검토

      ㉠ $A_{s\,\min} = (0.002 \times 400/f_y) \times bh$ ($A_{s\,\min} \le 1{,}800\,\text{mm}^2/\text{m}$)

      ㉡ $\phi M_n \ge 1.2 M_{cr}$ (단, $\phi M_n \ge (4/3) M_u$일 경우 무시 가능)

  (2) 단변방향 휨철근 산정 – 상기와 동일

5) 철근의 정착길이 검토

$$l_d = \frac{0.6\; d_b f_y}{\lambda \sqrt{f_{ck}}} \times 보정계수 \ge 300\,\text{mm}$$

6) 배근도 작성

Memo...

2. 축력과 휨모멘트를 받는 말뚝기초의 설계

문제8 다음 조건의 하중 및 모멘트를 부담할 수 있는 최적의 말뚝기초(Pile Cap)를 설계하시오.

[KDS 2021] [93회 4교시 유사]

하중조건 : $P_d = 2,000\,\text{kN}$, $M_d = 1,500\,\text{kN·m}$(X 또는 Y 중 한 방향)

$\qquad\qquad P_l = 1,200\,\text{kN}$, $M_l = 600\,\text{kN·m}$(X 또는 Y 중 한 방향)

$\qquad\qquad P_s = 450\,\text{kN}$(기초자중 및 상재하중 포함)

파일조건 : 파일 직경 $= 400\text{mm}$ PHC 파일

파일 허용지력 $= 400\text{kN/본}$(장기 하중이며, 인장력이 발생하지 않도록 할 것)

기둥크기 $= 800\text{mm} \times 800\text{mm}$

콘크리트 강도 $f_{ck} = 24\,\text{MPa}$, 철근강도 $f_y = 400\,\text{MPa}$

파일 간격 : 2.5D 기준

풀이 말뚝기초의 설계

1) 말뚝의 지지력 검토

  (1) P_s, M_s 산정

    ① $P_s = P_d + P_l + P_{self} = 2,000 + 1,200 + 450 = 3,650\,\text{kN}$

    ② $M_s = M_d + M_l = 1,500 + 600 = 2,100\,\text{kN·m}$

  (2) 말뚝 지지력 검토

    ① $n = 16\text{ea}$(가정)

    ② 배치 및 지지력 검토

$$P_{i(\max)} = \frac{P}{n} \pm \frac{M_s x_i}{\sum x_i^{\,2}}$$

$$= \frac{3,650}{16} + \frac{2,100 \times 1.5}{2 \times (4 \times 0.5^2 + 4 \times 1.5^2)}$$

$$= 228.1 + 157.5$$

$$= 385.6\,\text{kN} \le R_a = 400\,\text{kN/ea} \quad\cdots\cdots\cdots\cdots\cdots \text{O.K}$$

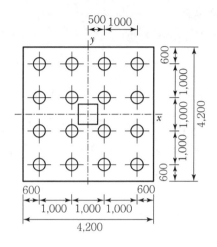

2) 설계용 말뚝 반력 계산

  (1) P_u, M_u 산정

    ① $P_u = 1.2\,P_D + 1.6\,P_L = 1.2 \times 2{,}000 + 1.6 \times 1{,}200 = 4{,}320\,\text{kN}$

    ② $M_u = 1.2\,M_D + 1.6\,M_L = 1.2 \times 1{,}500 + 1.6 \times 600 = 2{,}760\,\text{kN·m}$

  (2) 말뚝 각 열의 반력 산정

$$P_i = \frac{P_u}{n} \pm \frac{M_u}{\sum x_i^{\,2}}\,x_i$$

$$= \frac{4{,}320}{16} + \frac{2{,}760}{2 \times (4 \times 0.5^2 + 4 \times 1.5^2)}\,x_i$$

$$= 270 \pm 138\,x_i$$

$$P_① = 270 + 138 \times 1.5 = 477\,\text{kN}$$

$$P_② = 270 + 138 \times 0.5 = 339\,\text{kN}$$

$$P_③ = 270 - 138 \times 1.5 = 63\,\text{kN}$$

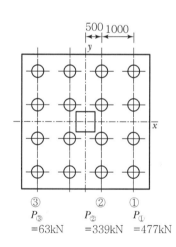

3) 기초판에 대한 전단 검토

($h = 900\,\mathrm{mm}$, $d = 750\,\mathrm{mm}$ 가정)

(1) 1방향 전단 검토

① $V_u = 4 \times 477 = 1,908\,\mathrm{kN}$

② $\phi V_c = \phi\,1/6\,\lambda\,\sqrt{f_{ck}}\,b_w\,d = 0.75 \times 1/6 \times 1.0 \times \sqrt{24} \times 4,200 \times 750 \times 10^{-3}$

$= 1,929\,\mathrm{kN} > V_u = 1,908\,\mathrm{kN}$ ··· O.K

(2) 2방향 전단 검토

① $V_u = 12 \times 270 = 3,240\,\mathrm{kN}$

② $\phi\,V_c$ 산정

$$V_c = v_c\,b_o\,d \leq 0.58\,f_{ck}\,b_o\,c_u$$

$$v_c = \lambda\,k_s\,k_{bo}\,f_{te}\cot\psi\,(c_u/d)$$

$\lambda = 1.0$ (보통콘크리트)

$0.75 \leq k_s = (300/d)^{0.25} = (300/750)^{0.25} = 0.795 \leq 1.1$

$k_{bo} = 4/\sqrt{\alpha_s\,(b_o/d)} = 4/\sqrt{1.0 \times (6,200/750)} = 1.391 \leq 1.25$

$\therefore\ k_{bo} = 1.25$

$f_{te} = 0.2\,\sqrt{f_{ck}} = 0.2 \times \sqrt{24} = 0.98\,\mathrm{N/mm^2}$

$f_{cc} = (2/3)f_{ck} = (2/3) \times 24 = 16\,\mathrm{N/mm^2}$

$\cot\psi = \sqrt{f_{te}\,(f_{te} + f_{cc})}\,/f_{te}$

$\qquad = \sqrt{0.98 \times (0.98 + 16)}\,/0.98 = 4.163$

$c_u = d\,[25\,\sqrt{\rho/f_{ck}} - 300\,(\rho/f_{ck})]$ ($\rho = 0.005$ 가정)

$\qquad = 750 \times [25 \times \sqrt{0.005/24} - 300 \times (0.005/24)]$

$\qquad = 223.8\,\mathrm{mm}$

$v_c = \lambda\,k_s\,k_{bo}\,f_{te}\cot\psi\,(c_u/d)$

$\qquad = 1.0 \times 0.795 \times 1.25 \times 0.98 \times 4.163 \times (223.8/750)$

$\qquad = 1.21\,\mathrm{N/mm^2}$

$V_c = v_c\,b_o\,d = 1.21 \times 6,200 \times 750 \times 10^{-3} = 5,626.5\,\mathrm{kN}$

$\leq 0.58\,f_{ck}\,b_o\,c_u = 0.58 \times 24 \times 6,200 \times 223.8 \times 10^{-3} = 19,314.8\,\mathrm{kN}$

$\phi\,V_c = 0.75 \times 5,625.5 = 4,219.9\,\mathrm{kN} \geq V_u = 3,240\,\mathrm{kN}$ ·················· O.K

4) 휨철근의 산정($f_{ck} \leq 40\,\mathrm{MPa}$, $\eta = 1.0$, $\beta_1 = 0.8$, $\varepsilon_{cu} = 0.0033$)

  (1) 모멘트 작용방향 휨철근 산정(X – DIR)

    ① $M_u = 4 \times 477 \times 1.1 + 4 \times 339 \times 0.1 = 2{,}234.4\,\mathrm{kN \cdot m}$

    ② $R_n = \dfrac{M_u}{\phi b\, d^2} = \dfrac{2{,}234.4 \times 10^6}{0.85 \times 4{,}200 \times 750^2} = 1.1127\,\mathrm{N/mm^2}$

    ③ $\rho_{req} = \dfrac{\eta(0.85 f_{ck})}{f_y} \left[1 - \sqrt{1 - \dfrac{2R_n}{\eta(0.85 f_{ck})}} \right]$

        $= \dfrac{1.0 \times (0.85 \times 24)}{400} \times \left[1 - \sqrt{1 - \dfrac{2 \times 1.1127}{1.0 \times (0.85 \times 24)}} \right]$

        $= 0.00286$

    ④ 배근

        $A_{s\,req} = 0.00286 \times 4{,}200 \times 750 = 9{,}009\,\mathrm{mm^2}$(지배)

        $A_{s\,\min} = 0.002 \times 4{,}200 \times 900 = 7{,}560\,\mathrm{mm^2}$

        배근 : $24 - \mathrm{D}22(A_s = 9{,}288\,\mathrm{mm^2})$

    ⑤ ε_t 검토

        ㉠ $a = \dfrac{A_s f_y}{0.85 f_{ck} b} = \dfrac{9{,}288 \times 400}{0.85 \times 24 \times 4{,}200} = 43.4\,\mathrm{mm}$

        ㉡ $c = a/\beta_1 = 43.4/0.8 = 54.3\,\mathrm{mm}$

        ㉢ $\varepsilon_t = \left(\dfrac{d_t - c}{c} \right) \cdot \varepsilon_{cu} = \dfrac{750 - 54.3}{54.3} \times 0.0033$

          $= 0.04228 > 0.004$ ·· O.K

    ⑥ ϕM_n 산정 및 최소철근량 검토

        ㉠ $\phi M_n = \phi \cdot A_s \cdot f_y \cdot (d - a/2)$

          $= 0.85 \times 9{,}288 \times 400 \times (750 - 43.4/2) \times 10^{-6} = 2{,}299.9\,\mathrm{kN \cdot m}$

        ㉡ $1.2 M_{cr} = 1.2 \cdot (0.63 \lambda \sqrt{f_{ck}}) \cdot S$

          $= 1.2 \times (0.63 \times 1.0 \times \sqrt{24}) \times (4{,}200 \times 900^2/6) \times 10^{-6}$

          $= 2{,}100\,\mathrm{kN \cdot m} \leq \phi M_n = 2{,}299.9\,\mathrm{kN \cdot m}$ ···························· O.K

(2) 모멘트 직각방향 휨철근 산정(Y – DIR)

① $M_u = 4 \times 270 \times (1.1 + 0.1) = 1,296\,\text{kN·m}$

② $R_n = \dfrac{M_u}{\phi b\,d^2} = \dfrac{1,296 \times 10^6}{0.85 \times 4,200 \times 750^2} = 0.6454\,\text{N/mm}^2$

③ $\rho_{req} = \dfrac{\eta(0.85f_{ck})}{f_y}\left[1 - \sqrt{1 - \dfrac{2R_n}{\eta(0.85f_{ck})}}\right]$

$\qquad = \dfrac{1.0 \times (0.85 \times 24)}{400} \times \left[1 - \sqrt{1 - \dfrac{2 \times 0.6454}{1.0 \times (0.85 \times 24)}}\right]$

$\qquad = 0.00164$

④ 배근

$\qquad A_{s\,req} = 0.00164 \times 4,200 \times 750 = 5,166\,\text{mm}^2$

$\qquad A_{s\,min} = 0.002 \times 4,200 \times 900 = 7,560\,\text{mm}^2$

$\qquad$ 배근 : $20 - \text{D}\,22(A_s = 7,740\,\text{mm}^2)$

⑤ 최소철근량 검토

$\qquad (4/3)A_{s\,req} = (4/3) \times 5,166 = 6,888\,\text{mm}^2 \leqq A_s = 7,740\,\text{mm}^2$ ······ O.K

5) 철근의 정착길이 검토

$\qquad l_d = \dfrac{0.6\ d_b\,f_y}{\lambda\,\sqrt{f_{ck}}} = \dfrac{0.6 \times 22 \times 400}{1.0 \times \sqrt{24}} = 1,078\,\text{mm}$

$\qquad l_d = 2,100 - 400 - 80 = 1,620\,\text{mm}$ ·· O.K

6) 배근도 작성

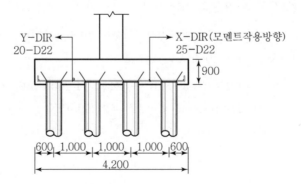

문제9 다음 그림과 같이 내부기둥을 지지하는 말뚝지지 철근콘크리트 기초두께가 $h = 650$mm일 때, 일방향 및 이방향 전단에 대하여 안전한지를 검토하라.[KDS 2019] [105회 3교시]

- $P_D = 100\,\text{kN}$, $P_L = 50\,\text{kN}$
- $f_{ck} = 24\,\text{MPa}$(보통콘크리트)
- 파일직경 : $d_p = 300\,\text{mm}$

- 기둥크기 : $450 \times 450\,\text{mm}$
- 기초판 휨철근비 : $\rho = 0.0035$

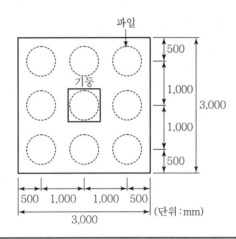

풀이 말뚝기초의 두께 검토

1) 말뚝 배치 적정성 검토

$$\text{말뚝 간 거리} = 2.5D = 2.5 \times 300 = 750\,\text{mm} \leq 1,000\,\text{mm} \quad\cdots\cdots\cdots\cdots\cdots \therefore \text{O.K}$$

$$\text{연단 거리} = 1.25D = 1.25 \times 300 = 375\,\text{mm} \leq 500\,\text{mm} \quad\cdots\cdots\cdots\cdots\cdots \therefore \text{O.K}$$

2) 기초설계용 말뚝 반력 계산(말뚝당 가정)

$$R_u = 1.2R_D + 1.6R_L = 1.2 \times 100 + 1.6 \times 50 = 200\text{kN}$$

3) 기초판에 대한 전단 검토($h = 650\,\text{m}$, $d = 500\,\text{mm}$ 가정)

   (1) 1방향 전단 검토

      ① $V_u = 3 \times 200 = 600\,\text{kN}$

② $\phi V_c = \phi 1/6\lambda\sqrt{f_{ck}}\,b_w d = 0.75 \times 1/6 \times 1.0 \times \sqrt{24} \times 3,000 \times 500 \times 10^{-3}$

$= 918.6\,\text{kN} > V_u = 600\,\text{kN}$ ··· O.K

(2) 2방향 전단 검토

① $V_u = 8 \times 200 = 1,000\,\text{kN}$

② ϕV_c 산정

$$V_c = v_c b_o d \leq 0.58 f_{ck} b_o c_u$$

$$v_c = \lambda k_s k_{bo} f_{te} \cot\psi (c_u/d)$$

$\lambda = 1.0(\text{보통콘크리트})$

$0.75 \leq k_s = (300/d)^{0.25} = (300/500)^{0.25} = 0.88 \leq 1.1$

$k_{bo} = 4/\sqrt{\alpha_s (b_o/d)} = 4/\sqrt{1.0 \times (3,800/500)} = 1.451 \leq 1.25$

$\therefore\ k_{bo} = 1.25$

$f_{te} = 0.2\sqrt{f_{ck}} = 0.2 \times \sqrt{24} = 0.98\,\text{N/mm}^2$

$f_{cc} = (2/3)f_{ck} = (2/3) \times 24 = 16\,\text{N/mm}^2$

$\cot\psi = \sqrt{f_{te}(f_{te} + f_{cc})}/f_{te} = \sqrt{0.98 \times (0.98 + 16)}/0.98 = 4.163$

$c_u = d[25\sqrt{\rho/f_{ck}} - 300(\rho/f_{ck})]\ \ (\rho = 0.005\ \text{적용})$

$\quad = 500 \times [25 \times \sqrt{0.005/24} - 300 \times (0.005/24)] = 149.2\,\text{mm}$

$v_c = \lambda k_s k_{bo} f_{te} \cot\psi (c_u/d)$

$\quad = 1.0 \times 0.88 \times 1.25 \times 0.98 \times 4.163 \times (149.2/500)$

$\quad = 1.34\,\text{N/mm}^2$

$$V_c = v_c b_o d = 1.34 \times 3,800 \times 500 \times 10^{-3} = 2,546\,\text{kN}$$

$$\leq 0.58 f_{ck} b_o c_u = 0.58 \times 24 \times 3,800 \times 149.2 \times 10^{-3} = 7,892.1\,\text{kN}$$

$\phi V_c = 0.75 \times 2,546 = 1,909.5\,\text{kN} \geq V_u = 1,600\,\text{kN}$ ·························· O.K

4) 말뚝본당 펀칭전단 검토

(1) 위험단면 산정

$d_P + d = 300 + 500 = 800\,\text{m} \leq 1,000\,\text{mm}$

$\therefore\ b_{o1} = \pi(300 + 500) = 2,513.3\,\text{mm}$

$b_{o2} = 2,513.3/4 + 1,000 = 1,628.3\,\text{mm}$

(2) ϕV_c 산정

$$V_c = v_c b_o d \leq 0.58 f_{ck} b_o c_u$$

$v_c = \lambda k_s k_{bo} f_{te} \cot\psi (c_u/d)$

$\lambda = 1.0$(보통콘크리트)

$0.75 \leq k_s = (300/d)^{0.25} = (300/500)^{0.25} = 0.88 \leq 1.1$

$k_{bo} = 4/\sqrt{\alpha_s (b_o/d)} = 4/\sqrt{2.0 \times (1,628.3/500)} = 1.567 \leq 1.25$

$\therefore k_{bo} = 1.25$

$f_{te} = 0.2\sqrt{f_{ck}} = 0.2 \times \sqrt{24} = 0.98\,\text{N/mm}^2$

$f_{cc} = (2/3)f_{ck} = (2/3) \times 24 = 16\,\text{N/mm}^2$

$\cot\psi = \sqrt{f_{te}(f_{te}+f_{cc})}/f_{te} = \sqrt{0.98 \times (0.98+16)}/0.98 = 4.163$

$c_u = d[25\sqrt{\rho/f_{ck}} - 300(\rho/f_{ck})]$ $(\rho = 0.005$ 적용)

$\quad = 500 \times [25 \times \sqrt{0.005/24} - 300 \times (0.005/24)] = 149.2\,\text{mm}$

$v_c = \lambda k_s k_{bo} f_{te} \cot\psi (c_u/d)$

$\quad = 1.0 \times 0.88 \times 1.25 \times 0.98 \times 4.163 \times (149.2/500)$

$\quad = 1.34\,\text{N/mm}^2$

$$V_c = v_c b_o d = 1.34 \times 1,628.3 \times 500 \times 10^{-3} = 1,091\,\text{kN}$$

$$\leq 0.58 f_{ck} b_o c_u = 0.58 \times 24 \times 1,628.3 \times 149.2 \times 10^{-3} = 3,381.8\,\text{kN}$$

$$\phi V_c = 0.75 \times 1,091 = 818.3\,\text{kN} \geq V_u = 200\,\text{kN} \quad \cdots\cdots\cdots\cdots\cdots\cdots\cdots \text{O.K}$$

Memo...

문제 10 다음 말뚝기초에서 4번 말뚝의 위치가 그림과 같이 잘못 시공되었다. 이러한 배치의 말뚝기초에서 각 말뚝의 반력을 구하시오. [90회 3교시]

단, 기둥의 축력은 4,000kN이며, 기초판은 강체로 가정하고 기초판의 자중은 고려하지 않는다.

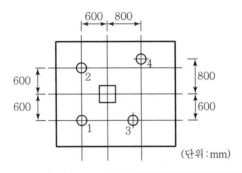

(단위 : mm)

풀이 1. 말뚝기초의 도심 산정

$$\overline{x} = \frac{(1 \times 600) + (1 \times 800) - (2 \times 600)}{4} = 50\,\mathrm{mm}$$

$$\overline{y} = \frac{(1 \times 600) + (1 \times 800) - (2 \times 600)}{4} = 50\,\mathrm{mm}$$

2) 편심에 의한 모멘트 산정

(1) $M_x = 4,000 \times 50 \times 10^{-3} = 200\,\mathrm{kN \cdot m}$

(2) $M_y = 4,000 \times 50 \times 10^{-3} = 200\,\mathrm{kN \cdot m}$

3) 말뚝 반력 산정

$$P_i = \frac{P}{N} \pm \frac{M_y \cdot x_i}{\sum x_i^{\,2}} \pm \frac{M_x \cdot y_i}{\sum y_i^{\,2}}$$

(1) $P_1 = \dfrac{4,000}{4} + \dfrac{200 \times 0.65}{2 \times 0.65^2 + 0.55^2 + 0.75^2} + \dfrac{200 \times 0.65}{2 \times 0.65^2 + 0.55^2 + 0.75^2}$

$= 1,152\,\mathrm{kN}$

(2) $P_2 = \dfrac{4,000}{4} + \dfrac{200 \times 0.65}{2 \times 0.65^2 + 0.55^2 + 0.75^2} - \dfrac{200 \times 0.55}{2 \times 0.65^2 + 0.55^2 + 0.75^2}$

$= 1,011.7\,\text{kN}$

(3) $P_3 = \dfrac{4,000}{4} - \dfrac{200 \times 0.55}{2 \times 0.65^2 + 0.55^2 + 0.75^2} + \dfrac{200 \times 0.65}{2 \times 0.65^2 + 0.55^2 + 0.75^2}$

$= 1,011.7\,\text{kN}$

(4) $P_4 = \dfrac{4,000}{4} - \dfrac{200 \times 0.75}{2 \times 0.65^2 + 0.55^2 + 0.75^2} - \dfrac{200 \times 0.75}{2 \times 0.65^2 + 0.55^2 + 0.75^2}$

$= 824.6\,\text{kN}$

Memo...

기둥 밑면에서의 힘의 전달 [65회 2교시], [74회 2교시], [89회 2교시]

1. 기둥 밑면에서의 힘의 전달 Process

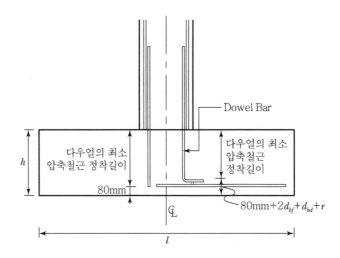

1) 힘의 전달

기둥 밑면에서의 힘과 모멘트는 기초 콘크리트의 지압과 기둥-기초연결부를 관통하는 장부철근 및 기둥철근에 의해 기초로 전달된다.

2) 기둥과 기초의 연결부에서 힘의 전달이 고려되어야 하는 이유

(1) 기둥 콘크리트와 기초 콘크리트의 강도가 다를 수 있다.

(2) 기둥철근 전량이 기초 콘크리트로 연장되지 않고 일부는 기둥 밑면에서 끝나는 경우가 있다.

(3) 시공공정상 기초와 기둥의 콘크리트가 일체로 타설되지 않는다.

따라서 기초 위의 기둥으로부터 전달되는 하중은 기둥과 기초의 접촉면에서의 지압으로 지지되어야 한다.

3) 지압 검토

(1) $P_u \leq \phi P_{nb}$ 경우

① $\phi = 0.65$

② $P_{nb} = (0.85 f_{ck}) A_1 \left(\sqrt{\dfrac{A_2}{A_1}} \right) \leq \phi (0.85 f_{ck})(2 A_1)$

※ 최소 Dowel Bar 산정

① 최소 4본 이상

② 최소 Dowel Bar 단면적

    ㉠ 현장타설 기둥 : $A_s = 0.005A_g$

    ㉡ 현장타설 벽체 : $A_s =$ 벽체의 최소수직 철근량

    ㉢ 프리캐스트 기둥 : $A_s = 1.5A_g/f_y$

    ㉣ 프리캐스트 벽체

       패널당 두 개 이상의 $A_s = 45,000/f_y$

(2) $P_u > \phi P_{nb}$

  Dowel Bar 설계

  ① $A_{s(req)} = \dfrac{(P_u - \phi P_{nb})}{\phi f_y}$

  ② 최소 Dowel Bar 산정

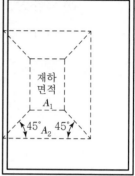

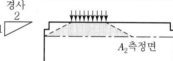

4) 기둥 밑면에서의 힘의 전달

  프리캐스트 기둥 하부의 하중전달설계 Process

(1) 프리캐스트 기둥과 베이스 플레이트 사이의 지압강도 설계

  ① 지압강도 검토

    ㉠ $P_u \leq \phi P_{nb} = \phi \,(0.85\,f_{ck}\,A_1\,)$ − 최소 다우얼 철근량 산정

    ㉡ $P_u > \phi P_{nb} = \phi \,(0.85\,f_{ck}\,A_1\,)$

$$A_{s(req)} = \frac{P_u - \phi P_{nb}}{\phi f_y}$$

$$A_{s(min)} = \frac{1.5A_g}{f_y}$$

  ② 다우얼의 정착길이

    ㉠ 정착길이 일반식

$$l_d = \left[\frac{0.25\,d_b f_y}{\lambda \sqrt{f_{ck}}} \geq 0.043\,d_b f_y \right] \times \text{보정계수} \geq 200\,\text{mm}$$

㉡ 보정계수(해석결과 요구되는 철근량을 초과하여 배근한 경우) ⋯⋯ $\left(\dfrac{\text{소요 } A_s}{\text{배근 } A_s}\right)$

(2) 베이스 플레이트와 페데스탈 사이의 지압강도 설계

① 지압강도 검토

㉠ $P_u \leq \phi P_{nb} = \phi\,(0.85\,f_{ck}\,A_1)\,\sqrt{A_2/A_1}$ – 최소 다우얼 철근량 산정

㉡ $P_u > \phi P_{nb} = \phi\,(0.85\,f_{ck}\,A_1)\,\sqrt{A_2/A_1}$

$$A_{s\,req} = \frac{P_u - \phi P_{nb}}{\phi f_y}$$

$$A_{s\,\min} = \frac{1.5\,A_g}{f_y}$$

② 앵커볼트의 정착길이

$$l_d = 2 \times \left(\frac{0.25\,d_b f_y}{\lambda\,\sqrt{f_{ck}}}\right)$$

$$l_d = 2 \times (0.043\,d_b\,f_y)$$

Memo...

2. 기둥 밑면에서의 힘의 전달

> **문제 11** 아래와 같은 기둥과 기초의 접촉면에서 지압강도, 다우얼철근, 정착 등에 대해 검토하시
> **오.** [96회 3교시 유사], [105회 4교시 유사]
>
> 〈설계조건〉
> 기둥의 콘크리트 설계기준 압축강도
> $f_{ck} = 35\,\mathrm{MPa(N/mm^2)}$
> 기초의 콘크리트 설계기준압축강도
> $f_{ck} = 21\,\mathrm{MPa(N/mm^2)}$
> $f_y = 400\,\mathrm{MPa(N/mm^2)}$
> 설계용 하중 $P_u = 4,200\,\mathrm{kN}$
> 기둥 크기 $= 300\,\mathrm{mm} \times 750\,\mathrm{mm}$
> 기초 크기 $= 4,200\,\mathrm{mm} \times 4,200\,\mathrm{mm}$

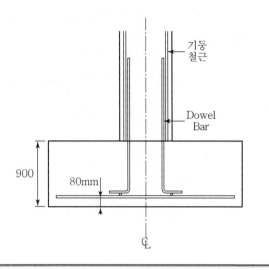

풀이 **1) 기초 콘크리트의 지압강도 검토**

$$P_u = 4,200\,\mathrm{kN}$$

$$\phi P_{nb} = \phi\left(0.85 f_{ck}\sqrt{A_2/A_1}\right)A_1$$
$$= 0.65 \times (0.85 \times 21 \times 2) \times 300 \times 750 \times 10^{-3} = 5,221\,\mathrm{kN}$$

여기서, $f_{ck} = 21\,\mathrm{MPa}$
A_1 : 기둥의 단면적(300×750)
A_2 : 기초의 지지면적$(3,750 \times 4,200)$
$\sqrt{A_2/A_1} = \sqrt{15,750,000/225,000} = 8.37 \to 2.0(최대)$

$$\therefore\ P_u < \phi P_{nb}\ \cdots\cdots\cdots\cdots\cdots\cdots\cdots\cdots\cdots\cdots\cdots\cdots\cdots\cdots\cdots\cdots\cdots\cdots\cdots\cdots\ \mathrm{O.K}$$

2) 기둥과 기초 사이에 필요한 다우얼 철근

$$A_{s(\min)} = 0.005\,(300 \times 750) = 1,125\,\mathrm{mm^2}$$

$$4 - \mathrm{D}19(A_s = 1,148\,\mathrm{mm^2})\ 다우얼\ 철근\ 사용$$

3) 다우얼 철근의 정착길이 검토

(1) 기둥 내 필요 정착길이

$$l_d = \frac{0.25 d_b f_y}{\lambda \sqrt{f_{ck}}} = \frac{0.25 \times 19 \times 400}{\sqrt{35}} = 321\,\text{mm}$$

$$l_d = 0.043 d_b f_y = 0.043 \times 19 \times 400 = 327\,\text{mm}\,(지배)$$

(2) 기초 내 필요 정착길이

$$l_d = \frac{0.25 \times 19 \times 400}{\sqrt{21}} = 414.6\,\text{mm}\,(지배)$$

$$l_d = 0.043 \times 19 \times 400 = 327\,\text{mm}$$

(3) 기초 내 정착 검토

기초철근 상부까지 정착길이로 사용하면

정착길이 $= 900 - 75(피복) - 2 \times 25(기초철근직경) - 19(다우얼철근직경)$

$\quad\quad\quad -3 \times 19(내부구부림반경)$

$\quad\quad = 699\,\text{mm} > l_d$ ··· $\therefore$ O.K

Memo...

문제 12 그림과 같은 프리캐스트 콘크리트 기둥과 베이스 플레이트 사이, 베이스 플레이트와 페데스탈 사이의 힘의 전달을 검토하고 필요시 다우얼 철근(Dowel - bar)과 앵커볼트를 설계하시오. [109회 4교시 유사]

〈조건〉

• 설계용 하중 $P_u = 5,600\,\mathrm{kN}$

• 기둥의 콘크리트 설계기준강도 $f_{ck} = 35\,\mathrm{MPa}$

• 페데스탈 콘크리트 설계기준강도 $f_{ck} = 27\,\mathrm{MPa}$

• 철근의 설계기준강도 $f_y = 400\,\mathrm{MPa}$

프리캐스트 콘크리트 기둥
(500×500mm)

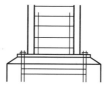

베이스플레이트(600×600mm)

페데스탈(700×700mm)

풀이 기둥 밑면에서의 힘의 전달

1) 프리캐스트 기둥과 베이스 플레이트 사이의 지압강도 설계

  (1) 지압강도 검토

    ① $P_u = 5,600\,\mathrm{kN}$

    ② $\phi P_{nb} = \phi\,(0.85\,f_{ck}\,A_1)$

$$= 0.65 \times 0.85 \times 35 \times 500^2 \times 10^{-3} = 4,834.4\mathrm{kN} < P_u$$

    ③ 다우얼바 소요단면적 산정

$$A_{s(req)} = \frac{P_u - \phi P_{nb}}{\phi f_y} = \frac{(5,600 - 4,834.4) \times 10^3}{0.65 \times 400} = 2,944.6\,\mathrm{mm}^2$$

$$A_{s(\min)} = \frac{1.5 A_g}{f_y} = \frac{1.5 \times 500^2}{400} = 937.5\,\mathrm{mm}^2$$

$$\therefore \; 8 - \mathrm{D22}(A_s = 3,096\,\mathrm{mm}^2)$$

④ 다우얼의 정착길이

$$l_d = \left[\frac{0.25\,d_b f_y}{\lambda\,\sqrt{f_{ck}}} \geq 0.043\,d_b f_y \right] \times 보정계수 \geq 200\,\mathrm{mm}$$

$$l_d = \frac{0.25\,d_b f_y}{\lambda\,\sqrt{f_{ck}}} = \frac{0.25 \times 22 \times 400}{1.0 \times \sqrt{27}} = 423.4\,\mathrm{mm}$$

$$0.043 d_b f_y = 0.043 \times 22 \times 400 = 378.4\,\mathrm{mm}$$

$$보정계수 \left(\frac{소요\,A_s}{배근\,A_s} \right) = \frac{2,944.6}{3,096} = 0.95$$

$$\therefore\ l_d = 423.4 \times 0.95 = 402.2\,\mathrm{mm}$$

2) 베이스 플레이트와 페데스탈 사이의 지압강도 설계

(1) $P_u = 5,600\,\mathrm{kN}$

(2) $\phi P_{nb} = \phi\,(0.85\,f_{ck})\,A_1\,\sqrt{A_2/A_1}$

$$\sqrt{A_2/A_1} = \sqrt{700^2/600^2} = 1.17$$

$$\phi\,P_{nb} = 0.65 \times (0.85 \times 27) \times 600^2 \times 1.17 \times 10^{-3} = 6,283.3 > P_u$$

(3) 다우얼바 소요단면적 산정 – 최소보강

$$A_{s(\min)} = \frac{1.5 A_g}{f_y} = \frac{1.5 \times 500^2}{240} = 1562.5\,\mathrm{mm}^2$$

(Anchor Bolt : $f_y = 240\,\mathrm{MPa}$)

$$\therefore\ 4 - \mathrm{M}\,25(A_s = 4 \times 491 = 1,964\,\mathrm{mm}^2)$$

(4) Anchor Bolt의 정착길이

원형 Anchor Bolt의 정착길이는 압축이형철근 정착길이의 2배로 한다.

$$l_d = 2 \times \left[\frac{0.25\,d_b f_y}{\lambda\,\sqrt{f_{ck}}} \right] = 2 \times \left[\frac{0.25 \times 25 \times 240}{1.0 \times \sqrt{27}} \right] = 577.4\,\mathrm{mm}$$

$$2 \times 0.043 d_b f_y = 2 \times 0.043 \times 25 \times 240 = 480\,\mathrm{mm}$$

11.8 기초 및 지반 관련 용어문제

문제13 흙의 구성과 간극비, 간극률, 포화도, 함수비에 대하여 설명하시오.

풀이 흙의 구성과 상태

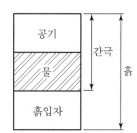

1) 간극비 $= \dfrac{\text{간극의 용적}}{\text{흙입자의 용적}}$

2) 간극률 $= \dfrac{\text{간극의 용적}}{\text{흙 전체의 용적}} \times 100(\%)$

3) 포화도 $= \dfrac{\text{물의 용적}}{\text{간극의 용적}} \times 100(\%)$

4) 함수비 $= \dfrac{\text{물의 중량}}{\text{흙입자의 중량}} \times 100(\%)$

문제14 붕적토에 대하여 설명하시오.

풀이 붕적토

1) 붕적토의 정의

붕적토는 풍화쇄설물이 산기슭에 퇴적된 흙으로서 온도변화 및 동결과 융해의 반복작용에 의해서 사면상의 잔적토가 중력에 의하여 서서히 밀려내려 가거나 또는 풍화에 의해 약해진 절벽 등이 붕괴하여 인접지역에 쌓인 흙을 말한다.

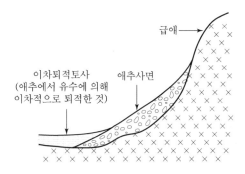

붕적토 단면구조

2) 붕적토의 특성

(1) 붕적토는 미고결층으로 투수성이 크므로 우수의 침투가 용이하다.

(2) 우수의 침입에 의해 원지반과 경계층에 유로가 형성되고, 지하수위가 상승하는 경우 전단강도가 감소한다.

(3) 붕적토의 범위에 따라 사면활동층이 연속적이고, 규모가 클 수 있다.

문제 15 지하터파기시 굴착 바닥면의 안정과 관련하여 히빙과 파이핑에 관해 설명하시오.

풀이 히빙현상과 파이핑 현상

1) 히빙현상

(1) 원인 및 내용

널말뚝의 하부가 연약한 경우 널말뚝 바깥쪽의 흙이 중량에 견디지 못해 흙이 안으로 밀려들어오는 현상

(2) 대책

① 강성이 큰 흙막이 널이 깊이 박는다.

② 지반개량공법을 통해 연약지반을 개선한다.

③ 널말뚝 바깥쪽의 적재물을 감소시킨다.

④ 지하수위를 낮춘다.

2) 보일링 현상

(1) 원인 및 내용

널말뚝 하부가 사질지반인 경우에는 지하수에 의해서 모래가 유실되어 모래지반의 지지력이 없어지는 현상

(2) 대책

① 흙막이 널을 불투수층까지 깊이 박는다.(점토질지반)

② 웰포인트 공법으로 지하수위를 낮춘다.

3) 파이핑 현상

(1) 원인과 내용

흙막이 널 사이로 지하수위가 흘러들어오는 현상

(2) 대책

① 이음(쪽매)부를 수밀하게 한다.

② 시공후 흙막이 주변을 그라우트 한다.

문제 16 아래 용어의 정의를 설명하시오. [114회 1교시]

1) 지반의 극한지지력   2) 지반의 허용지지력

3) 지반의 허용지내력   4) 말뚝의 극한지지력

5) 말뚝의 허용지지력   6) 말뚝의 허용지내력

풀이 1) 지반의 극한지지력(Ultimate Bearing Capacity of Ground)

구조물을 지지할 수 있는 지반의 최대 저항력

2) 지반의 허용지지력(Allowable Bearing Capacity of Ground)

지반의 극한지지력을 안전율로 나눈 값

3) 지반의 허용지내력(Allowable Bearing Pressure of Ground)

지반의 허용지지력 내에서 침하 또는 부등침하가 허용한도 내로 될 수 있게 하는 하중

4) 말뚝의 극한지지력(Ultimate Bearing Capacity of Ground)

말뚝이 지지할 수 있는 최대의 수직방향 하중

5) 말뚝의 허용지지력(Allowable Bearing Capacity of Plie)

말뚝의 극한지지력을 안전율로 나눈 값

6) 말뚝의 허용지내력(Allowable Bearing Pressure of Pile)

말뚝의 허용지지력 내에서 침하 또는 부등침하가 허용한도 내로 될 수 있게 하는 하중

문제 17 평판재하시험 결과로 기초지지력을 결정할 때 고려해야 할 사항 3가지를 설명하시오.

풀이 **평판재하시험 결과 고려사항**

1) 토질 주상도를 파악하여 평판재하시험 위치의 토질 종단을 파악하여야 한다)

   평판재하시험 결과는 재하판 지름의 약 2배에 해당하는 깊이까지의 흙에 대한 자료를 제공하므로, 그 이상 깊이에 연약지반이 분포할 경우 실제 지내력보다 큰 지내력이 평가될 수 있다. 따라서 토질주상도를 먼저 파악하여 지반의 분포상태를 고찰하여야 한다.

2) 허용지지력의 결정

   재하시험 결과에 의해 극한하중이나 항복하중이 정해지면 허용지지력을 다음 중 최저값으로 결정한다.

   (1) 항복하중 × 1/2

   (2) 극한(파괴)하중 × 1/3

   (3) 구조물의 허용침하량에 대응하는 하중

3) 상재하중항 고려

   평판재하시험은 시험지표면 위의 유효상재압이 제외된 상태에서 지지력을 측정하는 것이므로 실제 기초가 근입되는 경우 지지력 산정시에 이를 고려하여야 한다.

4) Scale Effect 고려

   재하판에 의해 얻어진 지지력은 실제 기초의 크기와 다른 작은 재하판에 의한 시험결과이므로 실제 기초의 지지력 산정시에는 이를 고려하여야 한다.

5) 지하수위의 변동 고려

   건기시 평판재하시험을 실시했을 경우, 그 결과값은 우기시 지하수위의 상승으로 인해 흙의 유효단위중량이 대략 50% 정도로 저하되므로 지반의 극한지지력도 대략 반감한다.

문제 18 RQD(Rock Quality Designation)와 TCR(Total Core Recovery)에 대하여 설명하시오.

풀이 RQD & TCR

1) R.Q.D(Rock Quality Designation : 암질 표시율)

$$R.Q.D = \frac{\sum 채취\ 암석의\ 100mm\ 이상\ 시편}{굴착된\ 안석의\ 이론적\ 길이}$$

(1) R.Q.D 산출구간의 암질은 반드시 단단하고 건실하여야 한다.

(2) 코어채취시 부러진 것은 절리로 보지 않는다. 판단은 절리면의 충진물질 유무와 절리면의 색변화로 판단한다.

R.Q.D	암질
0~0.25	매우 불량
0.25~0.50	불량
0.50~0.75	보통
0.75~0.90	양호
0.90~1.00	아주 양호

2) T.C.R(Total Core Recovery : 코어회수율)

(1) 샘플러에 따라 편차가 발생하지만 항상 100% 목표로 암석을 채취한다.

(2) TCR(회수율)=회수된 코어(콘)의 길이/굴착된 암석의 이론길이

3) R.Q.D & T.C.R Example

아래와 같은 시료의 R.Q.D와 T.C.R을 산정

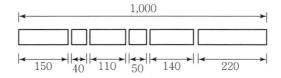

(1) $R.Q.D = \dfrac{150 + 110 + 140 + 220}{1,000} \times 100 = 62\%$

(2) $T.C.R = \dfrac{150 + 40 + 110 + 50 + 140 + 220}{1,000} \times 100 = 71\%$

문제 19 부력에 대한 안정성을 확보하지 못할 경우 대책에 대하여 쓰시오.

풀이 1. 고정하중을 증가시키는 방법

(1) 고정하중과 부력의 차이가 작을 때, 고정하중을 늘여 부력을 해결하는 방식

(2) 기초의 중량을 증가시키는 방법, 이중 슬래브 사이에 골재 등을 채워 중량을 증가시키는 방법, 옥상정원 등을 만들어 중량을 증가시키는 방법

2) 강제배수

(1) 기초바닥 아래에 인위적인 배수층을 형성하여 부지 내로 유입되는 지하수를 집수정으로 모아, 기계식 배수장치를 설치하여 부력을 해결하는 방법

(2) 기초바닥 하부 배수층에 대한 지속적인 유지관리가 필요하다.

(3) 배수층이 막힐 경우 지하수에 의한 수압이 기초 및 바닥슬래브에 부휨모멘트력을 발생시키므로, 최소한의 부력을 고려하여 설계하는 것이 바람직하다.

※ 영구배수

건물 기초 바닥에 작용하는 상향 수압처리를 위해서 적용하는 기초 바닥 영구배수 시스템으로서, 대부분 고정하중＋영구(부력)앵커에 의존하고 있는 실정이나, 지하수의 분포에 따라 구조물에 작용하는 상황수압문제를 보다 안정성 있게 해결하는 방법, 즉 인위적인 배수층을 형성하여 부지 내로 유입되는 지하수를 집수정으로 모아, 매일 정기적인 강제적 배수에 의한 펌핑으로 기초 바닥 슬래브에 양압력이 생기지 않도록 하는 시스템

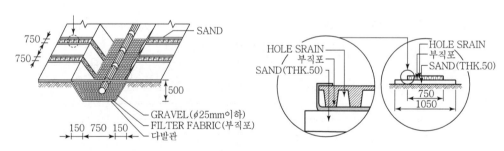

3) 영구 앵커에 의한 방법

(1) 부력에 저항토록 건물 하부에 락앵커를 설치하는 방식

(2) 락앵커는 고정하중의 부족분만큼 시공되고, 시공시 발생할 수 있는 부력에 대해서는 각종 배수공법을 통한 지하수위의 관리가 필요하다.

문제 20 이질 지반 위에 Expansion Joint 없는 건물을 건립하는 경우 그 구조처리 방법 및 시공에 대하여 기술하시오.

풀이 **이질 지반기초**

이질지반 위에 Expansion Joint 없이 건물을 건립할 경우 지반의 부등침하에 의해 구조물에 악영향을 미칠 수 있다. 따라서 구조적, 시공적 대책이 마련되어야 한다.

1) 구조적 측면

    (1) 이질지반 경계부위 보강

        구조해석시 이질지반의 지반강성을 달리 해석하여 부등침하에 의한 추가응력을 견딜 수 있게 보강하여야 한다.

    (2) 이질지반의 지반강성을 알지 못할 경우 시공시 지반조사를 통해 지반강성의 적정성 여부를 판단하여야 한다.

    (3) 이질지반 중 강성이 약한 지반의 깊이 얕을 경우, 동질지반까지 일부 내림기초를 실시하는 방법도 고려되어야 한다.

    (4) 이질지반 중 강성이 약한 지반의 깊이가 깊을 경우, 이질기초(얕은기초+깊은기초(말뚝))의 사용을 고려하여야 하는데, 만약 말뚝기초가 시공된다면 시공 후 얕은기초 쪽으로 부등침하가 발생할 수 있기 때문에 이에 대한 부가응력을 고려하여 기초 보강하여야 한다.

2) 시공적 측면

    (1) 이질지정 위에 건물의 시공할 경우 강성이 약한 지반 쪽으로의 부등침하가 문제되는 것이므로 약한 지반의 지반보강을 실시하여 지반의 강성을 증대시킨다.

    (2) 대지의 면적이 넓을 경우 Delay Joint를 설치하여 시공기점을 달리하는 것도 한 방법이다.

문제21 익스펜션 조인트(EXPANTION JOINT, 신축이음, 신축줄눈)에 대하여 설명하시오.

풀이 익스펜션 조인트

1) 익스펜션 조인트

콘크리트는 온도 1℃의 저하로 약 1/10,000이 수축하고 건조하여도 수축한다. 여기서 온도가 25℃로 저하되고 건조로 인해 25℃에 상당한 수축이 되었다고 하면 길이 10m 콘크리트의 수축은 다음과 같다.

$$(25 + 25) \times 10,000 \times 1/10,000 = 5 \, (\text{mm})$$

신축줄눈은 이들의 영향과 기초의 부동침하, 진동, 기타 구조물의 형태 등을 고려하여 위치 및 구조를 정해야 하지만 일반 표준을 정하기는 곤란하다.

2) 익스펜션 조인트의 설치

(1) 건물길이가 긴 경우(60m 이상)

(2) 지반 또는 기초가 다른 경우

(3) 서로 다른 구조가 연결되는 경우

(4) 건물이 증축될 경우

(5) 건물 마무리 디자인으로

3) 지하설계시 Expansion Joint를 삼가는 이유

(1) 이음부 방수처리 곤란

(2) 사용 중 바닥의 단차발생(Slip Bar에 의해 어느 정도 보강 가능)

(3) 기초의 경우 외기의 영향을 거의 받지 않으므로 온도의 변화도 거의 없다.

문제22 기초구조에서 지반침하 대책에 대하여 설명하시오.

풀이 **지반침하**

1) **침하예측**

기초는 과도한 침하, 기울어짐 등이 일어나지 않도록 검토하여야 한다. 따라서 기존의 지반 관련 자료나 지반조사 결과를 검토하여 지반침하의 유무, 크기, 발생 가능성 등을 예측하여야 한다.

   (1) 지반침하 예측 시 파악할 사항

    ① 지반특성

    ② 간극수압의 분포

    ③ 침하의 원인

   (2) 지반침하의 원인

    ① 지하수의 지나친 양수

    ② 매립 지반의 압축

    ③ 지반의 굴착에 따른 지반변위

2) **침하대책수립**

   (1) 예상되는 지반침하에 대하여 구조물은 안전성과 사용성을 확보하여야 한다.

   (2) 지반침하가 구조물에 손상을 야기할 가능성이 있는 경우 다음 중 하나의 대책을 세워야 한다.

    ① 지반침하에 따라 발생되는 응력에 대해 기초가 충분한 강도를 가지도록 한다.

    ② 선단지지말뚝 적용 시 지반침하가 발생하면 부마찰력을 고려하여야 한다.

    ③ 지반침하에 따라 기초도 변형하도록 한다.

       보상기초, 말뚝기초, 말뚝전면복합기초 등의 경우 저항형의 문제는 없지만 구조물 자체가 주위의 지반과 동시에 침하하기 때문에 부등침하가 일어나지 않도록 주의하여야 하며, 침하량 차이로 인한 구조체 및 설비시설 손상 가능성, 각종 마감재 사용성 및 거주성 등에 대하여 검토하여야 한다.

    ④ 지반침하의 진행에 따라 침하량을 조절하는 장치를 기초구조에 사용한다.

       지반에 직접 접하는 기초판과 최하층 바닥판 사이에 잭업 장치를 미리 마련해 놓아 기초판의 부등침하에 따른 변형에 대응하여 최하층이 수평을 유지하도록 한다.

문제23 파일의 부마찰력의 발생원인과 대책에 대하여 기술하시오.

풀이 **파일의 부마찰력**

1) 파일의 부마찰력 정의

지지말뚝의 경우 파일의 내력은 선단지지력과 주면마찰력(상향)의 합으로 구성된다. 지반이 연약지반일 때는 주면마찰력이 하향으로 작용하는데, 이때의 마찰력을 부마찰력 또는 부주면마찰력이라 한다.

2) 기준

지반침하가 생기는 지역 및 그 가능성이 있는 지역으로 15m 이상에 걸쳐 압밀층 및 그 영향을 받는 층을 관통하여 타설된 지지말뚝의 설계에 있어서는 일반하중에 대한 검토를 행하는 외에 말뚝주면에 하향으로 작용하는 부마찰력에 대한 말뚝 내력의 안정성을 검토하여야 한다.

3) 부마찰력의 영향

(1) Pile의 지지력 감소

(2) 구조물의 부등침하 발생

(3) 부등침하에 의한 구조물의 균열, 누수 등 하자 발생

4) 부마찰력 발생원인

(1) 파일시공 구간 내 깊은 구간에 걸쳐 연약지반(되메우기)이 있을 때

(2) Pile 간격을 조밀하게 항타했을 때

(3) 함수율이 큰 지반에 파일 시공시 압밀에 의한 부마찰력 발생

(4) 말뚝이음부 상세처리를 잘못하였을 경우(단면적이 기존말뚝의 단면적 보다 클 때)

5) 부마찰력 방지대책

(1) 파일시공 전에 연약지반을 개량하여 지반의 지지력을 확보한다.

(2) 가능한 직경이 작은 Pile을 사용하여 마찰력을 감소시킨다.

(3) 지하수위를 낮추어 수압의 변화를 방지하고, 지표에 과적재하중을 제거하여 압밀침하를 억제한다.

(4) 내외관을 분리한 Sliding 방식의 이중관 말뚝을 시공하여 부마찰력을 제거한다.

문제 24 말뚝기초의 재하시험에 대하여 설명하시오.

풀이 **말뚝기초의 재하시험**

말뚝재하실험에는 압축재하, 인발재하, 횡방향재하실험이 있으며, 다음 사항을 고려하여 계획한다.

1) 말뚝재하실험을 실시하는 방법으로는 정재하실험방법 또는 동재하실험방법을 고려할 수 있으며 설계지지력이 수천 톤에 이르는 현장타설말뚝의 경우에는 양방향 재하실험방법을 고려할 수 있다.

2) 말뚝재하실험의 목적은 다음과 같다.

    (1) 지지력 확인   (2) 변위량 추정

    (3) 건전도 확인   (4) 시공방법과 장비의 적합성

    (5) 시간경과에 따른 말뚝지지력 변화   (6) 부주면 마찰력

    (7) 하중전이 특성

3) 압축정재하실험의 수량은 지반조건에 큰 변화가 없는 경우 전체 말뚝 개수의 1% 이상(말뚝이 100개 미만인 경우에도 최소 1개) 실시하거나 구조물별로 1회 실시하도록 한다.

4) 기성말뚝에 대한 동재하실험을 실시할 때에는 다음 사항에 따라 실험방법과 횟수를 정한다.

    (1) 시공 중 동재하실험(End of Initial Driving Test)은 시공장비의 성능 확인, 장비의 적합성 판정, 지반조건 확인, 말뚝의 건전도 판정, 지지력 확인 등을 목적으로 실시한다. 재하실험 수량은 지반조건에 큰 변화가 없는 경우 전체 말뚝 개수의 1% 이상(말뚝이 100개 미만인 경우에도 최소 1개)을 실시하도록 한다.

    (2) 시공 중 동재하실험이 실시된 말뚝에 대한 시간경과효과 확인을 위하여 지반조건에 따라 시공 후 일정한 시간이 경과한 후 재항타동재하실험(Restrike Test)을 실시한다. 재항타동재하실험의 빈도는 (1)에서 정한 수량으로 한다.

    (3) 시공이 완료되면 본시공 말뚝에 대해서 품질 확인 목적으로 재항타동재하실험을 실시하여야 하며 이의 시험빈도는 (1)에서 정한 수량으로 한다.

5) 지형 및 지반조건, 시공장비, 말뚝종류 등 제반 시공조건이 변경될 때에는 실험횟수를 추가하도록 시방서에 명기한다. 또한 중요 구조물일 때에는 실험횟수를 별도로 정할 수 있으며, 필요시 발주자와 협의하여 재하하중의 규모를 증가시킬 수 있다.

문제 25 기성파일의 지지력을 판단할 수 있는 방법을 간략하게 쓰고, 파일기초의 공식에 의한 지지력 산정방법에 대하여 설명하시오.

풀이 **말뚝의 지지력 산정방법**

1) 말뚝의 지지력 산정방법
   (1) 말뚝기초의 추정지지력 공식에 의한 산정법
   (2) 말뚝 재하시험에 의한 산정법
      ① 동재하시험 ② 정재하시험

2) 말뚝기초의 공식에 의한 일반적인 추정지지력식(Meyerhof 식 기준)
   (1) 직항타공법

$$R_a = \frac{1}{3}\left[30\,N\,A_p + \left(\frac{1}{5}\,N_s\,L_s + \frac{1}{2}\,q_u\,L_c \right)\phi \right]\ (\text{tonf/본})$$

   R_a : 허용지지력

   N : 선단상부 $4D$, 하부로 D의 평균 N값$(N \leq 50)$
      단, 지지층이 명확할 경우 선단 N치 적용

   A_p : 기성말뚝의 선단폐색면적 $A_p = \dfrac{\pi \cdot D^2}{4}(\text{m}^2)$

   N_s : 사질토층의 평균 N값

   L_s : 사질토층의 길이(m)

   L_c : 점성토층 길이(m)

   q_u : 점성토층의 평균 일축압축강도$[q_u \leq 20\ (q_u = 1.25\text{N})]$

   ϕ : 말뚝의 주면길이(m)$(\phi = \pi \cdot D)$

   (2) 천공 후 경타공법

$$R_a = \frac{1}{3}\left[20\,N\,A_p + \left(\frac{1}{5}\,N_s\,L_s + \frac{1}{2}\,q_u\,L_c \right)\phi \right]\ (\text{tonf/본})$$

   N : 선단상부 $4D$, 하부로 D의 평균 N값$(N \leq 50)$
      단, 지지층이 명확할 경우 선단 N치 적용

   N_s : 사질토층의 평균 N값$(N_s \leq 25)$

   L_c : 점성토층 길이(m)

   q_u : 점성토층의 평균 일축압축강도$[q_u \leq 10\ (q_u = 1.25\text{N})]$

문제 26 SIP 공법으로 말뚝시공을 할 때 지지력 부족의 주요원인과 대책에 대하여 기술하시오.

풀이 **SIP 공법의 지지력 부족의 주요원인과 대책**

지지말뚝의 내력은 선단지지력과 주면마찰력의 합으로 구성된다. SIP 공법으로 파일을 시공할 경우 발생될 수 있는 지지력 저하요인과 대책을 선단지지력과 주면마찰력으로 분류하면 다음과 같다.

1) 선단지지력 부족
　(1) 원인
　　① 관입깊이 부족(지지층에 미달)
　　　지층상태 조사 부족 및 시공시 굳은 지층(자갈층 등)관통 곤란, 판단오류로 인해 지지층까지 관입이 되지 않는 경우
　　② 공벽붕괴로 선단부에 과대한 슬라임이 발생한 상태에서 시공할 경우
　　③ 밑면고정액 시공불량
　(2) 대책
　　① 각종 방법(굴착시 부하(전류치) 고려, 재하시험 등)을 통한 지지층 확인
　　② 시공시 지지층까지 천공이 가능하고, 공벽붕괴를 막을 수 있는 굴착장비로 변경
　　③ 시멘트 페이스트 주입시기 및 속도 조정 등의 시공관리
　　④ 시멘트 페이스트 주입 후 오거 또는 말뚝을 2~3회 상하 왕복시켜 교반 및 최종 경타 시행

2) 주면마찰력 부족
　(1) 원인
　　① 말뚝의 수직도 및 위치가 불량하거나, 천공홀의 직경이 작아서 고정액의 두께가 얇을 경우
　　② 주면고정액(시멘트 페이스트)의 시공불량으로 인해
　(2) 대책
　　① 적정 천공직경(말뚝직경+100mm 정도) 확보 및 수직도 관리 유의
　　② 선단 및 주면고정액의 품질관리

문제27 건축구조기준[KDS 2021]에 제시되어 있는 현장타설콘크리트말뚝의 구조세칙에 대하여 설명하시오.

풀이 **현장타설콘크리트말뚝**

1) 현장타설콘크리트말뚝의 시공에 있어서 공벽의 붕괴, 보링 및 굴착기기를 뺄 때의 흡인현상 등에 따라 지지층이 교란되지 않도록 충분한 고려를 하여야 한다. 또한 공저의 슬라임에 대한 제거대책을 강구하여야 한다.

2) 현장타설콘크리트말뚝의 단면적은 전 길이에 걸쳐 각 부분의 설계단면적 이하이어서는 안 된다.

3) 현장타설콘크리트말뚝의 선단부는 지지층에 확실히 도달시켜야 한다.

4) 현장타설콘크리트말뚝은 특별한 경우를 제외하고 주근은 4개 이상 또한 설계단면적의 0.25% 이상으로 하고 띠철근 또는 나선철근으로 보강하여야 한다. 이 경우 철근의 피복두께는 60mm 이상으로 한다.

   철근의 피복두께는 케이싱이 있는 경우 60mm 이상이며, 케이싱이 없이 타설할 경우 80mm 이상으로 하며 특히 수중타설인 경우는 100mm 이상으로 한다.

5) 저부의 단면을 확대한 현장타설콘크리트말뚝의 측면경사가 수직면과 이루는 각은 30° 이하로 하고 전단력에 대해 검토하여야 한다.

6) 현장타설콘크리트말뚝을 배치할 때 그 중심간격은 말뚝머리 지름의 2.0배 이상 또한 말뚝머리 지름에 1,000mm를 더한 값 이상으로 한다.

7) 케이싱이 없는 현장타설콘크리트말뚝의 설계균열모멘트(ϕM_n)는 다음 식에 따라 구할 수 있다.

$$\phi M_n = 0.25 \sqrt{f_{ck}} \cdot S_m$$

여기서, f_{ck} : 콘크리트의 압축강도(MPa)

S_m : 철근 및 케이싱을 무시한 단면계수(mm^3)

문제 28 **기성콘크리트말뚝 시공 시 다음에 대하여 설명하시오.** [113회 3교시]

1) 합리적인 말뚝 두부 정리 요령
2) 말뚝 두부 균열의 종류, 원인 및 대책
3) 시공 오차에 대한 말뚝 보강방법
4) 말뚝 두부가 다음 경우와 같은 하자가 있을 때 보강방법을 구체적으로 스케치(도시화)하시오.
    (1) 말뚝 두부가 기초저면보다 낮은 경우
    (2) 파일 강선이 부족한 경우
    (3) 말뚝 두부가 손상된 경우

풀이 **기성콘크리트말뚝 시공**

1) 합리적인 말뚝 두부 정리 요령
    (1) 강선 노출 방법
        ① 말뚝머리를 가지런히 절단할 때에 말뚝 주위를 필요 이상으로 땅파기하여서는 안 된다.
        ② 말뚝머리 절단 시 충격 및 손상을 주지 않도록 하고, 세로 균열이 생기지 않도록 한다.
        ③ 말뚝머리를 가지런히 절단할 때에는 한편에서만 타격을 주지 말고 주위를 고루 정을 이용하여 절단하며 위 끝면을 평평하게 정다듬하고 철근은 소정의 길이만 남겨두되 나머지는 절단하거나 공사감독자의 승인을 받아 기초판에 깊게 정착시킨다.
        ④ 말뚝머리는 설계도에 의거하여 보강하거나 이에 적절한 조치를 강구한다.
    (2) 원커팅 공법
        ① 말뚝머리의 절단은 항타 후 말뚝 절단 시에는 정확한 Level 설정 후 실시한다.
        ② 다이아몬드 블레이드를 부착한 반자동 파일절단기를 사용하여 절단면이 수평이 되도록 절단한다.
        ③ 원커팅 작업은 파일 내부의 PC강봉 이상을 절단하므로 다이아몬드 블레이드의 근입깊이가 깊은 관계로 안전상 유의해야 하며 부득이한 경우를 제외하고는 반드시 파일절단기로 작업한다.
        ④ 절단 작업은 파일 두께의 내부의 PC강봉까지를 절단하며 나머지 내측 모르타르

부분은 유압집게를 이용하여 잔재물 제거작업을 한다.

⑤ 잔재물 제거작업 후 내측 모르타르면의 불균형한 표면은 콘크리트의 부착 강화를 위하여 평면화 작업을 하지 않는다.

2) 말뚝 두부 균열의 종류, 원인 및 대책

구분	파손원인	방지대책
시공	• Hammer의 용량 과다 • 과잉항타 • 쿠션재 보강 부족 • 편타(축선 불일치)	• 적정 Hammer의 용량 선택 • 타격에너지, 낙하고 조정 • 쿠션재 두께 확보(30mm 이상) • 수직도 유지, 축선일치
자재	• 말뚝 강도 부족 • 말뚝 두께의 결함	• 말뚝 강도 확보 • 말뚝 두께 확보
관리	• 파일 적재 중 파손 • 시공부위 중장비 접근	• 파일 현장 반입 전후 관리 • 펜스 및 출입통제선 설치(신호수 배치)

3) 시공 오차에 대한 말뚝 보강방법

(1) 설계위치에서 벗어난 경우

설계위치에서 벗어난 거리가 75~150mm까지는 말뚝중심선 외측에서 벗어난 만큼 기초를 확대하고 철근 보강하며, 150mm를 초과하여 벗어났을 때는 구조검토를 하여 추가항타 및 기초보강 한다.

(2) 수직으로 시공되지 않은 경우

항타 완료 계측하여 수직 기울기가 말뚝길이의 1/50 이상일 경우에는 보강말뚝을 시공한다.

(3) 항타 중 말뚝이 중파될 경우

항타 완료 후 중파 여부를 확인하여 중파 시 보강 말뚝을 설계위치에 인접하여 추가 항타하고 말뚝중심선 외측으로 벗어난 만큼 기초폭을 확대하고 철근은 보강한다.

4) 말뚝 두부에 대한 보강방법(스케치)

(1) 말뚝 두부가 기초저면보다 낮은 경우

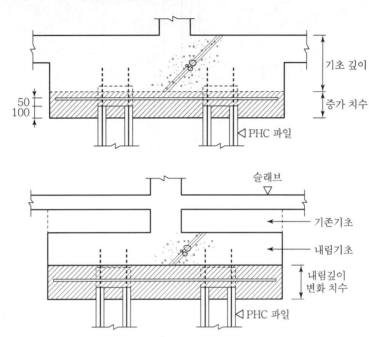

(2) 파일 강선이 부족한 경우

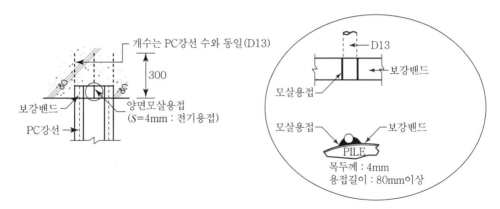

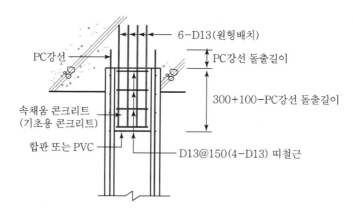

(3) 말뚝 두부가 손상된 경우

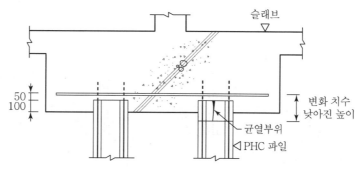

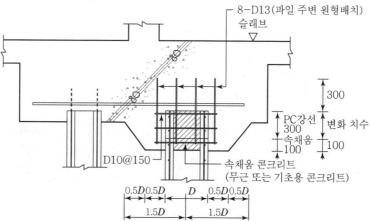

제12장 지하 외벽 및 옹벽
[KDS 14 20 74]

→ Professional Engineer Architectural Structures

12.1 횡토압

1. 주동토압, 수동토압, 정지토압

> **문제1** 토압의 종류 및 크기 순서에 대하여 설명하시오.
>
> [64회 1교시], [66회 1교시 유사], [94회 1교시], [114회 1교시]

풀이 주동토압, 수동토압, 정지토압

1) 정지토압

   지하실, 지하배수시설과 같이 벽체의 변위가 거의 발생하지 않는 구조물에 작용하는 토압

   (1) 정지토압계수(K_0) : 수평방향 변형률이 0일 때의 연직응력과 수평응력의 비

   $$K_0 = \frac{\sigma_h}{\sigma_v}$$

   (2) 정지토압계수의 경험적 공식

   $$K_0 = 1 - \sin\phi$$

   ϕ : 마찰각

2) 주동토압

   옹벽이 뒤채움 흙의 바깥쪽으로 변위를 일으켜 뒤채움 흙이 서서히 팽창하면서 활동파괴가 발생할 때, 옹벽에 작용하는 토압

   Rankine의 주동토압계수 $K_a = \dfrac{1-\sin\phi}{1+\sin\phi} = \tan^2\left(45° - \dfrac{\phi}{2}\right)$

3) 수동토압

   옹벽이 뒤채움 흙의 안쪽으로 변위를 일으켜 흙이 수평방향으로 수축하면서 활동파괴가 발생할 때, 옹벽에 작용하는 토압

   Rankine의 수동토압계수 $K_p = \dfrac{1+\sin\phi}{1-\sin\phi} = \tan^2\left(45° + \dfrac{\phi}{2}\right)$

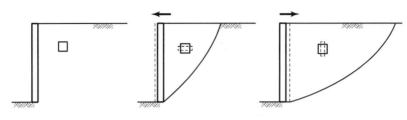

‖ 옹벽의 변위와 토압 ‖

옹벽배면이 받는 토압은 일단 정지토압으로 여겨지지만, 보통의 옹벽에서는 그 상단이
전면을 향하여 수평이동을 일으키기 쉬우며, 그 이동이 1/100 이내의 미소한 것이라도
정지토압에서 주동토압으로 바뀐다.

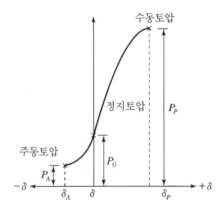

‖ 주동토압 < 정지토압 < 수동토압 ‖

12.2 | 캔틸레버 옹벽의 설계

1. 캔틸레버 옹벽의 안정성 검토 항목

> **문제2** 캔틸레버 옹벽의 안전성에 대해 설명하시오.(토압 산정 및 전도, 활동에 대해)
>
> [78회 1교시], [76회 1교시], [65회 1교시], [63회 1교시]

풀이 옹벽의 안정성 검토

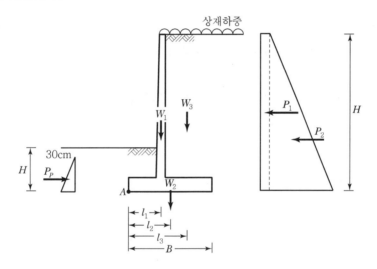

1) 전도에 대한 안정성 검토

토압이 옹벽을 전도시키려는 전도모멘트(M_O)와 옹벽 자체가 그 자중에 의하여 안정되려하는 안정모멘트(M_R)에 안전율 2.0을 고려하여 전도에 대한 안정성 여부를 검토한다.

A점 기준 $M_O = P_1 \times H/2 + P_2 \times H/3$

$$M_R = W_1 \cdot l_1 + W_2 \cdot l_2 + W_3 \cdot l_3$$

$$S \cdot F = \frac{M_R}{M_O} \geq 2.0$$

※ 옹벽 전면, 앞굽판 상부 흙의 중량과 수동토압은 배수로 공사 등으로 교란되기 쉬우므로 무시(또는 지표면 하부 30cm 흙 무시)하는 것이 바람직하다.

2) 활동에 대한 안정성 검토

토압의 수평방향 성분(P_H)에 의하여 옹벽이 전면방향으로 활동하려고 하는 것에 대하여 옹벽기초 저면과 지반 사이의 마찰력(P_F)에 안전율 1.5를 고려하여 활동에 대한 안정성을 검토한다.

$$P_H = P_1 + P_2$$

$$P_F = \mu \cdot \sum W (\mu : 실용 \Rightarrow 기초저면지반의 마찰계수)$$

$$S \cdot F = \frac{P_f}{P_h} \geq 1.5$$

만약 $S \cdot F < 1.5$ 경우

① 바닥판 밑에 활동방지용 돌출부(Stem) 설치

② 자중(W) 증가

③ 지반이 연약할 경우 ⇒ 자중(W) 증가 무리 ⇒ 수직, 경사말뚝 설치

3) 기초지반의 지내력 검토

$$\sigma_{\max} = \frac{P}{A} + \frac{M}{Z} \leq q_a$$

Memo...

2. 캔틸레버 옹벽의 안정성 검토

> **문제3** 지지면에서 3.5m 높이의 옹벽을 그림과 같이 캔틸레버 옹벽으로 할 경우
>
> (1) 전도모멘트에 대한 안정성
> (2) 미끄러짐에 대한 안정성
> (3) 접지압이 허용지내력 이하 등을 검토하시오.
>
> [77회 4교시], [84회 3교시], [88회 2교시], [102회 4교시 유사], [124회 2교시 유사]
>
> 〈설계조건〉
>
> • 흙의 중량 $\gamma = 18\,\text{kN/m}^3$, 상재하중 $s = 10\,\text{kN/m}^2$
> • 흙의 내부마찰각 $\phi = 30°$, 점착력 $c = 0$
> • 허용지내력 $q_a = 200\,\text{kN/m}^2$
> • 흙과 콘크리트의 마찰계수 $\mu = 0.6$
>
>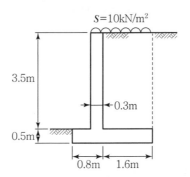

풀이 캔틸레버 옹벽의 안정성 검토

1) 토압산정

    (1) 토압계수 $K_a = \dfrac{1-\sin\alpha}{1+\sin\alpha} = \dfrac{1-\sin30°}{1+\sin30°} = 0.33$

    (2) 토압 산정(단위길이 : m당)

        ① $w_1 = 10 \times 0.33 = 3.3\,\text{kN/m}$

        ② $w_2 = 18 \times 4 \times 0.33 = 23.76\,\text{kN/m}$

        ③ $w = w_1 + w_2 = 3.3 + 23.76 = 27.06\,\text{kN/m}$

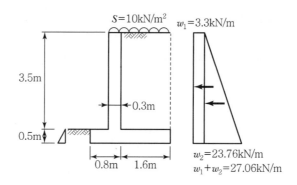

2) 활동에 대한 안정성 검토

    (1) 토압 $P = 3.3 \times 4 + 23.76 \times 4/2 = 60.72\,\text{kN}$

    (2) $P_R = W \cdot \mu$

        ① $W = (0.5 \times 2.4) \times 24 + (0.3 \times 3.5) \times 24 + (1.6 \times 3.5) \times 18$

            $= 28.8 + 25.2 + 100.8 = 154.8\,\text{kN}$

        ② $P_R = W \cdot \mu = 154.8 \times 0.6 = 92.88\,\text{kN}$

    (3) $S \cdot F = \dfrac{P_R}{P} = \dfrac{92.88}{60.72} = 1.53 > 1.5$ ··· O.K

3) 전도에 대한 안정성 검토

    (1) M_o(A점에 대한 전도모멘트) 산정

        $M_o = 3.3 \times 4 \times 4/2 + (23.76 \times 4)/2 \times (4/3) = 89.76\,\text{kN·m}$

    (2) M_R 산정

        $M_R = 28.8 \times 1.2 + 25.2 \times 0.65 + 100.8 \times 1.6 = 212.22\,\text{kN·m}$

    (3) $S \cdot F = \dfrac{M_R}{M_o} = \dfrac{212.22}{89.76} \approx 2.36 \geq 2.0$ ····································· O.K

4) 접지압에 대한 안정성 검토

    (1) $M = 89.76 + 25.2 \times (1.2 - 0.65) + 100.8 \times (1.2 - 1.6) = 63.3\,\text{kN·m}$

    (2) $q_{\max} = \dfrac{P}{A} + \dfrac{6M}{BD^2} = \dfrac{154.8}{2.4} + \dfrac{6 \times 63.3}{2.4^2} = 130.4\,\text{kN/m}^2 \leq q_a = 200\,\text{kN/m}^2$

3. 지하외벽 설계

> **문제4** 다음 그림에 표기된 지하실 외벽을 설계하고 벽체 철근을 스케치하시오. [96회 3교시]
>
> 단, 상재하중은 옥외주차장으로 승용차, 경량트럭 및 빈 버스 용도의 기본 등분포활하중(KBC 2009)을 적용한다.
>
> 〈설계조건〉
>
> - 콘크리트 설계기준강도 $f_{ck} = 24\,\mathrm{MPa}$
> - 철근의 항복강도 $f_y = 400\,\mathrm{MPa}$
> - 벽체 두께 $T = 350\,\mathrm{mm}$
> - 피복두께 $= 40\,\mathrm{mm}$
> - 지하수위 $GL - 3.0\,\mathrm{m}$
> - 흙의 내부마찰각 $\phi = 30°$
> - 흙의 단위체적 중량(γ)
>   (지하수위 상부 $\gamma = 17\,\mathrm{kN/m}^3$, 지하수위 하부 $\gamma = 18\,\mathrm{kN/m}^3$)
> - 토압 산정 후 $P_2 + P_3$의 하중형태는 삼각형으로, 휨모멘트 산정시 상부는 핀으로 하부는 고정으로, 전단력 산정시는 단순보로 가정한다.
>
>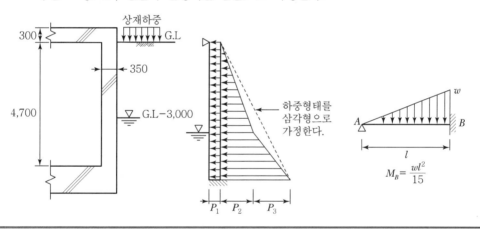

풀이 지하외벽 설계

1) 하중산정

   (1) $K_0 = 1 - \sin\phi = 1 - \sin 30° = 0.5$

   (2) $P_1 = 1.6 \times 0.5 \times 12 = 9.6\,\mathrm{kN/m}^2$

      $P_2 = 1.6 \times 0.5 \times 17 \times 3 = 40.8\,\mathrm{kN/m}^2$

      $P_3 = 1.6 \times 0.5 \times 8 \times 1.7 + 1.6 \times 10 \times 1.7 = 38.1\,\mathrm{kN/m}^2$

      $\therefore\ P_1 + P_2 + P_3 = 9.6 + 40.8 + 38.1 = 88.5\,\mathrm{kN/m}^2$

2) 휨모멘트 산정

  (1) 단부

$$M_B^- = \frac{wl^2}{15} = \frac{88.5 \times 4.7^2}{15} = 130.3\,\text{kN·m}$$

  (2) 중앙부

$$V_A = \frac{88.5 \times 4.7 \times \dfrac{1}{2} \times \dfrac{4.7}{3} - 130.3}{4.7} = 41.6\,\text{kN}$$

$$\left(88.5 \times \frac{x}{4.7}\right)x \times \frac{1}{2} = 41.6\,\text{kN}$$

$$x = 2.1\text{m}\text{에서 최대 휨}$$

$$M^+ = 41.6 \times 2.1 - 2.1 \times 39.5 \times \frac{1}{2} \times \frac{2.1}{3} = 58.33\,\text{kN·m}$$

3) 휨철근량 산정($f_{ck} \leq 40\,\text{MPa}$, $\eta = 1.0$, $\beta_1 = 0.8$, $\varepsilon_{cu} = 0.0033$)

  (1) EXT.BAR

    ① $M_u = 130.3\,\text{kN·m}$

    ② $R_n = \dfrac{130.3 \times 10^6}{0.85 \times 1{,}000 \times 300^2} = 1.703$

    ③ $\rho_{req} = \dfrac{\eta(0.85 f_{ck})}{f_y}\left[1 - \sqrt{1 - \dfrac{2R_n}{\eta(0.85 f_{ck})}}\right]$

$$= \frac{1.0 \times (0.85 \times 24)}{400}\left[1 - \sqrt{1 - \frac{2 \times 1.703}{1.0 \times (0.85 \times 24)}}\right] = 0.00445$$

    ④ 배근

$$A_{s\,reg} = 0.00445 \times 300 \times 1{,}000 = 1{,}335\,\text{mm}^2$$

$$\therefore \text{HD16@125 } (A_s = 1{,}592\,\text{mm}^2)$$

    ⑤ 최소허용변형률 검토

      ㉠ $a = \dfrac{A_s f_y}{\eta(0.85 f_{ck})b} = \dfrac{1{,}592 \times 400}{1.0 \times (0.85 \times 24) \times 1{,}000} = 31.2\,\text{mm}$

      ㉡ $c = a/\beta_1 = 31.2/0.8 = 39.0\,\text{mm}$

      ㉢ $\varepsilon_t = \left(\dfrac{d_t - c}{c}\right) \cdot \varepsilon_{cu} = \dfrac{300 - 39.0}{39.0} \times 0.0033$

$$= 0.02209 > 0.004 \quad\cdots\cdots\cdots\cdots\cdots\cdots\text{O.K}$$

⑥ ϕM_n 산정 및 최소철근량 검토

    ㉠ $\phi M_n = \phi \cdot A_s \cdot f_y \cdot (d - a/2)$

$$= 0.85 \times 1,592 \times 400 \times (300 - 31.2/2) \times 10^{-6} = 153.9 \, \text{kN·m}$$

    ㉡ $1.2 M_{cr} = 1.2 \cdot (0.63 \lambda \sqrt{f_{ck}}) \cdot S$

$$= 1.2 \times (0.63 \times 1.0 \times \sqrt{24}) \times (1,000 \times 350^2/6) \times 10^{-6}$$

$$= 75.6 \, \text{kN·m} \leq \phi M_n = 153.9 \, \text{kN·m} \quad \cdots\cdots\cdots\cdots\cdots\cdots\cdots \text{O.K}$$

(2) INT.BAR

① $M_u = 58.33 \, \text{kN·m}$

② $R_n = \dfrac{58.33 \times 10^6}{0.85 \times 1,000 \times 300^2} = 0.7625$

③ $\rho_{req} = \dfrac{\eta(0.85 f_{ck})}{f_y} \left[1 - \sqrt{1 - \dfrac{2 R_n}{\eta(0.85 f_{ck})}} \right]$

$$= \dfrac{1.0 \times (0.85 \times 24)}{400} \left[1 - \sqrt{1 - \dfrac{2 \times 0.7625}{1.0 \times (0.85 \times 24)}} \right]$$

$$= 0.00194$$

④ 배근

$$A_{s\,req} = (0.00194 \times 300 \times 1,000) = 582 \, \text{mm}^2$$

$$A_{s\,\min} = 0.002 \times 350 \times 1,000 = 700 \, \text{mm}^2$$

$$(4/3) A_{s\,req} = (0.00194 \times 300 \times 1,000) = 776 \, \text{mm}^2 \ (최소철근량 \ 만족)$$

$$\therefore \ \text{HD13@150} \ (A_s = 846.7 \, \text{mm}^2) \quad \cdots\cdots\cdots\cdots\cdots\cdots\cdots \text{O.K}$$

⑤ 최소허용변형률 검토 생략 - EXT.BAR가 만족하므로 INT.BAR 만족

4) 전단 검토

(1) V_u 산정(하부위험단면)

$$V_u = (88.5 \times 4.7 \times 1/2 - 41.6) - [(88.5 + 88.5 \times 4.4/4.7)/2] \times 0.3$$

$$= 140.7 \, \text{kN}$$

(2) ϕV_n 산정

$$\phi V_c = \phi \frac{1}{6} \lambda \sqrt{f_{ck}} b_w d$$

$$= 0.75 \times 1/6 \times 1.0 \times \sqrt{24} \times 1,000 \times 300 \times 10^{-3}$$

$$= 183.7 \text{kN} \geq V_u \quad \dots\dots\dots\dots\dots\dots\dots\dots\dots\dots\dots\dots\dots\dots\dots\dots \text{O.K}$$

$$\therefore \text{전단보강 필요 없음}$$

Memo...

제13장 구조용 무근콘크리트

[KDS 14 20 64]

13.1 구조용 무근콘크리트

1. 구조용 무근콘크리트 적용범위

> **문제1** 구조용 무근콘크리트 [67회 1교시]
>
> **문제2** 구조용 무근콘크리트의 적용범위 [62회 1교시]
>
> **문제3** 구조용 무근콘크리트에 대해 설명하시오. [78회 1교시]

풀이 **적용범위 및 제한사항**

1) 지반 또는 다른 구조용 부재에 의해 연속적으로 수직 지지되는 부재(보도와 지표면 슬래브 등과 같이 지면에 바로 지지되는 슬래브의 설계와 시공은 적용 불가)
2) 모든 하중재하조건에서 압축력을 받는 아치작용 부재(아치, 지하구조물, 중력벽, 차폐벽과 같은 특수한 구조물에 대해서도 적용가능)
3) 비지지길이와 횡방향 최소 폭의 비가 3 이하인 페데스탈의 경우(기둥에는 적용 불가)
4) 구조용 무근콘크리트의 설계기준강도는 $18N/mm^2$ 이상

2. 줄눈설계

> **문제4** 구조용 무근콘크리트의 줄눈설계시 주의사항에 대하여 설명하시오.

풀이 **줄눈설계시 주의사항**

1) 부재를 휨 불연속요소로 나누기 위하여 수축줄눈과 분리줄눈을 사용(각 요소의 크기는 크리프, 건조수축, 온도영향의 구속에 의한 과다한 내부응력의 발생을 억제할 수 있도록 결정)
2) 수축줄눈 또는 분리줄눈의 개수와 위치를 결정할 때 고려사항
   (1) 기후조건의 영향
   (2) 재료의 선택과 배합비
   (3) 콘크리트의 배합, 치기, 양생
   (4) 변형에 대한 구속의 정도

(5) 부재가 받고 있는 하중에 의한 응력

(6) 시공기술

3) 수축줄눈을 설치하는 경우에 줄눈 설치 효과를 위하여 수축줄눈 위치의 부재 두께를 25% 이상 감소시켜야 한다. 줄눈부에서 균열 후에 줄눈을 가로질러 발생할 수 있는 축인장응력 또는 휨인장응력이 작용하지 않는 "휨 불연속" 상태이어야 한다.

3. 강도설계

> **문제5** 구조용 무근콘크리트 각 부재의 설계법에 대하여 설명하시오.

풀이 구조용 무근콘크리트 설계법

1) 제한사항

(1) 강도감소계수 : $\phi = 0.55$

(2) $f_{ck} \geq 18\,\text{N/mm}^2$

(3) 기초의 유효깊이$(D) = h - 50\,\text{mm}$

2) 휨재 설계

(1) $M_u \leq \phi M_n$

(2) M_n : 공칭휨모멘트강도

인장지배 : $M_n = 0.42\sqrt{f_{ck}}\,S$

압축지배 : $M_n = 0.85 f_{ck}\,S$

(S : 단면계수)

3) 압축재 설계

(1) $P_u \leq \phi P_n$

(2) P_n : 공칭축하중강도

$$P_n = 0.60 f_{ck}\left[1 - \left(\frac{l_c}{32h}\right)^2\right] A_1$$

(A_1 : 재하면적)

4) 휨모멘트와 축하중을 동시에 받고 있는 부재

  (1) 압축측

$$\frac{P_u}{\phi P_n} + \frac{M_u}{\phi M_n} \leq 1$$

  (2) 인장측

$$\frac{M_u}{S} - \frac{P_u}{A_g} \leq 0.42\,\phi\,\sqrt{f_{ck}}$$

5) 전단설계

  (1) $V_u \leq \phi V_n$

  (2) 보작용에 대해서

$$V_n = 0.11\,\sqrt{f_{ck}}\,b\,h$$

  (3) 2방향 작용에 대해서

$$V_n = 0.11\left(1 + \frac{2}{\beta_c}\right)\sqrt{f_{ck}}\,b_o\,h \leq 0.22\,\sqrt{f_{ck}}\,b_o\,h$$

6) 지압 설계

  (1) $P_u \leq \phi B_n$

  (2) B_n : 공칭지압강도

$$B_n = 0.85\,f_{ck}\,A_1$$

받침부의 모든 면이 재하면적보다 넓은 경우 : $\sqrt{A_2/A_1} \leq 2$ 적용

7) 벽체설계(실용 설계법)

모든 계수축하중의 합력이 벽체 전체 두께의 중앙 1/3 이내에 위치하는 경우

  (1) $P_u \leq \phi P_{nw}$

  (2) P_{nw} : 공칭축하중강도

$$P_{nw} = 0.45\,f_{ck}\,A_g\left[1 - \left(\frac{l_c}{32\,h}\right)^2\right]$$

(3) 제한사항

    ① 내력벽의 두께는 벽체의 비지지 높이 또는 길이 중 작은 값의 1/24배 이상, 최소 150mm 이상

    ② 외측 지하실 벽체와 기초벽체의 두께는 200mm 이상으로 하여야 한다.

    ③ 벽체는 횡방향 상대 변위가 일어나지 않도록 지지되어야 한다.

    ④ 모든 창이나 출입구 등의 개구부 주위에 2개 이상의 직경 D16 이상의 철근을 배치, 600mm 이상 연장하여 정착

8) 기초판

(1) 말뚝 위의 기초판에는 무근콘크리트를 사용할 수 없다.

(2) 구조용 무근콘크리트 기초판의 두께는 200mm 이상으로 하여야 한다.

Memo...

제14장 기존 콘크리트 구조물의 안정성 평가

[KDS 14 20 90]

14.1 기존 콘크리트 구조물의 안정성 평가
　1. 구조물의 안전성 평가방법

14.1 기존 콘크리트 구조물의 안정성 평가

1. 구조물의 안전성 평가방법

> **문제1** 구조부재의 재하시험에서 재하할 하중크기, 가력방법 및 변형측정방법을 설명하시오.
>
> [61회 3교시], [73회 2교시], [99회 1교시 유사]

풀이 **구조물의 안전성 평가방법**

1) 적용범위

   (1) 내하력에 관해 의문시되는 기존 구조물

   (2) 구조물의 유지관리 또는 구조물의 안전도 및 내하력 평가에 관한 지침

2) 해석적 평가 [113회 1교시], [117회 1교시]

   (1) 강도 부족에 대한 요인을 잘 알 수 있거나 해석에서 요구되는 부재 크기 및 재료특성을 측정할 수 있는 경우 적용

   (2) 구조물의 부재치수와 상세, 재료의 성질 및 기타 주요 구조 조건을 실제 상태대로 현장조사 실시(구조부재의 치수는 위험단면에서 확인)

   (3) 단면의 크기 및 재료의 특성을 기준에 따라 측정 및 시험하였을 경우 ⇒ 강도감소계수 증가 가능

항목		강도감소계수		
		실측에 의한 해석	부재 설계	강도감소계수 증가율
인장지배단면		1.00	0.85	17%
압축지배단면	나선철근	0.85	0.70	21%
	기타	0.80	0.65	23%
전단 및 비틀림		0.80	0.75	6%
지압력		0.80	0.65	23%

3) 재하시험 [118회 1교시], [124회 3교시]

(1) 강도부족의 원인을 잘 알 수 없거나 해석에 필요한 부재크기, 재료특성을 측정할 수 없는 경우

(2) 영점확인 ⇒ 재하직전 1시간 이내

(3) 시험하중

① $0.85(1.2D+1.6L)$ 이상, 고정하중 지배 D ⇒ $1.1D$, L ⇒ 감소율 적용 가능

② 최소 4회 이상 균등하게 나누어 증가

③ 하중효과를 발휘할 수 있게 재하 ⇒ 아치작용 방지

(4) 측정응답값

① 각 단계의 하중이 가해진 직후

② 시험하중이 적어도 24시간 동안 구조물에 적용된 후 측정값

(5) 최종잔류측정값

시험하중이 제거된 후 24시간 경과 후 값

(6) 허용기준

측정된 최대 처짐이 다음 조건 중 하나를 만족하면 ⇒ O.K

$$\Delta_{max} \leq \frac{l_t^{\,2}}{20,000\,h} \qquad \Delta_{r\,max} \leq \frac{\Delta_{max}}{4}$$

Δ_{max} : 최대잔류응력

$\Delta_{r\,max}$: 잔류처짐측정값

h : 부재의 두께

l_t : 다음 중 작은 값

   ① 받침부 중심 간 길이

   ② 받침부 순경 간+h

(7) 만족하지 않을 경우 재시험

① 처음 시험하중 제거 후 72시간이 경과한 후에 다시 시행

② 명백한 손상이 없는 경우 재시험 가능

$$\Delta_{r\,max} \leq \frac{\Delta_{f\,max}}{5}$$

$\Delta_{f\,max}$: 두 번째 시험을 시작할 때의 구조물의 위치를 초기값으로 하고, 두 번째 시험 중에 측정된 최대 처짐

제15장 합성콘크리트 휨부재의 수평전단

[KDS 14 20 66]

15.1 휨부재의 수평전달설계

1. 접촉면의 전단저항방법

1) 접촉면 거칠게 처리

2) 접착제 사용

3) 스터럽 연장(전단연결재)

2. 현행기준

$$V_u \leq \phi V_{nh}$$

1) $\phi = 0.75$

2) V_{nh}

청결, 부유물	거칠게	최소전단철근	V_{nh}
청결하고 부유물이 없으며	○	×	$0.56\,b_v d$
	×	○	
	○	○	$(1.8+0.6\rho_v f_y)\lambda b_v d \leq 3.5 b_v d$

※ 1. 최소전단철근

$$A_{v,\min} = 0.0625\,\sqrt{f_{ck}}\frac{b_w s}{f_{yt}} \quad 단, \; A_{v,\min} \geq 0.35\frac{b_w s}{f_{yt}}$$

※ 2. $\rho_v = \dfrac{A_v}{b_v s}$

3) $s_{\max} \leq$ [지지요소 최소치수×4, 600 mm]$_{\min}$

4) $V_u > \phi 3.5\,b_v d$: 전단마찰설계적용

3. 전단마찰 설계방법

1) $V_u \leq \phi V_n (\phi = 0.75)$

2) $V_n = A_{vf}\,f_y\,\mu \leq \dfrac{[0.2f_{ck}A_c,\;(3.3+0.08f_{ck})A_c,\;11]_{\min}}{[0.2f_{ck}A_c,\;5.5A_c]_{\min}}$ 　: 일체로 친 콘크리트
: 이음면 거칠게 친 콘크리트
: 그 밖의 경우

$$f_y \leq 500\text{MPa}$$

여기서, A_c : 전단전달을 저항하는 콘크리트 단면의 면적

μ : 마찰계수

① 일체로 친 콘크리트 1.4λ

② 일부러 표면을 거칠게 만든 굳은 콘크리트에 새로 친 콘크리트 1.0λ

• 레이턴스 등의 이물질을 깨끗이 처리

• 요철의 크기가 대략 6mm 정도 되게 거칠게 처리

③ 일부러 거칠게 하지 않은 굳은 콘크리트에 새로 친 콘크리트 0.6λ

④ 스터드에 의하거나 철근에 의해 구조강에 정착된 콘크리트 0.7λ

λ : 경량콘크리트 계수

Memo...

문제 1 아래 그림과 같은 현장타설콘크리트 합성슬래브와 프리캐스트 보에 대해 보와 슬래브의 접합부에서 수평전단응력의 전달을 아래의 세 가지 경우에 대하여 설계하라.

[96회 4교시 유사], [103회 3교시 유사], [112회 2교시 유사]

단, 보는 9.1m 경간의 단순보로 가정하고 보통콘크리트를 사용하며, $f_{ck} = 21\,\text{MPa}$, $f_{yt} = 500\,\text{MPa}$이다.

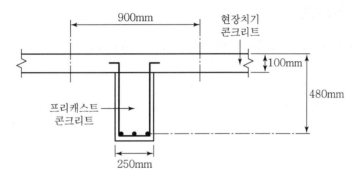

⟨경우 1⟩

사용하중 상태의 고정하중 = 4.60kN/m

고정하중 상태의 활하중 = 3.40kN/m

계수하중 = 10.96kN/m

⟨경우 2⟩

사용하중 상태의고정하중 = 4.60kN/m

사용하중 상태의 활하중 = 14.60kN/m

계수하중 = 28.88kN/m

⟨경우 3⟩

사용하중 상태의 고정하중 = 4.60kN/m

사용하중 상태의 활하중 = 49.20kN/m

계수하중 = 84.24kN/m

풀이 합성슬래브의 수평전단 검토

〈경우 1〉

사용하중 상태의 고정하중＝4.60kN/m

사용하중 상태의 활하중＝3.40kN/m

계수하중＝10.96kN/m

1) 계수전단력 산정

$$V_u = (10.96 \times 9.1/2) - (10.96 \times 0.48) = 44.6\,\text{kN}$$

2) 수평전단력 산정

　　가정 : 접촉면이 청결하고 부유물이 없으며 표면이 거칠게 만들어진 경우

　　　　　접촉면이 청결하고 부유물이 없으며 최소전단연결재가 배치된 경우

$$\phi V_{nh} = \phi\,0.56\,b_v d$$
$$= 0.75 \times 0.56 \times 250 \times 480 \times 10^{-3} = 50.4\,\text{kN} \geq V_u = 44.6\,\text{kN}$$

3) 최소 전단연결재의 단면적 산정

$$A_{v\,\min} = 0.0625\,\sqrt{f_{ck}}\,\frac{b_w s}{f_{yt}} \quad 단,\ A_{v\,\min} \geq 0.35\,\frac{b_w s}{f_{yt}}$$

$$s_{\max} \leq [지지요소\ 최소치수 \times 4,\ 600\text{mm}]_{\min}$$
$$= [100 \times 4 = 400\text{mm},\ 600\text{mm}]_{\min} = 400\,\text{mm}$$

$$A_{v\,\min} = 0.0625\,\sqrt{f_{ck}}\,\frac{b_w s}{f_{yt}} = 0.0625 \times \sqrt{21} \times \frac{250 \times 400}{500} = 57.3\,\text{mm}^2$$

$$A_{v\,\min} = 0.35\,\frac{b_w s}{f_{yt}} = \frac{0.35 \times 250 \times 400}{500} = 70\,\text{mm}^2$$

∴ 슬래브 타설시 아래와 같을 경우 구조적 안정성을 확보할 수 있다)

　　(1) 접촉면을 청결하고 부유물이 없으며 표면이 거칠게 만들 경우

　　(2) 접촉면을 청결하고 부유물이 없으며 상기와 같은 최소전단연결재가 배치한 경우

〈경우 2〉
사용하중 상태의 고정하중＝4.60kN/m
사용하중 상태의 활하중＝14.60kN/m
계수하중＝28.88N/m

1) 계수전단력 산정

$$V_u = (28.88 \times 9.1/2) - (28.88 \times 0.48) = 117.5\,\mathrm{kN}$$

2) 수평전단력 산정

(1) 수평전단력 산정 1

가정 : 접촉면이 청결하고 부유물이 없으며 표면이 거칠게 만들어진 경우
　　　접촉면이 청결하고 부유물이 없으며 최소전단연결재가 배치된 경우

$$\phi V_{nh} = \phi\,0.56\,b_v d$$
$$= 0.75 \times 0.56 \times 250 \times 480 \times 10^{-3} = 50.4\,\mathrm{kN} < V_u = 117.5\,\mathrm{kN}$$

(2) 수평전단력 산정 2

가정 : 접촉면이 청결하고 부유물이 없으며 표면이 약 6mm 깊이로 거칠게 만들고
　　　최소전단연결재가 배치된 경우

$$\phi V_{nh} = \phi(1.8 + 0.6\rho_v f_{yt})\lambda b_u d \le \phi(3.5 b_v d)$$
$$\phi\,3.5\,b_v d = 0.75 \times 3.5 \times 250 \times 480 \times 10^{-3} = 315\,\mathrm{kN} \ge V_u = 117.5\,\mathrm{kN}$$

∴ 다음과 같이 최소전단연결재가 배치된다면 구조적 안정성을 확보한다.

(3) 최소전단연결재에 의한 수평전단력 산정

$$\phi V_{nh} = \phi(1.8 + 0.6\rho_v f_{yt})\lambda b_u d$$

① 최소전단연결재 산정

$$A_{v\,\min} = 0.0625\,\sqrt{f_{ck}}\,\frac{b_w s}{f_{yt}} \quad \text{단, } A_{v\,\min} \ge 0.35\,\frac{b_w s}{f_{yt}}$$

$$s_{\max} \le [\text{지지요소 최소치수} \times 4,\ 600\mathrm{mm}]_{\min}$$
$$= [100 \times 4 = 400\mathrm{mm},\ 600\mathrm{mm}]_{\min} = 400\,\mathrm{mm}$$

$$A_{v\,min} = 0.0625 \sqrt{f_{ck}} \frac{b_w s}{f_{yt}} = 0.0625 \times \sqrt{21} \times \frac{250 \times 400}{500} = 57.3\,\text{mm}^2$$

$$A_{v\,min} = 0.35 \frac{b_w s}{f_{yt}} = \frac{0.35 \times 250 \times 400}{500} = 70\,\text{mm}^2$$

② $\rho_v = \dfrac{A_v}{b_v s} = \dfrac{70\text{mm}^2}{250\text{mm} \times 400\text{mm}} = 0.0007$

③ $\lambda = 1$(보통중량 콘크리트)

$$\therefore \phi V_{nh} = 0.75(1.8 + 0.6 \times 0.0007 \times 500)250 \times 480$$

$$= 180.9\,\text{kN} \geq V_u = 117.5\,\text{kN} \quad\cdots\cdots\cdots\cdots\cdots\cdots\cdots\cdots\cdots\cdots \text{O.K}$$

3) 수직 전단철근량 산정 $V_u = 117.5\,\text{kN}$

(1) ϕV_c 산정

$$\phi V_c = \phi \frac{1}{6} \lambda \sqrt{f_{ck}} b_w d$$

$$= 0.75 \times \frac{1}{6} \times 1.0 \times \sqrt{21} \times 250 \times 480 \times 10^{-3} = 68.7\,\text{kN}$$

(2) A_v 산정($s = 240\,\text{mm}$ 가정 : $d/2 = 480/2 = 240\,\text{mm}$)

$$\phi V_s = V_u - \phi V_c = 117.5 - 68.7 = 48.8\,\text{kN}$$

$$A_v = \frac{48.8 \times 1,000 \times 240}{0.75 \times 500 \times 480} = 65.1\,\text{mm}^2 \leq A_{v\,min} = 70\,\text{mm}^2$$

$\therefore$ D10($A_v = 2 \times 71 = 142\,\text{mm}^2$)@240 이하 간격으로 배근한다면 수직전단과 수
평전단 모두를 만족시킨다.

〈경우 3〉
사용하중 상태의 고정하중＝4.60kN/m
사용하중 상태의 활하중＝49.20kN/m
계수하중＝84.24N/m

1) 계수전단력 산정

$$V_u = (84.24 \times 9.1/2) - (84.24 \times 0.48) = 342.9\,\text{kN}$$

2) 수평전단력 산정

(1) $\phi V_{nh} = \phi\,0.56\,b_v d = 0.75 \times 0.56 \times 250 \times 480 \times 10^{-3} = 50.4\,\text{kN}$

$$< V_u = 342.9\,\text{kN} \quad\cdots\cdots\cdots\cdots\cdots\cdots\cdots\quad \text{N.G}$$

(2) 전단마찰설계 여부 검토

$$\phi\,3.5\,b_v d = 0.75 \times 3.5 \times 250 \times 480 \times 10^{-3} = 315\,\text{kN} \;<\; V_u = 342.9\,\text{kN}$$

$$\therefore\; \text{전단마찰설계 적용}$$

3) 단위길이당 계수 수평전단력 산정

$$v_{uh} = \frac{V_u}{b_v d} = \frac{342.9 \times 10^3}{250 \times 480} = 2.9\,\text{MPa}(\text{N}/\text{mm}^2)$$

단위 길이 1m 범위에서의 수평전단응력이 같다고 가정하면

$$\therefore\; V_{uh} = 2.9 \times 250 \times 1{,}000 = 725.0\,\text{kN}$$

4) 수평전단 마찰 철근량 산정

가정 : 프리캐스트 보의 접촉면이 약 6mm 깊이로 거칠게 만들어진 것으로 가정

(1) $V_u \leq \phi V_{\max}$ 검토

$$\phi V_{\max} = \phi[0.2 f_{ck} A_c,\; (3.3 + 0.08 f_{ck})\,A_c,\; 11]_{\min}$$

$$= 0.75 \times 4.2 \times 250 \times 1{,}000 \times 10^{-3} = 787.5\,\text{kN}$$

$$\geq V_u = 342.9\,\text{kN} \quad\cdots\cdots\cdots\cdots\quad \text{O.K}$$

(2) 전단마찰철근량 산정

$$V_{uh} \leq \phi V_n = \phi A_{vf} f_{yt} \mu$$

$$A_{vf} = \frac{V_{uh}}{\phi \mu f_{yt}} = \frac{725 \times 10^3}{0.75 \times 500 \times 1.0} = 1{,}933.3\,\text{mm}^2/\text{m}$$

D13 철근 사용($A_v = 2 \times 127 = 254\,\text{mm}^2$)

$$s = \frac{254 \times 1{,}000}{1{,}933.3} = 131.4\,\text{mm}$$

5) 수평전단 마찰 철근량 산정

  (1) ϕV_c 산정

$$\phi V_c = \phi \frac{1}{6} \lambda \sqrt{f_{ck}} \, b_w d$$

$$= 0.75 \times \frac{1}{6} \times 1.0 \times \sqrt{21} \times 250 \times 480 \times 10^{-3} = 68.7\,\text{kN}$$

  (2) A_v 산정

$$\phi V_s = V_u - \phi V_c = 342.9 - 68.7 = 274.2\,\text{kN}$$

$$\leq 0.2(1 - f_{ck}/250)f_{ck}\, b_w\, d$$

$$= 0.75 \times 0.2(1 - 21/250) \times 21 \times 250 \times 480 \times 10^{-3} = 346.2\,\text{kN} \ \cdots\cdots \text{O.K}$$

$$s_{req} = \frac{\phi A_v f_{yt} d}{\phi V_s} = \frac{0.75 \times 254 \times 500 \times 480}{274.2 \times 1,000} = 166.7\,\text{mm}$$

$$s_{\max} \leq \left[\frac{A_v f_{yt} d}{V_s}, \ \frac{d}{4}, \ 300 \right]_{\min} = 120\,\text{mm}$$

$$\therefore \ \text{단부에서 } d + 1\text{m 구간까지 D13@120 배근}$$

동일한 방법으로 1m씩 수평전단력을 산정하여 최대 간격($s = 4 \times 100\,\text{mm}$ $= 400\,\text{mm} < 600\,\text{mm}$)의 범위 안에서 조정하여 배치할 수 있다.

제16장 스트럿-타이 해석

[KDS 14 20 24]

→ Professional Engineer Architectural Structures

16.1 스트럿-타이 모델에 의한 해석

1. 스트럿-타이 모델의 개념 및 해석방법 [KDS 14 20 24]

1) 용어정리

(1) B영역(B-region)

보 이론의 평면유지원리가 적용되는 부분

(2) D영역(D-region)

집중하중에 의한 하중 불연속부, 단면이 급변하는 기하학적 불연속부, 그리고 보 이론의 평면유지원리가 적용되지 않는 영역

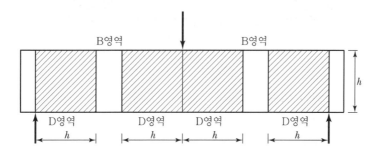

(3) 스트럿-타이 모델(Strut-Tie Model)

스트럿, 타이, 그리고 스트럿과 타이의 단면력을 받침부나 부근의 B영역으로 전달시켜 주는 절점 등으로 구성된 콘크리트 구조부재 또는 D영역의 설계를 위한 트러스 모델

(4) 스트럿(Strut)

스트럿-타이 모델의 압축요소로서, 프리즘 모양 또는 부채꼴 모양의 압축응력장을 이상화한 요소

(5) 타이(Tie)

스트럿-타이 모델의 인장력 전달요소

(6) 절점(Node)

스트럿-타이 모델의 3개 이상 스트럿과 타이의 연결점 또는 스트럿과 타이 그리고 집중하중의 중심선이 교차하는 점

(7) 절점영역(Nodal Zone)

스트럿과 타이의 힘이 절점을 통해서 전달될 수 있도록 하는 절점의 유한영역으로 2차원의 삼각형 또는 다각형 형태이거나 3차원에서는 입체의 유한영역

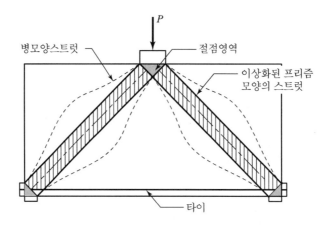

2) 스트럿 – 타이 모델의 설계절차

(1) 콘크리트 구조부재 또는 D영역의 스트럿 – 타이 모델 설계는 다음 (2)부터 (6)까지에 규정된 설계절차에 따라야 한다.

(2) 설계대상영역을 설정하고 설계대상영역의 설계를 위한 초기조건을 결정하여야 한다.

(3) 설계대상영역의 설계를 위한 스트럿 – 타이 모델을 선정하여야 한다.

(4) 스트럿과 타이의 단면력을 스트럿 – 타이 모델의 구조해석을 통해 계산하여야 한다. 구조해석을 할 때 스트럿과 타이의 필요단면적은 스트럿과 타이의 유효강도 범위 내에서 결정하여야 하고, 스트럿과 타이의 유효강도는 기준에서 제시하는 방법으로 구해야 한다. 스트럿과 타이의 필요단면적이 설계대상영역과 스트럿 – 타이 모델의 기하학적 형상에 의해 결정되는 이들 요소의 최대 허용단면적을 초과하지 않아야 하며, 이를 위반할 경우 초기의 설계조건을 수정하여 (3)으로 되돌아가야 한다.

(5) 기준에서 제시한 방법으로 절점영역의 강도를 검토하여야 한다. 절점영역의 강도에 문제가 있을 때에는, 철근타이의 정착방법과 지압판의 크기를 변경하여 절점영역의 강도를 재검토하거나 초기의 설계조건을 수정하여 (3)으로 되돌아가야 한다.

(6) 기준에 정의된 타이의 유효강도를 고려하여 필요 철근량을 산정하여야 한다. 이때 철근의 배치와 정착 또한 기준을 만족시켜야 한다.

16.2 스트럿-타이 모델을 적용한 설계일반사항

1) 스트럿(Strut) 설계

(1) 설계원칙

$$\phi\, F_n \geq F_u$$

F_u : 계수 하중에 의한 스트럿의 단면력

F_n : 스트럿의 공칭축강도

ϕ : 강도감소계수 0.75

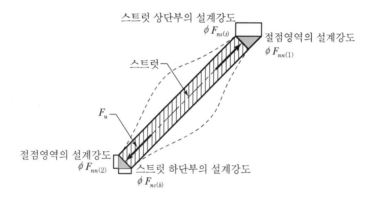

① 스트럿의 설계강도는 스트럿 양단부의 설계강도와 양절점영역의 설계강도 중 작은 값을 취한다.

② 스트럿-타이 모델은 강도 한계상태에서 콘크리트의 부재거동을 고려한 설계방법이므로 설계기준에 규정된 사용성 조건이 고려되어야 한다.

(2) 스트럿의 축강도

① 스트럿 공칭압축강도

$$F_{ns} = f_{ce}\, A_c$$

A_c : 스트럿 단부의 단면적

f_{ce} : 스트럿 또는 절점영역의 콘크리트 유효압축강도

② 스트럿의 유효압축강도

$$f_{ce} = 0.85\,\beta_s\,f_{ck}$$

스트럿 형태	β_s
전길이에 걸쳐 단면적이 일정한 스트럿	1.0
병모양 스트럿 : 기준에 맞게 철근배치 규정을 만족할 때	0.75
그렇지 못할 때	0.60λ
인장부재 또는 부재의 인장 플랜지인 스트럿	0.40
기타의 모든 경우	0.60

λ는 일반강도 콘크리트 1.0, 모래경량 콘크리트 0.85, 경량콘크리트 0.75

③ 스트럿 단부의 단면적

$$A_c = w_{sm} \cdot b$$

w_{sm} : 스트럿의 유효폭

㉠ $\phi\,F_n \geq F_u$

㉡ $F_{ns} = f_{ce}\,A_c$

㉢ $f_{ce} = 0.85\,\beta_s\,f_{ck}$

㉣ $w_{sm} = \dfrac{F_{us}}{0.85\,\phi\,\beta_s\,f_{ck}\,b}$

④ 스트럿의 확산 고려시 횡방향 구속철근비 제한

스트럿의 압축력 지지능력은 스트럿의 퍼짐현상에 의하여 증가되며, 이때 콘크리트 스트럿의 압축력은 스트럿 축방향 2에 대하여 횡방향 1의 비율로 분산, 전달되는 것으로 가정한다. 그러나 이러한 가정은 스트럿의 퍼짐에 의하여 생기는 스트럿 횡방향의 인장력이 철근에 의하여 구속되는 경우에만 가능하기 때문에 f_{ck}가 40MPa 이하일 경우 스트럿의 축방향과 교차되는 철근이 아래의 철근비를 만족시켜야 한다.

$$\sum \frac{A_{si}}{b\,s_i}\,\sin\gamma_i \geq 0.003$$

γ_i : 보강철근이 스트럿 중심선과 이루는 각

s_i : 보강철근의 간격

A_{si} : 배치된 철근의 전체 단면적

스트럿을 보강하는 철근은 스트럿 중심건에 대하여 직교하는 두 방향으로 배치하거나, 또는 한방향으로 배치하여야 하며, 한 방향으로 배치하는 경우 철근이 스트럿 중심선과 이루는 각은 40° 이상이어야 한다.

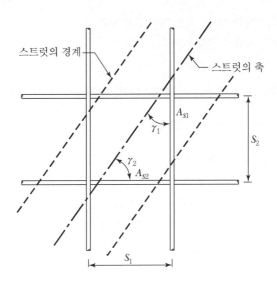

⑤ 스트럿의 철근효과

　　㉠ 압축철근을 스트럿 중심선에 평행하게 배치, 적절하게 정착

　　㉡ 압축 철근 보강 규정에 맞게 띠철근이나 나선철근으로 횡방향철근을 보강

$$F_{ns} = f_{ce} A_c + 1.2 A_s' f_s'$$

　　A_s' : 압축철근의 단면적

　　f_s' : 압축철근의 응력(SD300, SD350, SD400 철근의 경우 f_y 적용 가능)

　　※ 1.2 계수는 0.9/0.75를 도입한 상태이나, 현기준은 0.85를 사용하고 있으므로
　　　0.85/0.75를 사용하여 1.13을 사용하여야 한다.

2) 타이(Tie) 설계

(1) 설계원칙

$$\phi F_n \geq F_u$$

F_u : 계수하중에 의한 타이의 단면력

F_n : 타이의 공칭축강도

ϕ : 강도감소계수 0.75

(2) 타이의 공칭축강도 : 철근이나 프리스트레스 긴장재의 강도에 의하여 결정

$$F_{nt} = A_{st} f_y + A_{ps} (f_{pe} + \triangle f_p)$$

F_{nt} : 타이의 공칭축강도

A_{st} : 타이로 사용되는 철근의 단면적

A_{ps} : 프리스트레스용 긴장재의 단면적

f_{pe} : 긴장재의 유효프리스트레스응력

Δf_p : 계수축력에 의한 긴장재의 응력 증가분

(3) 철근 면적

$$A_{st} = \frac{F_{ut}}{\phi f_y}$$

F_{ut} : 스트럿–타이 모델의 계수하중에 의한 타이의 단면력

$\phi = 0.75$

(4) 타이의 유효폭 $w_{t,\max}$

스트럿–타이 모델의 설정에서 타이는 인장철근과 그를 둘러싸는 일정한 폭의 주변 콘크리트로 구성되며, 이 철근을 둘러싼 콘크리트의 폭을 타이 유효폭이라고 한다.

① 철근의 중심선은 타이의 중심선과 일치하게 배치

② 인장 철근이 1열로 배열된 경우 타이유효폭 w_t는 철근 중심으로부터 피복 콘크리트의 표면까지의 거리를 두 배한 값

③ C–C–T 상태의 절점의 경우 절점영역에서의 타이유효폭의 상한 값을

$$w_{t,\max} = \frac{F_{nt}}{f_{ce} \, b_s}$$으로 계산되는 값으로 할 수 있다.

(f_{ce} : 절점영역의 유효압축강도 $= 0.85 \, \beta_n f_{ck}$)

④ 철근 타이는 철근의 정착길이나 표준갈고리 또는 기계적 장치 등에 의하여 절점영
역에 정착되어야 한다.

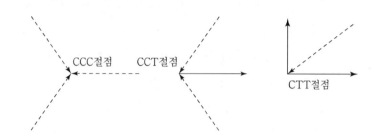

(5) 타이철근의 정착

타이철근의 정착은 정착판이나 기계적정착이 아닐 경우에는 아래에서 l_{anc}가 인장철
근의 정착길이 이상 확보토록 정착하여야 한다.

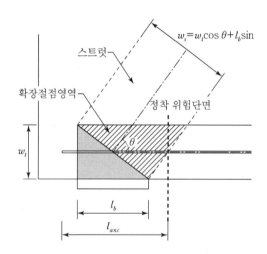

3) 절점영역의 축강도

(1) 절점영역의 공칭축강도

$$F_{nn} = f_{ce} A_n$$

f_{ce} : 절점영역 콘크리트의 유효압축강도

A_n : 스트럿이나 타이로부터 절점영역에 전달되는 계수 축력 또는 이들 합력의 작용
선에 수직한 절점영역 경계면의 면적

(2) 절점영역의 콘크리트 유효 압축강도

$$f_{ce} = 0.85\,\beta_n\,f_{ck}$$

절점영역의 구속계수 β_n

① 지지판이나 스트럿으로 둘러싸인 절점영역(CCC절점) : 1.0

② 한 개의 타이가 정착된 절점영역(CCT절점) : 0.80

③ 두 개 이상의 타이가 정착된 절점영역(CTT절점) : 0.60

Memo...

16.3 스트럿-타이 모델을 적용한 Deep Beam 설계 Process

1) Deep Beam 여부 판정

   (1) $a \leq 2h$

   (2) $l_n \leq 4h$

2) 단면의 적정성 검토

$$\phi V_{n\max} = \phi \frac{5}{6}\sqrt{f_{ck}}\, b_w\, d \geq V_u$$

3) Strut and Tie Model 선택 및 기하학적 형태 결정

   (1) STM 모델 결정

   (2) 스트럿-타이 모델의 높이(jd) 결정

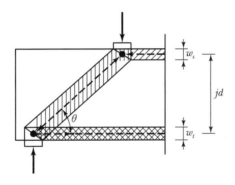

4) 스트럿과 타이의 단면력 산정

5) 스트럿과 절점영역의 강도 검토

   스트럿의 유효강도와 절점영역의 유효강도를 비교하여 그 중 작은 유효 강도 값을 스트럿의 유효강도로 결정 $\Rightarrow \beta_{s,\mathrm{mod}} = [\beta_s,\ \beta_n]_{\min}$

$$w_{req} = \frac{F_u}{\phi \beta_{s,\mathrm{mod}}(0.85 f_{ck})b}$$

요구되는 유효폭 이상을 사용함으로써 강도를 만족시키는 것으로 한다.

6) TIE 철근량 산정

$$A_{st} = \frac{F_u}{\phi f_y}$$

7) 균열제어를 위한 최소 철근량 검토

(1) 스트럿의 병모양 인장균열 제어를 위한 최소철근량 검토

$$\sum \frac{A_{si}}{b s_i} \sin^2 \gamma_i \geq 0.003$$

(2) 최소철근량 및 배근 간격 검토

① $A_v \geq 0.0025 b_w s$, $\quad s \leq \left[\dfrac{d}{5}, 300\text{mm}\right]_{\min}$

② $A_{vh} \geq 0.0015 b_w s$, $\quad s \leq \left[\dfrac{d}{5}, 300\text{mm}\right]_{\min}$

8) TIE 철근의 정착 검토

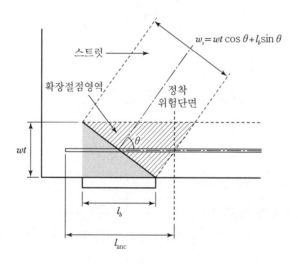

9) 배근도 작성

16.4 스트럿-타이 모델 기출 및 예제문제

문제1 아래와 같은 TRANSFER GIRDER를 STRUT - TIE 설계법으로 설계하라.

단, $f_{ck} = 24\,\mathrm{MPa}$, $f_y = 400\,\mathrm{MPa}$

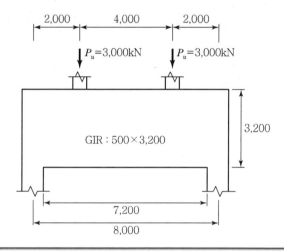

풀이 STRUT - TIE 설계

1) Deep Beam 설계 여부 검토

$$\frac{l_n}{h} = \frac{7.2}{3.2} = 2.25 < 4$$

2) 단면의 적정성 검토

(1) $d = 0.9h = 0.9 \times 3,200 = 2,880\,\mathrm{mm}$

(2) $\phi V_n \leq \phi\dfrac{5}{6}\sqrt{f_{ck}}\,b_w\,d = 0.75 \times 5/6 \times \sqrt{24} \times 500 \times 2,880 \times 10^{-3}$

$$= 4,409\,\mathrm{kN} \geq V_u = 3,000\,\mathrm{kN} \quad\cdots\cdots\cdots\cdots\cdots\cdots\cdots O.K$$

3) 트러스의 형태 결정

(1) 트러스 형태 : 사다리꼴로 결정

(2) 1차 트러스

① 트러스의 높이 가정 : $0.8h = 0.8 \times 3,200 = 2,560\,\mathrm{mm}$

② 경사각 $\theta_\alpha = \arctan\left(\dfrac{2.56}{2.0}\right) = 52°$

③ 경사스트럿 : $F_{us} = 3,000 \times (1/\cos 38°) = 3,807.1\,\text{kN}$

　　수평스트럿, 타이 : $F_{u(s,t)} = 3,807.1 \times \cos 52° = 2,343.9\,\text{kN}$

④ 수평스트럿, 타이의 폭 계산(전구간 단면일정 가정 : $\beta_s = 1.0$)

$$w_{sm} = \frac{F_{us}}{\phi\,\beta_s\,0.85 f_{ck}\,b} = 2,343.9 \times 1 \frac{0^3}{0.75 \times 1 \times 0.85 \times 24 \times 500} = 306\,\text{mm}$$

(3) 트러스 형태 결정

① 트러스 높이 : $H = 3,200 - 306 = 2,894\,\text{mm}$

② 경사각 $\theta_\alpha = \arctan\left(\dfrac{2.894}{2.0}\right) = 55.35°$

4) 유효폭 및 철근량 계산

(1) 경사스트럿

① $F_{us} = 3,000 \times (1/\cos 34.65°) = 3,646.8\,\text{kN}$

② $w_{sm} = \dfrac{F_{us}}{\phi\,\beta_s\,0.85 f_{ck}\,b} = \dfrac{3,646.8 \times 10^3}{0.75 \times 0.75 \times 0.85 \times 24 \times 500} = 636\,\text{mm}$

(2) 수평스트럿

① $F_{us} = 3,807.1 \times \cos 55.35° = 2,073.4\,\text{kN}$

② $w_{sm} = \dfrac{F_{us}}{\phi\,\beta_s\,0.85 f_{ck}\,b} = \dfrac{2,073.4 \times 10^3}{0.75 \times 1.0 \times 0.85 \times 24 \times 500} = 271\,\text{mm}$

(3) 타이철근 배근 및 철근비 검토

① $F_{ut} = 3,807.1 \times \cos 55.35° = 2,073.4\,\text{kN}$

② 배근

$$A_{st} = \frac{F_{ut}}{\phi f_y}(\phi = 0.75) = \frac{2,073.4 \times 10^3}{0.75 \times 400} = 6,912.3\,\text{mm}^2$$

　∴ $18 - \text{HD}\,22$ 배근$(A_{st} = 6,966\,\text{mm}^2)$

③ 철근비 검토

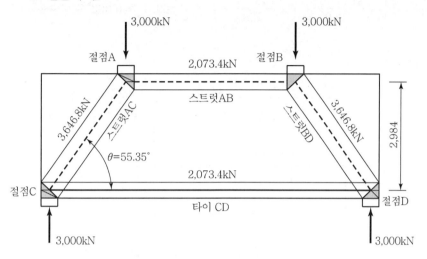

5) 전단철근량 산정

  (1) 최소보강 : HD13 가정

$$A_v = A_{vh} = 2 \times 127 = 254 \, \text{mm}^2$$

    ① 수직철근 간격

$$s = \frac{254}{0.0025 \times 500} = 203.2 \, \text{mm} \leq \left[\frac{d}{5} \approx 616 \text{mm}, \ 300 \text{mm} \right]_{\min}$$

    $\therefore$ HD 13@200(D) 배근

    ② 수평철근 간격

$$s = \frac{254}{0.0015 \times 500} = 339 \, \text{mm} \leq \left[\frac{d}{5} \approx 616 \text{mm}, \ 300 \text{mm} \right]_{\min}$$

    $\therefore$ HD 13@300(D) 배근

  (2) $\sum \dfrac{A_{si}}{b \, s_i} \sin\gamma_i \geq 0.003$ 검토

$$\frac{254}{500} \left(\frac{\sin 34.65°}{200} + \frac{\sin 55.35°}{300} \right) = 0.00284 < 0.003 \ \text{·····················} \ \text{N.G}$$

  수평전단보강근 HD 13@250(D) 배근

$$\frac{254}{500}\left(\frac{\sin 34.65°}{200}+\frac{\sin 55.35°}{250}\right) = 0.00311 > 0.003 \quad\cdots\cdots\cdots\cdots\cdots\cdots\cdots \text{O.K}$$

6) 배근도

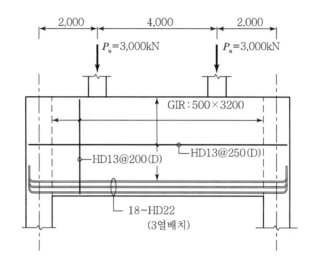

문제2 아래 보를 STM(STRUT & TIE MODEL)을 이용하여 설계하라.

단, 1) $P_d = 800\,\text{kN}$, $P_l = 400\,\text{kN}$(보자중 무시)

2) $f_{ck} = 27\,\text{MPa}$, $f_y = f_{yt} = 400\,\text{MPa}$

3) $d = h - 100\,\text{mm}$로 가정하고 주근은 D29, STR은 D16 사용

4) 모든 지압판 : $450 \times 500\,\text{mm}$

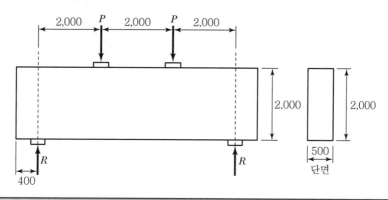

풀이 스트럿-타이 모델에 의한 깊은 보 설계

1) P_u 및 반력 산정

(1) $P_u = 1.2D + 1.6L = 1.2 \times 800 + 1.6 \times 400 = 1,600\,\text{kN}$

$\geq 1.4 \times 800 = 1,120\,\text{kN}$ $\qquad \therefore P_u = 1,600\,\text{kN}$

(2) $R = 1,600\,\text{kN}$

2) Deep Beam 여부 판정

(1) $a/h = 2,000/2,000 = 1.0 < 2.0 \rightarrow$ Deep Beam

(2) $l_n = 6,000 - 450 = 5,550\,\text{mm} < 4h = 4 \times 2,000 = 8,000\,\text{mm}$

3) 단면의 적정성 검토

$$\phi V_{n\max} = \phi \frac{5}{6} \sqrt{f_{ck}}\, b_w\, d = 0.75 \times \frac{5}{6} \times \sqrt{27} \times 500 \times 1,900 \times 10^{-3}$$

$$= 3,085.2\,\text{kN} > P_u = 1,600\,\text{kN} \quad \cdots\cdots\cdots\cdots\cdots\cdots\cdots\cdots\cdots\cdots\cdots\cdots \text{O.K}$$

4) Strut and Tie Model 구성

(1) STM → 사다리꼴 Model 적용

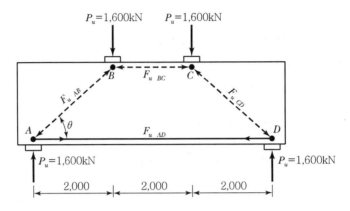

(2) STM의 높이(jd) 산정

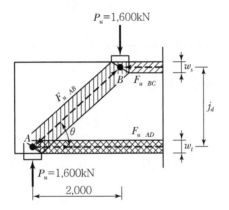

① w_s(Strut BC의 폭)

$$F_{u,BC} = \phi F_{ns} = \phi f_{ce} A_{cs}$$

$$= \phi(0.85\beta_s f_{ck})(b_s w_s)$$

$$= 0.75 \times 0.85 \times 1.0 \times 27 \times 500 \times w_s \times 10^{-3} = 8.606\, w_s\ \text{kN}$$

② w_t(TIE AD의 폭)

$$F_{u,AD} = \phi F_{nt} = \phi f_{ce} A_{nz}$$

$$= \phi(0.85\beta_n f_{ck})(b_s w_t)$$

$$= 0.85 \times 0.85 \times 0.8 \times 27 \times 500 \times w_t \times 10^{-3} = 7.803 w_t \, \mathrm{kN}$$

③ w_s, w_t 결정

㉠ $F_{u,BC} = F_{u,AD}$

$8,604 w_s = 7,803 w_t$

$w_t = 1.1 w_s$

㉡ $jd = 2,000 - \dfrac{w_s}{2} - \dfrac{w_t}{2} = 2,000 - \dfrac{2.1 w_s}{2}$

㉢ $\sum M_a = 0$

$1,600 \times 2,000 - 8,606 w_s (2,000 - 1.05 w_s) = 0$

$1,600 \times 2,000 - 8,606 \times 2,000 \times w_s + 1.05 \times 8,606 \times w_s^2 = 0$

$\therefore \ w_s = 209 \, \mathrm{mm}, \ w_t = 230 \, \mathrm{mm}$

$w_s = 220 \, \mathrm{mm}, \ w_t = 260 \, \mathrm{mm}$로 설계

④ jd 결정

$jd = 2,000 - 220/2 - 260/2 = 1,760$

5) 부재력 산정

(1) $F_{uBC} = F_{uAD}$ 산정

$F_{uBC} = F_{uAD} = V_u (2,000)/jd = 1,600 \times 2,000 / 1,760 = 1,818.2 \, \mathrm{kN}$

(2) F_{uAB} 산정

① $\theta = \tan^{-1}\left(\dfrac{1,760}{2,000}\right) = 41.3°$

② $F_{uAB} = 1,600/\sin 41.3° = 2,424.2 \, \mathrm{kN}$

6) 스트럿 AB의 강도 검토

(1) 스트럿 AB 양 단부의 유효폭 산정

① 상단부 유효폭

$w_{st} = l_b \sin\theta + w_s \cos\theta = 450 \times \sin 41.31° + 1,220 \times \cos 41.3° = 462.3 \, \mathrm{mm}$

② 하단부 유효폭

$$w_{sb} = l_b \sin\theta + w_t \cos\theta = 450 \times \sin 41.3° + 260 \cos 41.3° = 492.3\,\text{mm}$$

(2) 스트럿 AB의 강도 검토

$$\phi F_{ns} = \phi 0.85\beta_s f_{ck} A_{cs} = 0.75 \times 0.85 \times 0.75 \times 27 \times 500 \times 462.3 \times 10^{-3}$$
$$= 2,984\,\text{kN} \geq 2,424.2\,\text{kN}$$

7) 인장타이 철근 산정

(1) $A_s = \dfrac{F_{uAD}}{\phi f_y} = \dfrac{1,818.2 \times 10^3}{0.85 \times 400} = 5,347.6\,\text{mm}^2$

$10 - HD\,29$ 배치$(10 \times 642 = 6,420\,\text{mm}^2)$

(2) $A_{s\,\min} = (1.4/f_y)b_w d = (1.4/400) \times 500 \times 1,870$
$$= 3,272.5\,\text{mm}^2 \leq A_s \quad\text{..} \text{O.K}$$

8) 인장 철근의 배치 및 정착 검토

(1) $l_{anc} = 450 + \dfrac{450}{2} + 130/\tan 41.30° - 40 = 783\,\text{mm}$

(2) $l_h = \dfrac{100 d_b}{\sqrt{f_{ck}}} = \dfrac{100 \times 29}{\sqrt{27}} = 558\,\text{mm}$

9) 병모양 스트럿에 균열 조절 보강 철근 배치

가정 : HD16@250 배치

(1) $\sum \dfrac{A_{si}}{b_s s_i} \sin^2\gamma_i \geq 0.003$

$$\dfrac{198 \times 2}{500 \times 250} \times \sin^2 41.3° + \dfrac{198 \times 2}{500 \times 250} \times \sin^2 48.7° = 0.00317 \geq 0.003 \quad\text{.....}\ \text{O.K}$$

(2) 수직 철근비 $A_{s1}/b_s s_1 = 0.00317 > 0.0012$

(3) 수평 철근비 $A_{s2}/b_s s_1 = 0.00317 > 0.002$

(4) 수직 철근비 $d/5 = 1,870/5 = 374\,\text{mm} > 250\,\text{mm}$ ································· O.K

10) 배근도

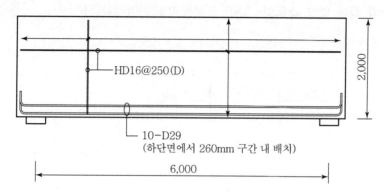

HD16@250(D)

10-D29
(하단면에서 260mm 구간 내 배치)

6,000

2,000

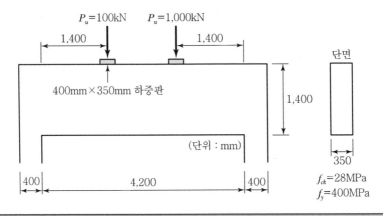

문제3 아래와 같은 보를 스트럿 - 타이 모델을 이용하여 설계하라. [94회 4교시 유사]

단, 하중판의 길이는 400mm, 하중판의 폭은 350mm, $f_{ck} = 28\text{MPa}$, $f_y = 400\text{MPa}$

풀이 **스트럿 - 타이 모델에 의한 깊은 보 설계**

1) Deep Beam 여부 판정

  (1) $a = 1,400\,\text{mm} \leq 2h = 2 \times 1,400 = 2,800\,\text{mm} \rightarrow \text{Deep Beam}$

  (2) $l_n = 4,200\,\text{mm} \leq 4h = 4 \times 1,400 = 5,600\,\text{mm} \rightarrow \text{Deep Beam}$

2) 단면의 적정성 검토

$$\phi V_{n\max} = \phi \frac{5}{6} \sqrt{f_{ck}}\, b_w\, d = 0.75 \times \frac{5}{6} \times \sqrt{28} \times 350 \times 1,300 \times 10^{-3}$$

$$= 1,504.8\,\text{kN} > P_u = 1,000\,\text{kN} \quad \cdots\cdots\cdots\cdots\cdots\cdots\cdots\cdots\cdots\cdots\cdots\cdots \text{O.K}$$

3) Strut and Tie Model 선택

  (1) STM

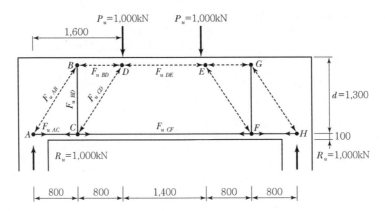

(2) 스트럿-타이 모델의 높이(jd) 결정

① w_s 결정

㉠ $M_u = 1,000 \times 1.4 = 1,400\,\text{kN·m}$

㉡ $A_s = \dfrac{M_u}{\phi f_y \, 0.875d} = \dfrac{1,400 \times 10^6}{0.85 \times 400 \times 0.875 \times 1,300} = 3,620\,\text{mm}^2$

(8-D25 가정)

㉢ $a = \dfrac{8 \times 507 \times 400}{0.85 \times 28 \times 350} = 195\,\text{mm}$

∴ $w_s = 250\,\text{mm}$ 가정

② w_t 결정

2열 배근 가정하고 하부면에서 철근 중심 간 거리를 구하면

$40 + 16 + 25 + 25/2 = 93.5\,\text{mm}$

∴ $w_t = 200\,\text{mm}$ 가정

③ jd 결정

$$jd = 1,400 - \frac{w_s}{2} - \frac{w_t}{2} = 1,400 - \frac{250}{2} - \frac{200}{2} = 1,175\,\text{mm}$$

4) 스트럿과 타이의 단면력 산정

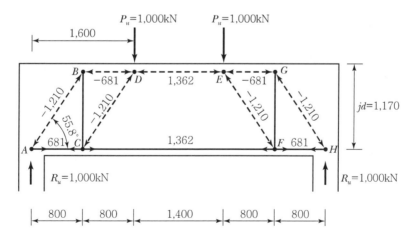

5) 스트럿과 절점영역의 강도 검토

스트럿의 유효강도와 절점영역의 유효강도를 비교하여 그 중 작은 유효강도 값을 스트럿의 유효강도로 결정 ⇒ $\beta_{s,\mathrm{mod}} = [\beta_s, \ \beta_n]_{\min}$

STRUT AB의 w_{req}

$$w_{req} = \frac{F_u}{\phi(0.85)\beta_{s,\mathrm{mod}}f_{ck}b}$$

$$= \frac{F_u}{\phi(0.85)\beta_{s,\mathrm{mod}}f_{ck}b} = \frac{1,210 \times 10^3}{0.75 \times 0.85 \times 0.75 \times 28 \times 350} = 258\,\mathrm{mm}$$

요소 번호	요소 종류	β_s or β_n	$\beta_{s,\mathrm{mod}}$	$0.85\beta_{s,\mathrm{mod}}f_{ck}$	F_u(kN)	w_{rep}(mm)
AB	스트럿 AB	0.75	0.75	17.85	1210	258
	NZ* A-CCT	0.80				
	NZ B-CCT	0.80				
BD	스트럿 BD0	1.00	0.80	19.04	681	136
	NZ B-CCT	0.80				
	NZ D-CCC	1.00				
CD	스트럿 CD	0.75	0.60	14.28	1210	323
	NZ B-CTT	0.60				
	NZ B-CCC	1.00				
DE	스트럿 DE	1.00	1.00	23.80	1362	218
	NZ D-CCC	1.00				
	NZ E-CCC	1.00				

상기 표에서 요구되는 STRUT의 유효폭 이상이 확보되면 스터럽과 절점영역의 강도를 만족하는 것으로 한다.

6) TIE 철근량 산정

(1) TIE CF-휨철근

$$A_{st} = \frac{F_u}{\phi f_y} = \frac{1,362 \times 10^3}{0.85 \times 400} = 4,005.9\,\mathrm{mm}^2$$

$$\therefore \ 8\text{-}D25(A_s = 8 \times 507 = 4,056\,\mathrm{mm}^2)$$

(2) TIE AC − 휨철근

$$A_{st} = \frac{F_u}{\phi f_y} = \frac{681 \times 10^3}{0.85 \times 400} = 2,002.9\,\mathrm{mm}^2$$

$$\therefore\ 4-\mathrm{D}25(A_s = 4 \times 507 = 2,028\,\mathrm{mm}^2)$$

(3) TIE BC − 전단철근(D16 배근)

소요철근 개수 : $n = \dfrac{F_u}{\phi A_{st} f_y} = \dfrac{1,000 \times 10^3}{0.85 \times 2 \times 198.7 \times 400} \fallingdotseq 8$

$$s = \frac{1,600}{8} = 200\,\mathrm{mm}$$

따라서 기둥면에서 하중점까지 D16@200 간격으로 폐쇄형 스터럽 시공

7) 균열제어를 위한 최소 철근량 검토

(1) 스트럿 AB와 CD의 병모양 인장균열 제어를 위한 최소철근량 검토
수평철근 D10@250(D) 가정

$$\Sigma \frac{A_{si}}{bs_i} \sin^2\gamma_i \geq 0.003$$

$$\Sigma \frac{A_{si}}{bs_i} \sin\gamma_i = \frac{198.7 \times 2}{350 \times 200} \sin 34.2° + \frac{71.3 \times 2}{350 \times 250} \sin 55.8° = 0.0045 \geq 0.003$$

(2) 최소철근량 및 배근간격 검토

① 수직철근 간격(D16@200 배근)

$$s = \frac{398}{0.0025 \times 350} = 454\,\mathrm{mm}$$

$$s \leq \left[\frac{d}{5} = 260\mathrm{mm},\ 300\mathrm{mm}\right]_{\min} \quad \cdots\cdots\cdots\cdots\cdots\cdots\cdots\cdots\cdots\cdots \text{O.K}$$

$\therefore$ D16@200 배근

② 수평철근 간격(D10@250(D) 배근)

$$s = \frac{142}{0.0015 \times 350} = 270\,\mathrm{mm}$$

$$s \leq \left[\frac{d}{5} = 260\text{mm}, \ 300\text{mm} \right]_{\min} \cdots\cdots\cdots\cdots\cdots\cdots\cdots\cdots\cdots\cdots\cdots \text{ O.K}$$

$$\therefore \ D\,10@250\,(D) \ \text{배근}$$

8) TIE 철근의 정착 검토

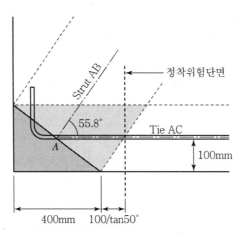

(1) 단부에서의 정착 검토

① $\dfrac{0.24\beta d_b f_y}{\lambda \sqrt{f_{ck}}} \times \text{보정계수} = \dfrac{0.24 \times 1.0 \times 25 \times 400}{1.0 \times \sqrt{28}} \times 0.7 = 317.5\,\text{mm}$

② $l_{anc} = 400 + 100/\tan55.8° - 40 = 418\,\text{mm} > l_{dh} = 317.5\,\text{mm} \ \cdots\cdots \text{ O.K}$

(2) TIE CF 4−D25 철근 정착 검토

$$l_d = \frac{0.6 d_b f_y}{\lambda \sqrt{f_{ck}}} \times \text{보정계수} = \frac{0.6 \times 25 \times 400}{1.0 \times \sqrt{28}} \times 1.0 \times 1.0 \times 1.0 = 1{,}134\,\text{mm}$$

$\therefore$ 단부까지 연장하여 정착

9) 배근도

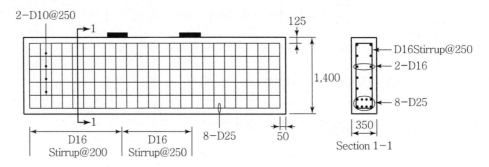

문제4 다음 그림과 같이 집중하중을 받는 깊은 보에 대한 휨 및 전단설계를 하라.

집중하중 : 고정하중 $P_d = 400\,\text{kN}$

활하중 $P_l = 300\,\text{kN}$

콘크리트 : $f_{ck} = 30\,\text{MPa}$, 철근 : $f_y = 400\,\text{MPa}$

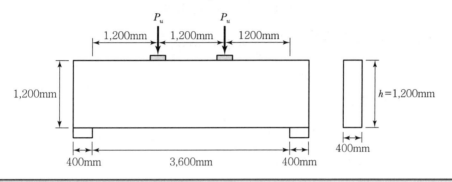

풀이 1. Deep Beam 여부 판정

  (1) $a = 1,400 \le 2h = 2 \times 1,000 = 2,000\,\text{mm}$

  (2) $l_n = 3,600 \le 4h = 4,800\,\text{mm}$ $\therefore$ Deep Beam

2) 단면 적성성 검토

  (1) $V_u = 1.2 \times 400 + 1.6 \times 300 = 960\,\text{kN}$

  (2) $\phi V_{n\max} = \phi \cdot \dfrac{5}{6} \cdot \sqrt{f_{ck}} \cdot b_w \cdot d = 0.75 \times \dfrac{5}{6} \times \sqrt{30} \times 400 \times 1,100 \times 10^{-3}$

       $= 1,506.2\,\text{kN} > V_u$ ·· O.K

3) STR & Tie Mode 선택

  (1) STM 선정

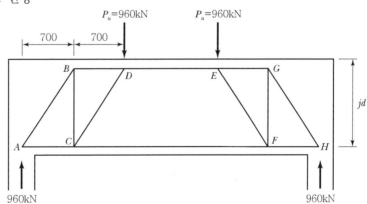

(2) STM 높이(jd) 산정

① w_s 결정

㉠ $M_u = 960 \times 1.2 = 1,152\,\text{kN·m}$

㉡ $A_s = \dfrac{M_u}{\phi \cdot f_y \cdot 0.875d} = \dfrac{1,152 \times 10^6}{0.85 \times 400 \times 0.875 \times 1,100} = 3,520\,\text{mm}^2$

∴ $10 - \text{HD}\,22(A_s = 3,870\,\text{mm}^2)$ 가정

㉢ $a = \dfrac{3,870 \times 400}{0.85 \times 30 \times 400} = 151.76\,\text{mm}$

∴ $w_s = 200\,\text{mm}$ 가정

② w_t 결정

인장철근 중심 간 거리 $= 40 + 13 + 22 + 25/2 = 87.5$

∴ $w_t = 200\,\text{mm}$ 가정

③ $jd = 122 - \dfrac{w_s}{2} - \dfrac{w_e}{2} = 1,000\,\text{mm}$

4) 스트럿과 타이의 단면력 산정

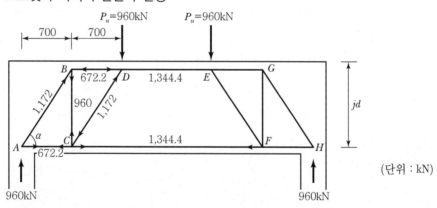

(1) $\overline{AB}$의 부재력

$960 = \overline{AB} \cdot \sin\alpha$

$\alpha = \tan^{-1}\left(\dfrac{1,000}{700}\right) = 55°$

∴ $\overline{AB} = 960/\sin 55° = 1,172\,\text{kN}$

(2) $AC = 1,172 \times \cos 55° = 672.2\,\mathrm{kN}$

5) 스트럿과 절점영역 강도 검토

스트럿의 유효강도와 절점영역의 유효강도를 비교하여 그중 작은 유효강도 값을 스트럿의 유효강도로 결정 $\Rightarrow \beta_2 = [\beta_s,\ \beta_n]_{\min}$

STRUT AB의 w_{req}

$$w_{req} = \frac{F_u}{\phi \cdot 0.85 \cdot f_{ck} \cdot \beta_2 \cdot b} = \frac{1,172 \times 10^3}{0.75 \times 0.85 \times 30 \times 0.75 \times 400} = 204.3\,\mathrm{mm}$$

요소 번호	요소 종류	β_s or β_n	β_2	$0.85\beta_2 f_{ck}$	F_u(kN)	w_{rep}(mm)
AB	스트럿 AB	0.75	0.75	19.125	1172	204.3
	NZ* A−CCT	0.80				
	NZ B−CCT	0.80				
BD	스트럿 BD0	1.00	0.80	20.4	672.2	109.8
	NZ B−CCT	0.80				
	NZ D−CCC	1.00				
CD	스트럿 CD	0.75	0.60	15.3	1172	255.3
	NZ B−CTT	0.60				
	NZ B−CCC	1.00				
DE	스트럿 DE	1.00	1.00	25.5	1344.4	175.7
	NZ D−CCC	1.00				
	NZ E−CCC	1.00				

상기 표에서 요구되는 STRUT의 유효폭 이상이 확보되면 스터럽과 절점영역의 강도를 만족하는 것으로 한다.

6) 타이 철근량 결정

(1) TIE CF − 휨철근

① 철근량 산정

$$A_{st} = \frac{F_u}{\phi \cdot f_y} = \frac{1,344.4 \times 10^3}{0.85 \times 400} = 3,954.2\,\mathrm{mm}$$

$$= 8 - \mathrm{D}\,25\,(A_s = 8 \times 507 = 4,056\,\mathrm{mm}^2)$$

② 배근폭 검토

$$w_{req} = \frac{F_u}{\phi \cdot 0.85 \cdot f_{ck} \cdot \beta_n \cdot b} = \frac{1,344.4 \times 10^3}{0.75 \times 0.85 \times 0.30 \times 0.6 \times 400}$$

$$= 292.9 \, \text{mm}$$

w_{req}가 초기 가정한 w_t(200mm)보가 크므로 『3. STR & Tie Mode 선택』에서 jd를 다시 산정하여 반복 해석을 수행하여야 하나 생략한다.

TIE CF의 휨인장철근량은 폭 300mm($\geq$ 292.9mm)에 균등하게 배치한다.

(2) TIE AC - 휨철근

$$4 - D\,25(A_s = 4 \times 507 = 2,028 \, \text{mm}^2)$$

(3) TIE BC - 전단철근(D16 배근)

소요철근 개수 : $n = \dfrac{F_u}{\phi A_{st} f_y} = \dfrac{960 \times 10^3}{0.85 \times 2 \times 198.7 \times 400} \fallingdotseq 8$

$$s = \frac{1,400}{8} = 175 \, \text{mm}$$

따라서 기둥면에서 하중점까지 D16@150 간격으로 폐쇄형 스터럽 시공

7) 균열제어를 위한 최소 철근량 검토

(1) 스트럿 AB와 CD의 병모양 인장균열 제어를 위한 최소철근량 검토
   수평철근 D10@250(D) 가정

$$\sum \frac{A_{si}}{bs_i} \sin^2\gamma_i \geq 0.003$$

$$\sum \frac{A_{si}}{bs_i} \sin^2\gamma_i = \frac{198.7 \times 2}{400 \times 150} (\sin 35°)^2 + \frac{71.3 \times 2}{400 \times 250} (\sin 55°)^2 = 0.00313 \geq 0.003$$

(2) 최소철근량 및 배근 간격 검토
   ① 수직철근 간격(D16@200 배근)

$$s = \frac{398}{0.0025 \times 400} = 398 \, \text{mm}$$

$$s \le \left[\frac{d}{5} = 220\text{mm}, \ 300\text{mm}\right]_{\min}$$

∴ D16@150 배근 ·· O.K

② 수평철근 간격(D10@250(D) 배근)

$$s = \frac{142}{0.0015 \times 400} = 236\,\text{mm}$$

$$s \le \left[\frac{d}{5} = 220\text{mm}, \ 300\text{mm}\right]_{\min} \ \cdots\cdots\cdots\cdots\cdots\cdots\cdots\cdots\cdots\cdots\cdots\cdots\cdots \ \text{O.K}$$

따라서 수평철근을 D10@250(D)에서 D10@200(D)으로 수정한다.

8) TIE 철근의 정착 검토

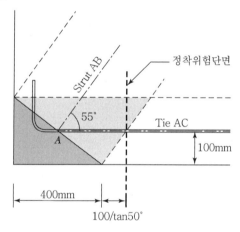

(1) 단부에서의 정착 검토

① $l_{dh} = \dfrac{0.24\beta d_b f_y}{\lambda \sqrt{f_{ck}}} \times 보정계수 = \dfrac{0.24 \times 1.0 \times 25 \times 400}{1.0 \times \sqrt{30}} \times 0.7 = 306.7\,\text{mm}$

② $l_{anc} = 400 + 100/\tan55° - 40 = 430\,\text{mm} > l_{dh} = 306.7\,\text{mm}$ ·········· O.K

(2) TIE CF 4 - D25 철근 정착 검토

$$l_d = \frac{0.6 d_b f_y}{\lambda \sqrt{f_{ck}}} \times 보정계수 = \frac{0.6 \times 25 \times 400}{1.0 \times \sqrt{30}} \times 1.0 \times 1.0 \times 1.0 = 1{,}095.4\,\text{mm}$$

∴ 단부까지 연장하여 정착

9) 배근도

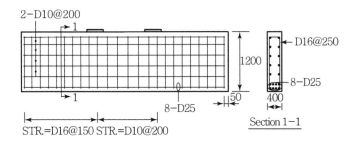

Memo...

문제5 스트럿-타이 모델을 이용하여 깊은보의 1) 휨철근과 전단철근을 구하고, 2) 절점 C의 배근상 주의점을 기술하시오.

단, 수평 Tie는 D25 2단 배근으로 간주하고, 압축응력블럭의 깊이 $a = 250\,mm$
$f_{ck} = 27\,MPa$, $F_y = 400\,MPa$, $P_U = 900\,kN$

- 스트럿과 타이의 필요단면적은 모델에서 결정되는 최대허용단면적을 초과하지 않는 것으로 가정한다.
- 절점영역에서의 축강도는 변형 및 발생응력에 대하여 안전한 것으로 가정한다.

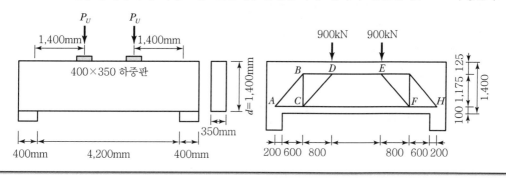

풀이 스트럿-타이 모델을 이용하여 깊은보 설계

1) 휨철근과 전단철근

(1) 단면 적정성 검토

$$\phi V_{n\max} = \phi \cdot \frac{5}{6} \cdot \sqrt{f_{ck}} \cdot b_w \cdot d$$

$$= 0.75 \times \frac{5}{6} \times \sqrt{28} \times 350 \times 1,300 \times 10^{-3} = 1477.7\,kN > P_u = 900\,kN$$

(2) 스트럿 타이

① $\theta = \tan^{-1}\left(\dfrac{1,175}{800}\right) = 55.75°$

② $F_{AB} = F_{CD} = 900/\sin 55.75° = 1,088.8\,kN$

③ $|F_{BD}| = |F_{AC}| = 1,088.8\,kN \times \cos 55.75° = 612.8\,kN$

④ $|F_{DE}| = |F_{CF}| = 2 \times 612.8 = 1,225.6\,kN$

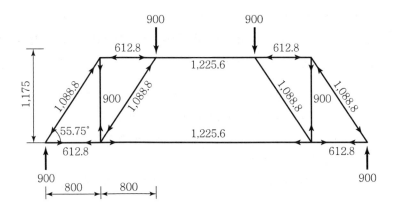

(3) 휨철근 산정

① TIE CF-휨철근

$$A_s = \frac{F_u}{\phi f_y} = \frac{1,225.6 \times 10^3}{0.85 \times 400} = 3,604.7 \, \text{mm}^2$$

$$\therefore \ 8 - HD\,25\,(A_s = 8 \times 507 = 4,056 \, \text{mm}^2)$$

② TIE AC-휨철근

$$A_s = \frac{F_u}{\phi f_y} = \frac{612.8 \times 10^3}{0.85 \times 400} = 1,802.35 \, \text{mm}^2$$

$$\therefore \ 4 - HD\,25\,(A_s = 4 \times 507 = 2,028 \, \text{mm}^2)$$

(4) 전단철근(TIE BC)-산정(D13 배근)

① 전단철근량 산정

$$n = \frac{F_u}{\phi \cdot A_{st} \cdot f_y} = \frac{900 \times 10^3}{0.85 \times 2 \times 127 \times 400} = 10.42$$

$$\therefore \ D13@150 \ 배근$$

기둥면에서 하중점까지 D13@150 폐쇄형 STR 배근

② 스트럿 AB와 CD의 병모양 인장균열 제어를 위한 최소철근량 검토

수평철근 D10@250(D) 가정

$$\sum \frac{A_{si}}{bs_i} \sin^2\gamma_i \geq 0.003$$

$$\sum \frac{A_{si}}{bs_i}\sin^2\gamma_i = \frac{127\times2}{350\times150}(\sin34.25°)^2 + \frac{71\times2}{350\times250}(\sin55.75°)^2$$

$$= 0.00264 \leq 0.003 \quad\cdots\cdots\cdots\text{N.G}$$

수평철근 D13@250(D) 가정

$$\sum \frac{A_{si}}{bs_i}\sin^2\gamma_i = \frac{127\times2}{350\times150}(\sin34.25°)^2 + \frac{127\times2}{350\times250}(\sin55.75°)^2$$

$$= 0.0035 \geq 0.003 \quad\cdots\cdots\cdots\text{O.K}$$

2) 절점 C의 배근상 주의점을 기술

(1) CF TIE 철근 배근시 C절점의 절점강도를 고려하여 안정성을 확보할 수 있는 폭에 균등 배근하여야 한다.

$$\omega_{req} = \frac{F_u}{\phi\cdot0.85\cdot\beta_2\cdot f_{ck}\cdot b_w} = \frac{1,225.6\times1,000}{0.75\times0.6\times0.85\times27\times350} = 339.1\,\text{mm}$$

∴ 339.1mm 넓게 분포시켜 배근하여야 한다.

(2) CF TIE 철근의 정착을 확보하여야 한다.

(3) BC TIE 철근 배근시 모든 위치에서 F_y를 발휘할 수 있도록 폐쇄형 스터럽으로 시공한다.

Memo...

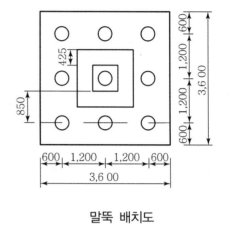

말뚝 배치도

문제6 아래 그림과 같은 말뚝기초에 대하여 다음에 답하시오.

1) 말뚝의 허용지지력을 검토하시오.
2) 기초두께의 적정성을 검토하시오.
3) STM에 대한 AB TIE의 철근량을 산정하시오(철근정착검토생략).

단, $P_D = 3,700\,\text{kN}$

$P_L = 1,700\,\text{kN}$

말뚝의 지름 $\phi = 400\,\text{mm}$

말뚝 허용지지력, $R_a = 700\,\text{kN}$

$f_{ck} = 24\,\text{MPa}$, $f_y = 400\,\text{MPa}$

기둥크기 700×700

풀이 **1. 말뚝의 지지력 검토**

(1) P_s 산정

$$P_s = 3,700 + 1,700 = 5,400\,\text{kN}$$

(2) $R = 1.1 \times \dfrac{(3,700 + 1,700)}{9} = 660\,\text{kN} < R_a = 700\,\text{kN}$ ························· O.K

2) 설계용 말뚝의 반력

(1) $P_u = 1.2 \times 3,700 + 1.6 \times 1,700 = 7.160\,\text{kN}$

(2) $R_u = \dfrac{7,160}{9} = 795.5\,\text{kN/ea}$

3) 기초판의 전단 검토

(1) 1방향 전단 검토

① 위험단면 : $d = 1,000 - 150 = 850\,\text{mm}$

따라서 위험단면의 위치는 외측말뚝의 중심선에 놓인다.

② $V_u = 3 \times 795.5 / 2 = 1,193.25\,\text{kN}$

③ $\phi V_c = \phi\, 1/6\, \lambda \sqrt{f_{ck}}\, b_w\, d = 0.75 \times 1/6 \times 1.0 \times \sqrt{24} \times 3,600 \times 850 \times 10^{-3}$

$= 1,873.9\,\text{kN} \geq V_u$ ··· O.K

(2) 2방향 전단 검토

① $V_u = 795.5 \times 8 = 6,364\,\mathrm{kN}$

② $\phi\,V_c$ 산정

$$V_c = v_c\,b_o\,d \;\leq\; 0.58\,f_{ck}\,b_o\,c_u$$

$v_c = \lambda\,k_s\,k_{bo}\,f_{te}\cot\psi\,(c_u/d)$

$\lambda = 1.0(\text{보통콘크리트})$

$0.75 \leq k_s = (300/d)^{0.25} = (300/850)^{0.25} = 0.771 \leq 1.1$

$k_{bo} = 4/\sqrt{\alpha_s\,(b_o/d)} = 4/\sqrt{1.0\times(6{,}200/850)} = 1.481 \leq 1.25$

$\therefore\;\; k_{bo} = 1.25$

$f_{te} = 0.2\sqrt{f_{ck}} = 0.2\times\sqrt{24} = 0.98\,\mathrm{N/mm^2}$

$f_{cc} = (2/3)f_{ck} = (2/3)\times 24 = 16\,\mathrm{N/mm^2}$

$\cot\psi = \sqrt{f_{te}(f_{te}+f_{cc})}\,/\,f_{te}$

$\qquad = \sqrt{0.98\times(0.98+16)}\,/0.98 = 4.163$

$c_u = d[25\sqrt{\rho/f_{ck}} - 300(\rho/f_{ck})]\;\;(\rho = 0.005\;\text{가정})$

$\qquad = 850\times[25\times\sqrt{0.005/24} - 300\times(0.005/24)]$

$\qquad = 253.6\,\mathrm{mm}$

$v_c = \lambda\,k_s\,k_{bo}\,f_{te}\cot\psi\,(c_u/d)$

$\quad = 1.0\times 0.771\times 1.25\times 0.98\times 4.163\times(253.6/850)$

$\quad = 1.173\,\mathrm{N/mm^2}$

$V_c = v_c\,b_o\,d = 1.173\times 6{,}200\times 850\times 10^{-3} = 6{,}181.7\,\mathrm{kN}$

$\quad \leq\; 0.58\,f_{ck}\,b_o\,c_u = 0.58\times 24\times 6{,}200\times 253.6\times 10^{-3} = 21{,}886.7\,\mathrm{kN}$

$\phi\,V_c = 0.75\times 6{,}181.7 = 4{,}636.3\,\mathrm{kN} \geq V_u = 3{,}240\,\mathrm{kN}$ ⋯⋯⋯⋯⋯⋯ O.K

4) 스트럿 – 타이 모델 검토

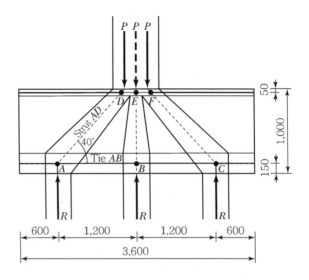

(1) 말뚝의 반력

$R = 3 \times 795.5 = 2,386.5 \, \text{kN}$

(2) 인장 타이의 작용력

$AB = \dfrac{2,386.5}{\tan 40°} = 2,844.12 \, \text{kN} \, (\text{T})$

(3) 인장 타이 검토

$A_s = \dfrac{T}{\phi f_y} = \dfrac{2,844.12 \times 10^3}{0.85 \times 400} = 9,480 \, \text{mm}^2$

$25 - \text{D}22(A_s = 9,675 \, \text{mm}^2)$ 배근

문제7 350mm×350mm의 기둥에 부착되어 기둥면에서 125mm 떨어져서 프리캐스트 보를 지지하는 내민받침을 설계하라. 내민받침에는 계수전단력 $V_u = 250$kN이 작용하고, 내민받침에 크리프나 건조수축을 고려하기 위해서 계수전단력의 20%인 수평방향 인장력 $N_{uc} = 50$kN이 작용한다고 가정한다. 보통 중량 콘크리트의 설계기준강도 $f_c = 28$MPa이고 철근의 항복강도는 $f_y = 400$MPa이다.

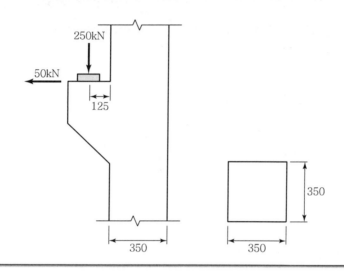

풀이 스트럿 타이에 의한 내민받침 설계

1) 지압판(Bearing Plate)의 크기 결정

(1) 절점 강도를 고려한 지압강도 산정($\beta_n = 0.8$: CCT 절점)

$$f_{ce} = 0.85\beta_n f_c = 0.75 \times 0.85 \times 0.8 \times 28 = 19.04\,\text{N/mm}^2$$

(2) 지압판 소요면적

$$A_{sreq} = V_u/\phi f_{ce} = 250 \times 10^3 / (0.75 \times 19.04) = 13,130\,\text{mm}^2$$

∴ 지압판 size : 300mm×150mm($A = 300 \times 150 = 45,000\,\text{mm}^2$)

2) 브래킷의 치수 결정

$$V_u \leq \phi\,[\,0.2f_{ck}b_w d,\ (3.3+0.08f_{ck})b_w d,\ 11b_w d\,]_{\min}$$

(1) $d_{req} \geq \dfrac{V_u}{\phi\,0.2\,f_{ck}\,b_w} = \dfrac{250 \times 10^3}{0.75 \times 0.2 \times 24 \times 350} = 198.4\,\text{mm}$

∴ $d = 350\,\text{mm}$ 적용($H = 350 + 50 = 400\,\text{mm}$)

(2) $a/d = 125/350 = 0.357 \leq 1.0$

3) 트러스의 형상 결정

   (1) 절단법에 의한 DD'부재의 $F_{u,DD}$ 및 w_s 산정

$$\Sigma M_A = 0$$

$$250 \times (125 + 350 - 50) + 50 \times (400) = F_{u.DD'}\left(300 - \frac{w_s}{2}\right)$$

$$F_{u.DD'} \leq \phi f_{ce} b_s w_s = 0.75 \times [(0.85 \times 0.8 \times 28) \times (350 \times w_s)]/1,000 = 5.0 w_s$$

$$(\because \beta_n = 0.8 : \text{절점D CCT})$$

$$2.5 w_s^2 - 1,500 w_s + 126,250 = 0$$

$$\therefore w_s = 101.3\,\text{mm}$$

$$F_{u.DD'} = 5.0 w_s = 5.0 \times 101.3 = 506.5\,\text{kN}$$

   (2) V_u와 N_{uc}의 합력 작용선 각도 : $\tan^{-1}\left(\dfrac{50}{250}\right) = 11.3°$

   (3) 절점 C의 편심 : $50\tan 11.3° = 10\,\text{mm}$

   (4) 트러스의 기하학적 형태 결정

      CD부재의 수평면과의 각

      스트럿 CD의 수평거리 : $10 + 125 + \dfrac{101.3}{2} = 185.65\,\text{mm}$

      수평면과의 사이각 : $\tan^{-1}\left(\dfrac{350}{185.65}\right) = 62.1°$

      BD부재의 수평면과의 각

      스트럿 BD의 수평거리 : $300 - \dfrac{101.3}{2} = 249.4\,\text{mm}$

      수평면과의 사이각 : $\tan^{-1}\left(\dfrac{350}{249.4}\right) = 54.5°$

4) Strut & Tie 부재력 산정

   CD 부재 : $F_{u,CD} = \dfrac{-250}{\cos(90 - 62.1)°} = -282.9\,\text{kN}$

   CB 부재 : $F_{u,CB} = 50 + 282.9\sin(90 - 62.1)° = 182.4\,\text{kN}$

   BD 부재 : $F_{u,BD} = \dfrac{-182.4}{\cos 54.5°} = -314.1\,\text{kN}$

BA 부재 : $F_{u,BA} = 314.1 \sin 54.5° = 255.7 \, \text{kN}$

DD' 부재 : $F_{u,DD'} = -282.9 \sin 62.1° - 314.1 \sin 54.5° = -505.7 \, \text{kN}$

DA 부재 : $F_{u,DA} = 314.1 \cos 54.5° - 282.9 \cos 62.1° = 50 \, \text{kN}$

5) Tie 설계

(1) Tie CB : $F_{u,CB} = 182.4 \, \text{kN}$

$$A_{s,(req)} = \frac{F_{u,CB}}{\phi f_y} = \frac{182.4 \times 10^3}{(0.85 \times 400)} = 536.5 \, \text{mm}^2$$

$$A_{s,(use)} = 5 \times 127 = 635 \, \text{mm}^2 \geq 536.5 \, \text{mm}^2 \quad \cdots\cdots\cdots\cdots\cdots\cdots \text{O.K}$$

(2) Tie DA : $F_{u,DA} = 50 \text{kN}$

$$A_{s,(req)} = \frac{F_{u,DA}}{\phi f_y} = \frac{50 \times 10^3}{(0.85 \times 400)} = 147.1 \, \text{mm}^2$$

상하 50mm 간격으로 후프 배치

$$A_{s,(use)} = 2(2-\text{D}10) = 285 \, \text{mm}^2 > A_{s,(req)} = 147.1 \, \text{mm}^2 \quad \cdots\cdots\cdots\cdots \text{O.K}$$

6) Strut 및 Tie의 폭 검토

(1) Strut CD : $\beta_n = 0.8$(절점 C : CCT), $\beta_s = 0.75$ (병모양 스트럿 가정)

$$\phi f_{ce} = 0.75(0.85\beta_s f_{ck}) = 0.75 \times (0.85 \times 0.75 \times 28) = 13.4 \, \text{N/mm}^2$$

$$\phi F_{ns} = \phi f_{ce} A_{cs} = 13.4 \times (350 \times w_s) \geq F_{u,CD} = 282.9 \times 10^3 (\text{N})$$

$$w_{s,(req)} = \frac{282.9 \times 10^3}{13.4 \times 350} = 60.3 \, \text{mm}$$

(2) Strut BD : $\beta_n = 0.6$(B점 CTT 절점)

$$\phi f_{ce} = 0.75(0.85\beta_s f_c) = 0.75(0.85 \times 0.6 \times 28) = 10.71 \, \text{N/mm}^2$$

$$\phi F_{ns} = \phi f_{ce} A_{ce} = 10.71 \times (350 \times w_s) \geq F_{u,BD} = 314.1 \times 10^3 (\text{N})$$

$$w_{s,(req)} = \frac{314.1 \times 10^3}{10.71 \times 350} = 83.8 \, \text{mm}$$

(3) Tie BA : $\beta_n = 0.6$(A & B CTT 절점)

$$\phi f_{ce} = 10.71\,\mathrm{N/mm^2}$$

$$\phi F_{ns} = \phi f_{ce} A_{ce} = 10.71 \times (350 \times w_s) \geq F_{u,BA} = 255.7 \times 10^3(\mathrm{N})$$

$$w_{t,(req)} = \frac{255.7 \times 10^3}{10.71 \times 350} = 68.2\,\mathrm{mm}$$

(4) Tie DA : $\beta_n = 0.6$(절점 A : CTT)

$$\phi f_{ce} = 10.71\,\mathrm{N/mm^2}$$

$$w_{t,(req)} = \frac{50 \times 10^3}{(10.71 \times 350)} = 13.3\,\mathrm{mm}$$

7) 균열조절을 위한 최소철근 배치

(1) 폐쇄스터럽

$$A_n = N_{uc}/\phi f_y = (50 \times 10^3)/(0.85 \times 400) = 147.1\,\mathrm{mm^2}$$

$$A_{h(req)} = 0.5(A_{sc} - A_n) = 0.5 \times (536.5 - 147.1) = 194.7\,\mathrm{mm^2}$$

3-D10 U형 폐쇄 스터럽 배치

$$A_{h(use)} = 2(3 \times 71) = 426\,\mathrm{mm^2} > A_{h(req)} = 187\,\mathrm{mm^2} \quad \cdots\cdots\cdots\cdots\cdots\cdots\cdots \text{O.K}$$

$$\frac{2}{3}d = \left(\frac{2}{3}\right)350 = 233\,\mathrm{mm}$$

$$\frac{233}{2} = 116.5\,\mathrm{mm}$$

$$\therefore \ 3-D10@100 \ \text{배치}$$

(2) 균열 조절 철근

$$\sum \frac{A_{si}}{b_s s_i}\sin^2\gamma_i = \frac{(71.3 \times 2)}{350 \times 100} \times (\sin 61.1°)^2 = 0.0031 \geq 0.003 \quad \cdots\cdots\cdots\cdots \text{O.K}$$

제17장 앵커 정착

[KDS 14 20 54]

→ Professional Engineer Architectural Structures

17.1 앵커의 파괴 양상

문제1 인장력과 전단력 작용시 각각의 앵커 파괴양상에 대하여 간략하게 도시하고 설명하시오.

풀이 앵커의 파괴

1) 인장 작용시
   (1) 강재 파괴
   (2) 콘크리트 파괴(Concrete Breakout Failure)
   (3) 뽑힘 파괴(Pull‑out Failure)
   (4) 측면 파열 파괴(Side‑face Blowout Failure)
   (5) 쪼갬 파괴(Splitting Failure)

2) 전단 작용시
   (1) 강재 파괴
   (2) 콘크리트 파괴(Concrete Breakout Failure)
   (3) 콘크리트 프라이아웃 파괴(Concrete Pryout Failure)

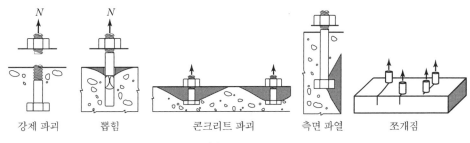

강제 파괴　　뽑힘　　　콘크리트 파괴　　측면 파열　　쪼개짐

(a) 인장하중

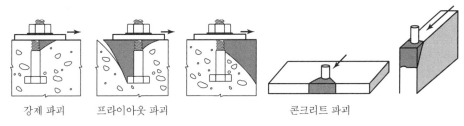

강제 파괴　　프라이아웃 파괴　　　　콘크리트 파괴

(b) 전단하중

17.2 단일 헤드 앵커 안전성 검토

문제 2 M24의 단일 헤드 볼트가 기초판 상부에 설치되어 있다. 앵커의 묻힘깊이는 250mm이고, 조합하중에 의해 70kN의 계수 인장하중을 받고 있을 경우 앵커의 안전성을 검토하시오.

단, 앵커는 가장자리에서 멀리 떨어져 있고, 앵커가 설치된 기초판은 지진 위험성이 높은 지역에 위치하고 있다. 앵커 강재의 항복강도 및 인장강도는 각각 240MPa, 400MPa(KS B ISO 898-1 성질등급 4.6, 육각헤드볼트의 지압면적(A_{brg})은 968mm²)이고, 콘크리트의 설계기준강도(f_{ck})는 40MPa이며, 사용시 콘크리트에 균열이 발생하고, 콘크리트 파괴를 구속하기 위한 보조철근은 없는 것으로 가정한다.

- 나사부 유효면적 : $A_{st} = \dfrac{\pi}{4}\left(d_n - \dfrac{0.9743}{n_t}\right)^2$

- 앵커 나사부 1mm당 나사산의 수(n_t) : 0.315

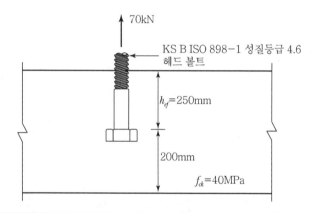

풀이 **단일 헤드 앵커 강도**

1) 앵커의 강재강도 산정

$$A_{st} = \frac{\pi}{4}\left(d_n - \frac{0.9743}{n_t}\right)^2 = \frac{\pi}{4}\left(24 - \frac{0.9743}{0.315}\right)^2 = 343\,\mathrm{mm}^2$$

$$f_{uta} = 400\,\mathrm{MPa} \leq [1.9 \times 240 = 456,\ 860]_{\min} = 456\,\mathrm{MPa} \qquad \therefore\ f_{uta} = 400\,\mathrm{MPa}$$

$$\phi N_{sa} = \phi\, n\, A_{se}\, f_{uta}$$

$$= 0.75 \times 1 \times 343 \times 400 \times 10^{-3} = 102.9\,\text{kN} \ \geq\ N_{ua} = 70\,\text{kN} \ \cdots\cdots\cdots\cdots\ \text{O.K}$$

2) 앵커의 콘크리트 강도 산정

(1) 콘크리트 파괴 강도 ϕN_{cb}

$$\phi\, N_{cb} = \frac{A_{Nc}}{A_{Nco}} \cdot \psi_{ed,N} \cdot \psi_{c,N} \cdot \psi_{cp,N} \cdot N_b$$

$\phi = 0.7$, 콘크리트 파괴를 구속하기 위한 별도의 보조철근 없음

A_{Nc}/A_{Nco} : 단일 앵커이고 가장자리의 영향을 받지 않음 $\qquad \therefore A_{Nc}/A_{Nco} = 1.0$

$\psi_{ed,N} = 1.0$, 가장자리의 영향을 받지 않음

$\psi_{c,N} = 1.0$, 사용하중 상태에서 콘크리트에 균열 발생

$\psi_{cp,N} = 1.0$, 선설치 앵커

$N_b = k_c \sqrt{f_{ck}}\, h_{ef}^{1.5} = 10 \times \sqrt{40} \times 250^{1.5} \times 10^{-3} = 250\,\text{kN}$

$\phi N_{cb} = 0.7 \times 1.0 \times 1.0 \times 1.0 \times 1.0 \times 250 = 175\,\text{kN}$

지진지역(연성확보)

$0.75\phi N_{cb} = 0.75 \times 175 = 131.3\,\text{kN} > \phi N_{sa} = 102.9\,\text{kN} \ \cdots\cdots\cdots\cdots\cdots\cdots\ \text{O.K}$

(2) 앵커의 뽑힘강도

$$N_{pn} = \psi_{c,P} N_p$$

$\psi_{c,P} = 1.0$ 사용하중 상태에서 콘크리트에 균열 발생

$N_p = 8 A_{brg} f_{ck} = 8 \times 968 \times 40 \times 10^{-3} = 310\,\text{kN}$

$\phi N_{pn} = 0.7 \times 310 = 217\,\text{kN}$

지진지역(연성확보)

$0.75\, \phi N_p = 0.75 \times 217 = 163\,\text{kN} > \phi N_{sa} = 102.9\,\text{kN} \ \cdots\cdots\cdots\cdots\cdots\cdots\ \text{O.K}$

(3) 콘크리트 측면파열 강도

가장자리끼리 거리는 충분히 먼 것으로 가정하고, 측면파열에 대해서는 안전한 것으로 한다.

(4) 콘크리트 쪼갬파괴

선설치 단일 앵커에 대해서 쪼갬파괴가 발생하지 않는 것으로 한다.

$$\therefore \ \phi N_c = 0.75 \left[\phi N_{cb}, \ \phi N_{pn} \right]_{\min} = 131.3 \, \mathrm{kN}$$

$$\geq \ \phi N_{sa} = 120.9 \, \mathrm{kN} \geq \ N_{ua} = 70 \, \mathrm{kN} \ \cdots\cdots\cdots\cdots\cdots \ \mathrm{O.K}$$

3) 평가

상기와 같이 M24 앵커가 설치되어 있을 경우 N_{ua}(70kN)에 대하여 구조적 안정성을 확보하고 있는 것으로 평가되었다. 또한 콘크리트의 파괴강도가 앵커의 파괴강도보다 크므로 지진에 대한 기준사항을 만족하는 것으로 평가되었다.

Memo...

17.3 단일 갈고리 앵커 안전성 검토

문제3 직경 20mm인 단일 갈고리 볼트가 그림과 같이 기초판 상부에 설치되어 있다. 볼트의 인장강도는 f_{uta} = 400MPa, 콘크리트 설계기준압축강도는 f_{ck} = 30MPa이다. 갈고리볼트는 기초판 가장자리의 영향을 받지 않으며, 하중계수가 고려된 20kN의 계수인장하중이 작용하고 있다. 사용 시 앵커가 설치된 기초판에 균열이 발생하고, 콘크리트 파괴를 구속하기 위한 별도의 보조철근은 배근하지 않는다고 가정할 때 갈고리볼트의 안정성을 검토하시오. [115회 4교시]

단, 볼트의 인장 강도감소계수 $\phi = 0.75$, 앵커의 뽑힘강도에 대한 강도감소계수 $\phi = 0.7$을 적용한다.

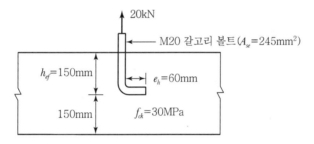

풀이 단일 앵커 강도

1) 앵커의 강재강도 산정

$$\phi N_{sa} = \phi \, n \, A_{se} \, f_{uta}$$
$$= 0.75 \times 1 \times 245 \times 400 \times 10^{-3} = 73.5 \, \text{kN} \geq N_{ua} = 20 \, \text{kN} \quad \cdots\cdots\cdots\cdots \text{O.K}$$

2) 앵커의 콘크리트 강도 산정

   (1) 콘크리트 파괴 강도 ϕN_{cb}

$$\phi \, N_{cb} = \frac{A_{Nc}}{A_{Nco}} \cdot \psi_{ed,N} \cdot \psi_{c,N} \cdot \psi_{cp,N} \cdot N_b$$

$\phi = 0.7$, 콘크리트 파괴를 구속하기 위한 별도의 보조철근 없음
A_{Nc}/A_{Nco} : 단일 앵커이고 가장자리의 영향을 받지 않음   ∴ $A_{Nc}/A_{Nco} = 1.0$

$\psi_{ed,N} = 1.0$, 가장자리의 영향을 받지 않음

$\psi_{c,N} = 1.0$, 사용하중 상태에서 콘크리트에 균열 발생

$\psi_{cp,N} = 1.0$, 선설치 앵커

$N_b = k_c \sqrt{f_{ck}}\, h_{ef}^{1.5} = 10 \times \sqrt{30} \times 150^{1.5} \times 10^{-3} = 100.6\,\text{kN}$

$\phi N_{cb} = 0.7 \times 1.0 \times 1.0 \times 1.0 \times 1.0 \times 100.6 = 70.42\,\text{kN}$

(2) 앵커의 뽑힘강도

$N_{pn} = \psi_{c,P} N_p$

$\psi_{c,P} = 1.0$, 사용하중 상태에서 콘크리트에 균열 발생

$N_p = 0.9\, f_{ck}\, e_h\, d_a = 0.9 \times 30 \times 60 \times 20 \times 10^{-3} = 32.4\,\text{kN}$

$\phi N_p = 0.7(0.9\, f_{ck}\, e_h\, d_a) = 0.7 \times 1.0 \times 32.4 = 22.68\,\text{kN} \geq N_{ua} = 20\,\text{kN}$

(3) 콘크리트 측면파열 강도

가장자리끼리 거리는 충분히 먼 것으로 가정하고, 측면파열에 대해서는 안전한 것으로 한다.

(4) 콘크리트 쪼갬파괴

선설치 단일앵커에 대해서 쪼갬파괴가 발생하지 않는 것으로 한다.

$\therefore \; \phi N_c = [\phi N_{cb},\; \phi N_{pn}]_{\min} = 22.68\,\text{kN} \geq N_{ua} = 20\,\text{kN}$

3) 평가

상기와 같이 앵커가 설치되어 있을 경우 N_{ua}(20kN)에 대하여 구조적 안정성을 확보하고 있는 것으로 평가되었다.

단, 검토 결과 강재의 인장파괴에 도달하기 전에 콘크리트 파괴가 선행되는 것으로 평가되었으므로 중진 및 강진지역 등 연성파괴를 유도하기 위해서는 추가적인 보강이 필요할 것으로 판단된다.

17.4 콘크리트 파괴에 대한 보강철근 상세

> **문제4** 인장을 받는 앵커와 전단을 받는 앵커에 대한 콘크리트 파괴 보강철근 상세에 대하여 간략하게 도시하시오.

풀이 앵커철근 상세

1) 인장앵커철근 상세

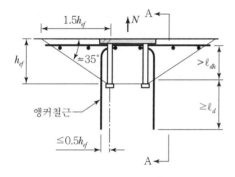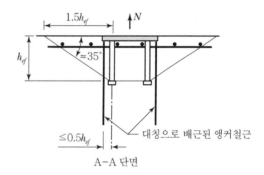

A-A 단면

Memo...

2) 전단앵커철근 상세

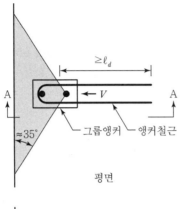

그룹앵커 | 앵커철근

평면

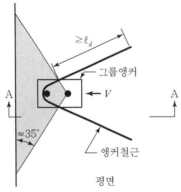

그룹앵커

앵커철근

평면

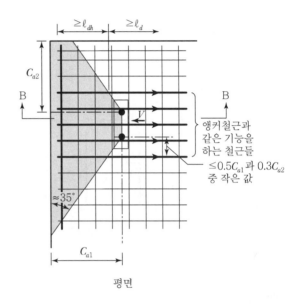

앵커철근과 같은 기능을 하는 철근들

$\leq 0.5C_{a1}$과 $0.3C_{a2}$ 중 작은 값

평면

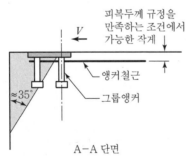

피복두께 규정을 만족하는 조건에서 가능한 작게

앵커철근

그룹앵커

A–A 단면

(a) 헤어핀 앵커철근

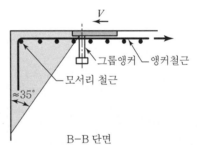

그룹앵커 | 앵커철근

모서리 철근

B–B 단면

(b) 가장자리 철근을 이용한 앵커철근

부록 철근콘크리트 내진상세정리

[KDS 14 20 80]

→ Professional Engineer Architectural Structures

01   내진설계의 기본 개념이해

1. 내진설계에 대한 기본개념

1) 자주 발생(작은 지진)

① 구조물에 피해가 발생해서는 안 된다.

② 작은 지진하중 - 경제적 부담이 크지 않다.

2) 가끔 발생(중간정도 지진)

① 마감재 피해 허용

② 구조부재의 피해가 발생해서는 안 된다.

③ 약간 보수 후 재사용 가능함

3) 매우 드물게(대규모 지진)

구조물붕괴가 발생해서는 안 된다. 인명피해 방지

2. 내진설계 기본개념을 반영하기 위한 설계계수

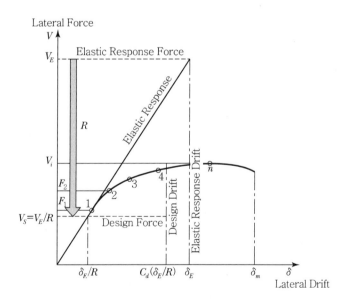

3. 내진설계기본개념 요약

내진설계 ⇒ 연성확보에 의한 에너지소산과 사용성 확보 ⇒ 소성힌지 형성 ⇒ 소성힌지를 형성시킬 수 있는 연성상세 필요

02 연성 확보를 위한 갈고리 상세

1. 내진갈고리(Seismic Hook)

철근지름의 6배 이상(또한 75mm 이상)의 연장길이를 가진 (최소)135° 갈고리로 된 스터럽, 후프철근, 연결철근의 갈고리 : 다만 원형후프철근의 경우에는 단부에 최소 90°의 절곡부를 가짐

2. 연결철근(Crosstie)

한쪽 끝에서 내진에 대한 표준갈고리가 있고, 다른 끝에서는 적어도 지름의 6배 이상의 연장길이와 90° 갈고리가 있는 연속철근 : 갈고리는 주위의 축방향 철근에 고정시켜야 하며, 연결철근의 90° 갈고리는 축방향 철근에 매번 반대방향으로 되도록 엇갈려 배치하여야 함

3. 후프철근(Hoop)

폐쇄띠철근 또는 연속적으로 감은 띠철근 : 폐쇄 띠철근은 양단에 내진갈고리를 가진 여러 개의 철근으로 만들 수 있음. 연속적으로 감은 띠철근은 그 양단에 반드시 내진갈고리를 가져야 함

1) 보 Hoop 철근 예

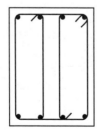 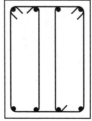 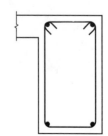

2) 기둥 Hoop 철근 예

후프철근상세

① 후프철근 135° 갈고리 여장길이

$$[6d_b(\text{후프 직경}),\ 75\text{mm}]_{\text{max}}$$

② 연결철근－90° 갈고리 번갈아 설치

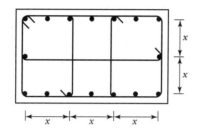

③ $x \leq 350\text{mm}$

03 　설계전단력 산정

1. 기본 개념

설계밑면전단력 산정시, 골조의 비선형 거동에 의한 연성능력 확보를 가정으로 연성정도에 따라 반응수정계수를 도입하여 실제 지진력을 낮추어 설계한다.

소성힌지를 형성하고 반복하중을 저항하는 과정의 에너지 소산능력은 상대적으로 취성파괴의 양상을 가진 전단파괴가 방지된 상태에서 가능하다. 따라서 구조부재의 소요전단강도는 중력하중과 횡하중 해석에 의한 계수 전단력은 물론이고, 그 부재가 휨내력을 발휘하도록 충분한 값이어야 한다.

2. 중간모멘트 저항골조

중간모멘트 저항골조 지진에 저항하는 보, 기둥 및 2방향 슬래브의 설계전단강도

(1) 순경간 고정단에서의 부재의 공칭모멘트 값에 따라 계산된 전단력과 계수연직하중에 의한 전단력의 합

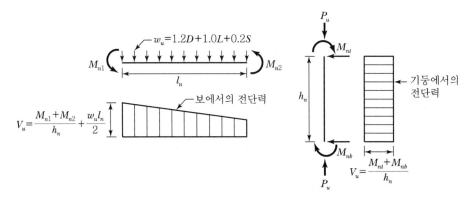

$$V_u = \frac{M_{n1}+M_{n2}}{h_n} + \frac{w_u l_n}{2}$$

(2) 내진설계 규정에서 정하는 값의 2배로 계산된 지진력 E를 포함하는 설계용하중조합으로 계산한 최대전단력 이상이어야 한다.

※ KCI07 지지하중을 포함한 하중조합

$$U = 1.2D + 1.0E + 1.0L + 0.2S \Rightarrow U = 1.2D + 2.0E + 1.0L + 0.2S$$
$$U = 0.9D + 1.0E + 1.6(\alpha_h H_v + H_h) \Rightarrow U = 0.9D + 2.0E + 1.6(\alpha_h H_v + H_h)$$

Memo...

문제 1 중간모멘트골조에 속하는 순경간 7m의 보에 고정하중 30.0kN/m(자중 포함), 활하중 25.0kN/m이 작용하고 있다. 이 보 양단부 배근이 아래와 같을 때 이 보가 지진력에 저항하기 위한 전단력도를 작도하시오.

단, 보의 공칭모멘트 산정시 압축철근은 무시한다.

$f_{ck} = 24\,\mathrm{MPa}$

$f_y = 400\,\mathrm{MPa}$

D22 철근 단면적 $A_1 = 387\,\mathrm{mm}^2$

피복두께 = 40mm

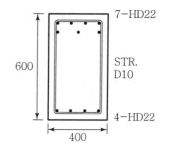

풀이 중간모멘트 골조의 전단력 산정

1) 계수하중에 의한 전단력 산정

   (1) W_u 산정

   $$W_u = 1.2D + 1.0L + 0.2S = 1.2 \times 30 + 1.0 \times 25 = 62\,\mathrm{kN/m}$$

   (2) 설계전단력 산정(접합면에서 산정)

   $$V_{u\,\mathrm{max}} = W_u \times \frac{l_n}{2} = 62 \times \frac{7}{2} = 217\,\mathrm{kN}$$

2) M_n에 의한 전단력 산정

   (1) M_{n1} 산정

   ① $a = \dfrac{A_s f_y}{0.85 f_{ck} b} = \dfrac{(7 \times 387) \times 400}{0.85 \times 24 \times 400} = 132.8\,\mathrm{mm}$

   ② $M_{n1} = A_s f_y \left(d - \dfrac{a}{2}\right) = (7 \times 387) \times 400 \times \left(515.5 - \dfrac{132.8}{2}\right) \times 10^{-6}$

   $= 486.6\,\mathrm{kN \cdot m}$

   (2) M_{n2} 산정

   ① $a = \dfrac{A_s f_y}{0.85 f_{ck} b} = \dfrac{(4 \times 387) \times 400}{0.85 \times 24 \times 400} = 75.9\,\mathrm{mm}$

② $M_{n2} = A_s f_y \left(d - \dfrac{a}{2} \right) = (4 \times 387) \times 400 \times \left(539 - \dfrac{75.9}{2} \right) \times 10^{-6}$

$\qquad = 310.3 \, \text{kN·m}$

(3) 전단력 산정

$$V_u = \frac{M_{n1} + M_{n2}}{l_n} = \frac{486.6 + 310.3}{7} = 113.8 \, \text{kN}$$

3) 최대전단력 및 전단력도 작성

$$V_{u\,\text{max}} = \frac{M_{n1} + M_{n2}}{l_n} + \frac{W_u \cdot l_n}{2} = 113.8 + 217 = 330.8 \, \text{kN}$$

횡하중이 좌측에서 우측방향으로 작용할 때의 전단력도를 작성하면 아래와 같다.
(좌향의 횡하중이 작용할 때, 아래의 전단력도와 반대이다.)

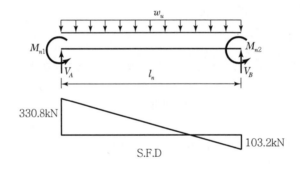

3. 특수모멘트 골조의 휨부재 전단강도 요구 조건

1) 설계전단력 V_e는 접합면 사이의 부재부분에 대한 힘의 평형으로 결정되며, 접합면 즉 단부에 작용하는 예상 강도 M_{pr} 모멘트 값의 정 또는 부의 값과 경간을 따라 계수중력하중이 재하되는 부재를 가정하여 구하여야 한다.

① 전단력 V_e = 단부의 모멘트에 의해 생겨나는 전단력 + 계수연직하중에 의한 전단력

② 단부 최대로 가능한 모멘트 M_{pr}은 철근의 인장응력이 $1.25 f_y$이라는 가정하에서 계산된 값

③ 기둥에 대한 M_{pr}값은 그 기둥에 접합되어 있는 보들의 M_{pr}값에 의해 계산되는 값을 초과할 필요는 없다.

④ V_e는 구조물 해석에 의해 계산된 값보다 작아서는 안 된다.

2) 특수모멘트저항골조 규정에 따른 횡방향철근은 다음과 같은 조건이 모두 발생하면 $V_c = 0$이라고 가정하여 전단력을 저항할 수 있도록 설계하여야 한다.

① 설계전단력이 최대 소요전단강도의 1/2 이상일 때

② 지진하중의 영향을 고려한 계수축력이 $A_g f_{ck}/20$ 이하일 때

$\mathcal{M}emo...$

04 슬래브 배근상세(플랫)

1. 보통모멘트저항골조

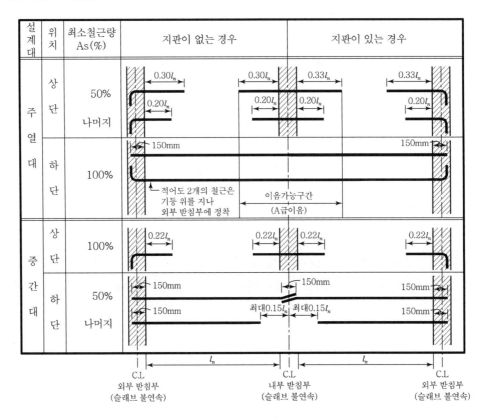

1) 보가 없는 슬래브의 철근은 2방향 슬래브의 기본 배근상세 외 상기상세에 표시된 것과 같은 최소 길이 규정을 지켜야 한다.

2) 인접경간의 길이가 다를 경우 긴 경간을 기준으로 상기상세를 적용한다.

3) 불균형모멘트 저항

① 중간대에 배치된 철근도 불균형 모멘트의 일부를 저항

② $\gamma_f M_s$의 배근 – 슬래브의 유효폭 내 배치

$$b_e = C_2 + 3h$$

4) 각 방향 주열대 내의 모든 하부 철근이나 철선이 연속이거나 상기상세의 이음가능구간에서 A급 겹침이음으로 하고, 적어도 2개의 주열대 하부 철근이나 철선이 기둥 위를 지나야 하며 외부 받침부에 정착하여야 한다.(연속된 주열대의 하부철근은 한 개의 받침부가 손상을 입었을 경우, 슬래브가 주위 받침부들과 연결될 수 있는 여력을 제공한다. 한 개의 펀칭 전단파괴에 따른 슬래브에 현수작용에 의한 여분의 지지능력을 갖도록 하기 위함이다.)

2. 중간모멘트저항골조 [94회 1교시]

플랫슬래브가 횡력 저항 시스템(LFRS : Lateral Force Resisting System)의 일부로 사용될 경우 아래의 배근 상세를 지켜야 한다.

1) 보통모멘트 골조의 배근상세

2) 불균형모멘트(M_s) 저항

① 불균형모멘트 M_s의 모든 철근은 주열대 내에 배치

② $\gamma_f M_s$ 슬래브의 유효폭 내 배치 $- b_e = C_2 + 3h$

3) 유효폭 내 철근량 제한

받침부에서 주열대 내에 배근된 철근의 1/2 이상은 슬래브의 유효폭 내에 배치

4) 주열대 내 연속철근 제한

① 주열대 내의 받침점의 상부철근의 1/4 이상은 전체 경간에 걸쳐서 연속

② 주열대 내의 하부 연속철근 - 주열대 내의 받침점의 상부철근의 1/3 이상

③ 경간중앙부에서 하부철근의 1/2 이상은 연속 & 받침면에서 항복강도에 도달할 수 있도록 정착

5) 불연속단 받침점에서의 정착

슬래브의 불연속단의 받침점에서 상부 및 하부철근은 받침면에서 충분히 정착

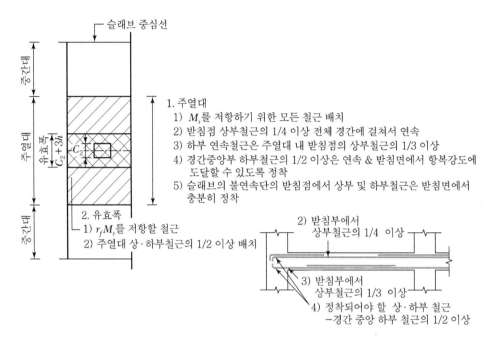

1. 주열대
   1) M_s를 저항하기 위한 모든 철근 배치
   2) 받침점 상부철근의 1/4 이상 전체 경간에 걸쳐서 연속
   3) 하부 연속철근은 주열대 내 받침점의 상부철근의 1/3 이상
   4) 경간중앙부 하부철근의 1/2 이상은 연속 & 받침면에서 항복강도에 도달할 수 있도록 정착
   5) 슬래브의 불연속단의 받침점에서 상부 및 하부철근은 받침면에서 충분히 정착

2. 유효폭
   1) $r_f M_s$를 저항할 철근
   2) 주열대 상·하부철근의 1/2 이상 배치

2) 받침부에서 상부철근의 1/4 이상
3) 받침부에서 상부철근의 1/3 이상
4) 정착되어야 할 상·하부 철근 —경간 중앙 하부 철근의 1/2 이상

3. 특수모멘트저항골조 : 플랫슬래브는 강진지역에 횡력저항시스템으로 적용할 수 없다.

4. 플랫슬래브의 보통모멘트저항골조와 중간모멘트저항골조의 비교

구분	보통	중간
(1) 불균형모멘트 저항	중간대에 배치된 철근도 불균형 모멘트의 일부를 저항	불균형모멘트 M_s의 모든 철근은 주열대 내에 배치
(2) $\gamma_f M_s$의 배근	슬래브의 유효폭($b_e = C_2 + 3h$) 내 배치	슬래브의 유효폭($b_e = C_2 + 3h$) 내 배치
(3) 유효폭 내 철근량 제한	유사규정 없음	받침부에서 주열대 내에 배근된 철근의 1/2 이상은 슬래브의 유효폭 내에 배치
(4) 주열대 내 상부 연속철근 제한	유사규정 없음	주열대 내의 받침점의 상부철근의 1/4 이상은 전체 경간에 걸쳐서 연속
(5) 주열대 내 하부 연속철근 제한	① 주열대 내의 모든 하부철근 - 연속이거나 A급 이음 ② 적어도 2개의 주열대 하부근 - 기둥 위를 지나 외부받침부에 정착	① 주열대 내의 하부 연속철근 - 상부철근의 1/3 이상 ② 경간중앙부에서 하부철근의 1/2 이상 - 연속 & 받침면에서 항복강도에 도달할 수 있도록 정착
(6) 불연속단 받침점에서 정착	정 휨모멘트에 대한 철근은 슬래브의 끝까지 연장하고 직선 또는 갈고리를 150mm 이상 테두리보, 기둥 또는 벽체에 정착	슬래브의 불연속단의 받침점에서 상부 및 하부철근은 받침면에서 충분히 정착

05 보배근 상세 [110회 2교시]

1. 보통모멘트 저항골조

1) 내부보(폐쇄형 스터럽 시공시) – 축방향철근 배근 상세

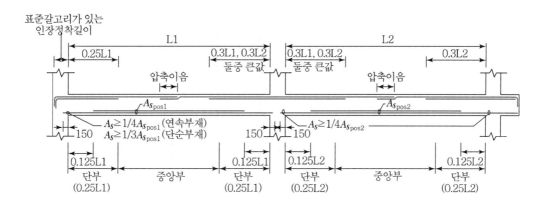

2) 내부보(개방형 스터럽 시공시) – 축방향철근 배근 상세

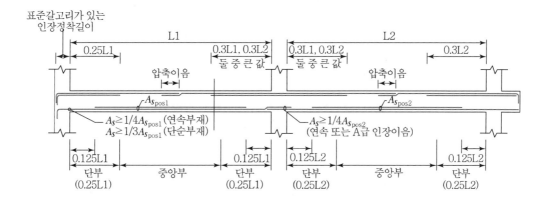

3) 횡방향철근

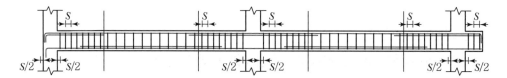

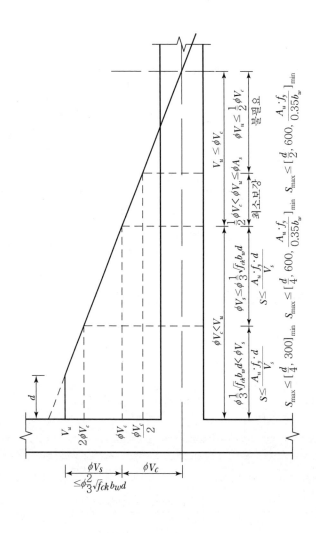

4) 테두리보 – 구조 일체성 확보를 위한 요구조건

① 받침부에서 요구되는 부철근의 1/6 이상 테두리보 전체 경간에 연속

② 경간 중앙부에서 요구되는 정철근의 1/4 이상이 테두리보 전체 경간에 연속

③ 이들 철근은 폐쇄스터럽 또는 적어도 135°의 구부림을 갖는 표준갈고리로 부철근 주위를 둘러싸서 정착된 스터럽으로 결속되어야 한다. 이때 스터럽은 접합부 내까지 연속시켜 배근할 필요는 없다.

④ 이음이 필요할 때 상단 철근의 이음은 경간 중앙부, 하단 철근은 받침부 부근에서 A급 인장겹침이음으로 연속성을 확보하여야 한다.

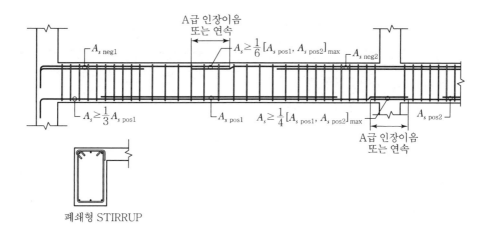

2. 중간모멘트 저항골조 [106회 1교시]

1) 주근의 구조제한

위치	구조제한
접합면	정휨강도는 부휨강도의 1/3 이상
모든단면	정 또는 부 휨강도는 양측 접합부 최대 휨강도의 1/5 이상

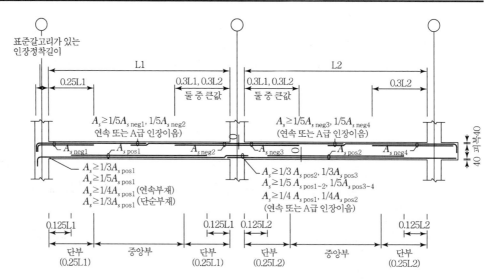

2) 스터럽 구조제한

위치	구조제한
받침부면에서 부재깊이(h)의 2배 이내	(1) 첫 번째 스터럽은 받침부면에서 50mm 이내 (2) 최대간격 　① $d/4$ 　② 주근최소지름×8배 　③ 스터럽 철근지름×24배 　④ 300mm 이내
받침부면에서 부재깊이(h)의 2배 이상	최대간격 : $d/2$ 이하

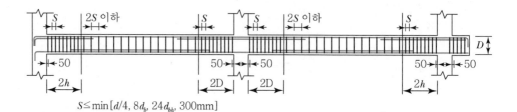

$$S \leq \min[d/4,\ 8d_b,\ 24d_{bh},\ 300mm]$$

3. 특수모멘트저항골조

1) 단면제한

구조제한	

(1) P_u(계수축력) $\leq A_g f_{ck}/10$
 (2) l_n(부재의 순경간) $\geq 4 \times d$(유효깊이)
 (3) 단면
   ① $B/h \geq 0.3$
   ② $B \geq 250$mm
     $\leq c_2 + 2 \times (3/4h)$
	h $B \geq [0.3h,\ 250\text{mm}]_{max}$
	
	 $\dfrac{3}{4}h$, C, $\dfrac{3}{4}h$ $B \leq C + \dfrac{3}{4}h + \dfrac{3}{4}h$

2) 주근의 구조제한

구조제한	구조제한 내용
(1) 철근비 제한	$1.4/f_y \leq \rho \leq 0.025$
(2) 연속철근	상단과 하단은 최소한 연속된 두 개의 철근으로 보강
(3) 모멘트 강도	① 접합면에서 부모멘트에 대한 정모멘트 강도는 1/2 이상 ② 모든 단면에서 최대 휨강도의 1/4 이상

(4) 겹침이음	① 겹침이음의 위치제한(겹침이음 할 수 없음)
	   ⓐ 접합부 내부
	   ⓑ 접합면으로부터 부재깊이의 2배 이내의 거리
	   ⓒ 구조해석에서 골조의 비탄성 횡변위에 의한 휨항복이 일어난 곳
	 ② 후프철근 또는 나선철근이 배치되어 있는 경우에만 사용
	 ③ 횡방향 철근의 간격 $d/4$ 이하, 100mm 이하

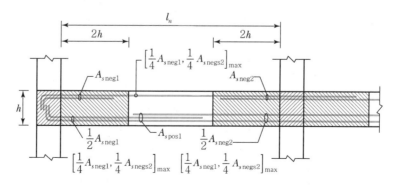

* 빗금구간 : 겹침이음 해서는 안 되는 구간

3) 특수모멘트 골조의 휨부재의 횡방향 철근

구조제한	구조제한 내용
(1) 후프철근의 배치구간	① 받침부면에서 휨부재 깊이(h)의 2배 구간 ② 골조의 비탄성 횡변위로 인한 휨항복이 일어날 수 있는 단면 좌우로 부재깊이의 2배 이상 구간
(2) 후프철근 배치	① 지지부재의 면으로부터 50mm 이하 ② $s \leq [d/4, 8d_b, 24d_h, 300\text{mm}]_{min}$ 　　d_b : 주근 최소 직경　　　　　　d_h : 후프철근 직경
(3) 축방향 철근의 횡방향 지지	후프철근이 필요한 곳의 축방향 철근 ① 모든 모서리 축방향 철근과 하나 건너 위치하고 있는 축방향 철근 등은 135° 이하로 구부린 띠철근의 모서리에 의해 횡지지되어야 한다. ② 다만 띠철근을 따라 횡지지된 인접한 축방향 철근의 순간격이 150mm 이상 떨어진 경우 추가 띠철근 배치
(4) 후프철근이 필요하지 않은 곳	① 양단 내진갈고리를 갖춘 스터럽의 배치 ② 부재의 전 길이에 걸쳐서 $d/2$ 이내의 간격
(5) 전단저항이 요구되는 스터럽이나 띠철근	① 나선 또는 원형 후프 : 용적철근비 $\rho_s \geq 0.12 f_{ck}/f_{yh}$ ② 사각형 후프 A_{sh} 　　$A_{sh} = 0.3(s h_c f_{ck}/f_{yh})[(A_g/A_{ch})-1]$ 　　※ 부재심부의 설계강도가 지진력을 포함하는 설계하중의 조합으로 계산되는 강도 이상이면 무시 　　$A_{sh} = 0.09 s h_c f_{ck}/f_{yh}$ 이상 ③ 단일후프철근 또는 겹침후프철근으로 배근 ④ 횡방향 철근으로 구속되지 않은 외부 콘크리트의 두께가 100mm를 초과하면, 부가적으로 횡방향 철근을 300mm를 넘지 않는 간격으로 배치하여야 함(이때 피복두께는 100mm를 초과할 수 없음)
(6) 후프철근의 형상	① 휨부재의 후프철근은 2개의 철근으로 구성 ② 동일한 축방향 철근과 접속되는 연속 연결철근은 휨부재의 반대 측면에 번갈아가며 90° 갈고리를 두어야 함 ③ 연결철근으로 고정되는 축방향 철근이 휨부재의 한쪽 면에서만 슬래브로 구속되어 있으면 연결철근의 90° 갈고리는 그 슬래브가 있는 곳에 위치

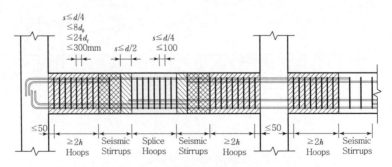

┃ 특수모멘트 저항골조 휨재 횡방향 철근 배근 상세 ┃

06 기둥배근 상세 [110회 2교시]

1 보통모멘트 저항골조

1) 일반배근 상세

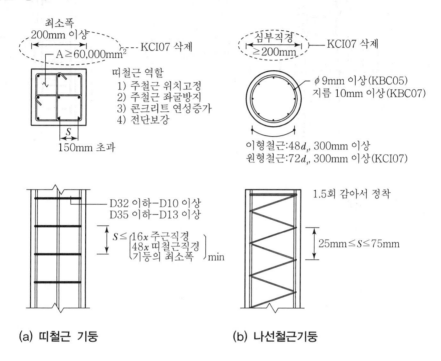

(a) 띠철근 기둥 (b) 나선철근기둥

2) 기둥철근의 옵셋 굽힘철근

① 옵셋철근의 굽힘부에서 기울기는 1/6 을 초과하지 않아야 한다.

② 옵셋철근의 굽힘부를 벗어난 상·하부 철근은 기둥 축에 평행하여야 한다.

③ 옵셋철근의 굽힘부에는 띠철근, 나선철근 또는 바닥구조에 의해 수평지지가 이루어져야 한다. 이때 수평지지는 옵셋철근의 굽힘부에서 계산된 수평분력의 1.5배를 지지할 수 있도록 설계되어야 하며, 수평지지로 띠철근이나 나선철근을 사용하는 경우에는 이들 철근을 굽힘점으로부터 150mm 이내에 배치하여야 한다.

④ 옵셋철근은 거푸집 내에 배치하기 전에 굽혀 두어야 한다.

⑤ 기둥 연결부에서 상·하부의 기둥면이 75mm 이상 차이가 나는 경우는 종방향 철근을 구부려서 옵셋철근으로 사용하지 않아야 한다. 이러한 경우에 별도의 연결철근을

옵셋되는 기둥의 종방향 철근과 겹침이음하여 사용하여야 한다.

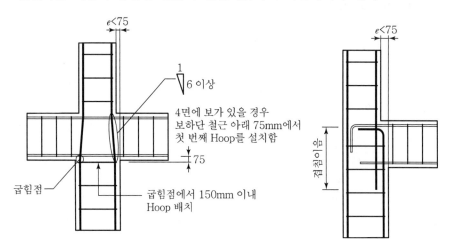

2. 중간모멘트 저항골조 [106회 1교시]

보통모멘트 저항골조의 배근상세를 따르고 추가로 다음의 제한을 지켜야 한다.

띠철근 구조제한

위치	구조제한	
지지면에서 l_o 구간 ① 순경간의 1/6 ② 단면의 최대치수 ③ 450mm 중 큰 값 이상	S_o 이하 간격 배치 S_o ① 주근의 최소지름×8배 ② 띠철근 지름×24배 ③ 단면의 최소치수×12 ④ 300mm 중 작은 값 이하 ※ 첫 번째 띠철근은 접합면에서 　$S_o/2$ 이내	
l_o 이외 구간	$S_o × 2$배 이하 간격 배치	

3. 특별모멘트 저항골조

1) 단면제한

구조제한
(1) P_u(계수축력) $> A_g f_{ck}/10$
(2) 단면치수
① 최소단면치수 $\geq$ 300mm
② 단변/장변 $\geq$ 0.4

단변
$\geq$300mm
$\geq$0.4×장변

장변

2) 휨과 축력을 받는 특수모멘트골조의 기둥 최소 휨강도

$(P_u > A_g f_{ck}/10)$일 경우 기둥의 휨강도는 다음을 만족시켜야 한다.

$$\sum M_c \geq (6/5)\sum M_g$$

$\sum M_c$: 접합부의 접합면에서 기둥의 설계휨강도의 총합

$\sum M_c$: 접합부의 접합면에서 보의 설계휨강도의 총합(T형보 고려)

3) 휨과 축력을 받는 특수모멘트골조의 축방향 철근

구조제한	구조제한 내용
철근비	$0.01 \leq \rho \leq 0.06$

겹침이음	(1) 이음구간 : 중앙부에서 부재길이 1/2구역 내
	(2) 인장이음
	(3) 횡방향철근보강(s_h)
	  ① 최소단면치수×1/4
	  ② $6\,d_b$(주근직경)
	  ③ $s_x = 100 + [(350 - h_x)/3]$
	    중 최소값
	(4) 연결철근이나 겹침후프철근의 각 직선철근 부분은 부재의 축방향과 직각되는 방향으로 중심거리가 350mm 이내가 되도록 배치

h

H_n

겹침이음가능구간(중앙에서) $H_n/2$

인장이음

$S \leq h_{min}/4$
$\leq 6d_b$
$\leq s_x = 100 + [(350 - h_x)/3]$

4) 횡방향 철근

구조제한	구조제한 내용
횡보강철근 제한	(1) 나선 또는 원형 후프 　용적철근비 $\rho_s \geq 0.12 f_{ck}/f_{yh}$ (2) 사각형 후프 A_{sh} 　$A_{sh} = 0.3(sh_o f_{ck}/f_{yh})[(A_g/A_{ch})-1]$ 　$A_{sh} = 0.09 sh_o f_{ck}/f_{yh}$ 이상 (3) 단일후프철근, 겹침후프철근 배근 (4) 피복두께가 100mm를 초과 　횡방향철근 추가 보강($s \leq 300$mm)
횡보강간격 (S_h) (1) l_o 구간 (2) 이음구간	횡방향철근 보강(s_h) ① 최소단면치수×1/4 ② $6d_b$(주근직경) ③ $s_x = 100 + [(350-h_x)/3]$ 　※ $h_x \leq 350$mm 중 최소값
l_o 구간	(1) 예상 휨항복 단면 좌우 양쪽 l_o (2) l_o ① 예상 휨항복이 단면의 깊이 ② H_n(순경간)×1/6 ③ 450mm 중 최대값 이상
그 외 구간	(1) 후프철근 보강 (2) $6 \times d_b$(주근직경) 　150mm 중 작은 값 이하

특수모멘트골조 횡방향철근 배근상세

후프철근 보강상세

Memo...

07　특수모멘트 골조 접합부

1. 일반사항

구조제한	
(1) 접합면에서 보의 종방향 철근의 작용력은 휨인장 철근의 응력을 $1.25f_y$라고 가정하여 결정	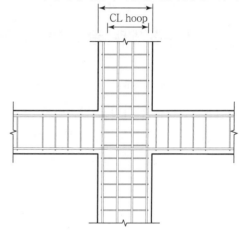 ≥20X보의 종 방향 철근의 가장 큰 지름(보통콘크리트) ≥26X보의 종 방향 철근의 가장 큰 지름(경량콘크리트)
(2) 기둥 속에서 끝나는 보의 종방향 철근 – 횡보강된 기둥의 반대편까지 연장	
(3) 보의 종방향 철근에 평행한 기둥변의 길이 (접합부를 통과하여 연장되는 경우) ① 보통콘크리트 : $20d_b$ 이상 ② 경량콘크리트 : $26d_b$ 이상	

2. 횡방향 철근

구조제한	구조제한 내용
(1) 접합부가 구조부재로 구속되어 있지 않은 경우	기둥의 횡방향 후프 철근을 접합부 내에 둠
(2) 기둥의 접합부 4면에 보부재가 연결되어 각 부재폭이 기둥폭의 3/4 이상일 때	가장 깊이가 작은 부재의 깊이만큼 구간 내에서 규정된 철근량의 1/2 이상의 횡방향 철근만을 배치할 수 있음

3. 정착길이

1) 보통골재 콘크리트 90° 표준갈고리 정착길이

$$l_{dh} = f_y d_b (5.4\sqrt{f_{ck}}) \geq [8\,d_b,\,150\text{mm}]_{\max}$$

단 철근직경 D6~D35

2) 보통골재 콘크리트 직선철근정착길이

① 철근 하부에 한 번에 친 콘크리트 깊이가 300mm를 초과하지 않을 때

$$l_d = f_y d_b (5.4\sqrt{f_{ck}}) \times 2.5$$

② 철근 하부에 한 번에 친 콘크리트 깊이가 300mm를 초과하지 않을 때

$$l_d = f_y d_b (5.4\sqrt{f_{ck}}) \times 3.5$$

08 특수모멘트 골조 기초배근상세

1) 지진하중에 저항하는 기둥과 구조 벽체의 종방향 철근은 기초판, 전면기초 또는 파일캡까지 연장되어야 하며 접합면에서 인장에 대하여 충분하게 정착되어야 한다.

2) 표준갈고리가 필요하면 휨모멘트에 저항하는 종방향 철근의 끝단이 기둥의 중심을 향하도록 하여 기초의 저면에서 90° 표준갈고리로 설치하여야 한다.

3) 기초의 연단부터 기초 깊이의 1/2 이내에 연단이 있는 특수철근콘크리트 구조 벽체의 기둥 또는 경계요소는 기초의 상단 아래로 철근을 설치하여야 한다. 이 철근은 기초판, 전면기초 또는 말뚝캡의 깊이 또는 인장철근의 정착길이 중 작은 값 이상의 거리까지 기초 속으로 연장시켜야 한다.

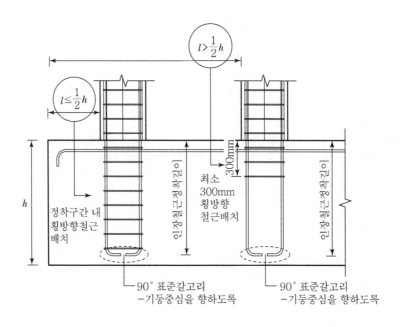

공학전공 대학 및 대학원생·건축구조 실무자·구조기술사를 위한 지침서

철근콘크리트

(KDS 14 20, KDS 41 30)

발행일 | 2017. 1. 20　초판발행
　　　　　2017. 4. 10　개정 1판1쇄
　　　　　2018. 3. 10　개정 2판1쇄
　　　　　2019. 1. 5　개정 2판2쇄
　　　　　2020. 8. 30　개정 3판1쇄
　　　　　2021. 8. 30　개정 4판1쇄
　　　　　2022. 1. 30　개정 4판2쇄
　　　　　2022. 6. 30　개정 4판3쇄
　　　　　2023. 4. 20　개정 4판4쇄
　　　　　2024. 6. 20　개정 4판5쇄

저　자 | 서보현 · 김태영
발행인 | 정용수
발행처 | 예문사

주　소 | 경기도 파주시 직지길 460(출판도시) 도서출판 예문사
T E L | 031) 955 – 0550
F A X | 031) 955 – 0660
등록번호 | 11 – 76호

정가 : 38,000원

ISBN 978–89–274–4053–6　　13540